强化课程思政、工程教育和深度学习模式提质赋能特色教材

传感器与检测技术简明教程

主编　胡　蓉　胡向东
参编　耿道渠　徐　洋

机械工业出版社

本书是重庆市线上线下混合式一流课程、重庆市课程思政示范课程配套教材，是“十二五”普通高等教育本科国家级规划教材《传感器与检测技术》（胡向东主编）的简明版。本书针对新工科背景下的信息获取与智能感知类创新型人才培养需求，瞄准传感器与检测技术系统领域知识构建、素质提升和能力发展目标，系统介绍传感器与检测技术的基础概念、基本原理、典型应用和技术发展。内容包括概述、传感器的基本特性、电阻式传感器、电感式传感器、电容式传感器、压电式传感器、磁敏式传感器、热电式传感器、光电式传感器、辐射与波式传感器、新型传感器、参数检测、误差理论与数据处理基础、自动检测系统。

本书以学习者为中心，知识体系精练优化，内容与时俱进，在线资源丰富；价值观、方法论与知识点融会贯通，推行“学思践创融合”深度学习模式，强化新工科背景下质量导向的深学善思、质疑批判和工程实践，赋能卓越创新，适应最新发展。

本书可作为高等院校测控技术与仪器、自动化、电气工程及其自动化、机械设计制造及其自动化、智能感知工程、机器人工程、物联网工程、电子与电气工程、车辆工程、交通工程、工业智能等专业本科生的教材，也可供从事传感器与检测技术相关领域应用和设计开发的研究人员、工程技术人员参考。

图书在版编目（CIP）数据

传感器与检测技术简明教程/胡蓉，胡向东主编. —北京：机械工业出版社，2023.5（2025.1重印）

强化课程思政、工程教育和深度学习模式提质赋能特色教材

ISBN 978-7-111-72954-9

Ⅰ.①传… Ⅱ.①胡… ②胡… Ⅲ.①传感器-检测-教材 Ⅳ.①TP212

中国国家版本馆CIP数据核字（2023）第059225号

机械工业出版社（北京市百万庄大街22号 邮政编码100037）

策划编辑：张振霞　　　　责任编辑：张振霞

责任校对：张晓蓉　梁　静　　封面设计：陈　沛

责任印制：单爱军

北京虎彩文化传播有限公司印刷

2025年1月第1版第3次印刷

184mm×260mm · 20.75印张 · 513千字

标准书号：ISBN 978-7-111-72954-9

定价：65.00元

电话服务　　　　　　　　网络服务

客服电话：010-88361066　　机　工　官　网：www.cmpbook.com

　　　　　010-88379833　　机　工　官　博：weibo.com/cmp1952

　　　　　010-68326294　　金　　书　　网：www.golden-book.com

封底无防伪标均为盗版　　机工教育服务网：www.cmpedu.com

前　言

本书是重庆市线上线下混合式一流课程、重庆市课程思政示范课程配套教材，是“十二五”普通高等教育本科国家级规划教材《传感器与检测技术》（胡向东主编）的简明版。《传感器与检测技术》前4版被国内数百所不同层次和类别的高校选用，教学资源得到广泛共享。

“中国制造2025”“互联网+”等发展战略正前所未有地推进信息化与工业化深度融合，引领以价值创造为核心的工业转型。先进的信息技术成为引领和衡量社会迈向高度现代化的支撑性技术之一，传感器与检测技术位于信息链之首，作为“卡脖子”的引领性关键技术，是泛在感知、智能制造等的基石，助推信息技术成为不同对象相互交叉、联结、融合和涌现的内生动力，新技术、新产业、新业态、新模式层出不穷，工业互联网强势崛起，以融合创新、智能赋能为核心特征的数字经济与新经济呼唤“新工科”建设和高质量发展，传感器与检测技术被赋予新的、更加伟大的时代使命，便捷、可靠、智能、安全地采集和处理信息，推动建立人机网互联融合的数字化智慧型社会成为新的发展趋势，以进一步解放生产力、提高工作效率、提升工作质量、促进人的创造性劳动，满足人民日益增长的美好生活需要。新经济的发展、产业的升级、技术的演进、应用的研发、仪器的使用与维护等需要大批高素质创新型人才；与此同时，它们也对人才培养的内容和目标提出了与时俱进的新要求，“注重依托优质的学习资源、优化的知识路径，培养学生的创新性思维、适应智能感知与仪器工程要求的关键能力”是本书的基本遵循，通过深度学习“提质赋能、培根铸魂、启智增慧”。

本书针对新工科背景下的信息获取与智能感知类创新型人才培养需求，瞄准传感器与检测技术系统领域知识构建、素质提升和能力发展目标，系统介绍传感器与检测技术的基础概念、基本原理、典型应用和技术发展。内容包括概述、传感器的基本特性、电阻式传感器、电感式传感器、电容式传感器、压电式传感器、磁敏式传感器、热电式传感器、光电式传感器、辐射与波式传感器、新型传感器、参数检测、误差理论与数据处理基础、自动检测系统。

本书以学习者为中心，知识体系精练优化，内容与时俱进，配套资源丰富；价值观、方法论与知识点融会贯通，推行“学思践创融合”深度学习模式，强化新工科背景下质量导向的深学善思、质疑批判和工程实践，赋能卓越创新，适应最新发展。

本书可作为高等院校测控技术与仪器、自动化、电气工程及其自动化、机械设计制造及其自动化、智能感知工程、机器人工程、物联网工程、电子与电气工程、车辆工程、交通工程、工业智能等专业本科生的教材，也可供从事传感器与检测技术相关领域应用和设计开发的研究人员、工程技术人员参考。

本书由胡蓉、胡向东、耿道渠、徐洋编写；刘浪、聂豪、王拓、孙大智、唐毅、乐磊、姜昊等研究生参与了部分书稿的资料整理、图表绘制等工作；胡向东负责全书的统稿。要特别感谢众多为本书的编写出版提供指导、支持和帮助的专家学者，正是因为他们在各自领域的独到见解和特别的贡献，才使得我们能够在总结现有成果的基础上，不断凝练优化，完善提升，最终形成这本国家级规划教材的简明版。本书的编写受到重庆市高等教育教学改革研究重大课题（191016）、传感器与自动检测技术一流课程重庆市虚拟教研室等的资助。

传感器与检测技术内容丰富、应用广泛、发展快速，新工科时代的精品教材建设任重而道远；本书的出版体现我们在此领域的最新努力，以创新之举，融新理念之魂，传播新工科之义，其间融入了“铸精品、育英才”的立德树人情怀。限于自身的水平和学识，书中难免存在疏漏和错误之处，诚望读者不吝赐教，以利修正，让更多的读者获益。编者电子邮箱：huxd@ cqupt. edu. cn。

编　者

2022 年 8 月于重庆

目　录

第1章

概　　述

知识单元与知识点	➢ 课程简介； ➢ 传感器的定义、传感器的共性、传感器的基本功能； ➢ 传感器的组成； ➢ 传感器的分类； ➢ 传感器技术的发展趋势。
方法论	质疑
价值观	求真求实；奋进
能力点	◇ 能复述并解释传感器的概念； ◇ 能复述传感器的组成、传感器的基本功能和传感器的共性； ◇ 能比较不同类别的传感器； ◇ 能复述传感器技术的发展趋势； ◇ 会结合生活生产实际举例说明传感器的应用。
重难点	■ 重点：传感器的定义、组成、分类。 ■ 难点：传感器技术的发展趋势。
学习要求	√ 了解本门课程的地位、作用、任务和目标要求； √ 熟练掌握传感器的定义、组成； √ 掌握传感器的分类； √ 了解传感器技术的发展趋势。
问题导引	→ 为什么要学习传感器与检测技术课程？ → 传感器的基本内涵与价值是什么？ → 如何理解传感器的发展？

1.1 课程简介

1.1.1 本课程的地位和作用

工具改造世界，仪器认识世界；工欲善其事，必先利其器。作为“卡脖子”关键技术，传感器与精密测量技术对一个国家的发展起着至关重要的作用，获得高准确度、高可靠性数据或信息是传感器与检测技术的核心任务。“传感器与检测技术”是工科仪器类、自动化类、电气类等专业的重要专业（基础）课，有很广的适应面。该课程旨在培养学生在电子信息、计算机应用、精密仪器、测量与控制等多领域中，具备现代生产与智能制造过程中各种电量、非电量参数的智能感知与数据处理能力。本课程定位于为测控技术与仪器、自动化、电气工程及其自动化、智能感知工程、物联网工程、智能电网信息工程、机器人工程等专业的本科学生提供“传感器与检测技术”系统性领域知识和创新性思维能力的训练，兼顾电子信息工程、通信工程、车辆工程、交通工程、生物医学工程、应用物理等广泛专业的人才培养需要；特别注重依托优质学习资源、优化知识路径、深度学习模式启发心智，从适应新经济背景下智能制造、环保节能、生物医药、智慧农业、航空航天、公共安全等产业对智能感知与仪器工程要求的角度，培养学生学习发展，具备本领域坚实的基础知识，掌握信息，善于观察、发现和提炼问题，善于把握解决问题的切入点和具备创新性思维的关键能力。

传感器起源于仿生研究及其应用实践。每一种生物在完成生命周期的过程中都需要经常地与自身及周围环境交换信息（见图 1-1，春暖花开是因为树的根系首先感受到了地温的变化等；当气温适宜时，你见过有的树会出现“错觉”反季节开花吗?），因此都有感知自身状态或周围环境的器官或组织，如人有眼、耳、舌、鼻、皮肤等，能够获取视觉、听觉、味觉、嗅觉、触觉等信息，又如古人用比现代人更灵敏的身体观察并记录真气、气脉和经络，肛门指检是一种常见的临床检查方法。据报道，美国正在实施一项名为“持久性水生生物传感器”的项目，将包括黑鲈、伊氏石斑鱼、鼓虾在内的海洋生物打造成水底传感网络，构建水下潜艇探测系统。**传感器位于研究对象与测控系统之间的接口位置，是感知、获取与检测信息的窗口。**一切科学实验和生产实践，特别是自动控制系统中要获取的信息，都要首先通过传感器获取并转换为容易传输和处理的电信号。传感器技术可以给人们带来巨大的经

图 1-1　自然界中的“传感器”

a）桃花报春　b）树枝监测山体沉降

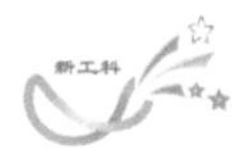

济利益和社会效益；自动化水平是衡量一个国家现代化程度的重要指标，而自动化水平的高低将受制于检测控制类仪表及传感器的种类、数量和质量；在国家创新驱动发展战略的引领下，“互联网+”、智能制造、物联网（Internet of Things，IoT）等为传感器应用提供了广阔的平台；科技越发达，自动化程度越高，对传感器的依赖也就越强烈。这是自20世纪80年代以来，国际上将传感器技术列为重点优先发展的高技术的原因。

人类历史上第四次工业革命的进程已经开启，第六次世界科技革命正向我们快步走来，据推测其高潮大约在2030年前后出现；这是一场以信息化、智能化为先导，以生命科技、认知科学为亮点，以新能源、新材料为支点，以环境、生态、健康为关注点，以暗物质、反物质探索为科学前沿的综合性科学与技术的革命；近年来，人们已经感受到新科技革命涌来的风雨之声，产业需求导向、跨界交叉融合，新的科技突破日新月异，以互联网为依托、互联互通为重要手段、数据资源为核心要素、信息技术为内生动力、融合创新为主要特征的数字经济与新经济强势崛起，新技术、新产业、新业态、新模式层出不穷，“工业4.0”“中国制造2025（高质量发展）”“互联网+”等发展战略正前所未有地推进信息化与工业化深度融合，引领以价值创造为核心的工业转型，重构人们的工作模式、生活范式和思维方式，传感器的研制和传感器技术的创新成为影响第四次工业革命进程的重要因素之一。

【求真求实】“没有调查，没有发言权”，科学研究和技术进步总是离不开调查，传感器的信息采集就是开展“调查”的重要手段之一。“科学是实实在在的，来不得半点虚假”，调查研究是唯物主义认识路线的具体体现，是发挥人的主观能动性把握客观规律的具体途径，是一切从实际出发的根本方法，是贯彻实事求是思想路线的必然要求。今天我们的学习目的之一就是要保持对虚假逻辑的敏感，提升对证据的辨别能力和独立思考能力，学会辨别是非和真假。

正所谓要“扑下身子”沉到一线调研，“扑下身子”方能“接地气”得实情；习近平总书记曾告诫全党：“调查研究不仅是一种工作方法，而且是关系党和人民事业得失成败的大问题。”可见调查研究本身是一种方法论，但其间蕴含的实证意识和求真求实精神价值观是何等重要！

感知、通信和计算是ICT（Information and Communications Technology）技术的三大支柱，信息流是现代社会生产生活流通体系的“神经”，数据是数字经济体系的“血液”，传感器与通信、计算机和自动控制技术等一起构成一条从信息获取、传输、处理和决策应用的完整信息链；**传感器是实现对物理环境或人类社会信息获取的基本工具，是检测系统的首要环节，是信息链的源头，位于产业链的上游**；传感器在信息技术领域的基础性地位和作用使得其在产品检验和质量控制、系统安全经济运行监测、自动化生产与控制系统的构建和推动现代科学技术的进步等方面均有重要意义；仪器设备是科学研究和技术创新的基本工具，重大仪器发明会促进重大科学发现和基础研究突破，“现代科学的进步越来越依靠尖端仪器的发展”，新型高端仪器的制造和使用甚至成为催生诺贝尔奖的重要推手。

迄今为止，信息链中的信息应用（自动化与控制）、信息传输（通信）和信息处理（计算机）等与信息的利用越接近的部分得到了快速发展；目前，高端传感器与智能感知已发展为现代科技的前沿技术，世界上许多国家（特别是西方发达国家）将目光转向信息链的前端——信息获取与处理，掀起了以物联网、智能制造等为典型应用，以“无线化、泛在化、智能化、网络化”等为基本特征的第三次信息化浪潮，强化智能信息的获取与处理，以信息为纽带建立人与物理环境更紧密、便捷和安全可靠的逻辑联系。我国政府也高度重视仪器仪表产业的发展，重视传感器与检测技术在信息产业及现代服务业、制造业等行业的重要应用，在《国家中长期科学和技术发展规划纲要（2006—2020）》的“重点领域及其优先主题”部分明确列出“传感器、智能化检测控制技术”“新一代信息功能材料及器件”“传感器网络及智能信息处理”，在“前沿技术”部分提出发展“智能感知技术”“自组织网络技术”的要求，所有这些内容都与“传感器与检测技术”相关联；当前，我国仪器科学与技术取得了重大进展，在仪器仪表产品无线化、微型化、集成化、网络化、智能化、安全化、虚拟化等方向上紧跟国际发展步伐，加大具有自主知识产权的先进仪器仪表的研制力度。

新经济的发展、产业的升级、技术的创新、仪器的研发、使用与维护都需要大批的高素质创新型人才作为支撑；与此同时，它们也对人才培养的内容和目标提出了与时俱进的新要求，从学科导向转向产业需求导向、从专业分割转向跨界交叉融合、从适应服务转向支撑引领的“新工科”建设方兴未艾，中央全面深化改革领导小组第35次会议指出：“注重培养学生终身学习发展、创新性思维、适应要求的关键能力”。因此，“传感器与检测技术”课程变革愈加迫切、重要性日益提高，其覆盖的专业范围越来越宽，修读的学生越来越多。这些变化推动着“传感器与检测技术”课程的建设快速地向前发展，即以六个“一流”（一流的教师队伍、一流的教学水平、一流的教学内容和教学手段、一流的教学条件、一流的教学管理、一流的教学效果）的精品课程建设理念为指导，力求“铸精品、育英才”，坚持“提升高阶性、突出创新性、增加挑战度”的一流课程内涵建设标准，特别注重课程特色的培育以及优质资源的共享水平与示范辐射效应，强调“产学研”结合的课程建设模式，加强“一流课程”建设、支撑“一流专业”发展，为工科仪器类、自动化类、电气类等专业学生学习传感器与检测技术知识提供一流课程平台，让优质课程资源有效地服务于适应新时代需要的应用创新型人才培养。

①“科学是从测量开始的”；②“仪器是认识和改造物质世界的工具”“仪器仪表是工业生产的‘倍增器’，科学研究的‘先行官’，军事上的‘战斗机’，国民活动中的‘物化法官’”；③“中国科学技术要像蛟龙一样腾飞，这条蛟龙的头是信息技术，仪器仪表则是蛟龙的眼睛，要画龙点睛”。这些论断分别是谁提出来的？有何意义？

1.1.2 本课程的任务及目标

随着技术的不断发展进步，“传感器与检测技术”是一门涉及电工电子、计算机、仪器仪表、光电检测、智能感知、先进控制、精密机械设计、人工智能、大数据处理、信息安全等众多基础理论和前沿技术的综合性技术，现代检测系统通常集光、机、电、算等于一体，软硬件相结合。

“传感器与检测技术”课程以高等数学、概率论与数理统计、大学物理、模拟电子电路、数字与逻辑电路、电路分析基础、信号与系统等课程为基础，着重培养学生掌握传感器与检测技术基本理论、基本方法；本课程是一门实践性很强的课程，在理论学习的同时，要求学生通过实验和实践熟练掌握各类典型传感器的基本原理和适用场合，掌握常用测量仪器的基本工作原理和工作性能，能合理选用常用电子仪器、测量电路等，能根据测量任务要求合理设计测量系统，能对测量结果进行误差分析和数据处理等，达到理论与实践的高度统一，突出能力的培养。

以“立德树人”为根本，为适应智能制造等新产业和新经济发展对智能感知的需求，突出工程教育和新工科产出导向，支撑相关专业培养目标和毕业要求，本课程目标见表1-1。

表1-1 课程目标

序号	目标描述
1	能解释传感器、检测技术、检测系统相关的专业术语
2	能解释传感器的静态特性指标，并利用数学模型和传递函数、频率响应函数分析一阶和二阶传感器的动态特性
3	能利用数学理论，物理、化学、生物效应和电路的基本定律分析各类传感器的工作原理、测量电路，能解释传感器的典型工程应用
4	能复述新型传感器和参数检测领域的概念、特点、涉及的主要技术和发展前景等
5	能针对温度、压力、流量、物位、成分等过程量和位移、转速、速度、加速度、振动、厚度等机械量，以及化学量、生物量等参数检测任务，分析、比较和选用适宜的参数测量方法
6	能够对测量数据进行误差分析和处理，对测量结果进行最佳值估计，能够利用最小二乘法和MATLAB工具对测量结果进行一元线性拟合
7	践行社会主义核心价值观，能够遵循工程伦理、设计原则和步骤等，利用传感器与检测技术知识设计和评价自动检测系统，优化解决测控领域的复杂工程问题，且兼顾社会、法律、道德、经济、文化、环境、能效、健康、安全等制约因素；强化精益求精和求实、奋进、创新等科学精神
8	了解国内外传感器、检测技术、检测系统的现状和发展趋势，特别是与信息技术深度融合的智能检测技术与仪器的新发展

1.2 传感器的定义与组成

传感器概念的英语表述一般为：“A sensor is a device that receives a stimulus and responds with an electrical signal”。根据我国国家标准（GB/T 7665—2005），传感器（Transducer/Sensor）定义为：**能感受被测量（Stimulus/Measurand）并按照一定的规律转换成可用输出信号的器件或装置，通常由敏感元件和转换元件组成。**其中，敏感元件（Sensing Element）是指传感器中能直接感受或响应被测量的部分；转换元件（Transducing Element）是指传感器中能将敏感元件感受或响应的被测量转换成适于传输或测量的电信号部分；当输出为规定的标准信号时，则称为变送器（Transmitter）。传感器的共性就是利用物理定律或物质的物理、化学或生物特性，将非电量（如位移、速度、加速度、力等）输入转换成电量（电压、电流、频率、电荷、电容、电阻等）输出。

2018 年 11 月，第 26 届国际计量大会根据人类观测能力的提升，将原子和量子尺度的测量与宏观层面的测量关联起来，为全球测量提供普遍适用的基础，通过“修订国际单位制”决议，正式更新质量单位“千克”、电流单位“安培”、温度单位“开尔文”和物质的量单位“摩尔”的基本单位定义。

根据国标 GB/T 7665—2005 对传感器的定义，传感器是“器件或装置”，应该以硬件的形式存在；但是随着工业化与信息化深度融合、工业物联网、智能传感器等的发展，现在出现了一种纯软件形式的“感知系统”，如“网络爬虫”“入侵检测”“态势感知”等。为了适应新的技术发展，您认为传感器定义应该如何与时俱进地修改完善？

方法论

【质疑】 质疑是科学的基本精神之一，它既不是全盘否定，也不是初学者尚未明白就里时想澄清的几点“疑问”，它是质疑者经过一定思考后指出可能存在的某种错误。学起于思，思源于疑。“学贵有疑，小疑而小进，大疑则大进；疑者，觉悟之基也”。

在持续学习、借鉴先进的科学理论、工程技术成果的同时，要始终保持清醒，要敢于和善于带着批判的眼光质疑前人的成果，不盲目迷信权威，不一味因循守旧，让科学保持严谨，对的经得起历史检验，错的得以及时纠正，于碰撞中“擦”出新的思想火花。

质疑的精髓并非随意向别人提问，而是表现为独立思考的能力和不断自我解决疑问的执着精神。善于提出问题是实现创新的基本能力，坚持与时俱进的科学精神，围观、好奇心、想象力、质疑追问……更有利于脑洞大开，激发解决问题的技术灵感，增强可持续长久发展的能力。

根据传感器的定义，**传感器的基本组成分为敏感元件和转换元件两部分，分别完成检测和转换两个基本功能**。值得指出的是，一方面，并不是所有的传感器都能明显地区分敏感元件和转换元件这两个部分，如半导体气体或湿度传感器、热电偶、压电晶体、光电器件等，它们一般是将感受到的被测量直接转换为电信号输出，即将敏感元件和转换元件两者的功能合二为一了；另一方面，只由敏感元件和转换元件组成的传感器通常输出信号较弱，还需要信号调理与转换电路将输出信号进行放大并转换为容易传输、处理、记录和显示的形式。**信号调理与转换电路的作用**：一是把来自传感器的信号进行转移和放大，使其更适合于做进一步传输和处理，多数情况下是将各种电信号转换为电压、电流、频率等少数几种便于测量的电信号；二是进行信号处理，即对经过转换的信号，进行滤波、调制或解调、衰减、运算、数字化处理等。常见的信号调理与转换电路有放大器、电桥、振荡器、电荷放大器、相敏检波电路等。另外，传感器的基本部分和信号调理与转换电路还需要辅助电源提供工作能量。

传感器的典型组成如图 1-2 所示。

利用电路中电信号的强弱传送信息的方法称为“电传送”，目前，电子信息技术发展最成熟，电信号使用最普遍和方便。传感器的输出信号一般为电信号，由于不同种类传感器的检测与转换原理各不相同，因此它们**输出的电信号有多种形式，如连续信号（模拟信号）与离散信号（脉冲信号、开关信号或数字信号等），周期性信号与非周期性信号，电压、电**

流、电荷信号或幅值、频率、相位信号等，每一种传感器输出的电信号形式取决于其工作原理和设计要求。

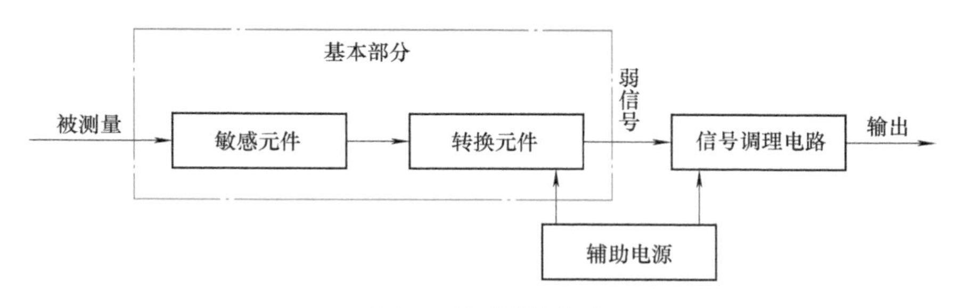

图 1-2 传感器的组成

1.3 传感器的分类

传感器可按输入量、输出量、工作原理、基本效应、能量变换关系、所蕴含的技术特征、尺寸大小以及存在形式等分类（见图 1-3），其中按输入量和工作原理的分类方式应用较为普遍。

1. 按传感器的输入量（即被测参数）进行分类

按输入量分类的传感器以被测物理量命名，如位移传感器、速度传感器、温度传感器、湿度传感器、压力传感器等。这种分类方法通常在讨论传感器的用途时使用。

2. 按传感器的输出量进行分类

传感器按输出量可分为模拟式传感器和数字式传感器两类。**模拟式传感器**是指传感器的输出信号为连续形式的模拟量；**数字式传感器**是指传感器的输出信号为离散形式的数字量。

现在设计的测控系统往往要用到微处理器，因此，通常需要将模拟式传感器输出的模拟信号通过 ADC（模/数转换器）转换成数字信号；数字式传感器输出的数字信号便于传输，具有重复性好、可靠性高的优点，是重点发展方向。

3. 按传感器的工作原理进行分类

根据传感器的工作原理（物理定律、物理效应、半导体理论、化学原理等），可以分为电阻式传感器、电感式传感器、电容式传感器、压电式传感器、磁敏式传感器、热电式传感器、光电式传感器等。这种分类方法通常在讨论传感器的工作原理时使用。

4. 按传感器的基本效应进行分类

根据传感器敏感元件所蕴含的基本效应，可以将传感器分为物理传感器（Physical Transducer/Sensor）、化学传感器（Chemical Transducer/Sensor）和生物传感器（Biological Transducer/Sensor）。

物理传感器是指依靠传感器的敏感元件材料本身的物理特性变化或转换元件的结构参数变化来实现信号的变换，如水银温度计是利用水银的热胀冷缩现象把温度变化转变为水银柱的高低变化，从而实现对温度的测量。物理传感器按其构成可细分为物性型传感器和结构型传感器。

1）**物性型传感器**是指依靠敏感元件材料本身物理特性的变化来实现信号的转换，如水

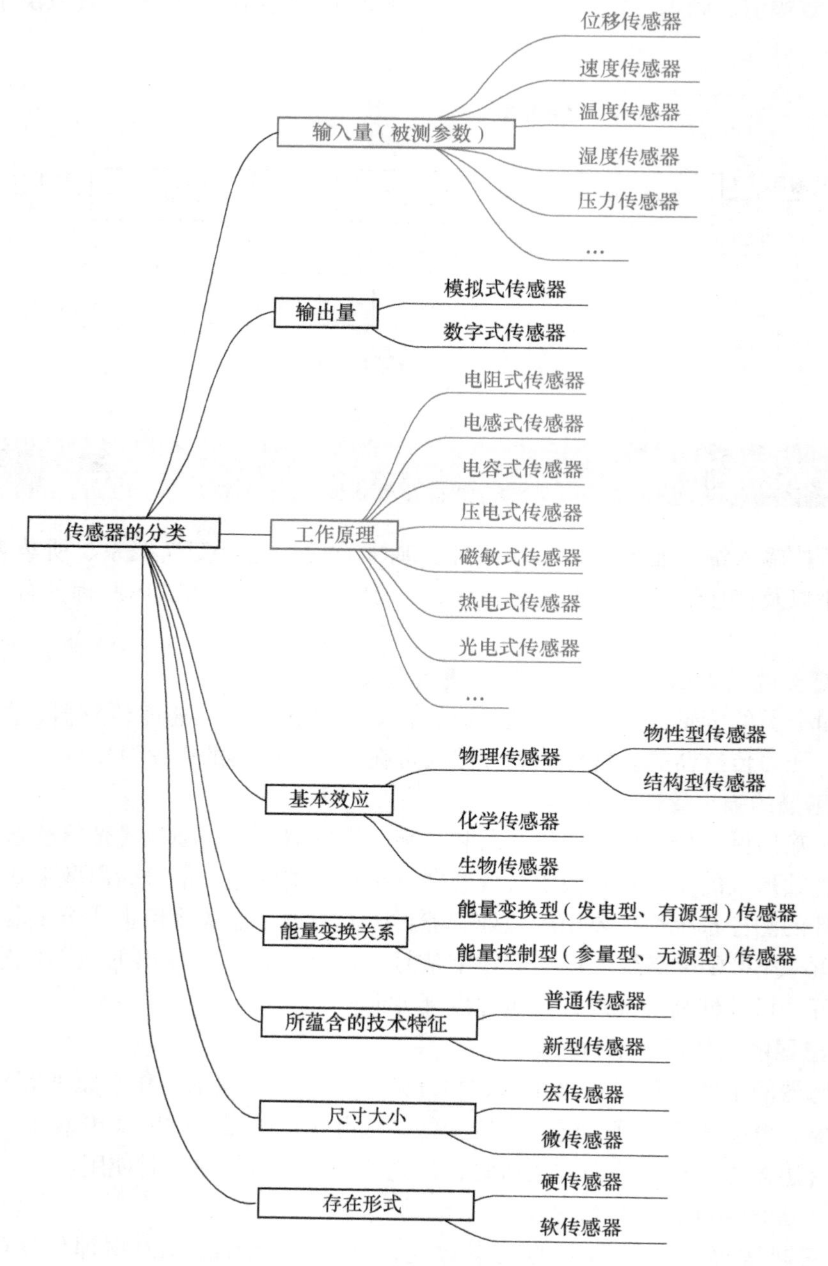

图 1-3 传感器的分类

银温度计；物性型传感器主要指近年来出现的半导体类、陶瓷类、光纤类或其他新型材料的传感器，如利用材料在光照下改变其特性可以制成光电式传感器，利用材料在磁场作用下改变其特性可以制成磁敏式传感器等。

2）结构型传感器是指依靠传感器转换元件的结构参数变化来实现信号的转换，主要是通过机械结构的几何尺寸和形状变化，转化为相应的电阻、电感、电容等物理量的变化，从而检测出被测信号，如变极距型电容式传感器就是通过极板间距的变化来实现对位移等物理量的测量。

化学传感器是指依靠传感器的敏感元件材料本身的电化学反应来实现信号的变换，用于检测无机或有机化学物质的成分和含量，如气体传感器、湿度传感器。化学传感器广泛用于化学分析、化学工业的在线检测及环境保护监测中。

生物传感器是利用生物活性物质选择性的识别来实现对生物化学物质的测量，即依靠传感器的敏感元件材料本身的生物效应来实现信号的变换。由于生物活性物质对某种物质具有选择性亲和力（即功能识别能力），可以利用生物活性物质的这种单一识别能力来判定某种物质是否存在、其含量是多少；待测物质经扩散作用进入固定化生物敏感膜层，经分子识别，发生生物学反应，产生的信息被相应的化学或物理换能器转变成可定量和可处理的电信号，如酶传感器、免疫传感器。生物传感器近年来发展很快，在医学诊断、环保监测等方面有着广泛的应用前景。

5. 按传感器的能量变换关系进行分类

按能量变换关系，传感器分为能量变换型传感器和能量控制型传感器。如图 1-4 所示。

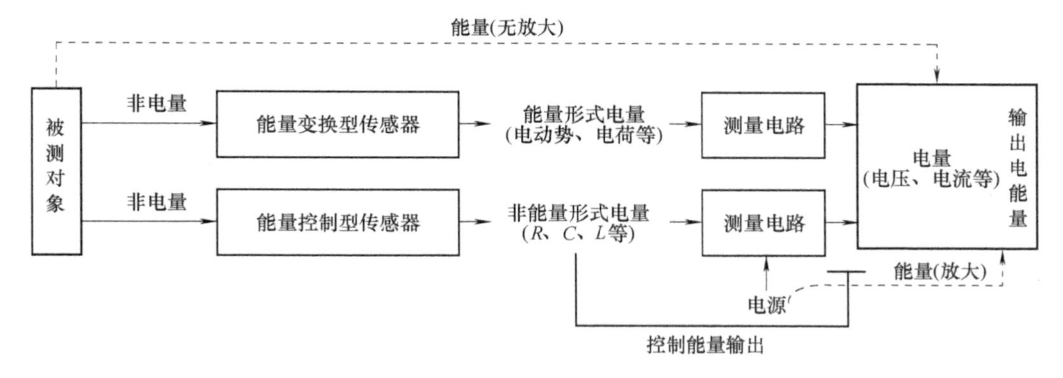

图 1-4 按能量变换关系分类

能量变换型传感器，又称为发电型或有源型（Active）传感器，其输出端的能量是由被测对象取出的能量转换而来的。它无须外加电源就能将被测的非电能量转换成电能量输出；它无能量放大作用（基于能量守恒定律），要求从被测对象获取的能量越大越好。这类传感器包括热电偶、光电池、压电式传感器、磁电感应式传感器、固体电解质气体传感器等，属于换能器。对于无人值守的物联网应用，能够自供能的有源传感器的应用前景广阔。

能量控制型传感器，又称为参量型或无源型（Passive）传感器，这类传感器本身不能换能，其输出的电能量必须由外加电源供给，而不是由被测对象提供。但由被测对象的信号控制电源提供给传感器输出端的能量，并将电压（或电流）作为与被测量相对应的输出信号。由于能量控制型传感器的输出能量是由外加电源供给的，因此，传感器输出的电能量可能大于输入的非电能量，所以这种传感器具有一定的能量放大作用。属于这种类型的传感器包括电阻式、电感式、电容式、霍尔式和某些光电式传感器等。

6. 按传感器所蕴含的技术特征进行分类

按所蕴含的技术特征，传感器可分为普通传感器和新型传感器。

普通传感器发展较早，是一类应用传统技术的传感器。随着量子信息、计算机、嵌入式系统、网络通信和微加工技术等的发展，现在出现了包括量子传感器、感知系统在内的许多新型传感器，如传感器与微处理器的结合，产生了具有一定数据处理能力和自检、自校、自补偿等功能的智能传感器；模糊数学原理在传感器中的应用，产生了输出量为非数值符号的模糊传感器；传感器与微机电系统（Micro-Electro-Mechanical Systems，MEMS）技术的结合，产生了具有微小尺寸的微传感器；网络接口芯片、微处理器、嵌入式通信协议和传感器的结合，产生了能够方便接入现场总线测控网络或组建传感器网络的网络传感器。所有这些新型传感器的出现，对传感器与检测技术的发展起到了巨大的推动作用。

7. 按传感器的尺寸大小进行分类

按尺寸大小可将传感器分为宏传感器和微传感器。传统的传感器尺寸较大，称为宏传感器；随着 MEMS 以及微纳加工技术与工艺等的应用可生产出一类尺寸很小的新型传感器，称为微传感器。

8. 按传感器的存在形式进行分类

按传感器的存在形式可将其分为硬传感器和软传感器。传统的传感器主要以实物（硬件）的形式存在，称为硬传感器（也称物理传感器）；随着信息技术在感知领域的发展，现在出现了一类纯软件实现的、具有检测功能的新型“传感器”-感知系统，它以 CPU 等计算资源为平台、以虚拟（软件）的形式存在，称为软传感器。

物理传感器是直接测量的器件或装置，例如，压力传感器（气压计）、速度传感器（转速表）和温度传感器（温度计）等。软传感器通常是间接测量，它将不同特性和动态的测量结合在一起，可以同时处理数十个甚至数百个测量值，在数据融合中特别有用。典型的软传感器为卡尔曼滤波器，而最新的软传感器会使用神经网络或模糊计算，如卡尔曼滤波器可用于估计位置、电动机速度。总之，软传感器是一种利用其他来源的信息来估计被测量的软件程序，而不是直接测量。软传感器经常被用于在线估计，基于对硬件传感器测量信号的分析，用软件实现数学模型。

1.4 传感器技术的发展

伴随着信息技术的泛在化、融合化、智能化等发展，一方面，位于现代信息技术三大支柱之首的传感器技术在科学研究、工农业生产、日常生活等许多方面发挥着越来越重要的作用，特别是物联网的发展对传感器的需求急剧增大，传感器产业即将步入一个飞速发展的黄金时期；另一方面，人们不断增长的高品质、个性化、多样性应用需求对传感器技术又提出了越来越高的要求，这推动着传感器技术或持续渐进、或跨越式地向前发展。总体上说，传感器技术的发展趋势可以概括为九个方面：一是提高与改善传感器的技术性能；二是开展基础理论研究，寻找新原理、开发新材料、采用新工艺或探索新功能等；最新的发展还包括传感器的无线化、微型化、集成化、网络化、智能化、安全化和虚拟化。这些发展不是独立的，往往相辅相成、彼此关联、相互融合，从而推动传感器由分离器件向低功耗、多功能、高精度、数字化、网络化、系统集成与功能复合和应用创新的方向发展。未来的传感器将变得更小、更便宜、更准确、更灵活、更节能、更环保、更好的感知和兼容性、更高的复杂性，能够收集更多类型的数据、集成越来越多的新技术，并有更丰富的应用。

1.4.1 提高与改善传感器的性能

减小测量误差、提高测量精度是改善传感器性能的核心追求，超精密仪器技术及智能化入选《全球工程前沿 2019》报告。提高与改善传感器性能的技术途径目前主要集中在以下方面。

1. 差动技术

差动技术是为改善传感器性能而普遍采用的一种技术，意味着传感器的一对结构分量（如电容式传感器的极板间距、电感式传感器的气隙厚度等）会在同一输入量的作用下发生大小相等、方向相反的变化，其应用可显著减小温度变化、电源波动以及其他外界干扰对传感器测量精度的影响，抵消共模误差，减小非线性误差，提高传感器的灵敏度。

2. 平均技术

平均技术可产生平均效应，即利用若干个传感单元同时感受被测量，得到这些单元输出的平均值，假设每个单元的随机误差 δ 服从正态分布，根据误差理论，总的误差将减小为

$$\delta_{\Sigma} = \pm\frac{\delta}{\sqrt{n}} \tag{1-1}$$

式中 δ_{Σ}——总随机误差；

n——传感单元数。

可见，平均技术有助于传感器减小误差、增大信号量（相应增加传感器的灵敏度）。

3. 补偿与修正技术

补偿与修正技术的应用主要针对两种情况：①针对传感器本身特性，可找出误差的规律，或测出其大小和方向，采用适当的方法加以补偿或修正。②针对传感器的工作条件或外界环境，找出环境因素（如温度、压力等）对测量结果的影响规律，然后引入补偿措施，这种措施可以利用电子线路等硬件来解决，也可以采用手工计算或计算机软件来实现。

4. 屏蔽、隔离与干扰抑制

传感器的工作现场环境往往是恶劣的，各种外界因素可能影响传感器的测量精度，为了减小测量误差，保证其性能，应设法减弱或消除外界因素对传感器的影响。主要有两种方法：一是减小传感器对影响因素的灵敏度；二是降低外界因素对传感器实际作用的强度。

对于电磁干扰，可采用屏蔽、隔离、接地措施，也可引入滤波等方法进行抑制。对于温度、湿度、机械振动、气压、声压、辐射、气流等，可采用相应的隔离措施，如隔热、密封、隔振等，或在变换为电量后对干扰信号进行分离或抑制，减小其影响。

5. 稳定性处理

随着时间的推移和测量环境的变化，组成传感器的各种材料与元器件的性能会发生变化，导致传感器的性能不稳定（如“老化”现象）。为了提高传感器的稳定性，应对材料、元器件或传感器的整体进行必要的稳定性处理，如结构材料的时效处理、冰冷处理，永磁材料的时间老化、温度老化、机械老化及交流稳磁处理，电气元件的老化筛选等。

6. 计量基准量子化

复现和保存国际单位制（SI）中基本单位的经典方法是使用实物基准，而实物基准具有稳定性不高、难以准确复制等缺点。量子化计量基准具有小型化和芯片化的优势，可以直接嵌入超精密仪器与装备中，可实现实时校准，使仪器与装备的精度水平达到最优，显著提高

装备制造效率。未来重点发展方向还包括对基本物理常数（如牛顿万有引力常数、普朗克常数、阿伏伽德罗常数、玻尔兹曼常数等）和基本物理量（如质量、电压、电流等）的更高精度计量。

1.4.2 开展基础理论研究

不断提高传感器测量精度是仪器科学追求的永恒目标。人们研究新原理、新材料、新工艺所取得的成果将产生更多品质优良的新型传感器，如光纤传感器、液晶传感器、以高分子有机材料为敏感元件的压电式传感器、生物传感器等。各种仿生传感器和检测超高温、超低温、超高压、超高真空等极端参数的新型传感器，也是今后传感器技术研究和发展的重要方向。

1. 寻找新原理

利用物理现象、化学反应和生物效应等各种定律或效应是传感器的工作基础，因此，发现新现象、新规律和新效应，寻找新原理是开发新型传感器的重要途径，不仅能够提升现有测量参量的精度水平，亦可实现对新参量的测量。例如，扫描隧道显微镜的发明使人类第一次能够实时观察单个原子在物质表面的排列状态和表面电子行为有关的物化性质，使测量分辨率提升到原子级水平，对表面科学、材料科学、生命科学领域研究起到了重大的推动作用。

目前主要的研究动向包括：①利用量子力学相关效应研制低灵敏阀传感器，用以检测微弱信号；利用激光冷却原子可以精确测量重力场或磁场变化的量子特性，设计制作灵敏度很高的量子传感器。量子精密测量通过量子操控实现对磁场、惯性、重力、时间等物理量的超高精度测量，突破传统测量方法的理论极限，已成为精密测量技术的一个重要发展方向。②利用化学反应或生物效应开发实用的化学传感器和生物传感器，如狗的嗅觉（其灵敏度的阈值为人的一百万分之一）、鸟的视觉（视力为人的8~50倍）、蝙蝠或飞蛾或海豚的听觉等，这些动物的感官功能超过了当前传感器技术所能实现的范围，研究它们的机理，有助于开发仿生传感器，形成具有仿生功能的人工鼻（或称电子鼻）、人工眼、人工耳、人工舌以及人工皮肤（或称电子皮肤）等人工电子器官。

2. 开发新材料

敏感材料是实现传感器感知功能的重要物质基础。随着材料科学的进步，人们可以根据需要控制材料的成分，从而设计制造出可用于传感器生产的多种功能材料。近年来对敏感材料的开发有较大进展，用精制的功能材料来制造性能更加良好的传感器是今后的发展方向之一，涉及的具体材料包括半导体敏感材料、陶瓷材料、磁性材料、智能材料、柔性材料和纳米材料等。

3. 采用新工艺

新工艺的采用也是实现新结构、发展新型传感器的重要途径。新工艺主要指与发展新型传感器联系特别紧密的微细加工技术，它是近年来随着集成电路工艺发展起来的，是离子束、电子束、分子束、激光束和化学蚀刻等用于微电子加工的技术，目前已越来越多地用于传感器领域，如溅射薄膜工艺、平面电子工艺、蒸镀、等离子体刻蚀、化学气体沉积、外延、扩散、各向异性腐蚀、光刻、高分辨率3D打印等；利用薄膜工艺可制造出快速响应的气体传感器、湿度传感器；3D打印仿生眼可帮助视觉障碍患者恢复视力。新工艺包括：

MEMS工艺和新一代固态传感器微结构制造工艺，如深反应离子刻蚀（Deep Reactive Ion Etching，DRIE）工艺；封装工艺，如常温键合倒装焊接、无应力微薄结构封装、多芯片组装工艺；集成工艺和多变量复合传感器微结构集成制造工艺，如工业控制用多变量复合传感器。

4. 探索新功能

探索新功能主要集中于传感器的多功能化方面。多功能化就是增强传感器的功能，把多个功能不同的传感元件集成在一起，使其能同时测量多个变量。多功能化不仅可以降低生产成本、减小体积，而且可以有效地提高传感器的稳定性、可靠性、安全性等性能指标。多功能传感器除了能同时进行多种参数的测量外，还可对这些参数的测量结果进行综合处理和评价，反映出被测系统的整体状态。

1.4.3 传感器的无线化

传统的传感器通常基于有线连接的方式进行数据等信息的传输。近年来，随着微波、5G、无线局域网802.11（WiFi）、蓝牙（Bluetooth）、红外（IrDA）、ZigBee、超宽频（UWB）、近程通信（NFC）、LoRa等无线通信技术的快速发展，以及信息感知范围的扩大、网络化感知需求的增长，特别是深空探测、卫星遥感、全球定位、无线传感网、物联网、远程监控与报警系统等新技术及其应用的推动，传感器的无线化发展趋势明显，相关无线产品所占比重越来越大。传感器的无线化在检测系统搭建、快速安装与调整、覆盖复杂地形或特殊分布区域（如水下、太空）等方面表现出优势。工业环境下任何地点均能安装使用的智能无线传感器及其网络，具有足够的可靠性和自治处理能力，为各种生产装置配备实时共享的数据采集能力，从而为提高生产率、改善产品质量、降低成本发挥重要作用。

典型地，遥感技术作为目前人类快速实现全球或大区域对地观测的唯一手段，在环境监测过程中有其他技术不能替代的独特作用和特点，能够为国家环境生态保护与建设决策提供科学依据。在遥感监测技术的运用中，针对工业废水污染及水体热污染，通常利用热红外传感器进行探测，其图像可显示出热污染排放、流向和温度分布情形；针对海洋污染，卫星遥感可实现高精度、大范围、全天候的污染监测，利用卫星上的可见光/多光谱辐射传感器，获得油膜厚度、污染油种类等多种数据。这些遥感监测中使用的传感器在信息感知和数据传输过程中都离不开无线技术的支持。

1.4.4 传感器的微型化

随着MEMS技术和3D打印技术等的迅速发展，微传感器得以迅速发展。微传感器利用集成电路工艺和微组装工艺，基于各种物理效应将机械、电子元器件集成在一个基片上。与尺寸相对较大的宏传感器相比，微传感器的尺寸、结构、材料、特性乃至所依据的物理作用原理均可能发生变化。在过去的20余年间，传感器技术领域的许多专家一直关注着微传感器的快速发展。传感器技术在诸如国防、汽车、航空航天、信息技术、通信产品、分析化学、生物、医疗等领域均受到青睐，特别是在航空航天和兵器工业领域，微传感器由于具有体积小、重量轻、功耗低和可靠性高等非常优越的技术性能而被广泛使用。

据报道，2016年德国斯图加特大学的研究人员设计了一个微型摄像头，其小到甚至可以通过一个注射器注入人体内。他们设法采用3D打印制作出这种拥有3镜片的摄像头，其外壳只有0.12mm宽，比一粒盐还小，可以在3mm的距离对焦，供非侵入性内窥镜影像等医学检测使用。科学家们相信，这种新的微型传感器可以用来探索现有设备无法访问的身体部位，如将它用于捕捉人体器官甚至大脑图像，另外也可以用在监视设备中。

1.4.5 传感器的集成化

集成工艺往往与MEMS技术相结合，向着高精度、小型化和集成化方向发展，是传感器技术的一个重要发展方向。

传感器的集成化分为两种情况：一是具有同样功能的传感器集成化，即将同一类型的单个传感元件用集成工艺在同一平面上排列起来，形成一维的线性传感器，从而使一个点的测量变成对一个面和空间的测量。如利用电荷耦合器形成固体图像传感器来进行文字或图形识别；国外研制出一款压力成像器微系统，整个膜片的尺寸为10mm×10mm，集成1024个微型压力传感器。二是不同功能的传感器集成化，即将具有不同功能的传感器一体化，组装成一个器件，从而使一个传感器可以同时测量不同种类的多个参数。如温湿度传感器将温度和湿度检测功能集成在一起，图1-5所示为中国科学院电子学研究所研制的一款集成压力、温度和湿度的传感器；又如日本丰田研究所开发的仅用一滴血液即可同时快速检测出其中Na^+、K^+和H^+等离子成分及其浓度的多离子传感器，用于医院临床诊断非常方便。2016年，我国科学家研制出一款可穿戴的全柔性汗液传感器，其外形如同运动防汗带，集成了配有蓝牙的印制电路板、直径3mm的5个传感器、可以支撑10h使用时间的锂电池，通过检测人体汗液中化学成分的含量（初期包括5个检测维度：葡萄糖、乳酸、钠离子、钾离子还有体表温度，后续可加入重金属、氯离子等）来获取身体信息，反映生命特征，并把数据无线传输至手机App。随着机器人技术的发展，新出现了一种称为“电子皮肤”的集成式触觉传感器，可以模仿人类皮肤，具有触觉、压觉、力觉、滑觉、冷热觉等功能，可以把温度、湿度、力等感觉用定量的方式表达出来，并对物体的外形、质地和硬度敏感，甚至可以帮助伤残者获得失去的感知能力。

图1-5　压力-温度-湿度（PTH）集成传感器

除了传感器自身的集成化外，还可以将传感器和相应的测量电路（包括放大、运算、温度补偿等环节）、微执行器集成在一个芯片上形成单片集成，这有助于减小干扰、提高灵敏度和方便使用。

1.4.6 传感器的网络化

随着数字化技术、现场总线技术、云计算技术、TCP/IP 技术等在测控领域的快速拓展、计量测试与互联网的深度融合（互联网+传感器），传感器的网络化得以快速发展，“超视距”测量变得稀松平常。其主要表现为两个方面，一是为了解决现场总线的多样性问题，IEEE 1451.2 工作组建立了智能传感器接口模块（STIM）标准，该标准描述了传感器网络适配器和微处理器之间的硬件和软件接口，使传感器具有工业化标准接口和协议功能，为传感器和各种网络连接提供了条件和方便；二是以 IEEE 802.15.4（ZigBee）为基础的无线传感网技术发展迅速，它是物联网的关键技术之一，具有以数据为中心、极低的功耗、组网方式灵活、低成本等优点，在军事侦测、环境监测、智能家居、医疗健康、科学研究等众多领域有广泛的应用前景，是目前的一个技术研究热点。在此基础上发展出了“传感云”平台。

1.4.7 传感器的智能化

当前，由人工智能引领的新一轮科技革命和产业变革方兴未艾，在传感网、移动互联网、大数据、超级计算、脑科学等新理论新技术驱动下，人工智能呈现深度学习、跨界融合、人机协同、群智开放、自主操控等新特征，正在对经济发展、社会进步、全球治理等产生重大而深远的影响。“芯片支撑智能，软件定义智能”。我国高度重视创新发展，把新一代人工智能作为推动科技跨越式发展、产业优化升级、生产力整体跃升的驱动力量，努力实现高质量发展。在此背景下，传感器的智能化成为当前传感器技术发展的重要方向之一。

普通传感器只有感知-输出的单一功能，失效后无法及时判定。传感器与微处理器、数据挖掘、深度学习、模糊理论、知识集成等技术的结合，利用微处理器作为控制单元和计算机编程的特点，使仪表内各个环节自动地协调工作，使传感器兼有检测、变换、逻辑判断、数据处理、功能计算、故障自诊断以及“思维”等人工智能功能，自主传感器成为可能，从而将检测技术提高到一个新的水平，这就是传感器的智能化。

传感器的“智能化”表现包括：安装使用过程中的自主校零、自主标定、自校正功能；使用过程中应对各类环境干扰及变化的自动补偿功能；工作状态下的数据采集及自主分析、数据处理及执行干预等本地逻辑功能；数据采集后的上传及系统指令的决策处理功能等，特别是面向更多无人值守的应用环境，以及大数据分析数据采集产品中的自学习功能等。如美国霍尼韦尔公司的 ST-3000 型智能传感器，采用半导体工艺在同一芯片上制作了 CPU 和静压、差压、温度等敏感元件。一般来说，智能化传感器具有提高测量精度、增加功能和提高自动化程度三方面的作用。

传感器技术和智能技术的结合使传感器由单一功能、单一检测对象向多功能和多变量检测发展，由被动进行信号转换向主动控制传感器特性和主动进行信息处理发展，由孤立的元器件向系统化、网络化方向发展。反过来，传感器逐渐发展为人工智能的重要元部件；感知智能、计算智能和认知智能递进构成人工智能；传感器技术是感知智能的核心内容，传感器的智能化支撑人工智能由感知智能向认知智能演进。

基于物联网、智能制造等应用的强势牵引，在大数据和人工智能的支持下，传感器的智能化水平将得以进一步提升，智能传感器、智能感知的内涵将大大丰富。如传感器基于自身所感知的历史数据汇聚成工业大数据，利用人工智能方法对其进行数据分析和数据挖掘，可以及时发现感知的异常数据并自动丢弃等，从而进一步提升传感器的智能化水平。如2018年11月，腾讯人工智能实验室对外宣布，应用于病例分析的人工智能显微镜进入研发测试阶段，可助力医生轻松实现自动识别、检测、定量计算和生成报告等。2020年3月，维也纳大学研制的自带神经网络的图像传感器登上*Nature*杂志，相当于人类眼睛直接处理图像，不用劳烦大脑，40ns完成图像分类，速度提升了几十万倍。

“智能设备正带着你我走近无（零）隐私的赤裸世界”，这不是一句危言耸听的玩笑话！

如今，我们正行进在物联网、大数据和人工智能时代的快车道上，智能感知设备正在成为我们生活中不可或缺的一部分，智能手机、智能手环、智能眼镜、智能家居、智能汽车……都在以自己独特的方式感知信息、跟踪用户、了解用户的使用习惯等，最终汇聚成不同领域的大数据。

资本的本性是逐利的，当大数据展现出诱人的商业价值时，以何种方式采集用户数据、收集到的数据被如何利用就会成为问题。如我们常常受到被精确推送的广告的困扰：用户往往是被动的、不情愿的，并且是难以抵抗的；更不用说这些智能设备如果被黑客操纵可能带来的隐患。

设想一下，未来当我们身边的一切都智能化之后，如果你的个人数据没有得到强而有力的保护，任凭厂商或别有用心的人收集、买卖、利用，信息之间产生交叉将会造成非常可怕的后果！也许会出现这样的场景：清晨醒来，伸了一个懒腰的你穿上“CYW踩印问”牌智能拖鞋，它精确地收集到你每天早晨的体重变化；来到“妆得像”智能梳妆镜前，它悄然扫描你的眼底，分析你的视网膜是否有病变，并观察和记录下你身上佩戴的珠宝首饰等；接着你打开“防走光”牌智能窗帘，它监测窗外阳光的照度，还顺便探测了屋内的湿度；你拎着LW智能手袋出了门，它扫描出你钱夹里放着哪些银行的银行卡；你富有个性地发出指令“出发”，行进在大街上回头率极高的“忑死啦”（被人戏称为“吓死啦”）最新款智能汽车经过声纹分析确认了你的主人身份后向你敞开怀抱，一路上无人驾驶地将你送往著名的“淘气宝”公司，并记录下车辆状态与运行参数。接下来，你到了办公室，发现秘书早已为您准备好的“逼急奔”电脑里正显示着“老板，‘随便花’银行卡，足不出户，一秒轻松贷”；你拿起“水君益”牌智能水杯品了一口刚沏好的新茶，你的DNA信息就被收集和分析，是否存在缺陷的提醒及健康建议被及时地显示在杯子的LED屏上；不一会儿，电脑屏幕上弹出“Oura戒指”昨晚精准跟踪你睡眠质量的结果，并播出专为你准备的个性化广告：“女人，每天都要璀璨如明珠、靓丽如天使——用‘本女神’珠宝吧，您值得拥有！”；正当你沉浸在广告的引诱之中还未拿定主意之时，“宝宝乐”牌智能耳机中传来定向广告：“亲，您还在为卧室空气干燥而烦恼吗？试试‘湿在好’加湿器吧”；然后，电话铃响起：“美女，我们医院创新开展高科技减肥疗法，欢迎您来‘瘦柔精’旗舰店免费体验”；这时，你去智能厕所方便了一下，用过的“舒服+”智能马桶立即测出你的体重、蛋白质、脂肪率以及尿白细胞、尿酮体、尿亚硝酸盐、尿胆红素等指标，并向你报告关于

肾脏疾病和糖尿病的指标监测结果。因受到无尽骚扰而气急败坏、没有心情工作的你准备回到自己的爱车里找个清静之所，你刚打开文峰书院首席教师秦时明月征西还开设的微信公众号“传感器与检测技术精品资源课程”准备充充“电”，不料，智能的“忑死啦”发声了：“主人，欢迎您回来！更换‘滑得卓’牌机油对您的爱车保养更有利，它的总店地址在找不着北路520号，一般人我不告诉他，呵呵”……诚如这样，你是否觉得有一双无形的眼睛始终在自己周围注视着你？你是否会怀念今天这个虽不算太智能、却倍觉美好的时代？

智能硬件的蓬勃发展与大数据（包括工业大数据）的积累正在开辟一个不可逆转的智能时代。现实世界将会以前所未有的形式和人类互动，当我们置身于一个充满各种感应器（传感器）的智能世界，却同时成为一个不由自主的“透明”人时，将无法拥有安全的隐私和不受困扰的信息环境。基于充分感知的智能信息时代尽管方便人们对信息的获取和利用，但如果落入信息应用无序或隐私泄露的状态，没有安全的智能感知是不是一场难以想象的灾难？如果您作为一名出色的仪器设计与应用工程师，会向用户提供这样的感知产品或服务吗？应有的作为是什么？如何树牢安全发展理念？

1.4.8 传感器的安全化

按需获取被观测对象的真实信息是传感器作为感知单元最基本的功能需求，传感器种类众多、用途广泛、应用场景多样（如万物互联、网络化感知、无线传输、节点无人值守）。一方面，各种决策越来越依赖数据，负责信息感知的传感器所输出的数据资源越来越重要；另一方面，它却面临着被非法利用或被攻击者破坏的潜在风险，这种非法利用或破坏要么针对传感器硬件（如毁坏传感器），要么针对传感器所感知的信息（如截取、篡改、伪造、迟延或重放传感器输出的信息，或者非授权传播等），最终目的是使合法及时获取与应用真实信息的目标不能实现。

传感器的安全化就是通过硬件和软件两方面的手段来应对攻击者的破坏行为（如硬件防篡改、访问控制、节点冗余、数据真实性鉴别、消息加密、恶意节点识别与剔除等），从源头上为信息植入“安全基因”，从而有效抵御因传感器无线化、网络化等以及由此形成工业大数据可能带来的信息安全风险，确保通过传感器所获取的信息是可控的、保密的、新鲜的、真实的、可靠的。

发展高质量数字经济离不开数据安全。作为信息链的源头和信息感知的物质基础，传感器的安全化相对于数据安全具有更加重要的意义，传感器输出的数据被称为“第一数据”，是一切依托传感器应用的根基；如果传感器所采集的基础信息和源头数据是不真实准确的，其后续的一系列处理与应用都是毫无意义的，甚至是有害的（如2018年10月一架印尼狮航集团的737 MAX客机坠毁，造成189人遇难；经调查，事故源于飞机的一个迎角传感器出现故障，由于安全防护机制设计存在缺陷，客机防失速的机动特性增强系统根据错误的传感器数据进行了错误的调整，导致飞机失速失控并最终失事），更不用说传感器所采集的信息被直接用于非法目的。

传感器是发展中国装备制造业的关键基础元器件，鉴于传感器所采集数据的基础性地位，是一切生产控制或决策的依据，基于传感器所获取数据的安全性越来越重要。为了确保传感器所输出数据的真实性和完整性，你是否可以构建一个“区块链+传感器”的底层数据（元数据）安全解决方案？试论证其可行性。

1.4.9 传感器的虚拟化

虚拟化是利用通用的硬件平台，并充分利用软件和算法来实现传感器的特定硬件功能，传感器的虚拟化可缩短产品开发周期、降低成本、提高可靠性。信息技术正在推动传感器本身发生质的飞跃，随着测控系统信息化程度的加深，以及传感器网络化、智能化水平的提升，软件定义网络（Software Defined Network，SDN）和虚拟现实（Virtual Reality，VR）的推广使用等，传感器的虚拟化趋势越来越明显，虚拟仪器、软测量的内涵将进一步丰富。

传感器的虚拟化表现为三个方面：一是智能传感器的运用将越来越广泛，且智能传感器中软件与算法的比重将越来越大；二是基于“软件就是仪器”的理念和虚拟仪器的多种优势，以虚拟仪器为平台的测控系统将大行其道；三是以大数据和人工智能等前沿技术为支撑，面向网络或信息平台的“纯软件式”传感器将得到快速发展，这类“软件”突破了传统意义上传感器作为“器件或装置”的定义，没有“有形”的敏感元件或转换元件，但它具有检测的基本特征，可以认为是一种广义的传感器，依托一定的计算资源平台，通过算法对集合的数据进行智能分析、挖掘和处理，并输出“检测”的结果。

如2020年中国电子科技集团公司等联合成立新冠肺炎疫情防控大数据攻关团队，快速开发出公众版“密切接触者测量仪”，可实现密切接触者查询。

国内传感器发展的基本国情是什么？

【奋进】 基于对国内传感器发展基本国情的认识与分析，在我国急需大力发展新型、先进传感器这一伟大历史进程中，广大青年学子面临着难得的建功立业人生际遇，承载着伟大的“仪器强国”时代使命，要强化努力学习的意识和奋斗精神，要在增长知识见识上下功夫，自觉按照党指引的正确方向，瞄准国家重大需求，“树立远大理想、热爱伟大祖国、担当时代责任、勇于砥砺奋进、练就过硬本领、锤炼品德修为”，把个人理想和国家民族的前途命运紧密联系在一起，同人民一起开拓，同祖国一起奋进，“强国有我，未来可期”，为实现中华民族伟大复兴的中国梦贡献自己的青春力量。

学习拓展

(生活中的传感器) 留意观察自己身边的事物(如智能手机、智能手环、智能手表、智能手套、Google眼镜、智能网联汽车等),试举出至少三个传感器应用的具体例子,并指出这些传感器在其中起什么作用?它们有何共同特点?

1.1 什么是传感器?

1.2 传感器的共性是什么?

1.3 传感器一般由哪几部分组成?

1.4 传感器是如何进行分类的?

1.5 传感器技术的发展趋势有哪些?

1.6 改善传感器性能的技术途径有哪些?

1.7 试从传感器的角度论述我国面临的信息安全挑战。

第 2 章

传感器的基本特性

知识单元 与知识点	➢ 传感器静态特性、动态特性的基本概念； ➢ 传感器静态特性基本参数与指标； ➢ 传感器动态响应的特性指标与分析； ➢ 一、二阶传感器的频率响应的特性指标与分析； ➢ 传感器静态标定、动态标定与校准的基本含义。
方法论	精准；数学建模
价值观	敬业
能力点	◇ 能解释传感器静态特性与动态特性的基本概念； ◇ 会分析传感器的动态响应特性； ◇ 能比较传感器静态特性指标以及传感器动态响应的特性指标、频率响应的特性指标； ◇ 能复述传感器静动态标定与校准的基本含义； ◇ 会分析和推导实现不失真测量的条件。
重难点	■ 重点：传感器的静态特性与动态特性基本概念、传感器静态特性基本参数与指标等。 ■ 难点：传感器动态特性中的频率响应分析。
学习要求	√ 熟练掌握传感器静态特性与动态特性的基本概念、传感器静态特性基本参数与指标； √ 掌握一、二阶传感器的动态特性分析方法； √ 了解传感器静动态标定与校准的基本含义。
问题导引	→ 传感器的基本特性是什么？ → 如何分析传感器的基本特性？ → 如何评价传感器的基本特性？

传感器的基本特性是指传感器的输入-输出关系特性，是传感器的敏感材料特性和内部结构参数作用关系的外部特性表现。不同的传感器有不同的敏感材料特性和内部结构参数，决定了它们在不同输入信号激励下表现出不同的外部特性。

传感器所测量的量基本上有两种形式：稳态（静态或准静态）和动态（周期变化或瞬态）。前者的信号不随时间变化（或变化很缓慢）；后者的信号是随时间变化而变化的。传感器的基本任务是要尽量准确地反映被测输入量的状态，因此传感器所表现出来的输入-输出特性也就不同，即存在静态特性和动态特性。一个高精度的传感器，要求有良好的静态特性和动态特性，从而确保检测信号（或能量）的无失真转换，使检测结果尽量反映被测量的原始特征。

2.1　传感器的静态特性

传感器的静态特性是它在稳态信号作用下的输入-输出关系。静态特性所描述的传感器的输入-输出关系式中不含时间变量。

衡量传感器静态特性的主要指标是线性度、灵敏度、分辨力、阈值、迟滞、重复性、漂移和精度。

2.1.1　线性度

线性度（Linearity）是指传感器的输出与输入间成线性关系的程度。传感器的理想输入-输出特性应是线性的，因为这有助于简化传感器的理论分析、数据处理、制作标定和测试；但传感器的实际输入-输出特性大都具有一定程度的非线性，如果传感器的非线性项的方次不高，在输入量变化范围（Range）不大的情况下，可以用切线或割线拟合、过零旋转拟合、端点平移拟合等来近似地代表实际曲线的一段（多数情况下是用最小二乘法来求出拟合直线），这就是传感器非线性特性的“线性化”，如图 2-1 所示。

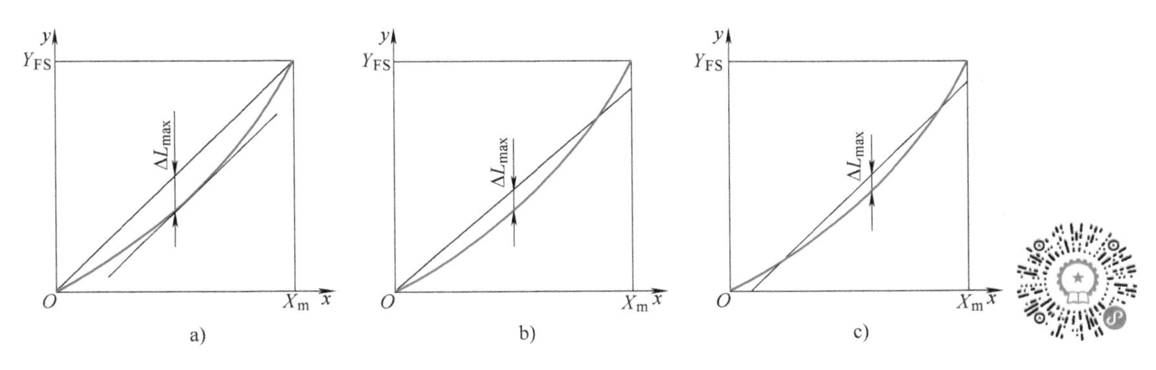

图 2-1　输入-输出特性的线性化

a）切线或割线　b）过零旋转　c）端点平移

所采用的直线称为拟合直线，实际特性曲线与拟合直线间的偏差称为传感器的非线性误差，取其最大值与输出满刻度值（Full Scale，FS，即满量程）之比作为评价非线性误差（或线性度）的指标。

$$\gamma_L = \pm\frac{\Delta L_{max}}{Y_{FS}}\times 100\% \tag{2-1}$$

式中　γ_L——非线性误差（线性度指标）；

ΔL_{max}——最大非线性绝对误差；

Y_{FS}——输出满量程。

2.1.2　灵敏度

灵敏度（Sensitivity）是传感器在稳态下输出量变化对输入量变化的比值，通常用 S_n 或 K 来表示，即

$$S_n = \frac{dy}{dx} \quad 或 \quad S_n = \frac{\Delta y}{\Delta x} \tag{2-2}$$

对于线性传感器，它的灵敏度就是它的静态特性曲线的斜率；非线性传感器的灵敏度为一变量。很明显，曲线越陡峭，灵敏度越大；越平坦，则灵敏度越小。灵敏度的定义如图 2-2a、b 所示，分别对应线性测量系统和非线性测量系统；灵敏度的三种特征曲线如图 2-2c、d 和 e 所示。如果输入量和输出量有不同的量纲，则灵敏度也有量纲，如输入量为温度（℃），输出量为标尺上的位移（格），则灵敏度的单位为“格/℃”；如果输入量和输出量是同类量，则灵敏度是一个放大倍数，它体现了传感器对被测量的微小变化放大为显著变化的输出信号的能力，即传感器对输入变量微小变化的敏感程度。

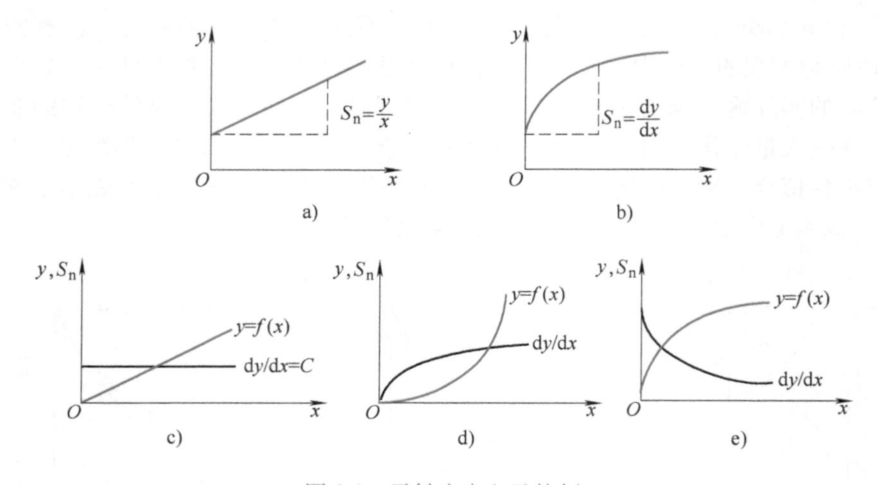

图 2-2　灵敏度定义及特例

a）线性测量系统　b）非线性测量系统　c）灵敏度为常数

d）灵敏度随输入增加而增加　e）灵敏度随输入增加而减小

通常用拟合直线的斜率表示系统的平均灵敏度。一般希望传感器的灵敏度高，且在满量程的范围内是恒定的，即输入-输出特性为线性。但要注意，灵敏度越高，就越容易受外界干扰的影响，系统的稳定性就越差。

灵敏度是各种传感器的一个常用特性指标。人们在生活实践中总结出“响鼓不用重锤”的经验，试说明其中所包含的测量学机理，从中您还能得到什么启示？

2.1.3　分辨力

分辨力（Resolving Power）是指传感器能够感知或检测到的最小输入信号增量，反映传感器能够分辨被测量微小变化的能力。分辨力可以用能够分辨最小增量的绝对值或能够分辨最小增量与满量程的百分比来表示（此时称为分辨率，Resolution）。通常将模拟式传感器的分辨力规定为最小刻度分格值的一半，数字式传感器的分辨力为最后一位的一个字。灵敏度越高，分辨力越强（小）；反之亦然。

2.1.4 阈值

阈值（Threshold Value）是能使传感器输出端产生可测变化量的最小被测输入量值，即零位附近的分辨力。大多数情况下，阈值主要取决于传感器的噪声大小。

2.1.5 迟滞

迟滞（Hysteresis），也称回程误差，是指在相同测量条件下，对应于同一大小的输入信号，传感器正（输入量由小增大）、反（输入量由大减小）行程的输出信号大小不相等的现象。产生迟滞的原因：传感器机械部分存在不可避免的摩擦、间隙、松动、积尘等，引起能量吸收和消耗。

迟滞特性表明传感器正、反行程期间输入-输出特性曲线不重合的程度，如图 2-3 所示。

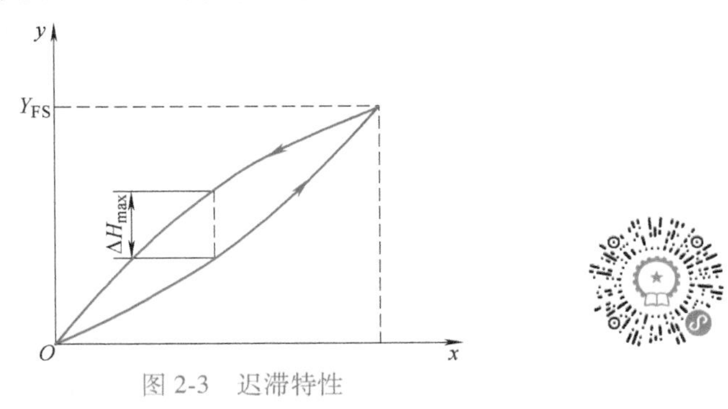

图 2-3 迟滞特性

迟滞的大小一般由实验方法来确定。用正、反行程间的最大输出差值 ΔH_{max} 对满量程输出 Y_{FS} 的百分比来表示，即

$$\gamma_H = \frac{\Delta H_{max}}{Y_{FS}} \times 100\% \tag{2-3}$$

2.1.6 重复性

重复性（Repeatability）表示传感器在输入量按同一方向做全量程（Span）多次测试时所得输入-输出特性曲线一致的程度（见图 2-4），也称重复误差、再现误差。重复性表征传感器测量结果的分散性和随机性。实际特性曲线不重复的原因与迟滞的产生原因相同。

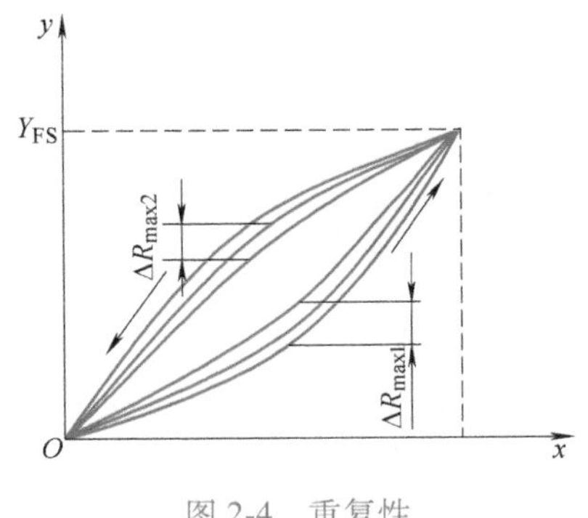

图 2-4 重复性

重复性指标一般采用输出最大不重复误差 ΔR_{max} 与满量程输出 Y_{FS} 的百分比表示，即

$$\gamma_R = \pm\frac{\Delta R_{max}}{Y_{FS}}\times 100\% \tag{2-4}$$

2.1.7 漂移

漂移（Drift or Shift）是指传感器在输入量不变的情况下，输出量随时间或温度等变化的现象；漂移与被测输入量无关，将影响传感器的稳定性或可靠性（Stability or Reliability）。

产生漂移的原因主要有两个：一是传感器自身敏感材料特性和结构参数发生老化（即随时间缓慢变化），称为时间漂移（简称时漂），分为零点漂移（简称零漂，Zero Drift）和灵敏度漂移（Sensitivity Drift）。零点漂移是在规定条件下，一个恒定的输入在规定时间内的输出在标称范围最低值处（即零点）的变化，灵敏度漂移是指灵敏度随时间而产生的变化。二是在测试过程中周围环境（如温度、湿度、压力等）发生变化，这种情况下最常见的是温度漂移（简称温漂），它是由周围环境温度变化引起的输出变化。温度漂移通常用传感器工作环境温度偏离标准环境温度（一般为 20℃）时输出值的变化量与温度变化量之比来表示。

2.1.8 精度

精度（Precision）也称静态误差，是传感器在满量程内任一点的测量输出值相对被测量理论值（真值）的偏离（或逼近）程度。典型地，可用标准差来表征测量结果的精度。追求精准，“进”无止境；精度的每一步提升都会引发一场技术革命；计量单位最新的量子化利用了原子和量子现象不断提高准确度水平，达到当前人类观测能力的极限，体现了人类对精准的永恒追求。

方法论

【精准】 精准是一种科学的思维方法，更是一种务实的工作方法。正如习近平总书记多次强调的“要从细节处着手，养成习惯”“要强化精准思维”。实际上，精准方法论广泛运用于脱贫攻坚、全面深化改革、生态文明建设、城市治理、党的建设等各个领域，贯穿于治国理政的方方面面。如对于脱贫攻坚，强调“聚焦精准发力，攻克坚中之坚”；对于深化改革，要求“对准焦距，找准穴位，击中要害”；对于污染防治，要“精准治污”；对于城市管理，要“像绣花一样精细”；对于党的建设，要“瞄着问题去、对着问题改，精确制导、精准发力”……该方法同样可以适用于精准测控，为质量强国贡献智慧和力量。

2.2 传感器的动态特性

在实际测试工作中，大量的被测信号是随时间变化的动态信号，对动态信号的测量不仅需要精确地测量信号幅值的大小，而且需要测量和记录反映动态信号变化过程的波形，这就要求传感器能迅速准确地测出信号幅值的大小和无失真地再现被测信号随时间变化的波形。

传感器的动态特性是指传感器对动态激励（输入）的响应（输出）特性，即其输出对

随时间变化的输入量的响应特性（Response Characteristic）。一个动态特性好的传感器，其输出随时间变化的规律（输出变化曲线），将能再现输入随时间变化的规律（输入变化曲线），即输出、输入具有相同的时间函数。但实际上由于制作传感器的敏感材料对不同的变化会表现出一定程度的惯性（如温度测量中的热惯性），因此输出信号与输入信号并不具有完全相同的时间函数，这种输入与输出间的差异称为动态误差，动态误差反映的是惯性延迟所引起的附加误差。

传感器的动态特性可以从时域和频域两个方面分别采用瞬态响应（Transient Response）法和频率响应（Frequency Response）法来分析。由于输入信号的时间函数形式是多种多样的，在时域内研究传感器的响应特性时，只需研究几种特定的输入时间函数，如阶跃函数、脉冲函数和斜坡函数等。在频域内研究动态特性时一般是采用正弦函数。为了便于比较和评价，常采用阶跃信号和正弦信号作为输入信号，对应的传感器动态特性指标分为两类，即与阶跃响应（Step Response）有关的指标和与频率响应特性有关的指标：①在采用阶跃输入信号研究传感器的时域动态特性时，常用延迟时间、上升时间、响应时间、超调量等来表征传感器的动态特性；②在采用正弦输入信号研究传感器的频域动态特性时，常用幅频特性和相频特性来描述传感器的动态特性。

动态特性具体的分析步骤包括先建立系统的数学模型，再通过拉普拉斯变换求得传递函数表达式，然后根据输入条件得出其频率特性（包括幅频特性和相频特性），以此来描述系统的动态特性。在实际的测试工作中，检测系统的动态特性通常可由实验方法来确定。

对于大多数传感器，一般可以将其简化为一阶或二阶系统，下面分析它们的动态特性。

2.2.1　一阶传感器的频率响应

一阶传感器的微分方程为

$$a_1\frac{\mathrm{d}y(t)}{\mathrm{d}t}+a_0y(t)=b_0x(t) \tag{2-5}$$

它可改写为

$$\tau\frac{\mathrm{d}y(t)}{\mathrm{d}t}+y(t)=S_\mathrm{n}x(t) \tag{2-6}$$

式中　τ——传感器的时间常数（具有时间量纲），$\tau=a_1/a_0$；

S_n——传感器的静态灵敏度，$S_\mathrm{n}=\dfrac{b_0}{a_0}$。

对式（2-6）作拉普拉斯变换，可得出其传递函数为

$$H(s)=\frac{S_\mathrm{n}}{\tau s+1} \tag{2-7}$$

然后再作傅里叶变换，可得出其频率响应特性、幅频特性、相频特性分别如下：

频率响应特性

$$H(\mathrm{j}\omega)=\frac{S_\mathrm{n}}{\tau(\mathrm{j}\omega)+1} \tag{2-8}$$

幅频特性

$$A(\omega)=S_\mathrm{n}/\sqrt{1+(\omega\tau)^2} \tag{2-9}$$

相频特性

$$\varphi(\omega)=\arctan(-\omega\tau)=-\arctan(\omega\tau) \tag{2-10}$$

S_n 只起着使输出量增加 S_n 倍的作用，为讨论方便，常令 $S_n=1$。传感器的相频特性通常为负值，意味着输出滞后输入。

图 2-5 所示为一阶传感器的频率响应特性曲线。从式（2-9）、式（2-10）和图 2-5 可以看出，时间常数 τ 越小，此时 $A(\omega)$ 越接近于常数 1，$\varphi(\omega)$ 越接近于 0，因此，频率响应特性越好。当 $\omega\tau \ll 1$ 时：$A(\omega)\approx 1$，输出与输入的幅值几乎相等，它表明传感器的输出与输入为线性关系；$\varphi(\omega)$ 很小，$\tan(\varphi)\approx\varphi$，$\varphi(\omega)\approx-\omega\tau$，相位差与频率 ω 成线性关系。这时保证了测试是无失真的，输出 $y(t)$ 真实地反映了输入 $x(t)$ 的变化规律。

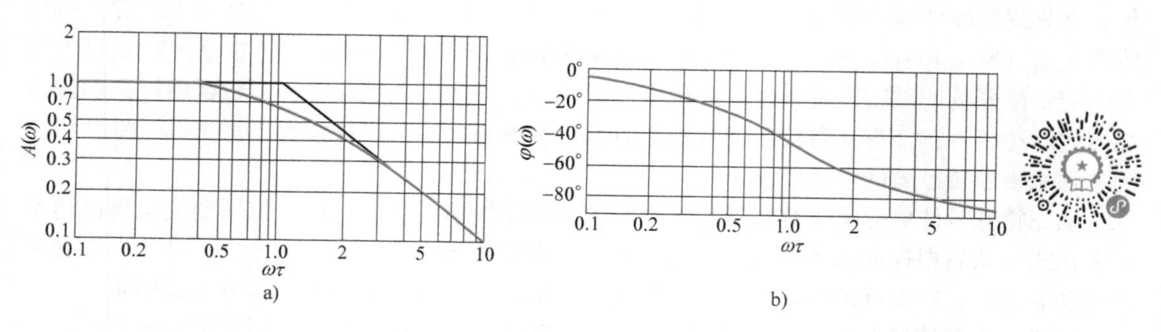

图 2-5　一阶传感器的频率特性

a）幅频特性　b）相频特性

2.2.2　二阶传感器的频率响应

典型的二阶传感器的微分方程为

$$a_2\frac{\mathrm{d}^2y(t)}{\mathrm{d}t^2}+a_1\frac{\mathrm{d}y(t)}{\mathrm{d}t}+a_0y(t)=b_0x(t) \tag{2-11}$$

运用类似一阶传感器的频率响应特性分析方法，可得到：

传递函数

$$H(s)=\frac{S_n\omega_n^2}{s^2+2\zeta\omega_n s+\omega_n^2} \tag{2-12}$$

频率响应特性

$$H(\mathrm{j}\omega)=\frac{S_n}{\left[1-\left(\frac{\omega}{\omega_n}\right)^2\right]+2\mathrm{j}\zeta\left(\frac{\omega}{\omega_n}\right)} \tag{2-13}$$

幅频特性

$$A(\omega)=\frac{S_n}{\sqrt{\left[1-\left(\frac{\omega}{\omega_n}\right)^2\right]^2+4\zeta^2\left(\frac{\omega}{\omega_n}\right)^2}} \tag{2-14}$$

相频特性

$$\phi(\omega)=-\arctan\frac{2\zeta\left(\dfrac{\omega}{\omega_{\mathrm{n}}}\right)}{1-\left(\dfrac{\omega}{\omega_{\mathrm{n}}}\right)^2} \tag{2-15}$$

式中，$S_{\mathrm{n}}=\dfrac{b_0}{a_0}$（传感器的静态灵敏度。为方便讨论，可令 $b_0=a_0$，即 $S_{\mathrm{n}}=1$）；$\omega_{\mathrm{n}}=\sqrt{\dfrac{a_0}{a_2}}=\dfrac{1}{\tau}$ $\left(\text{传感器的固有角频率，时间常数 } \tau=\sqrt{\dfrac{a_2}{a_0}}\right)$；$\zeta=\dfrac{a_1}{2\sqrt{a_0a_2}}$（传感器的阻尼系数）。

图 2-6 所示为二阶传感器的频率响应特性曲线。由式（2-14）、式（2-15）和图 2-6 可见，传感器的频率响应特性好坏主要取决于传感器的固有角频率 ω_{n} 和阻尼系数 ζ。

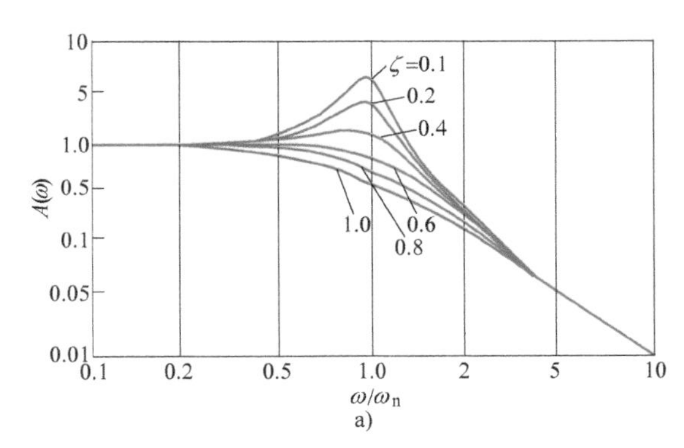

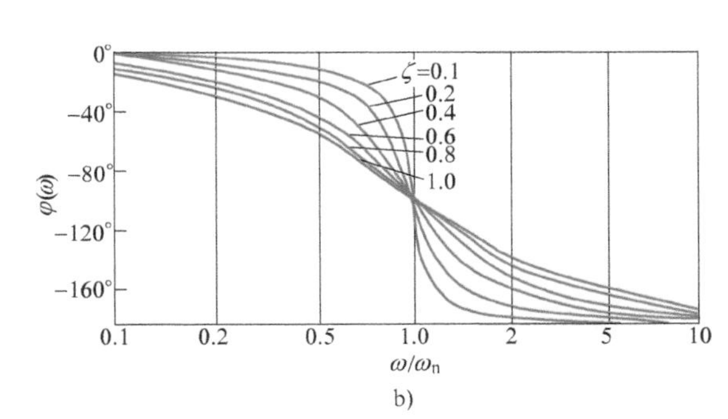

图 2-6　二阶传感器的频率特性

a）幅频特性　b）相频特性

当 $0<\zeta<1$，$\omega_{\mathrm{n}}\gg\omega$ 时：$A(\omega)\approx1$（常数），$\phi(\omega)$ 很小，$\phi(\omega)\approx-2\zeta\dfrac{\omega}{\omega_{\mathrm{n}}}$，即相位差与角频率 ω 成线性关系，此时，系统的输出 $y(t)$ 真实准确地再现输入 $x(t)$ 的波形。

在 $\omega=\omega_{\mathrm{n}}$ 附近，系统发生共振，幅频特性受阻尼系数影响极大，实际测量时应避免此种情况。

2.2.3　一阶或二阶传感器的动态特性参数

基于式（2-7）所表示的一阶传感器的传递函数作拉普拉斯反变换，可得到其单位阶跃响应函数为

$$y(t)=L^{-1}[Y(s)]=S_{\mathrm{n}}\left(1-\mathrm{e}^{-\frac{t}{\tau}}\right) \tag{2-16}$$

式中　S_{n}——传感器的灵敏度（输出相对于输入的放大倍数），$t\geqslant0$。如果输入的是阶跃信号，则式（2-16）右边应乘以阶跃信号的幅值 A_0（稳态值）。

同样的方法可得到二阶传感器的单位阶跃响应函数为（欠阻尼情况下）

$$y(t)=S_{\mathrm{n}}\left[1-\frac{\mathrm{e}^{-\omega_{\mathrm{n}}\zeta t}}{\sqrt{1-\zeta^2}}\sin\left(\sqrt{1-\zeta^2}\,\omega_{\mathrm{n}}t+\arctan\frac{\sqrt{1-\zeta^2}}{\zeta}\right)\right] \tag{2-17}$$

式中，$t \geqslant 0$，$0<\zeta<1$。

相应地，一阶或二阶传感器单位阶跃响应的时域动态特性分别如图 2-7、图 2-8 所示（$S_n=1$）。其时域动态特性参数描述如下。

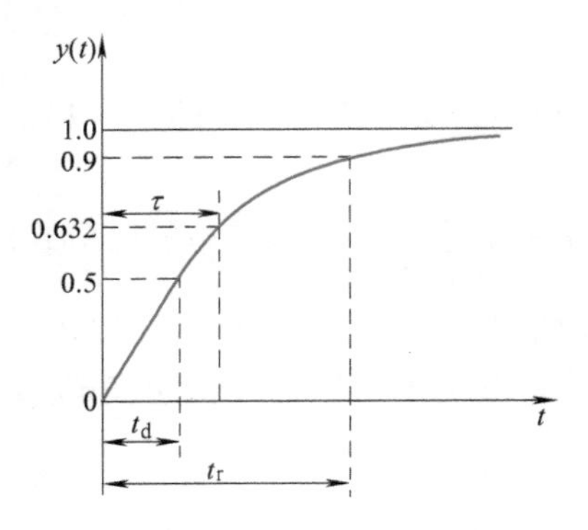

图 2-7　一阶传感器的时域动态特性

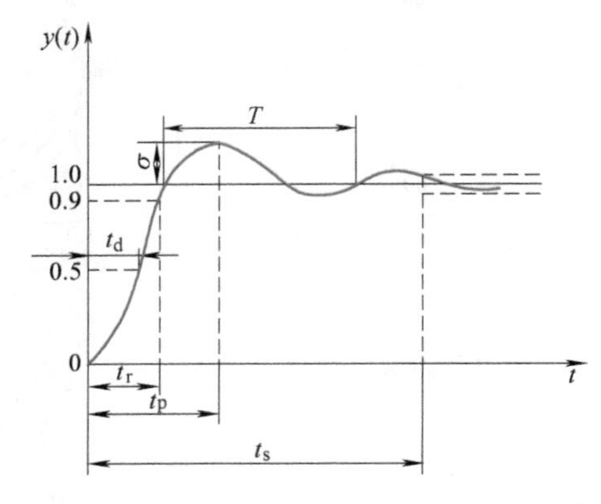

图 2-8　二阶传感器（$0<\zeta<1$）的时域动态特性

时间常数 τ： 一阶传感器的输出上升到稳态值的 63.2%所需的时间。一阶传感器的时间常数是一阶传感器的重要性能参数，如图 2-7 所示。τ 的大小表示惯性的大小，故一阶环节又称为惯性环节。τ 越小，阶跃响应越快，频率响应的上截止频率越高，响应曲线越接近于输入阶跃曲线，即动态误差越小。

延迟时间 t_d： 传感器的输出达到稳态值的 50%所需的时间。

上升时间 t_r： 传感器的输出达到稳态值的 90%所需的时间。

峰值时间 t_p： 二阶传感器输出响应曲线达到第一个峰值所需的时间。

响应时间 t_s： 二阶传感器从输入量开始起作用到输出指示值进入稳态值所规定的范围内所需要的时间。

超调量 σ： 二阶传感器输出第一次达到稳定值后又超出稳定值而出现的最大偏差，即二阶传感器输出超过稳定值的最大值。常用相对于最终稳定值的百分比来表示。超调量越小越好。

传感器的基本特性总结如图 2-9 所示。

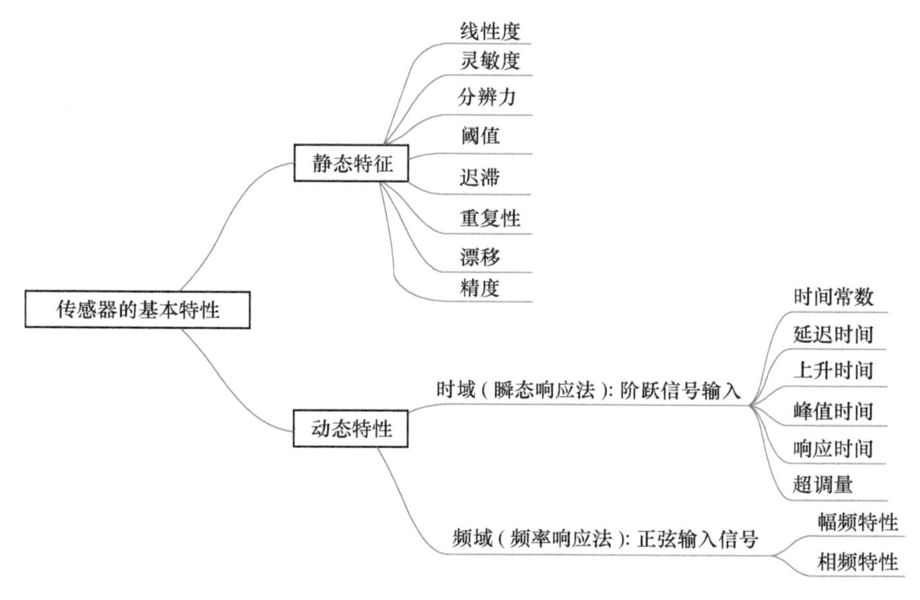

图 2-9　传感器的基本特性

【敬业】　“心心在一艺，其艺必工；心心在一职，其职必举”。一阶、二阶传感器的阶跃响应特性告诉我们，只要目标明确，有强烈的敬业精神，追求坚持不懈，即使过程艰辛，有时甚至还有跌宕起伏（振荡），但“没有比人更高的山，没有比脚更长的路”“山再高，往上攀，总能登顶；路再长，走下去，定能到达”。屠呦呦几十年如一日，守着清贫，耐着寂寞，甚至亲自服药试验，带领研究人员攻坚克难，不断探索，从祖国中医医学宝库中得到有益启示，敢于用乙醚提取青蒿素，在无数次失败中不服输，不断战胜前进道路上的各种艰难险阻，终于在第 191 次试验中成功获得青蒿素，为攻克世界医学难题发挥了不可替代的作用，“山重水复疑无路，柳暗花明又一村”，她因此获得 2015 年诺贝尔生理学或医学奖。

人生道路总是起起伏伏，总会遇到低谷，但低谷过后往往是上坡路；当你觉得艰辛时，或许正朝高处进发。敬业和成功都离不开坚持，困难总会过去，黎明终将到来，艰难时刻多坚持一下，就离成功更近一步。

实际上传感器往往是作为一个测控系统的基本部件，主要完成信号检测与转换等功能，就像我们身边的大多数人一样平凡，却不可或缺；只要坚持螺丝钉精神，立足岗位，兢兢业业，同样发光发热，体现自己独有的人生价值，“点点微光汇成巨大能量”！何况“世上没有从天而降的英雄，只有挺身而出的凡人”。

2.3　传感器的标定与校准

为了保证传感器测量结果的可靠性与精确度，也为了保证测量的统一和便于量值的传递，国家建立了各类传感器的检定标准，并设有标准测试装置和仪器作为量值传递基准，以便对新生产的传感器或使用过一段时间的传感器（其电气性能和机械性能会随时间而变化，导致传感器的灵敏度降低等）的灵敏度、频率响应、线性度等进行校准（Calibration），以保证测量数据的可靠性。

传感器的标定是利用某种标准仪器对新研制或生产的传感器进行技术检定和标度（Scale）；它是通过实验建立传感器输入量与输出量间的关系，并确定不同使用条件下的误差关系或测量精度。**传感器的校准**是指对使用或存储一段时间后的传感器性能进行再次测试和校正，校准的方法和要求与标定相同。一般生产加工类企业的量具都有固定的校正周期，这些量具到校正期时必须被送到权威的第三方计量质量检测部门进行校正（常称“年检”“强检”），只有通过了合格检测之后才可以继续使用。随着传感器的智能化发展，未来传感器甚至可在整个使用寿命内进行自学习，而无须维护、修改或校准。

传感器的标定分为静态标定和动态标定两种。静态标定的目的是确定传感器的静态特性指标，包括线性度、灵敏度、分辨率、迟滞、重复性等。**动态标定的目的**是确定传感器的动态特性参数，如频率响应、时间常数、固有频率和阻尼比等。对传感器的标定是根据标准仪器与被标定传感器的测试数据进行的，即利用标准仪器产生已知的非电量并输入待标定的传感器中，然后将传感器的输出量与输入的标准量进行比较，从而得到一系列标准数据或曲线。实际应用中，输入的标准量可用标准传感器检测得到，即将待标定的传感器与标准传感器进行比较，因此，只有当标准仪器的测量精度高于被标定传感器测量精度至少一个等级时，被标定的传感器的测量结果才会是可信的。

在国内，标定的过程一般分为三级精度：中国计量院进行的标定是一级精度的标准传递；在此处标定出的传感器叫标准传感器，具有二级精度；用标准传感器对出厂的传感器和其他需要校准的传感器进行标定，得到的传感器具有三级精度，这就是我们在实际测试中使用的传感器。

学习拓展

（实现不失真测量的条件） 根据本章的分析可知，一个理想的传感器就是要确保被测信号（或能量）的无失真转换，使检测结果尽量反映被测量的原始特征，用数学语言描述就是其输出 $y(t)$ 和输入 $x(t)$ 满足下列关系：

$$y(t)=Ax(t-t_0)$$

其中，A 和 t_0 都是常数，表明该系统输出的波形和输入的波形精确一致，只是幅值放大了 A 倍及时间上延迟了 t_0，在此条件下的传感器被认为具有不失真测量的特性。

根据传感器不失真测量的特性要求，试用频率响应函数分析方法推导实现不失真测量的幅频特性和相频特性的条件是什么？

2.1　什么是传感器的静态特性？描述传感器静态特性的主要指标有哪些？

2.2　传感器输入-输出特性的线性化有什么意义？如何实现其线性化？

2.3　什么是传感器的动态特性？如何分析传感器的动态特性？

2.4　描述传感器动态特性的主要指标有哪些?

2.5　试解释线性时不变系统的叠加性和频率保持特性的含义及其意义。

2.6　用某一阶传感器测量 100Hz 的正弦信号，如要求幅值误差限制在±5%以内，时间常数应取多少？如果用该传感器测量 50Hz 的正弦信号，其幅值误差和相位误差各为多少?

2.7　某温度传感器为时间常数 $\tau = 3\text{s}$ 的一阶系统，当传感器受突变温度作用后，试求传感器指示出温差的三分之一和二分之一所需的时间。

2.8　玻璃水银温度计通过玻璃温包将热量传给水银，可用一阶微分方程来表示。现已知某玻璃水银温度计特性的微分方程是

$$2\frac{\mathrm{d}y}{\mathrm{d}t}+y=x$$

y 代表水银柱高（mm），x 代表输入温度（℃）。求该温度计的时间常数及灵敏度。

2.9　某传感器为一阶系统，当受阶跃函数作用时，在 $t=0$ 时，输出为 10mV；在 $t=5\text{s}$ 时输出为 50mV；在 $t\to\infty$ 时，输出为 100mV。试求该传感器的时间常数。

2.10　某一质量-弹簧-阻尼系统在受到阶跃输入激励下，出现的超调量大约是最终稳态值的 40%。如果从阶跃输入开始至超调量出现所需的时间为 0.8s，试估算阻尼比和固有角频率的大小。

2.11　在某二阶传感器的频率特性测试中发现，谐振发生在频率 216Hz 处，并得到最大的幅值比为 1.4，试估算该传感器的阻尼比和固有角频率的大小。

2.12　设一力传感器可简化为典型的质量-弹簧-阻尼二阶系统，已知该传感器的固有频率 $f_0=1000\text{Hz}$，若其阻尼比为 0.7，试问用它测量频率为 600Hz、400Hz 的正弦交变力时，其输出与输入幅值比 $A(\omega)$ 和相位差 $\phi(\omega)$ 各为多少?

第3章

电阻式传感器

知识单元与知识点	➤ 应变、应变效应的基本概念； ➤ 应变电阻式传感器的工作原理、测量电路与典型应用； ➤ 电阻应变片的温度误差及其补偿。
方法论	假设；工程实践；互补
能力点	◇ 认知并理解应变、应变效应等基本概念； ◇ 会分析应变片的种类和应变电阻式传感器的工作原理； ◇ 能推导直流电桥与交流电桥的平衡条件与电压灵敏度特性； ◇ 会分析电阻应变片的温度误差及其补偿方法、直流电桥的非线性误差及其补偿方法； ◇ 能应用应变电阻式传感器。
重难点	■ 重点：应变与应变效应的含义；电阻应变片的温度误差及其补偿方法；应变电阻式传感器的工作原理；电阻应变片的测量电路。 ■ 难点：电阻应变片的温度误差及其补偿方法、直流电桥的非线性误差及其补偿方法。
学习要求	√ 掌握应变、应变效应的基本概念； √ 掌握应变电阻式传感器的工作原理、直流电桥与交流电桥的平衡条件与电压灵敏度特性； √ 掌握产生电阻应变片温度误差的主要原因及其补偿方法； √ 了解应变片的分类、应变电阻式传感器的典型应用； √ 会分析半桥差动、全桥差动对非线性误差和电压灵敏度的改善。
问题导引	→ 什么是电阻式传感器？ → 电阻式传感器是如何进行工作的？ → 电阻式传感器的典型应用场景是什么？

电阻式传感器的基本工作原理是将被测量的变化转化为传感器电阻值的变化，再经一定的测量电路实现对测量结果的输出。电阻式传感器应用广泛、种类繁多，如电位器式、应变式、热电阻和热敏电阻等；电位器电阻式传感器是一种把机械线位移或角位移输入量通过传感器电阻值的变化转换为电阻或电压输出的传感器；应变电阻式传感器是通过弹性元件的传递将被测量引起的形变转换为传感器应变片的电阻值变化。本章主要介绍应变电阻式传感器，热电阻和热敏电阻将在热电式传感器部分介绍。

3.1　工作原理

应变（Stress）是指物体在外部压力或拉力作用下发生形变的现象。当外力去除后物体能完全恢复其原来的尺寸和形状的应变称为弹性应变。具有弹性应变特性的物体称为弹性元件。应变效应是指导体或半导体材料在力的作用下产生机械变形、电阻值发生变化的现象。

应变电阻式传感器是利用电阻应变片将应变转换为电阻变化的传感器。应变电阻式传感器由弹性元件（作为敏感元件感知与力相关的量并产生应变）及在其上粘贴的电阻应变片（作为转换元件将应变转换为电阻变化）构成。应变电阻式传感器工作时引起的电阻值变化甚小，但其测量灵敏度较高。它在力、力矩、压力、加速度、重量等参数的测量中得到了广泛的应用。

应变电阻式传感器的基本工作原理：当被测物理量（如力、力矩或压力等）作用在弹性元件上使其发生形变时，产生相应的应变，然后传递给与之相连的电阻应变片，引起电阻应变片的电阻值发生变化，通过测量电路变成电压等电量输出。输出的电压大小反映了被测物理量的大小。

3.1.1　应变效应

如图 3-1 所示。一根具有应变效应的金属电阻丝（线径一般在 0.1~7mm）在未受力时，原始电阻值为

$$R=\frac{\rho L}{A} \tag{3-1}$$

式中　R——电阻丝的电阻；

ρ——电阻丝的电阻率；

L——电阻丝的长度；

A——电阻丝的截面积。

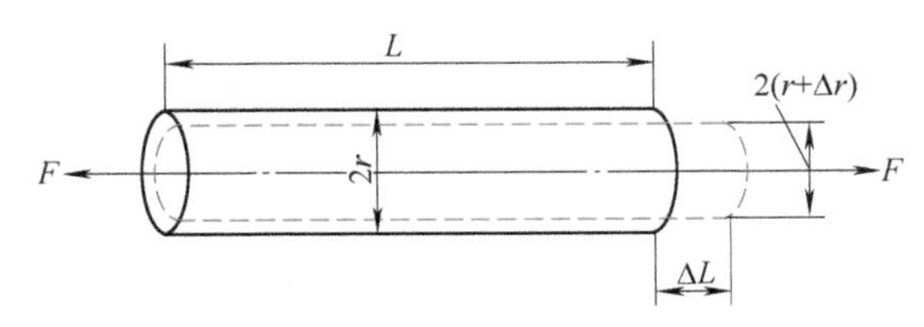

图 3-1　应变效应

当电阻丝受到拉力 F 作用时将伸长，截面积相应减小，电阻率也将因形变而改变（增加），故引起的电阻值相对变化量通过对式（3-1）进行全微分可得

$$\mathrm{d}R=\frac{L}{A}\mathrm{d}\rho+\frac{\rho}{A}\mathrm{d}L-\frac{\rho L}{A^2}\mathrm{d}A \tag{3-2}$$

结合式（3-1）可得相对变化量为

$$\frac{\mathrm{d}R}{R}=\frac{\mathrm{d}\rho}{\rho}+\frac{\mathrm{d}L}{L}-\frac{\mathrm{d}A}{A} \tag{3-3}$$

为分析方便，假设电阻丝是圆截面，即 $A=\pi r^2$（r 为电阻丝的半径），微分后可得

$$dA=2\pi r dr \tag{3-4}$$

则圆形电阻丝的截面积相对变化量转换成半径的相对变化量（径向应变）应为

$$\frac{dA}{A}=2\frac{dr}{r} \tag{3-5}$$

因变化量小，dρ、dL、dr 可分别用 $\Delta\rho$、ΔL、Δr 代替，于是可得

$$\frac{\Delta R}{R}=\frac{\Delta\rho}{\rho}+\frac{\Delta L}{L}-2\frac{\Delta r}{r} \tag{3-6}$$

式中　$\frac{\Delta L}{L}$——电阻丝轴向（长度）相对变化量，即**轴向应变**，用 ε_L或 ε 表示。即

$$\varepsilon_L=\varepsilon=\frac{\Delta L}{L} \tag{3-7}$$

基于材料力学相关知识，径向应变与轴向应变的关系为

$$\varepsilon_r=\frac{\Delta r}{r}=-\mu\frac{\Delta L}{L}=-\mu\varepsilon_L=-\mu\varepsilon \tag{3-8}$$

式中　μ——电阻丝材料的泊松比（其取值在 0~0.5 之间，通常为 0.3 左右）。

式（3-8）中，负号表示径向应变与轴向应变方向相反，即金属丝受拉力时，沿轴向伸长，沿径向缩小；反之亦然。

基于径向应变和轴向应变之间的关系，那么这两种应变引起的电阻应变片的电阻值相对变化量之间的关系是什么？

将式（3-7）、式（3-8）代入式（3-6）可得

$$\frac{\Delta R}{R}=\frac{\Delta\rho}{\rho}+(1+2\mu)\varepsilon \tag{3-9}$$

通常把单位应变引起的电阻值相对变化量称为**电阻丝的灵敏度系数**，表示为

$$K=\frac{\Delta R/R}{\varepsilon}=1+2\mu+\frac{\Delta\rho}{\rho\varepsilon} \tag{3-10}$$

由此可见，电阻丝的灵敏度系数受两个因素的影响：一个是受力后材料几何尺寸的变化，即 $(1+2\mu)$，对于确定的材料，$(1+2\mu)$ 是常数，其值约为 1~2 之间；另一个是受力后材料的电阻率的变化，即$\frac{\Delta\rho}{\rho\varepsilon}$。实验证明：在电阻丝拉伸极限内，电阻的相对变化与应变成正比，即 K 为常数。

方法论

【假设】 为便于问题的解决或对研究对象进行精确“画像”，往往需要明确问题的约束条件，合理的假设是一种常用的科学方法。如果假设电阻丝的截面为正方形，情况又会怎样呢？

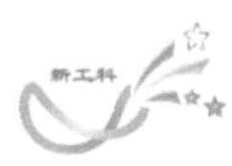

3.1.2　电阻应变片种类

在外力作用下，电阻应变片产生应变，导致其电阻值发生相应变化。应力（Strain）与应变的关系为

$$\varepsilon=\frac{\Delta L}{L}=\frac{\sigma}{E} \tag{3-11}$$

式中　σ——被测试件的应力；

E——被测试件的材料弹性模量（弹性模量也叫杨氏模量，等同压强，单位为 Pa，$1\text{Pa}=1\text{N/m}^2$）。

应力 σ 与力 F 和受力面积 A 的关系可表示为（是否也等同压力?）

$$\sigma=\frac{F}{A} \tag{3-12}$$

常用的电阻应变片有两种：金属电阻应变片和半导体电阻应变片。

1. 金属电阻应变片（应变效应为主）

金属电阻应变片有丝式和箔式等结构形式。丝式电阻应变片如图 3-2a 所示，它是用一根金属细丝按图示形状弯曲后用胶黏剂贴于衬底上，衬底用纸或有机聚合物等材料制成，电阻丝的两端焊有引出线，电阻丝直径大小在 0.012~0.050mm 之间。

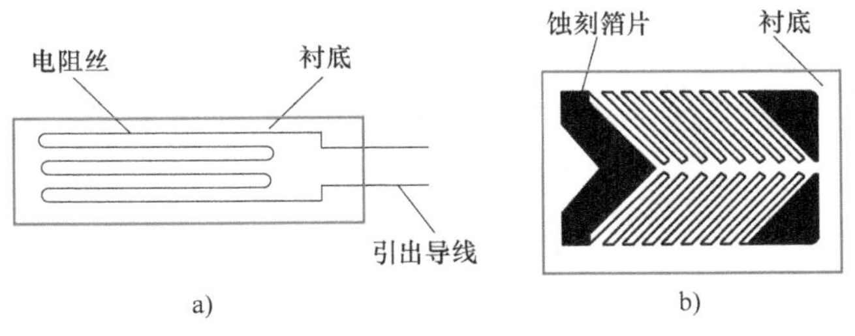

图 3-2　金属电阻应变片结构

a）丝式　b）箔式

箔式电阻应变片的结构如图 3-2b 所示，它是用光刻、腐蚀等工艺方法制成的一种很薄的金属箔栅，其厚度一般在 0.003~0.010mm。它的优点是表面积和截面积之比大，散热条件好，故允许通过较大的电流，并可做成任意的形状，便于大量生产。鉴于这些特点，箔式电阻应变片的使用范围日益广泛，并有逐渐取代丝式电阻应变片的趋势。

金属电阻应变片的灵敏度系数表达式中（$1+2\mu$）的值要比$\frac{\Delta\rho}{\rho\varepsilon}$大得多，后者可以忽略不计，即金属电阻应变片的工作原理主要是基于应变效应导致其材料几何尺寸的变化，因此金属电阻应变片的灵敏度系数近似为（金属或合金的应变灵敏度系数一般在 1.8~4.8 之间）

$$K\approx 1+2\mu\text{（常数）}$$

2. 半导体电阻应变片（压阻效应为主）

半导体电阻应变片的结构如图 3-3 所示。它的使用方法与丝式电阻应变片相同，即粘贴在被测物体上，随被测件的应变，其电阻发生相应的变化。

与金属电阻应变片情况刚好相反，半导体电阻应变片的灵敏度系数表达式中（$1+2\mu$）

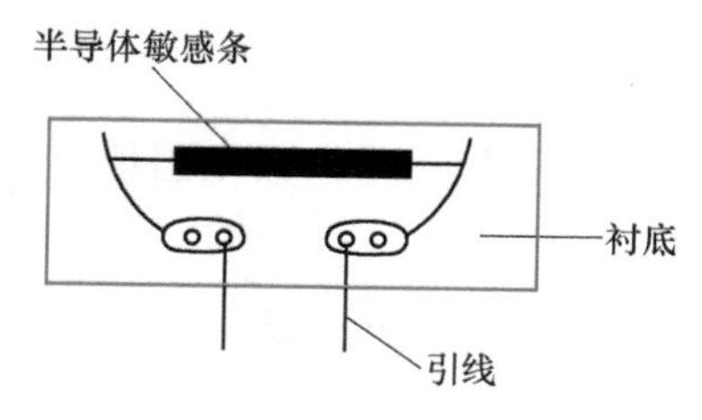

图 3-3　半导体电阻应变片结构

的值要比$\frac{\Delta\rho}{\rho\varepsilon}$小得多（近百分之一），即前者可以忽略不计。实际上，半导体电阻应变片的工作原理主要是基于半导体材料的**压阻效应**（**Piezoresistive Effect**），即单晶半导体材料沿某一轴向受到外力作用时，其电阻率发生变化的现象。对于不同类型的半导体，施加载荷的方向不同，压阻效应也不一样；目前使用最多的是单晶硅半导体。压阻式压力传感器具有极低的价格、较高的精度以及良好的线性特性，是目前应用最为广泛的压力传感器之一。

半导体敏感元件产生压阻效应时，其电阻率的相对变化与应力间的关系近似为

$$\frac{\Delta\rho}{\rho}=\pi\sigma=\pi E\varepsilon \tag{3-13}$$

式中　π——半导体材料的压阻系数。

因此，对于半导体电阻应变片来说，其灵敏度系数近似为

$$K\approx\frac{\Delta\rho}{\rho\varepsilon}=\pi E(\text{常数}) \tag{3-14}$$

半导体材料的应变灵敏度系数一般为金属的 50～80 倍，但由于半导体材料的温度系数大，应变时非线性严重，使它的应用范围受到一定限制。

由式（3-11）可知，应力正比于应变，即$\sigma=E\varepsilon$。而由前面的推导已知：应变正比于电阻值的（相对）变化，即$K=\frac{\Delta R/R}{\varepsilon}$=常数，因此，应力正比于电阻值的变化。这正是利用电阻应变片测量应力的基本原理。

3.1.3　电阻应变片温度误差及其补偿

1. 电阻应变片的温度误差（问题的提出）

基于电阻应变片的应变效应或压阻效应，通常我们使用电阻应变片来测量与力相关的量，并将其转化为电阻应变片的阻值变化；但电阻应变片的阻值变化也会受到温度变化的影响，如果电阻应变片工作时的环境温度发生变化，导致其电阻值发生变化，而这部分电阻值变化并非源于被测量，其对输出的贡献如果未得到补偿或消除，则将带来测量结果的误差。

电阻应变片的温度误差是由环境温度的改变给测量带来的附加误差。导致电阻应变片温度误差的主要因素有：

（1）电阻温度系数的影响

电阻应变片敏感栅的电阻丝阻值随温度变化的关系可表示为

$$R_t=R_0(1+\alpha_0\Delta t) \tag{3-15}$$

式中　R_t，R_0——温度 t 和 0℃时的电阻值；

α_0——金属丝的电阻温度系数；

Δt——变化的温度差值。

由式（3-15）可知，当温度变化 Δt 时，电阻丝的电阻变化值为

$$\Delta R_\alpha = R_t - R_0 = R_0\alpha_0\Delta t \tag{3-16}$$

（2）试件材料和电阻丝材料的线膨胀系数的影响

当试件材料和电阻丝材料的线膨胀系数相同时，环境温度的变化不会产生附加形变，也就不会带来附加误差。但当它们的线膨胀系数不同时，就会带来附加误差。

设电阻丝和试件在温度 0℃时的长度均为 L_0，它们的线膨胀系数分别为 β_s 和 β_g。若两者不粘贴，则它们的长度分别为

电阻丝

$$L_s = L_0(1+\beta_s\Delta t) \tag{3-17}$$

试件

$$L_g = L_0(1+\beta_g\Delta t) \tag{3-18}$$

若两者粘贴在一起，电阻丝产生附加形变 ΔL，附加应变 ε_β 和附加电阻变化 ΔR_β 分别为

$$\Delta L = L_g - L_s = (\beta_g - \beta_s)L_0\Delta t \tag{3-19}$$

$$\varepsilon_\beta = \frac{\Delta L}{L_0} = (\beta_g - \beta_s)\Delta t \tag{3-20}$$

$$\Delta R_\beta = KR_0\varepsilon_\beta = KR_0(\beta_g - \beta_s)\Delta t \tag{3-21}$$

因此，由温度变化引起的电阻应变片总的电阻相对变化量为

$$\frac{\Delta R_t}{R_0} = \frac{\Delta R_\alpha + \Delta R_\beta}{R_0} = [\alpha_0 + K(\beta_g - \beta_s)]\Delta t \tag{3-22}$$

由此可见，因环境温度变化导致的附加电阻的相对变化量取决于：环境温度的变化量（Δt）；电阻应变片自身的性能参数（K,α_0,β_s）；被测试件的线膨胀系数（β_g）。

所以，对应的应变为

$$\varepsilon_t = \frac{\Delta R_t/R_0}{K} = \left[\frac{\alpha_0}{K} + (\beta_g - \beta_s)\right]\Delta t \tag{3-23}$$

电阻应变片的常用场景是用于测量与力相关的量，如力、压力、重量、扭矩、加速度等，因为这些量可以通过弹性元件引起电阻应变片的阻值变化，从而为人们所感知。既然温度也可以导致电阻应变片的阻值变化，为什么不可以利用电阻应变片的这一特性来制作可测量温度的传感器呢？创新往往在打破墨守成规时于危机中育新机、变局中开新局。

2. 电阻应变片温度误差补偿方法（问题的解决思路）

常用而有效的电阻应变片温度误差补偿方法是电桥补偿法。其原理如图 3-4a 所示。

根据电路分析，可知电桥输出电压 $\dot{U}_o$ 与桥臂参数的关系为

$$\dot{U}_o = U_a - U_b = \frac{R_1}{R_1+R_2}\dot{U} - \frac{R_3}{R_3+R_4}\dot{U} = \frac{R_1R_4 - R_2R_3}{(R_1+R_2)(R_3+R_4)}\dot{U} \tag{3-24}$$

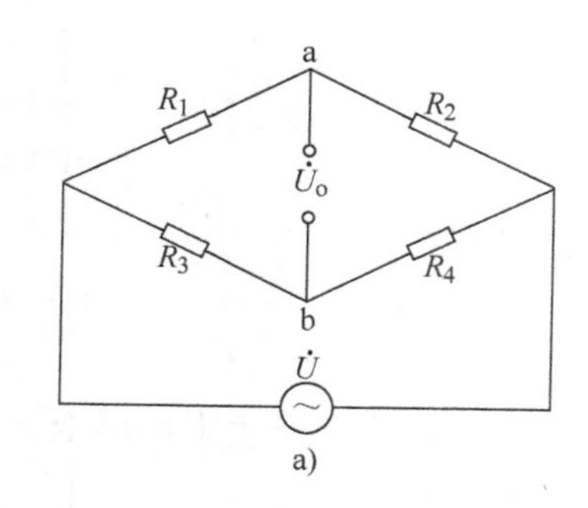

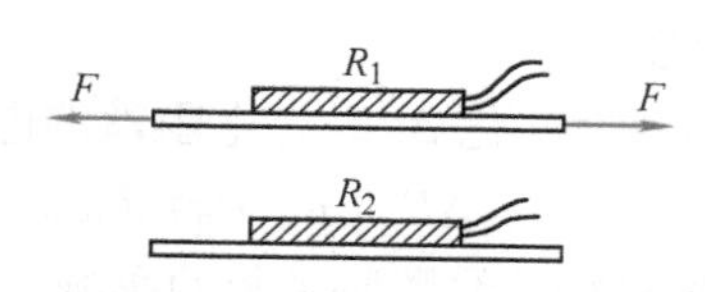

图 3-4 电桥补偿法

a）补偿电路 b）应变片粘贴

根据式（3-24），当 R_3 和 R_4 为常数时，R_1 和 R_2 对电桥输出电压 $\dot{U}_o$ 的作用效果相反。电桥补偿法正是利用了这一基本关系实现对测试结果的补偿，从而消除温度误差。

测量方法：将工作电阻应变片 R_1 粘贴在被测试件表面上，补偿电阻应变片 R_2 粘贴在与被测试件材料完全相同的补偿块上，且只有工作电阻应变片承受应变，如图 3-4b 所示。这种单臂工作的测量电桥通常被称作惠斯通电桥（Wheatstone Bridge）。

（1）当被测试件不承受应变时

R_1 和 R_2 处于同一温度环境，通过调整电桥参数（即选取 $R_1=R_2=R_3=R_4$）使之平衡，即

$$\dot{U}_o=\frac{R_1R_4-R_2R_3}{(R_1+R_2)(R_3+R_4)}\dot{U}=0 \tag{3-25}$$

当温度变化（升高或降低）时，两个电阻应变片因温度引起的电阻变化量相同（$R_1=R_2=R_3=R_4$，$\Delta R_1=\Delta R_2$），电桥仍处于平衡状态，即

$$\dot{U}_o=\frac{(R_1+\Delta R_1)R_4-(R_2+\Delta R_2)R_3}{[(R_1+\Delta R_1)+(R_2+\Delta R_2)](R_3+R_4)}\dot{U}=0 \tag{3-26}$$

（2）若被测试件有应变 ε 的作用

工作电阻应变片由应变引起的电阻增量 $\Delta R_1'=R_1K\varepsilon$，但补偿电阻应变片不承受应变，不会有新的电阻增量。如果选取 $R_1=R_2=R_3=R_4$，一般有 $\Delta R/R\ll1$，故此时电桥的输出电压为

$$\begin{aligned}\dot{U}_o&=\frac{(R_1+\Delta R_1')R_4-R_2R_3}{[(R_1+\Delta R_1')+R_2](R_3+R_4)}\dot{U}=\frac{\Delta R_1'R_4}{[(R_1+\Delta R_1')+R_2](R_3+R_4)}\dot{U}\\&=\frac{\Delta R_1'/R_1}{(2+\Delta R_1'/R_1)\times2}\dot{U}\approx\frac{\Delta R_1'}{R_1}\frac{\dot{U}}{4}\\&=K\varepsilon\frac{\dot{U}}{4}\end{aligned} \tag{3-27}$$

由式（3-27）可知，在电阻丝灵敏度系数和电桥输入电压一定的条件下，电桥的输出电压 $\dot{U}_o$ 只随被测试件的应变 ε 的变化而变化，与环境温度无关。

为了保证补偿效果，应注意以下几个问题：

1）在电阻应变片工作过程中，应保证 $R_3=R_4$。

2）R_1 和 R_2 两个电阻应变片应具有相同的电阻温度系数 α、线膨胀系数 β、应变灵敏度系数 K 和初始电阻值 R_0。

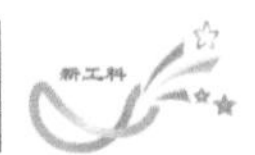

3）粘贴补偿片的材料和粘贴工作片的被测试件材料必须一样，两者的线膨胀系数相同。

4）工作片和补偿片应处于同一温度场中。

为了保证补偿效果，为什么一定要达到以上四个条件？

例：如图 3-4 所示的应变片电桥测量电路，其中 R_1 为应变片，R_2、R_3 和 R_4 为普通精密电阻。应变片在 0℃时的电阻值为 100Ω，$R_2=R_3=R_4=100\Omega$。已知应变片的灵敏度为 2.0，电源电压为 10V。

（1）如果将应变片 R_1 粘贴在弹性试件上，试件横截面积 $A=0.4\times10^{-4}\text{m}^2$，弹性模量 $E=3\times10^{11}\text{N/m}^2$，若受到 6×10^4N 拉力的作用，求测量电路的输出电压 U_o。

（2）在应变片不受力的情况下，假设该测量电路工作了 10min，且应变片 R_1 消耗的功率全部转化为温升（设每焦耳能量导致应变片 0.1℃的温升），不考虑 R_2、R_3 和 R_4 的温升，应变片电阻温度特性为 $R_t=R_0(1+\alpha t)$，$\alpha=4.28\times10^{-3}/℃$。试求此时测量电桥的输出电压 $\dot{U}_o$，并分析减小温度误差的方法。

解：（1）根据题意，应力为 $\sigma=F/A=[6\times10^4/(0.4\times10^{-4})]\text{N/m}^2=1.5\times10^9\text{N/m}^2$

应变为 $\varepsilon=\sigma/E=1.5\times10^9/(3\times10^{11})=0.005$

应变导致的电阻变化 $\Delta R=K\varepsilon R=2.0\times0.005\times100\Omega=1\Omega$

因此，输出电压为

$$U_o=U\left(\frac{R_1+\Delta R}{R_1+\Delta R+R_2}-\frac{R_3}{R_3+R_4}\right)=10\times\left(\frac{101}{201}-\frac{100}{200}\right)\text{V}=0.0249\text{V}$$

（2）根据题意，流过 R_1 的电流为 $I=\dfrac{U}{R_1+R_2}=\dfrac{10}{100+100}\text{A}=0.05\text{A}$

则 R_1 上消耗的功率 $P=I^2R=0.05^2\times100\text{W}=0.25\text{W}$

R_1 上消耗的能量 $W=Pt=0.25\times10\times60\text{J}=150\text{J}$

那么，温升 $\Delta t=150\times0.1℃=15℃$

此时，电阻 R_1 将变化为

$$R_t=R_0(1+\alpha t)=100\times(1+4.28\times10^{-3}\times15)\Omega=106.42\Omega$$

因此，对应的测量电桥输出电压如下：

方法一（无近似）

$$U_o=U\left(\frac{R_t}{R_t+R_2}-\frac{R_3}{R_3+R_4}\right)=10\times\left(\frac{106.42}{206.42}-\frac{100}{200}\right)\text{V}=0.1555\text{V}$$

方法二（利用单臂电桥输出电压的结论，有近似）

$$U_o\approx\frac{U}{4}\frac{\Delta R_1}{R_1}=\frac{U}{4}\frac{\Delta R_t}{R_t}=\frac{U}{4}\frac{R_t-R_0}{R_t}=\frac{10}{4}\times\frac{106.42-100}{106.42}\text{V}=0.1508\text{V}$$

值得指出的是，此时的 ΔR_t 不是由被测力引起的，而是由温度变化所引起的。由于此时应变片并未承受应变（追问：如果本例第（2）问的应变片同时受到第（1）问拉力的作用，测量电路的输出电压应为多少?），由此可见温度变化对测量结果的输出会带来较大的影响。要减小温度误差，可考虑采用的方法包括：不要长时间测量；对电阻 R_1 实施恒温措施；对电阻 R_2 做温度误差补偿，即采用补偿应变片。

本例第（2）问中，由于流过 R_1 的电流产生功耗，温度升高，R_1 的阻值是随温度升高而增加的，这将导致过程中流过 R_1 的电流、消耗的功率是变化的；本例在计算通过 R_1 的电流和 R_1 上消耗的功率与能量时并未计入 R_1 的变化，因此，得出的测量电桥的输出电压是不准确的。您觉得这样的质疑合理吗?

3.1.4 工程测试中的注意事项

在采用惠斯通电桥检测应变信号时，由于输出信号量通常非常微小，如微伏（μV）甚至纳伏（nV）级，要实现对这类微小信号的检测，在工程测试实践中需要多方面的注意，主要包括：

1）导线选用、连接与操作。为了满足小信号、低漂移和抗干扰性的要求，连接电阻应变片的导线应选用 2 芯或 4 芯双绞带金属屏蔽和护套的 PVC 电缆，线径不能太小；为提高抗干扰性能，需要对屏蔽线作适当的连接，且应当将所有屏蔽线连接到一起，再与地线连接；测量过程中不要移动导线。

2）电源。电源的质量将影响整个测量电路的有效性，如果电源纹波大、稳定性差，将不能实现微小信号的检测，因此，应根据测量信号的最小值和最小变化量，选取和设计电源方案。在采用直流电源时，无论是恒流源还是恒压源，应尽可能采用线性电源，降低电源纹波。

3）信号滤波和放大电路。采用惠斯通电桥实现信号采集时，通常在后续信号处理中会用到差分运算放大器（如 AD620、AD623 等集成芯片），它不仅能完成电桥差分信号的合成，同时能进行小信号放大。目前差分运算放大器的最大放大倍数不超过 10^4 倍，如测量信号为 1μV，放大 10^4 倍后信号的理想值为 10mV。但实际上，一次性对信号进行大倍数放大，基本上不能得到可靠信号，因为在此过程中的电路测量噪声同时被放大，因此在信号获取过程中，一般需要对信号进行逐次放大、滤波。

对信号进行滤波和放大时，对元件的要求较高，需要选用满足要求的元件，否则，不仅不能很好地实现滤噪，反而可能带来噪声。涉及的元件主要包括差分运算放大器、精密运算放大器（用于电压跟随、提高输入阻抗等）、采样电阻和电容、精密 A/D 转换芯片。选用时应尽量达到的性能参数要求主要有：

■ 尽可能小的输入电压噪声；

■ 尽可能小的输入失调电压（μV 级）；

■ 尽可能小的输入失调漂移，即受温度影响情况，对于测量精度要求高的场合，该值应该为 nV/℃级；

■ 较高的共模抑制比；

■ 符合测量信号的频带范围，即带宽。

方法论

【工程实践】 理论研究往往抓住的是问题的本质和关键因素，忽略了应用场景下的某些次要因素、关联因素或环境因素，因此，理论分析的结果在工程应用时可能出现偏差，需要通过工程实践来进一步完善理论，论证其可行性。恰如“实践是检验真理的唯一标准”。

3.2 测量电路

应变电阻式传感器是利用导体或半导体材料的应变（或压阻）效应制成的一种测量器件，用于测量微小的机械变化量。机械应变一般都很小，在 $10^{-6}\sim10^{-3}$ 范围内，而常规的电阻应变片的灵敏度系数值较小（$K\approx2$），故其电阻变化小，约为 $10^{-4}\sim10^{-1}\Omega$ 数量级，要把微小应变引起的微小电阻变化精确地测量出来，需要采用特别设计的测量电路。通常采用直流电桥或交流电桥。

3.2.1 直流电桥

1. 平衡条件

直流电桥如图 3-5 所示。当负载电阻 $R_L\to\infty$ 时（即相当于开路），电桥的输出电压为

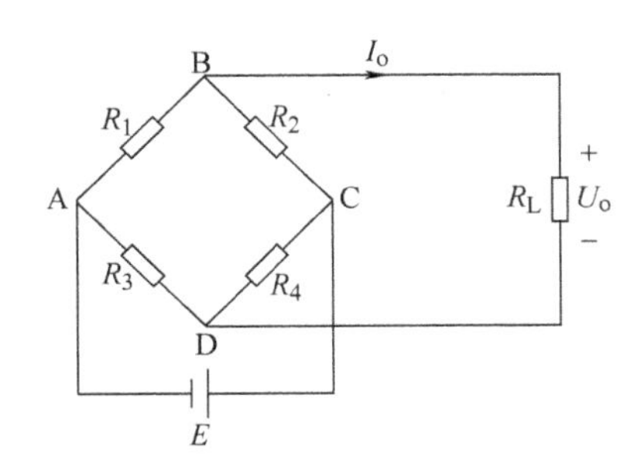

图 3-5 直流电桥的平衡条件

$$U_o=E\left(\frac{R_1}{R_1+R_2}-\frac{R_3}{R_3+R_4}\right) \tag{3-28}$$

电桥平衡时，$U_o=0$，即电桥无输出电压，根据式（3-28）则有

$$\frac{R_1}{R_2}=\frac{R_3}{R_4} \tag{3-29}$$

这就是电桥平衡的条件，即相邻两臂电阻的比值相等。

2. 电压灵敏度

为了测量电阻应变片的电阻微小变化，通常需加入放大器，放大器的输入阻抗比电桥输出阻抗大得多，因此仍可将电桥视为开路状态。当产生应变时，若电阻应变片的电阻变化为

ΔR_1（工作电阻应变片为 R_1），其他桥臂固定不变，则电桥平衡被打破，其输出电压 $U_o \neq 0$，即

$$U_o = E\left[\frac{(R_1+\Delta R_1)}{(R_1+\Delta R_1)+R_2} - \frac{R_3}{R_3+R_4}\right] = E\frac{\Delta R_1 R_4}{[(R_1+\Delta R_1)+R_2](R_3+R_4)} = E\frac{\frac{R_4}{R_3}\frac{\Delta R_1}{R_1}}{\left(1+\frac{\Delta R_1}{R_1}+\frac{R_2}{R_1}\right)\left(1+\frac{R_4}{R_3}\right)} \tag{3-30}$$

设桥臂比为 $R_2/R_1=n$，由于 $\Delta R_1 \ll R_1$，因此分母中的 $\Delta R_1/R_1$ 可忽略，结合电桥平衡条件 $R_1/R_2=R_3/R_4$，可将式（3-30）简化为

$$U_o = E\frac{n}{(1+n)^2}\frac{\Delta R_1}{R_1} \tag{3-31}$$

定义电桥的电压灵敏度为

$$K_U = \frac{U_o}{\Delta R_1/R_1} = E\frac{n}{(1+n)^2} \tag{3-32}$$

电压灵敏度越大，说明电阻应变片在电阻相对变化相同的情况下，电桥输出电压越大，电桥越灵敏。这就是电压灵敏度的物理意义。由式（3-32）可知：

1）电桥的电压灵敏度正比于电桥的供电电压，要提高电桥的灵敏度，可以提高电源电压，但要受到电阻应变片允许的功耗限制。

2）电桥的电压灵敏度是桥臂电阻比值 n 的函数，恰当地选取 n 值有助于取得较高的灵敏度。

在 E 确定的情况下，要使 K_U 的值最大，可通过计算导数 $dK_U/dn=0$ 求解。即

$$\frac{dK_U}{dn} = E\frac{1-n^2}{(1+n)^4} = 0 \tag{3-33}$$

所以 $n=1$（即 $R_1=R_2=R_3=R_4$）时，K_U 的值最大，电桥的电压灵敏度最高。此时有

$$U_o = \frac{E}{4}\frac{\Delta R_1}{R_1} \tag{3-34}$$

$$K_U = \frac{E}{4} \tag{3-35}$$

由此可知：当电源电压 E 和电阻相对变化量 $\Delta R_1/R_1$ 不变时，电桥的输出电压及其灵敏度也不变，且与各桥臂电阻阻值大小无关。

3. 非线性误差及其补偿

式（3-31）是在略去分母中的较小量 $\Delta R_1/R_1$ 得到的理想值，实际值应为

$$U_o' = E\frac{n\Delta R_1/R_1}{(1+\Delta R_1/R_1+n)(1+n)} \tag{3-36}$$

由于近似处理造成的非线性误差为

$$\gamma_L=\frac{U_o-U'_o}{U_o}=\frac{\Delta R_1/R_1}{1+n+\Delta R_1/R_1}\tag{3-37}$$

如果是四等臂电桥，即 $R_1=R_2=R_3=R_4$，$n=1$，则有

$$\gamma_L=\frac{\Delta R_1/R_1}{2+\Delta R_1/R_1}\tag{3-38}$$

对于一般的电阻应变片来说，所受应变 ε 通常在 5×10^{-3} 以下，根据 $\Delta R_1/R_1=K\varepsilon$，对于不同的 K，就可以求得不同的非线性误差。如 $K=2$，$\varepsilon=5\times10^{-3}$，则 $\Delta R_1/R_1=K\varepsilon=10^{-2}$，代入式（3-38）可求得非线性误差约为0.5%。

对某些电阻相对变化较大的情况，当非线性误差不能满足要求时，必须予以消除。例如，对于半导体电阻应变片，如 $K=125$，设所受应变 ε 为 1×10^{-3}，根据 $\Delta R_1/R_1=K\varepsilon$，则 $\Delta R_1/R_1=K\varepsilon=0.125$，代入式（3-38）可求得非线性误差达5.9%。

例：如果将120Ω的应变片粘贴在柱形弹性试件上，该试件的截面积 $A=0.5\times10^{-4}\text{m}^2$，材料弹性模量 $E=2\times10^{11}\text{N/m}^2$。若由 $5\times10^4\text{N}$ 的拉力引起应变片电阻变化为1.2Ω。

（1）求该应变片的灵敏系数 K。

（2）若将电阻应变片 R_1 置于单臂测量电桥，电桥电源电压为直流3V，求电桥的输出电压及其非线性误差（设桥臂比为1）。

解：（1）应变片电阻的相对变化为

$$\frac{\Delta R}{R}=\frac{1.2}{120}=0.01$$

柱形弹性试件的应变为

$$\varepsilon=\frac{\sigma}{E}=\frac{F}{EA}=\frac{5\times10^4}{2\times10^{11}\times0.5\times10^{-4}}=0.005$$

应变片的灵敏系数为

$$K=\frac{\Delta R/R}{\varepsilon}=\frac{0.01}{0.005}=2$$

（2）若将电阻应变片 R_1 置于单臂测量电桥，电桥电源电压为直流3V，则电桥的输出电压为

$$U_o=\frac{E}{4}\frac{\Delta R}{R}=\frac{3\times1.2}{4\times120}\text{V}=0.0075\text{V}$$

非线性误差为

$$\gamma_L=\frac{\Delta R/R}{1+n+\Delta R/R}=\frac{0.01}{1+1+0.01}\approx0.5\%$$

要减小或消除非线性误差，可采用的方法包括：

1）提高桥臂比。由式（3-37）可知，提高桥臂比，非线性误差将减小。但根据式（3-32）可知，电桥的电压灵敏度将降低，为了保持灵敏度不降低，必须相应地提高供电电压。

2）采用差动电桥。差动电桥分半桥差动和全桥差动两种情形。

半桥差动如图3-6a所示，只有两个相邻桥臂接入电阻应变片。该电桥的输出电压为

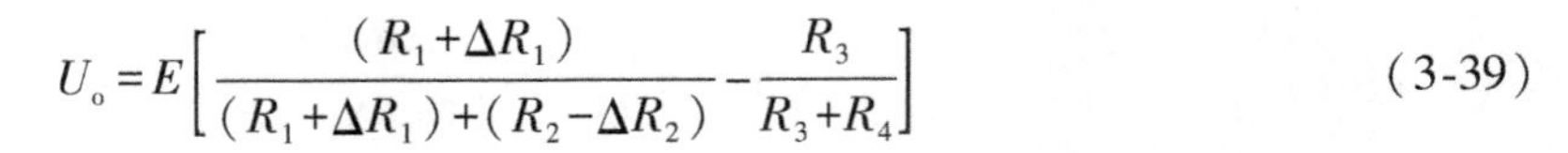

$$U_o=E\left[\frac{(R_1+\Delta R_1)}{(R_1+\Delta R_1)+(R_2-\Delta R_2)}-\frac{R_3}{R_3+R_4}\right] \tag{3-39}$$

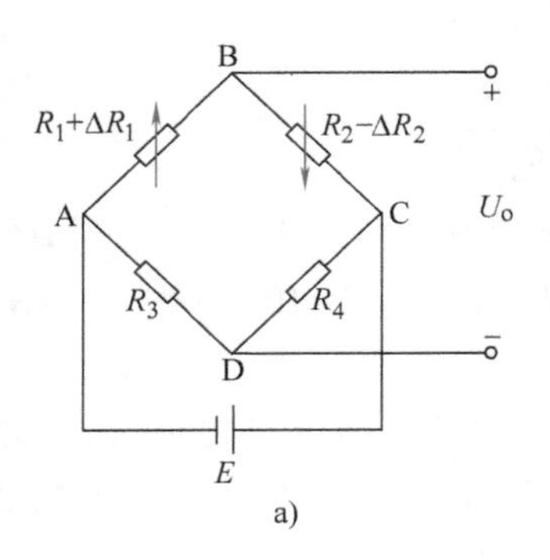

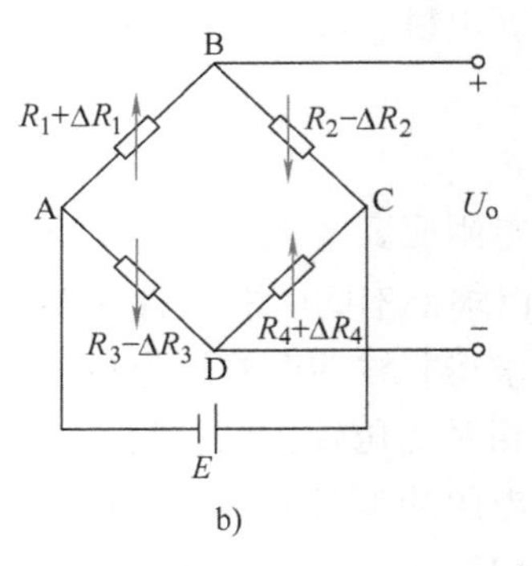

图 3-6　差动电桥

a）半桥差动　b）全桥差动

如果 $\Delta R_1=\Delta R_2$，$R_1=R_2=R_3=R_4$，则得到

$$U_o=\frac{E}{2}\frac{\Delta R_1}{R_1} \tag{3-40}$$

$$K_U=\frac{E}{2} \tag{3-41}$$

可见，U_o与 ΔR_1成线性关系，即半桥差动测量电路无非线性误差，且电桥电压灵敏度比单臂电阻应变片工作时提高了一倍。

若将电桥四臂都接入电阻应变片，如图 3-6b 所示，则构成全桥差动测量电路。若 $\Delta R_1=\Delta R_2=\Delta R_3=\Delta R_4$，且 $R_1=R_2=R_3=R_4$，则有

$$U_o=E\left[\frac{(R_1+\Delta R_1)}{(R_1+\Delta R_1)+(R_2-\Delta R_2)}-\frac{(R_3-\Delta R_3)}{(R_3-\Delta R_3)+(R_4+\Delta R_4)}\right] \tag{3-42}$$

整理得到

$$U_o=E\frac{\Delta R_1}{R_1} \tag{3-43}$$

$$K_U=E \tag{3-44}$$

可见，全桥差动测量电路不仅没有非线性误差，且电压灵敏度是单臂电阻应变片工作时的 4 倍。

例：某电阻应变片的电阻 $R=400\Omega$，应变灵敏度系数 $K=2.05$，设被测应变 $\varepsilon=1000\mu m/m$。求：（1）$\frac{\Delta R}{R}$和 ΔR；（2）如果电桥供电电源电压 $E=3V$，计算全桥差动测量电路的输出电压。

解：（1）根据式（3-10），有

$$\frac{\Delta R}{R}=K\varepsilon=2.05\times1000\times10^{-6}=2.05\times10^{-3}$$

相应地，$\Delta R=K\varepsilon R=2.05\times10^{-3}\times400\Omega=0.82\Omega$

（2）根据式（3-43），有

$$U_o = E\frac{\Delta R}{R} = 3\times 2.05\times 10^{-3}\text{V} = 6.15\text{mV}$$

方法论

【互补】　通过对应变电阻式传感器差动电桥测量电路的了解，可以清楚地知道差动技术基于“一增一减”的变化互补可以消除非线性误差，改善测量结果的质量。这只是差动技术提高与改善传感器性能的一个应用场景，后面在学习电感式、电容式传感器时将多次领略差动技术带来的好处。

类似地，在销售、管理等领域有“推”“拉”结合的策略，“奖”“惩”并用的机制，往往可以取得更理想的效果。

3.2.2　交流电桥

根据前面的分析可知，由于应变测量电桥的输出电压很小，一般要加放大器，但直流放大器容易产生零漂，所以应变测量电桥多采用交流电桥。

交流电桥如图 3-7 所示。工作电阻应变片和补偿电阻应变片分别加在桥臂 Z_1 和 Z_2 上。由于电源为交流，电阻应变片引线寄生电容使得桥臂呈现复阻抗特性，相当于两只电阻应变片各并联了一个电容（C_1,C_2）。

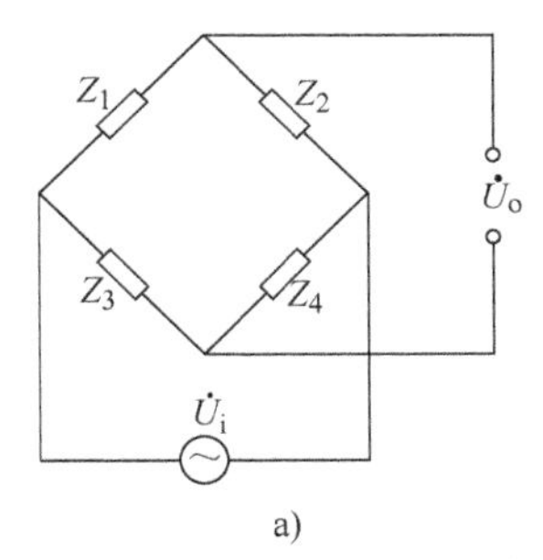

a)

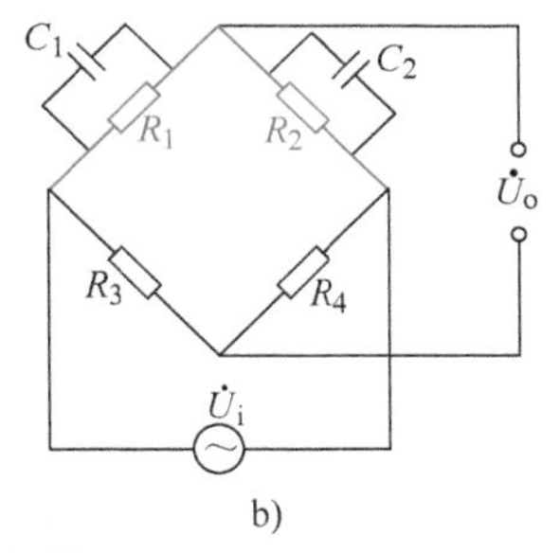

b)

图 3-7　交流电桥

a）交流电桥连接　b）交流电桥复阻抗特性

对于 Z_1：因为 $Z_R=R_1$，$Z_{C_1}=\dfrac{1}{\text{j}\omega C_1}$，所以有

$$Z_1 = Z_R \,||\, Z_{C_1} = \frac{Z_R Z_{C_1}}{Z_R + Z_{C_1}} = \frac{R_1}{1+\text{j}\omega R_1 C_1} \tag{3-45}$$

这样，得到每个桥臂的复阻抗为

$$\begin{cases} Z_1 = \dfrac{R_1}{1+\text{j}\omega R_1 C_1} \\ Z_2 = \dfrac{R_2}{1+\text{j}\omega R_2 C_2} \\ Z_3 = R_3 \\ Z_4 = R_4 \end{cases} \tag{3-46}$$

交流电桥的开路输出电压为

$$\dot{U}_o=\dot{U}_i\frac{Z_1Z_4-Z_2Z_3}{(Z_1+Z_2)(Z_3+Z_4)} \tag{3-47}$$

要满足电桥平衡条件 $\dot{U}_o=0$，则有

$$Z_1Z_4-Z_2Z_3=0 \tag{3-48}$$

将式（3-46）代入式（3-48）可得

$$\frac{R_1R_4}{1+j\omega R_1C_1}=\frac{R_2R_3}{1+j\omega R_2C_2} \tag{3-49}$$

整理可得

$$R_1R_4+j\omega R_1R_2R_4C_2=R_2R_3+j\omega R_1R_2R_3C_1 \tag{3-50}$$

令其实部、虚部分别相等，就可得到交流电桥的平衡条件为

$$\begin{cases}R_1R_4=R_2R_3(\text{电阻平衡条件})\\ \dfrac{R_4}{R_3}=\dfrac{C_1}{C_2}=\dfrac{R_2}{R_1}\text{或 }R_1C_1=R_2C_2(\text{电容平衡条件})\end{cases} \tag{3-51}$$

为了满足交流电桥的两个平衡条件，需要在桥路上设电阻平衡调节和电容平衡调节，如图 3-8 所示。

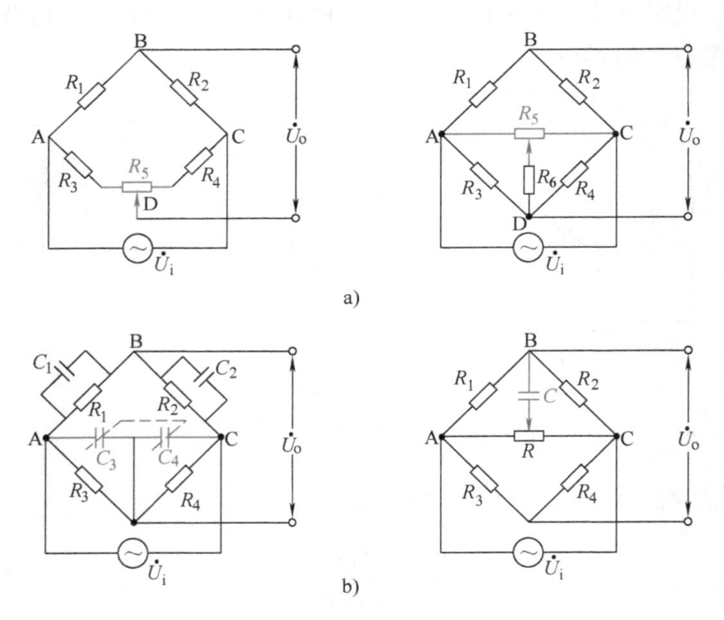

图 3-8 交流电桥平衡调节

a）电阻平衡调节 b）电容平衡调节

电阻平衡调节有助于解决电桥初始平衡问题。因为测量之初，电桥应处于初始平衡状态，即输出电压为零；但实际上，电桥各桥臂阻值不可能绝对相同，接触电阻及导线电阻也有差异，故必须设置电阻平衡调节，以满足上述要求。

如果采用半桥差动结构，当应力变化引起工作电阻应变片 R_1 变为 $R_1+\Delta R_1$，工作电阻应变片 R_2 变为 $R_2-\Delta R_2$ 时，则复阻抗变为

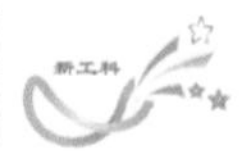

$$Z_1' = Z_1 + \Delta Z_1 \tag{3-52}$$

式中

$$Z_1' = \frac{R_1 + \Delta R_1}{1 + \mathrm{j}\omega(R_1 + \Delta R_1)C_1} \tag{3-53}$$

$$Z_1 = \frac{R_1}{1 + \mathrm{j}\omega R_1 C_1} \tag{3-54}$$

$$\Delta Z_1 = \frac{R_1 + \Delta R_1}{1 + \mathrm{j}\omega(R_1 + \Delta R_1)C_1} - \frac{R_1}{1 + \mathrm{j}\omega R_1 C_1} \approx \frac{\Delta R_1}{1 + \mathrm{j}\omega R_1 C_1} \tag{3-55}$$

类似地，有

$$Z_2' = Z_2 + \Delta Z_2 \tag{3-56}$$

式中

$$Z_2' = \frac{R_2 - \Delta R_2}{1 + \mathrm{j}\omega(R_2 - \Delta R_2)C_2} \tag{3-57}$$

$$Z_2 = \frac{R_2}{1 + \mathrm{j}\omega R_2 C_2} \tag{3-58}$$

$$\Delta Z_2 = \frac{R_2 - \Delta R_2}{1 + \mathrm{j}\omega(R_2 - \Delta R_2)C_2} - \frac{R_2}{1 + \mathrm{j}\omega R_2 C_2} \approx \frac{-\Delta R_2}{1 + \mathrm{j}\omega R_2 C_2} \tag{3-59}$$

由于 Z_1、Z_2的变化，电桥平衡被打破，按照前面同样的分析方法，可得出电桥的输出电压为

$$\dot{U}_\mathrm{o} = \dot{U}_\mathrm{i} \frac{Z_1' Z_4 - Z_2' Z_3}{(Z_1' + Z_2')(Z_3 + Z_4)} \tag{3-60}$$

一般情况下，由于导线的寄生电容很小，因此有 $\omega R_1 C_1 \ll 1$、$\omega R_2 C_2 \ll 1$，和 $\omega(R_1 + \Delta R_1)C_1 \ll 1$、$\omega(R_2 - \Delta R_2)C_2 \ll 1$，即 $\Delta Z_1 \approx \Delta R_1$、$\Delta Z_2 \approx -\Delta R_2$。

考虑电桥的初始平衡条件，即 $R_3 = R_4$、$R_1 = R_2$、$Z_1 = Z_2$、$C_1 = C_2$，以及差动条件，即 $\Delta R_1 = \Delta R_2$。将这些条件代入式（3-60），经整理可得

$$\dot{U}_\mathrm{o} = \frac{\dot{U}_\mathrm{i}}{2} \frac{\Delta R_1}{R_1} \tag{3-61}$$

与式（3-40）相对照可知：与直流差动电桥相似，交流差动电桥的输出电压也与 ΔR_1成线性关系。

3.3　典型应用

前两节介绍了电阻应变片的工作原理和测量电路，了解到电阻应变片能将应变直接转换成电阻的变化。在测量试件的应变时，可直接将电阻应变片粘贴在试件上进行测量。但如果要测量其他物理量（如力、压力、加速度等），就需要先将这些物理量转换成应变，然后再通过电阻应变片采用前面介绍的方法进行测量。此时多了一个转换过程，完成这种转换的元件称为弹性元件。

应变电阻式传感器是由弹性元件、电阻应变片以及一些附件（如补偿元件、保护罩等）

组成的测量装置。

3.3.1 电阻式力传感器

被测物理量为荷重或力的应变电阻式传感器统称为应变电阻式力传感器。对载荷和力的测量在工业测量中用得较多，其中采用电阻应变片测量的应变电阻式力传感器占主导地位，传感器的量程一般从几克到几百吨，如我国 BLR—1 型应变电阻式力传感器的量程在 0.1~100t 之间。

应变电阻式力传感器的弹性元件有柱（筒）式、环式、悬臂梁式等数种。柱式弹性元件的特点是结构简单、紧凑，可承受很大的载荷；根据弹性体截面形状的不同可分为方形截面、圆形截面、空心截面等；如在火箭发动机试验时，台架承受的载荷可达数千吨，因此常用实心结构的传感器，当载荷较小时，为增大柱的曲率半径，便于粘贴电阻应变片等，往往使用空心筒式结构。环式弹性元件多用于测量较大载荷，与柱式相比，它的应力分布有正有负，很容易接成差动电桥。悬臂梁式弹性元件结构简单，加工容易，便于电阻应变片的粘贴，灵敏度较高，适用于测量小载荷。

1. 柱（筒）式力传感器

如图 3-9 所示，柱（筒）式力传感器为实心的，筒式力传感器为空心的。电阻应变片粘贴在弹性体外壁应力分布均匀的中间部分，对称地粘贴多片，弹性元件上电阻应变片的粘贴和桥路的连接应尽可能消除载荷偏心和弯矩的影响，R_1 和 R_3 串接，R_2 和 R_4 串接，并置于桥路相对桥臂上以减小弯矩影响，横向贴片（R_5、R_6、R_7 和 R_8）作温度补偿用。

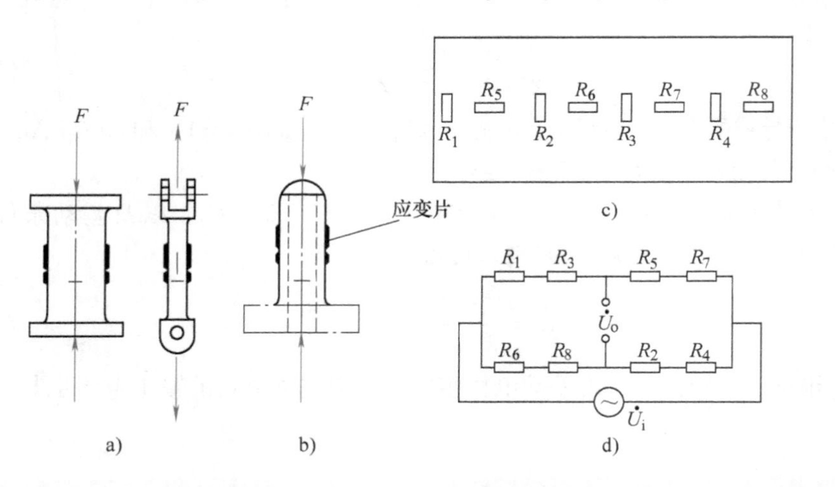

图 3-9 柱（筒）式力传感器
a）圆柱式 b）圆筒式 c）展开电阻分布图 d）桥路连接

2. 环式力传感器

环式力传感器的结构和应力分布如图 3-10 所示。与柱式相比，它的应力分布更复杂，变化较大，且有方向上的区分。由应力分布图还可看出，C 位置电阻应变片的应变为 0，即起温度补偿作用。

A、B 两点处如果内、外均贴上电阻应变片，则其所在位置的应变为

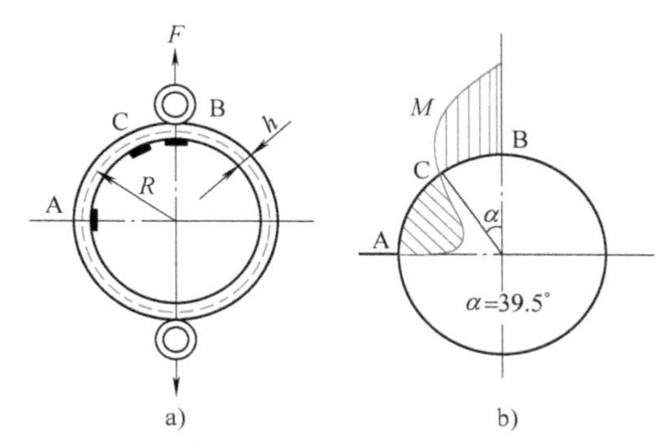

图 3-10　环式力传感器

a）环式力传感器结构　b）应力分布图

A 点

$$\varepsilon_A = \pm\frac{3F[R-(h/2)]}{bh^2E}\left(1-\frac{2}{\pi}\right) \tag{3-62}$$

式中　h，b——圆环的厚度和宽度；

E——材料弹性模量；

F——载荷。

在图 3-10 所示方向的拉力作用下，内贴片取“+”，外贴片取“−”。

B 点

$$\varepsilon_B = \pm\frac{3F[R-(h/2)]}{bh^2E}\frac{2}{\pi} \tag{3-63}$$

在图 3-10 所示方向的拉力作用下，内贴片取“−”，外贴片取“+”。对 $R/h>5$ 的小曲率圆环，可以忽略上式中的 $h/2$。

只要测出 A、B 两处的应变，就可通过式（3-62）或式（3-63）确定载荷 F 的大小。即实际测量时，利用了以下变量间的传递关系：

$$\text{测量 } U_o \xleftarrow{U_o=f\left(\frac{\Delta R}{R}\right)} \frac{\Delta R}{R} \xleftarrow{\frac{\Delta R}{R}=K\varepsilon} \varepsilon \xleftarrow{\varepsilon=\frac{F}{AE}} F$$

3. 悬臂梁式力传感器

悬臂梁是一端固定、另一端自由的弹性敏感元件，其特点是结构简单、加工方便、应变片容易粘贴、灵敏度高等，在较小力的测量中应用普遍（梁式弹性元件制作的力传感器适于测量 500N 以下的载荷，最小可测零点几牛顿的力）。根据梁的截面形状不同可分为变截面梁（等强度梁）和等截面梁。

图 3-11 所示为一种等强度梁式力传感器，图中 R_1 为电阻应变片，将其粘贴在一端固定的悬臂梁上，另一端的三角形顶点上（保证等应变性）如果受到载荷 F 的作用，梁内各断面产生的应力是相等的，表面上的应变也是相等的，与水平方向的贴片位置无关。载荷将导致悬臂梁发生形变，该形变将传递给与之相连的电阻应变片，导致电阻应变片产生相同的形变，从而使得其电阻值发生变化。将该电阻应变片接入测量电桥，根据电桥输出电压的变化即可实现对载荷 F 的测量。等强度梁各点的应变值为

$$\varepsilon = \frac{6Fl}{bh^2E} \tag{3-64}$$

式中　l，h——梁的长度和厚度；

b——梁的固定端宽度；

E——材料的弹性模量。

还有一种等截面矩形结构的悬臂梁（见图3-12）也较常用，其悬臂梁上的应力分布较复杂，等截面梁的不同部位所产生的应变是不相等的，在粘贴电阻应变片时，对电阻应变片的粘贴位置要求较高。等截面梁距梁固定端为 x 处的应变值为

$$\varepsilon_x=\frac{6F(l-x)}{bh^2E}=\frac{6F(l-x)}{AhE} \tag{3-65}$$

式中　x——距梁固定端的距离；

A——梁的截面积。

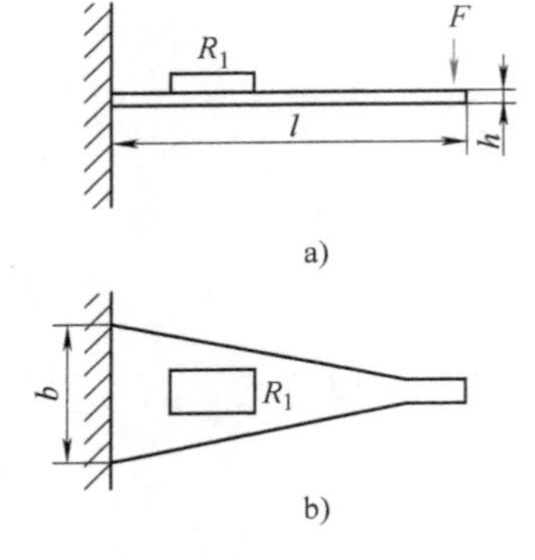

图3-11　等强度梁式力传感器

a）正视图　b）俯视图

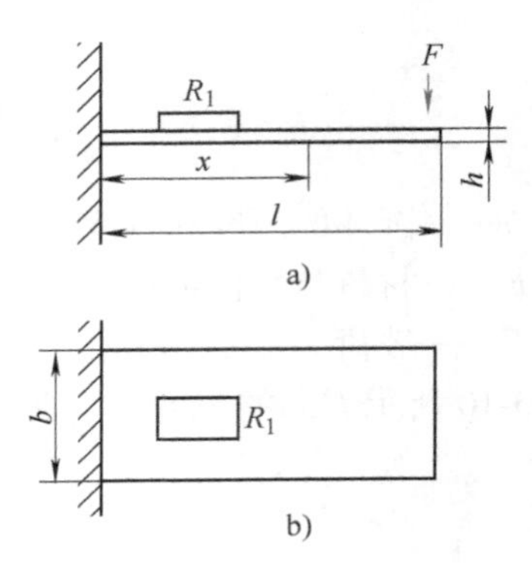

图3-12　等截面梁式力传感器

a）正视图　b）俯视图

例：在如图3-11所示的等强度梁式测力系统中，可能用到4个相同特性的电阻应变片 R_1、R_2、R_3和 R_4，各应变片灵敏度系数 $K=2$，初始电阻值为100Ω。当试件受力 F 时，若应变片要承受应变，设其平均应变值 $\varepsilon=1000\mu m/m$。测量电路的直流电源电压为3V。

（1）若只用一个电阻应变片构成单臂测量电桥，求电桥输出电压及电桥非线性误差。

（2）若要求用两个电阻应变片测量，且既要保持与单臂测量电桥相同的电压灵敏度，又要实现温度补偿，请画图标出两个应变片在悬臂梁上所贴的位置，绘出测量电桥。

（3）要使测量电桥电压灵敏度提高为单臂工作时的4倍，请描述各个应变片在悬臂梁上应如何粘贴？绘出测量电桥，并给出此时电桥的输出电压及电桥的非线性误差大小。

解：（1）设用电阻应变片 R_1 作测量电桥的测量臂，其他桥臂的初始电阻值为100Ω。

由 $\frac{\Delta R_1}{R_1}=K\varepsilon$ 可得

$$\frac{\Delta R_1}{R_1}=2\times1000\mu=2\times10^{-3}$$

利用式（3-34），设当 R_1 有 ΔR_1 的变化时，电桥输出电压为 U_{o1}

$$U_{o1}=\frac{E}{4}\frac{\Delta R_1}{R_1}=\frac{3}{4}\times2\times10^{-3}\text{V}=1.5\times10^{-3}\text{V}$$

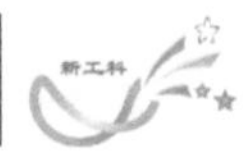

非线性误差为 $r_L = \frac{\Delta R_1/R_1}{2+\Delta R_1/R_1} \times 100\% \approx \frac{\Delta R_1/R_1}{2} \times 100\% = 0.1\%$

（2）为了达到题设要求，应该在悬臂梁的正（反）面沿梁的长度方向粘贴测量应变片 R_1，沿与梁的长度方向垂直的方向粘贴温度补偿应变片 R_2，使得测量应变片和温度补偿应变片处于同一温度场中，如图 3-13a 所示。相应的测量电桥如图 3-13b 所示。

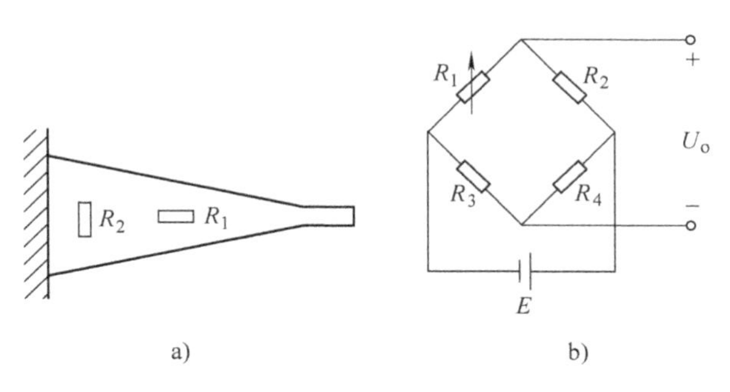

图 3-13　应变片粘贴与测量电路

a）应变片粘贴　b）测量电桥

（3）要使电桥电压灵敏度为单臂工作时的 4 倍，则应该在悬臂梁的正、反面对应粘贴上四个相同的应变片：两个接受拉力应变、两个接受压力应变，形成全桥差动电桥，如图 3-6b 所示。此时，电桥的输出电压为

$$U_{o2} = E\frac{\Delta R_1}{R_1} = 0.006\text{V}$$

电桥的非线性误差为

$$r_L = 0$$

3.3.2　电阻式压力传感器

电阻式压力传感器主要用于测量流动介质（如液体、气体）的动态或静态压力。这类传感器大多采用膜片式或筒式弹性元件。

图 3-14 为膜片式压力传感器，电阻应变片粘贴于膜片内壁，在压力 P 作用下，膜片产生径向应变和切向应变，它们的大小可分别表示为

$$\varepsilon_r = \frac{3P(1-\mu^2)(R^2-3x^2)}{8h^2E} \tag{3-66}$$

$$\varepsilon_t = \frac{3P(1-\mu^2)(R^2-x^2)}{8h^2E} \tag{3-67}$$

式中　R，h——分别为膜片的半径和厚度；

x——离圆心的径向距离；

P——膜片上均匀分布的压力；

μ——材料的泊松比；

E——材料弹性模量。

由式（3-66）、式（3-67）可得出以下结论：

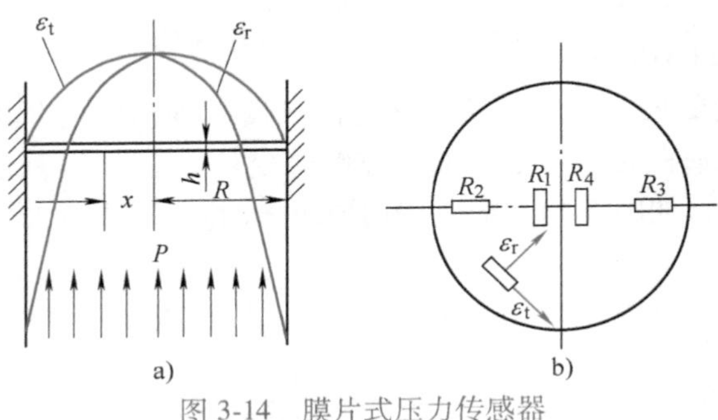

图 3-14　膜片式压力传感器

a）应力变化　b）应变片粘贴位置

1）$x=0$ 时，即在膜片中心位置的应变为

$$\varepsilon_r=\varepsilon_t=\frac{3P(1-\mu^2)R^2}{8h^2E} \tag{3-68}$$

2）$x=R$ 时，即在膜片边缘处的应变为

$$\varepsilon_t=0 \tag{3-69}$$

$$\varepsilon_r=-\frac{3P(1-\mu^2)R^2}{4h^2E} \tag{3-70}$$

可见径向应变的绝对值比在膜片中心处高一倍。

3）$x=R/\sqrt{3}$时，有

$$\varepsilon_r=0 \tag{3-71}$$

它们分别如应变分布图 3-14a 所示。由图还可知：切向应变始终为非负值，中心处最大；而径向应变有正有负，在中心处和切向应变相等，在边缘处最大，是中心处的两倍。在 $x=R/\sqrt{3}$处径向应变为 0，贴片时要避开此处，因为不能感受径向应变，且反映不出切向应变的最大或最小特征，实际意义不大。

根据上述特点，一般在膜片圆心处沿切向贴两片（R_1,R_4）感受 ε_t，因为圆心处切向应变最大；在边缘处沿径向贴两片（R_2,R_3）感受 ε_r，因为边缘处径向应变最大；然后接成全桥测量电路，以提高灵敏度和实现温度补偿。

随着智能网联汽车技术应用的不断成熟，智能轮胎技术开始逐渐落地，即将传感器和芯片植入轮胎中，对轮胎的使用进行全程监测，如胎压监测、胎温监测、轮胎摩擦监测、爆胎预警与控制、轮胎状态自动调节等。其中胎压监测系统是如何工作的?

3.3.3　电阻式差压传感器

电阻式差压传感器是一种扩散硅型压阻式压力传感器，其结构如图 3-15 所示，将制作成一定形状的 N 型单晶硅膜片作为弹性元件，选择一定的晶向，通过半导体扩散工艺在硅基底上扩散出 4 个 P 型电阻，构成惠斯通电桥的 4 个桥臂，电阻充当转换元件，通过弹性元件与转换元件的一体化构成电阻式差压传感器。其核心是一块圆形硅膜片，利用扩散工艺在

其上设置 4 个初始阻值相等的电阻，接入平衡电桥。膜片两边有两个压力腔，一个是与被测系统相连接的高压腔，另一个是低压腔，一般与大气相通。当膜片两边存在压力差时，膜片产生变形，膜片上各点产生应力。4 个电阻的阻值发生变化，电桥失去平衡，输出电压。该电压与膜片两边压力差成正比。扩散硅型压阻式压力传感器的优点：结构简单，体积小，灵敏度高，能测十几帕的微压。

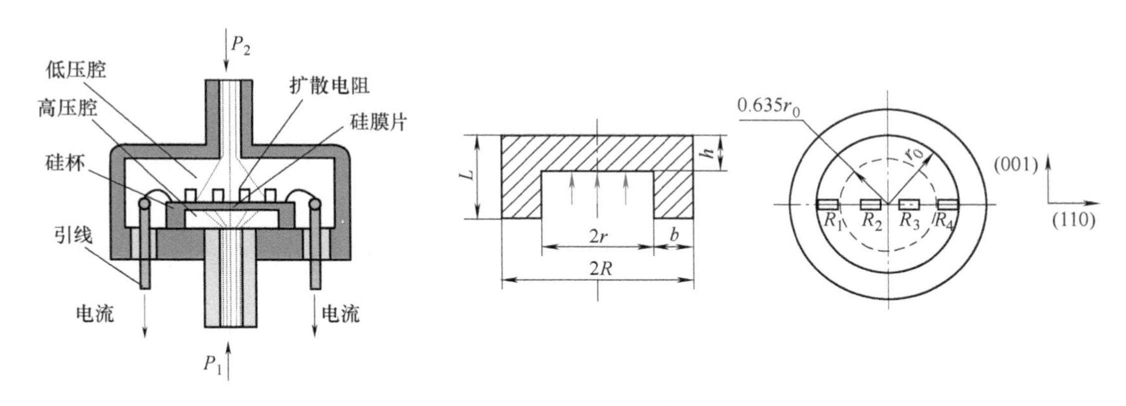

图 3-15 电阻式差压传感器的结构

图中 r_0 为硅膜片的有效半径，当 $r=0.635r_0$ 时，径向应力 $\sigma_r=0$；当 $r=0.812r_0$ 时，切向应力 $\sigma_t=0$。

除可用作室内或室外环境中无人机、智能手机、可穿戴设备以及其他移动设备精准地识别高度变化（如三维 GPS 导航）的气压传感器外，电阻式差压传感器常用于气动测量，气动测量技术是通过空气流量和压力变化来测量工件尺寸的一种技术，由于其具备多个优点，在机械制造行业得到了广泛应用。测量方法是将长度信号先变换为气流信号，再通过气电转换器将气流信号转换为电信号，对应的传感器称为气动量仪。气动量仪与不同的气动测头搭配，可实现多种参数的测量，如孔的内径、外径、槽宽、双孔距、深度、厚度、圆度、锥度、同轴度、直线度、平面度、平行度、垂直度、通气度和密封性等。

3.3.4 电阻式加速度传感器

电阻式加速度传感器用于测量物体的加速度。加速度是运动参数而不是力，因此，它首先需要经过质量惯性系统将加速度转换成力，再作用于弹性元件上来实现测量。即电阻式加速度传感器利用了物体运动的加速度与作用于它的力成正比，与物体的质量成反比的定理，即

$$a=F/m \tag{3-72}$$

式中 a——加速度；

F——物体所受作用力；

m——物体的质量。

电阻式加速度传感器的结构如图 3-16 所示。等强度梁的自由端安装质量块，另一端固定在壳体上；等强度梁上粘贴四个电阻应变片；通常壳体内充满硅油以调节系统阻尼系数。

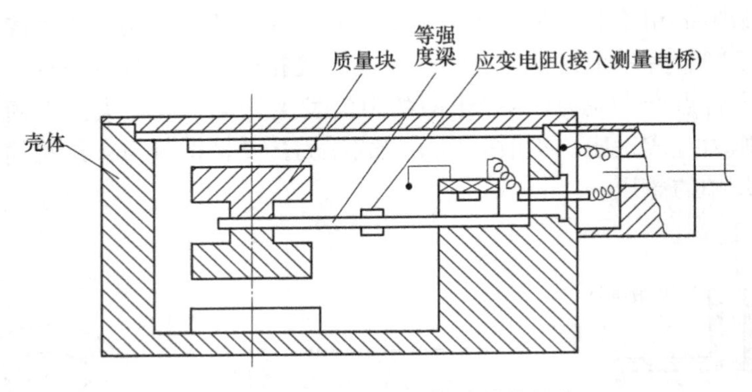

图 3-16 电阻式加速度传感器的结构

测量时，将传感器壳体与被测对象刚性连接，当被测物体以加速度 a 运动时，质量块受到一个与加速度方向相反的惯性力作用，使悬臂梁变形产生应变，传递给其上的电阻应变片，从而使电阻应变片的电阻值发生变化，引起测量电桥不平衡而输出电压，即可得出加速度的大小。这种测量方法主要用于低频（10~60Hz）的振动和冲击测量。

学习拓展

（电子秤的设计） 电子秤是日常生活中常见的称量仪表，广泛用于超市、医院、机场、邮局等场所。根据你所了解的电阻应变片的知识，试设计一个称量范围在 0~100kg 的电子秤，给出相应的测量电路，并说明其工作原理。

探索与实践

（数字血压计的设计与工程实现） 随着人们生活水平的提高，健康问题成为人们关注的一个重点，血压是一个常见的指标。数字血压计具有使用方便、体积小、测量速度快、分辨率和精度高等特点，受到人们的普遍欢迎。试用 MEMS 压力传感器设计一个数字血压计，给出相应的测量电路、工作原理说明和工程实现方案。

3.1 应变电阻式传感器的工作原理是什么？

3.2 电阻应变片的种类有哪些？各有何特点？

3.3 引起电阻应变片温度误差的原因是什么？电阻应变片的温度补偿方法是什么？

3.4 应变电阻式传感器测量时常采用电桥的原因是什么？

3.5 试分析差动测量电路在应变电阻式传感器测量中的好处。

3.6 将 100Ω 电阻应变片粘贴在弹性试件上，如果试件截面积 $A=0.5\times10^{-4}\text{m}^2$，弹性模量 $E=2\times10^{11}\text{N/m}^2$，若由 5×10^4N 的拉力引起应变片电阻变化为 1Ω，求该电阻应变片的灵敏度系数。

3.7 一个量程为 10kN 的应变电阻式力传感器，其弹性元件为薄壁圆筒轴向受力，外径 20mm，内径 18mm，在其表面粘贴 8 个电阻应变片，4 个沿轴向粘贴，4 个沿周向粘贴，电阻

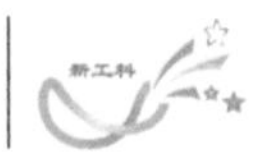

应变片的电阻值均为 120Ω，灵敏度为 2.0，泊松比为 0.3，材料弹性模量为 $2.1\times10^{11}\text{N/m}^2$，要求：

（1）绘出弹性元件贴片位置及全桥电路；

（2）计算传感器在满量程时，各电阻应变片的阻值变化；

（3）当桥路的供电电压为 10V 时，计算桥路的输出电压。

3.8　图 3-5 中，设负载电阻为无穷大（开路），图中 $E=4\text{V}$，$R_1=R_2=R_3=R_4=100\Omega$，试求：

（1）R_1为电阻应变片，其余为外接电阻，当 R_1的增量为 $\Delta R_1=1.0\Omega$ 时，电桥的输出电压 $U_o=?$

（2）R_1、R_2都是电阻应变片，且批号相同，感应应变的极性和大小都相同，其余为外接电阻，电桥的输出电压 $U_o=?$

（3）R_1、R_2都是电阻应变片，且批号相同，感应应变的大小为 $\Delta R_1=\Delta R_2=1.0\Omega$，但极性相反，其余为外接电阻，电桥的输出电压 $U_o=?$

3.9　在图 3-11 中，设电阻应变片 R_1的灵敏度系数 $K=2.05$，未受应变时，$R_1=120\Omega$。当试件受力 F 时，电阻应变片承受平均应变值 $\varepsilon=800\mu\text{m/m}$。试求：

（1）电阻应变片的电阻变化量 ΔR_1和电阻相对变化量 $\Delta R_1/R_1$；

（2）将电阻应变片 R_1置于单臂测量电桥，电桥电源电压为直流 3V，求电桥输出电压及其非线性误差；

（3）如果要减小非线性误差，应采取何种措施？分析其电桥输出电压及非线性误差的大小。

3.10　电阻应变片阻值为 120Ω，灵敏度系数 $K=2$，沿纵向粘贴于直径为 0.05m 的圆形钢柱表面，钢材的弹性模量 $E=2\times10^{11}\text{N/m}^2$，泊松比 $\mu=0.3$。求：

（1）钢柱受 $9.8\times10^4\text{N}$ 拉力作用时应变片电阻的变化量 ΔR 和相对变化量 $\Delta R/R$；

（2）若应变片沿钢柱圆周方向粘贴，受同样拉力作用时应变片电阻的相对变化量。

3.11　某应变电阻式传感器采用的是圆柱形康铜电阻丝，其初始长度 L_0 为 3cm，电阻率 $\rho=5\times10^{-7}\Omega\cdot\text{m}$，在轴向外力作用下该电阻丝会被拉长或压缩。请用 MATLAB 编程讨论在不同情形轴向外力作用下其电阻值 R 与电阻丝直径 d 的变化关系，绘制相应曲线。

第4章

电感式传感器

知识单元与知识点	➢ 变磁阻电感式传感器的工作原理、输出特性、测量电路及典型应用； ➢ 差动变压器电感式（变隙式、螺线管式）传感器的工作原理、输出特性； ➢ 差动整流电路和相敏检波电路； ➢ 电涡流电感式传感器的工作原理、等效电路、测量电路与典型应用。
方法论	变参数实验观测法
能力点	◇ 会分析变磁阻、差动变压器电感式传感器的工作原理、输出特性； ◇ 会分析电涡流电感式传感器的工作原理、等效电路； ◇ 能评价差动整流电路和相敏检波电路的作用； ◇ 会分析变磁阻电感式传感器的交流电桥、变压器式交流电桥和谐振式测量电路； ◇ 能解释电涡流电感式传感器的调频式、调幅式测量电路工作原理； ◇ 能构建变磁阻、差动变压器和电涡流电感式传感器的典型应用。
重难点	■ 重点：变磁阻、差动变压器电感式传感器的工作原理、输出特性，电涡流电感式传感器的工作原理、等效电路。 ■ 难点：差动整流电路和相敏检波电路。
学习要求	√ 掌握变磁阻电感式传感器的工作原理、输出特性和灵敏度； √ 掌握差动变压器电感式传感器的输出特性和灵敏度； √ 会比较单线圈和差动两种变磁阻（变气隙厚度）电感式传感器的特性； √ 了解电感式传感器的不同测量电路； √ 了解电感式传感器的典型应用。
问题导引	→ 电感式传感器有哪些种类？ → 不同电感式传感器的工作原理是什么？ → 电感式传感器的常见应用有哪些？

电感式传感器是建立在电磁感应基础上的，电感式传感器可以把输入的物理量（如位移、振动、压力、流量、比重）转换为线圈的自感系数 L 或互感系数 M 的变化，并通过测量电路将 L 或 M 的变化转换为电压或电流的变化，从而将非电量转换成电信号输出，实现对非电量的测量。电感式传感器具有工作可靠、寿命长、灵敏度高、分辨力高、精度高、线性好、性能稳定、重复性好等优点。

根据工作原理的不同，电感式传感器可分为变磁阻式（自感式）、变压器式和电涡流式（互感式）等种类。

4.1 变磁阻电感式传感器（自感式）

4.1.1 工作原理

变磁阻电感式传感器的结构如图 4-1 所示。它由线圈、铁心、衔铁三部分组成。在铁心和衔铁间有气隙，气隙厚度为 δ。当衔铁移动时气隙厚度发生变化，引起磁路中磁阻变化，从而导致线圈的电感值变化。通过测量电感量的变化就能确定衔铁位移量的大小和方向。

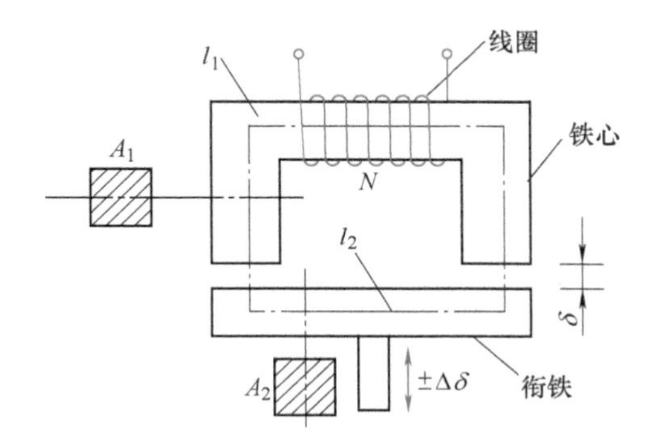

图 4-1　变磁阻电感式传感器的结构

线圈中电感量的定义为

$$L=\frac{\psi}{I}=\frac{N\phi}{I} \tag{4-1}$$

式中　ψ——线圈总磁链；

I——通过线圈的电流；

N——线圈的匝数；

ϕ——穿过线圈的磁通。

由磁路欧姆定律有

$$\phi=\frac{IN}{R_m} \tag{4-2}$$

式中　R_m——磁路总磁阻。

因气隙很小，可以认为气隙中的磁场是均匀的。在忽略磁路磁损的情况下，磁路总磁阻为

$$R_m=\frac{l_1}{\mu_1 A_1}+\frac{l_2}{\mu_2 A_2}+\frac{2\delta}{\mu_0 A_0} \tag{4-3}$$

式中　μ_0，μ_1，μ_2——空气、铁心、衔铁的磁导率（$\mu_0=4\pi\times10^{-7}$H/m）；

l_1，l_2——磁通通过铁心和衔铁中心线的长度；

A_0，A_1，A_2——气隙、铁心、衔铁的截面积（实际上近似认为 $A_0=A_1$）；

δ——单个气隙的厚度。

通常气隙磁阻远大于铁心和衔铁的磁阻（因为 $\mu_0\ll\mu_1$，$\mu_0\ll\mu_2$），即

$$\frac{2\delta}{\mu_0 A_0} \gg \frac{l_1}{\mu_1 A_1} \tag{4-4}$$

$$\frac{2\delta}{\mu_0 A_0} \gg \frac{l_2}{\mu_2 A_2} \tag{4-5}$$

那么，式（4-3）可近似为

$$R_m \approx \frac{2\delta}{\mu_0 A_0} \tag{4-6}$$

联立式（4-1）、式（4-2）和式（4-6）可得

$$L = \frac{N^2}{R_m} = \frac{N^2 \mu_0 A_0}{2\delta} \tag{4-7}$$

式（4-7）表明：当线圈匝数 N 为常数时，电感 L 只是磁阻 R_m 的函数。只要改变 δ 或 A_0 均可改变磁阻并最终导致电感变化，因此变磁阻电感式传感器可分为变气隙厚度和变气隙面积两种情形，前者使用更为广泛。为了保证一定的测量范围和线性度，通常 δ 取 0.1～0.5mm，$\Delta\delta$ 则为 δ 的 1/10～1/5。

例：如图 4-1 所示气隙型电感式传感器，铁心截面积 $A=4\times4\text{mm}^2$，气隙总长度 $2\delta=0.8\text{mm}$，衔铁最大位移 $\Delta\delta=\pm0.08\text{mm}$，激励线圈匝数 $N=2500$ 匝，导线直径 $d=0.06\text{mm}$，电阻率 $\rho=1.75\times10^{-6}\Omega\cdot\text{cm}$，当激励电源频率 $f=4000\text{Hz}$ 时，忽略漏磁及铁损，求：

（1）线圈的初始电感值；

（2）线圈电感的最大变化量；

（3）线圈的直流电阻值。

解：（1）线圈的初始电感值为

$$L = \frac{N^2 \mu_0 A_0}{2\delta} = \frac{2500^2 \times 4\pi \times 10^{-7} \times 4 \times 4 \times 10^{-6}}{0.8 \times 10^{-3}}\text{H} = 0.157\text{H} = 157\text{mH}$$

（2）衔铁位移 $\Delta\delta=+0.08\text{mm}$ 时，其电感值为

$$L_+ = \frac{N^2 \mu_0 A_0}{2\delta + 2\Delta\delta} = \frac{2500^2 \times 4\pi \times 10^{-7} \times 4 \times 4 \times 10^{-6}}{(0.8 + 2 \times 0.08) \times 10^{-3}}\text{H} = 0.131\text{H} = 131\text{mH}$$

衔铁位移 $\Delta\delta=-0.08\text{mm}$ 时，其电感值为

$$L_- = \frac{N^2 \mu_0 A_0}{2\delta - 2\Delta\delta} = \frac{2500^2 \times 4\pi \times 10^{-7} \times 4 \times 4 \times 10^{-6}}{(0.8 - 2 \times 0.08) \times 10^{-3}}\text{H} = 0.196\text{H} = 196\text{mH}$$

故位移 $\Delta\delta=\pm0.08\text{mm}$ 时，电感的最大变化量为

$$\Delta L = L_- - L_+ = (196 - 131)\text{mH} = 65\text{mH}$$

（3）每匝线圈的平均长度为

$$\bar{l} = 4 \times (4 + 0.06)\text{mm} = 16.24\text{mm}$$

则线圈的直流电阻为

$$R = \frac{\rho L}{A} = \frac{\rho N \bar{l}}{\pi d^2/4} = \frac{1.75 \times 10^{-6} \times 2500 \times 16.24 \times 10^{-1}}{\pi \times (0.06 \times 10^{-1})^2/4}\Omega = 251.4\Omega$$

4.1.2 输出特性

由式（4-7）可知，电感 L 与气隙厚度 δ 间是非线性关系，其特性曲线如图 4-2 所示。

设变磁阻电感式传感器的初始气隙厚度为 δ_0，初始电感为 L_0，则有

$$L_0=\frac{N^2\mu_0 A_0}{2\delta_0} \tag{4-8}$$

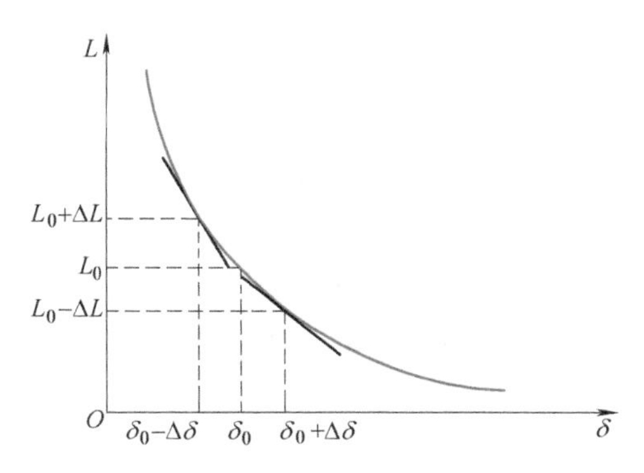

图 4-2　变磁阻电感式传感器的特性

1. 当衔铁上移 $\Delta\delta$ 时

传感器气隙厚度相应减小 $\Delta\delta$，即 $\delta=\delta_0-\Delta\delta$，则此时输出电感为

$$L=L_0+\Delta L \tag{4-9}$$

代入式（4-7）并整理可得

$$L=L_0+\Delta L=\frac{N^2\mu_0 A_0}{2(\delta_0-\Delta\delta)}=\frac{L_0}{1-\Delta\delta/\delta_0} \tag{4-10}$$

当 $\Delta\delta/\delta_0\ll 1$ 时，可将式（4-10）用泰勒（Tylor）级数展开，得

$$L=L_0+\Delta L=L_0\left[1+\frac{\Delta\delta}{\delta_0}+\left(\frac{\Delta\delta}{\delta_0}\right)^2+\left(\frac{\Delta\delta}{\delta_0}\right)^3+\cdots\right] \tag{4-11}$$

所以有

$$\begin{aligned}\Delta L&=L_0\left[\frac{\Delta\delta}{\delta_0}+\left(\frac{\Delta\delta}{\delta_0}\right)^2+\left(\frac{\Delta\delta}{\delta_0}\right)^3+\cdots\right]\\&=L_0\frac{\Delta\delta}{\delta_0}\left[1+\frac{\Delta\delta}{\delta_0}+\left(\frac{\Delta\delta}{\delta_0}\right)^2+\cdots\right]\end{aligned} \tag{4-12}$$

更进一步有

$$\frac{\Delta L}{L_0}=\frac{\Delta\delta}{\delta_0}\left[1+\frac{\Delta\delta}{\delta_0}+\left(\frac{\Delta\delta}{\delta_0}\right)^2+\cdots\right] \tag{4-13}$$

2. 当衔铁下移 $\Delta\delta$ 时

按照前面同样的分析方法，此时，$\delta=\delta_0+\Delta\delta$，可推得

$$\Delta L=L_0\frac{\Delta\delta}{\delta_0}\left[1-\frac{\Delta\delta}{\delta_0}+\left(\frac{\Delta\delta}{\delta_0}\right)^2-\cdots\right] \tag{4-14}$$

$$\frac{\Delta L}{L_0}=\frac{\Delta\delta}{\delta_0}\left[1-\frac{\Delta\delta}{\delta_0}+\left(\frac{\Delta\delta}{\delta_0}\right)^2-\cdots\right] \tag{4-15}$$

对式（4-13）、式（4-15）做线性处理（忽略高次非线性项）可得

$$\frac{\Delta L}{L_0}=\frac{\Delta\delta}{\delta_0} \tag{4-16}$$

灵敏度定义为单位气隙厚度变化引起的电感量相对变化，即

$$K=\frac{\Delta L/L_0}{\Delta\delta} \tag{4-17}$$

将式（4-16）代入可得

$$K=\frac{\Delta L/L_0}{\Delta\delta}=\frac{1}{\delta_0} \tag{4-18}$$

由式（4-18）可见，灵敏度的大小取决于气隙的初始厚度，是一个定值。但这是在做线性化处理后所得出的近似结果，实际上，变磁阻电感式传感器的灵敏度取决于传感器工作时气隙的当前厚度。如针对衔铁上移时，根据式（4-13）和式（4-17）可得

$$K=\frac{\Delta L/L_0}{\Delta\delta}=\frac{1}{\delta_0}\left[1+\frac{\Delta\delta}{\delta_0}+\left(\frac{\Delta\delta}{\delta_0}\right)^2+\cdots\right]=\frac{1}{\delta_0-\Delta\delta} \tag{4-19}$$

式中的 $\delta_0-\Delta\delta$ 即为气隙的当前厚度。衔铁下移时同理。

由式（4-13）和式（4-15）可知：无论衔铁是上移还是下移，$\Delta\delta$ 增加都将导致非线性（绝对值）增大，线性度变差。因此变磁阻电感式传感器主要用于测量微小位移，为了减小非线性误差，实际测量中广泛采用差动变气隙厚度电感式传感器。

差动变气隙厚度电感式传感器的结构如图 4-3 所示。它由两个相同的电感线圈和磁路组成。测量时，衔铁与被测物体相连，当被测物体上下移动时，带动衔铁以相同的位移上下移动，两个磁回路的磁阻发生大小相等、方向相反的变化，一个线圈的电感量增加，另一个线圈的电感量减小，形成差动结构。

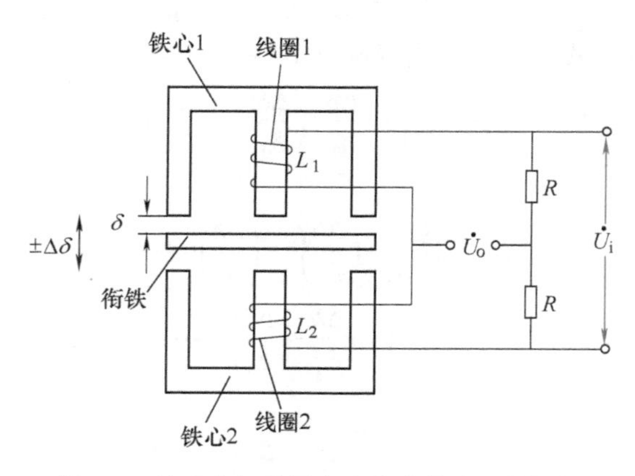

图 4-3 差动变气隙厚度电感式传感器的结构

将两个电感线圈接入交流电桥的相邻桥臂，另两个桥臂由电阻组成，电桥的输出电压与电感变化量 ΔL 有关。当衔铁上移时，两个线圈的电感变化量 ΔL_1、ΔL_2 分别由式（4-12）、式（4-14）表示，因此有

$$\Delta L=\Delta L_1+\Delta L_2=2L_0\frac{\Delta\delta}{\delta_0}\left[1+\left(\frac{\Delta\delta}{\delta_0}\right)^2+\left(\frac{\Delta\delta}{\delta_0}\right)^4+\cdots\right] \tag{4-20}$$

对式（4-20）进行线性处理并忽略高次项（非线性项）可得

$$\frac{\Delta L}{L_0}=2\frac{\Delta\delta}{\delta_0} \tag{4-21}$$

灵敏度为

$$K=\frac{\Delta L/L_0}{\Delta\delta}=\frac{2}{\delta_0} \tag{4-22}$$

比较单线圈和差动两种变气隙厚度电感式传感器的特性可知：

1）差动式比单线圈式的灵敏度提高一倍。

2）差动式的非线性项近似等于单线圈非线性项乘以因子 $\Delta\delta/\delta_0$（主要考虑第一个非线性项，对于单线圈而言，$\Delta L/L_0$的第一个非线性项为（$\Delta\delta/\delta_0$）^{2}；对于差动式结构，$\Delta L/L_0$的第一个非线性项为 $2(\Delta\delta/\delta_0)^3$），但该因子 $\Delta\delta/\delta_0\ll1$，所以差动式结构的线性度得到明显改善。

4.1.3　测量电路

电感式传感器的测量电路有交流电桥、变压器式交流电桥和谐振式测量电路。

1. 交流电桥

交流电桥测量电路如图 4-4 所示。把传感器的两个线圈作为电桥的两个桥臂 Z_1和 Z_2，另外两个相邻的桥臂选用纯电阻。

当衔铁上移时，设有

$$Z_1=Z_0+\Delta Z_1 \tag{4-23}$$

$$Z_2=Z_0-\Delta Z_2 \tag{4-24}$$

$$Z_0=R+\mathrm{j}\omega L_0 \tag{4-25}$$

式中　Z_0——衔铁位于中心位置时单个线圈的复阻抗（线圈的等效电阻 R 主要来源于线圈线绕电阻、涡流损耗电阻和磁滞损耗电阻）；

ΔZ_1、ΔZ_2——衔铁偏离中心位置时两线圈的复阻抗变化量。

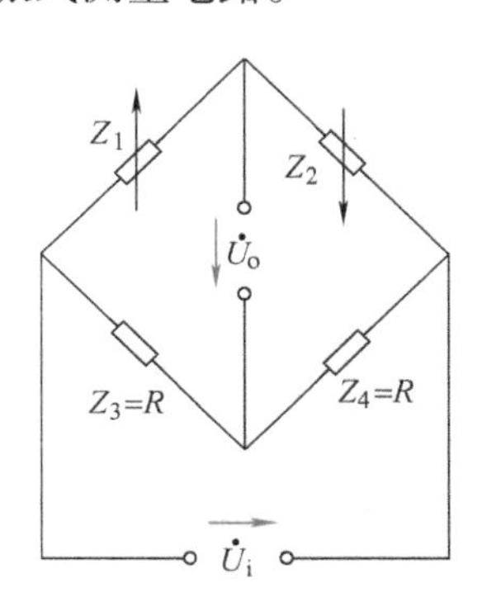

图 4-4　交流电桥

电感式传感器的线圈属于谐振式结构，谐振式结构的机械品质因数（可用 $Q=\omega L/R$ 表征）正比于谐振结构的总能量与每次循环耗散的能量之比，它反映了谐振中因克服阻尼而耗散的能量多少。在设计谐振式传感器时总是努力降低谐振结构的阻尼，提高其品质因数，因为高 Q 值（即 $\omega L\gg R$）有许多优点：可以降低维持谐振子振动的能量，可以降低因能量损耗带来的测量误差，可以设计制作出高精度、高灵敏度和高稳定性的谐振式传感器。

对于高 Q 值的差动变压器电感式传感器，有

$$\Delta Z_1=\mathrm{j}\omega\Delta L_1 \tag{4-26}$$

$$\Delta Z_2=\mathrm{j}\omega\Delta L_2 \tag{4-27}$$

$$Z_0\approx\mathrm{j}\omega L_0 \tag{4-28}$$

所以，此时电桥的输出电压为

$$\dot{U}_\mathrm{o}=\dot{U}_\mathrm{i}\left(\frac{Z_2}{Z_1+Z_2}-\frac{R}{R+R}\right)=\dot{U}_\mathrm{i}\frac{Z_2-Z_1}{2(Z_1+Z_2)}=-\dot{U}_\mathrm{i}\frac{\Delta Z_1+\Delta Z_2}{2(Z_1+Z_2)} \tag{4-29}$$

对于半桥差动式结构，$\Delta L_1=\Delta L_2$，$\Delta Z_1=\Delta Z_2$，联立式（4-21）和式（4-23）~式（4-29）可得

$$\dot{U}_\mathrm{o}=-\frac{\dot{U}_\mathrm{i}}{2}\frac{\Delta\delta}{\delta_0} \tag{4-30}$$

由此可见，电桥输出电压与气隙厚度的变化量 $\Delta\delta$ 成正比关系。

当衔铁下移时，Z_1、Z_2的变化方向相反，类似地，可推得 $\dot{U}_o=\frac{\dot{U}_i}{2}\frac{\Delta\delta}{\delta_0}$。

2. 变压器式交流电桥

变压器式交流电桥测量电路如图 4-5 所示，本质上与交流电桥的分析方法完全一致。电桥两臂 Z_1、Z_2为传感器线圈阻抗，另外两臂为交流变压器二次绕组阻抗的一半。当负载阻抗为无穷大时，桥路输出电压为

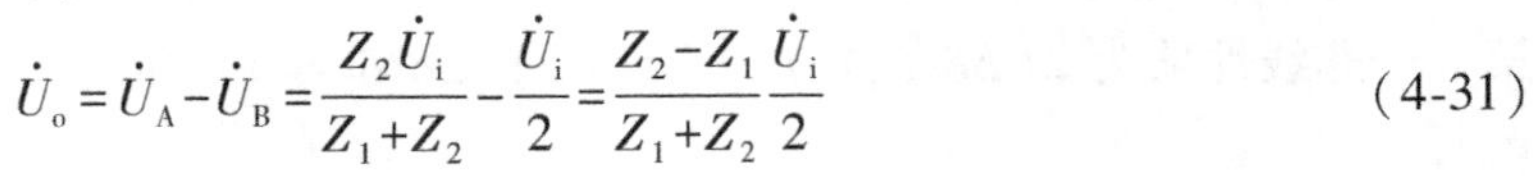

$$\dot{U}_o=\dot{U}_A-\dot{U}_B=\frac{Z_2\dot{U}_i}{Z_1+Z_2}-\frac{\dot{U}_i}{2}=\frac{Z_2-Z_1}{Z_1+Z_2}\frac{\dot{U}_i}{2} \tag{4-31}$$

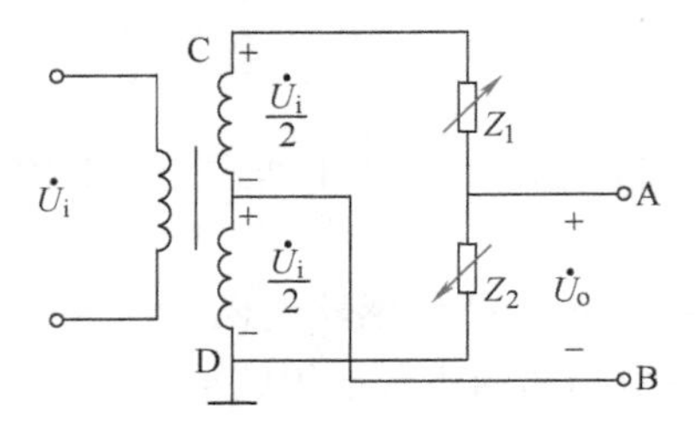

图 4-5　变压器式交流电桥

当传感器的衔铁位于中间位置时，即 $Z_1=Z_2=Z_0$，此时，输出电压为 0，电桥处于平衡状态。

当传感器衔铁上移时，设 $Z_1=Z_0+\Delta Z_1$，$Z_2=Z_0-\Delta Z_2$（注意：对于差动式结构，$\Delta Z_1\approx\Delta Z_2$，$\Delta L_1\approx\Delta L_2$，$\Delta L=\Delta L_1+\Delta L_2$）。在高 Q 情况下有

$$\dot{U}_o=-\frac{\dot{U}_i}{2}\frac{\Delta Z_1}{Z_0}=-\frac{\dot{U}_i}{2}\frac{\Delta L_1}{L_0}=-\frac{\dot{U}_i}{4}\frac{\Delta L}{L_0} \tag{4-32}$$

当传感器衔铁下移时，则 $Z_1=Z_0-\Delta Z_1$，$Z_2=Z_0+\Delta Z_2$，此时有

$$\dot{U}_o=\frac{\dot{U}_i}{2}\frac{\Delta Z_1}{Z_0}=\frac{\dot{U}_i}{2}\frac{\Delta L_1}{L_0}=\frac{\dot{U}_i}{4}\frac{\Delta L}{L_0} \tag{4-33}$$

将式（4-21）代入，可得到与交流电桥完全一致的结果。

由此可见：衔铁上、下移动时，输出电压相位相反，大小随衔铁的位移而变化。因输出是交流电压，根据输出指示无法判断位移方向，解决办法是采用适当的处理电路（如相敏检波电路）。

3. 谐振式测量电路

谐振式测量电路有谐振式调幅电路和谐振式调频电路两种。

谐振式调幅电路如图 4-6a 所示，L 代表电感式传感器的电感，它与电容 C 和变压器的一次侧串联在一起，接入交流电源 $\dot{U}_i$，变压器二次侧将有电压 $\dot{U}_o$输出，输出电压的频率与电源频率相同，但其幅值却随着传感器的电感 L 的变化而变化（参考 4.3.3 节），如图 4-6b 所示。图中 L_0为谐振点的电感值。此电路的灵敏度很高（变化曲线陡峭），但线性差，适用于线性要求不高的场合。

谐振式调频电路如图 4-7a 所示，传感器的电感 L 的变化将引起输出电压的频率发生变

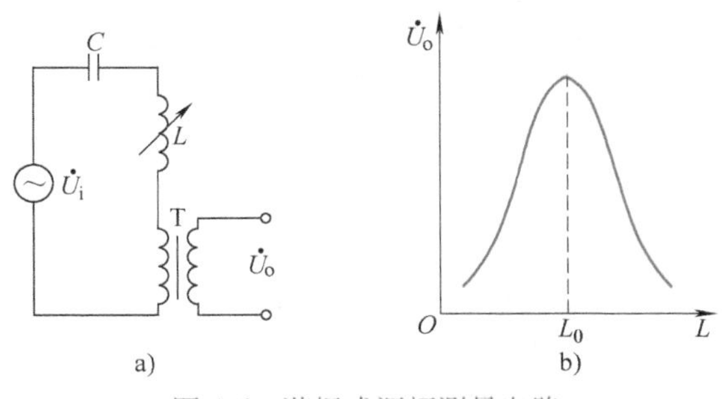

图 4-6　谐振式调幅测量电路

a）谐振式调幅电路　b）输出特性

化，如图 4-7b 所示，f 与 L 也呈明显的非线性关系。这是因为传感器电感 L 与电容 C 接入一个振荡回路中，其振荡频率取决于

$$f=\frac{1}{2\pi\sqrt{LC}} \tag{4-34}$$

当 L 变化时，振荡频率随之变化，根据频率 f 的大小即可确定被测量的值。

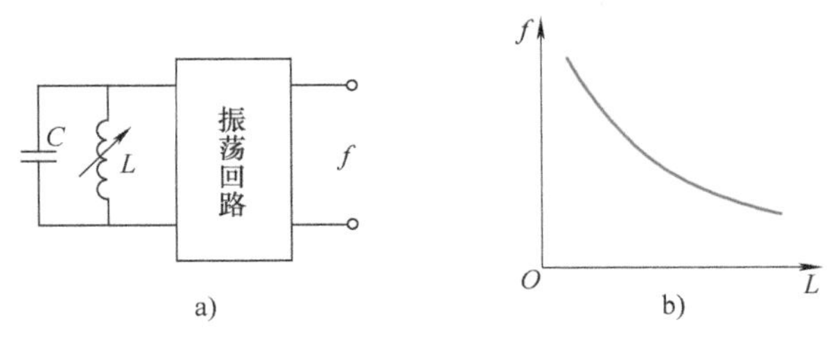

图 4-7　谐振式调频测量电路

a）谐振式调频电路　b）输出特性

4.1.4　变磁阻电感式传感器的应用

变气隙厚度电感式压力传感器的结构如图 4-8 所示。它由线圈、铁心、衔铁、膜盒组成，衔铁与膜盒上部粘贴在一起。

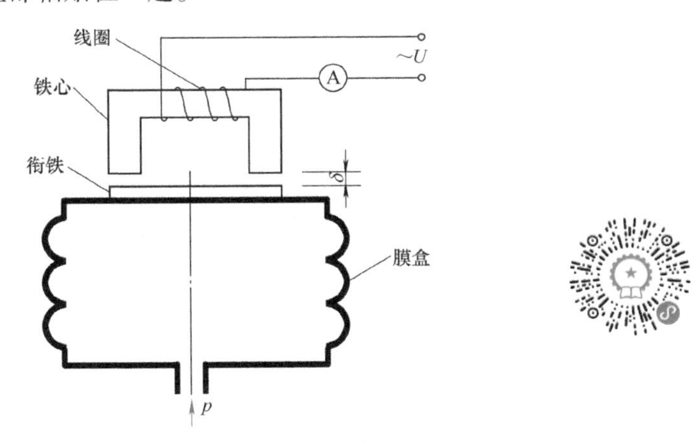

图 4-8　变气隙厚度电感式压力传感器的结构

其工作原理：当压力进入膜盒时，膜盒的顶端在压力 P 的作用下产生与压力 P 大小成正比的位移。于是衔铁也随之发生移动，使气隙厚度发生变化，流过线圈的电流也发生相应的变化，电流表指示值将反映被测压力的大小。

图 4-9 所示为运用差动变气隙厚度电感式压力传感器构成的变压器式交流电桥测量电路。它主要由 C 形弹簧管、衔铁、铁心、线圈组成。它的工作原理是：当被测压力进入 C 形弹簧管时，使其发生变形，其自由端发生位移，带动与之相连的衔铁运动，使线圈 1 和 2 中的电感发生大小相等、符号相反的变化（即一个电感量增大、另一个减小）。电感的变化通过电桥转换成电压输出，只要检测出输出电压，就可确定被测压力的大小。

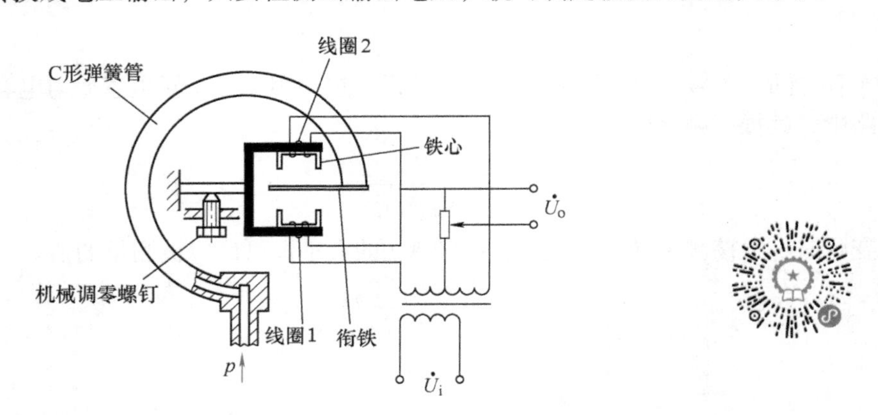

图 4-9　运用差动变气隙厚度电感式压力传感器构成的测量电路

电感式测微仪是用于测量微小尺寸变化很普遍的一种工具，常用于测量位移、零件的尺寸等，也用于产品的分选和自动检测。图 4-10 为差动变气隙厚度电感式测微仪的原理图。测量杆与衔铁连接，工件的尺寸变化或微小位移经测量杆带动衔铁上下移动，使两线圈内的电感量发生差动变化，其交流阻抗发生相应的变化，电桥失去平衡，输出一个幅值与位移成正比、频率与振荡器频率相同、相位与位移方向对应的调制信号。如果再对该信号进行放大、相敏检波，将得到一个与衔铁位移相对应的直流电压信号。这种测微仪的动态测量范围为±1mm，分辨率为 1μm，精度可达到 3%。

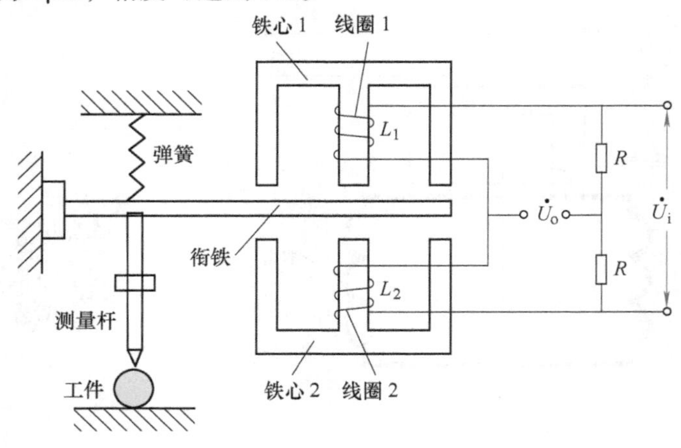

图 4-10　差动变气隙厚度电感式测微仪原理

4.2 差动变压器电感式传感器（互感式）

把被测的非电量变化转换为线圈互感量变化的传感器称为互感式传感器。它是根据变压器的基本原理制成的，且二次绕组都用差动形式连接，故称差动变压器电感式传感器。

差动变压器结构形式有变隙式、变面积式和螺线管式等，但它们的工作原理基本一样，都是基于线圈互感量的变化来进行测量的。实际应用最多的是螺线管式差动变压器，它可以测量 1~100mm 范围内的机械位移，并具有测量精度高、灵敏度高、结构简单、性能可靠等优点。

4.2.1 变隙式差动变压器

1. 工作原理

变隙式差动变压器的结构如图 4-11a 所示。在 A、B 两个铁心上绕有两个一次绕组 $N_{1a}=N_{1b}=N_1$ 和两个二次绕组 $N_{2a}=N_{2b}=N_2$，两个一次绕组顺向串接，两个二次绕组反向串接。

初始时没有位移，衔铁处于中间平衡位置，它与两个铁心间的间隙为 $\delta_{a0}=\delta_{b0}=\delta_0$，则绕组 N_{1a}、N_{2a}间的互感系数 M_a与绕组 N_{1b}、N_{2b}间的互感系数 M_b相等，致使两个二次绕组的互感电势相等，即 $\dot{e}_{2a}=\dot{e}_{2b}$。由于二次绕组是反向串接，因此，差动变压器的输出电压 $\dot{U}_o=\dot{e}_{2a}-\dot{e}_{2b}=0$。

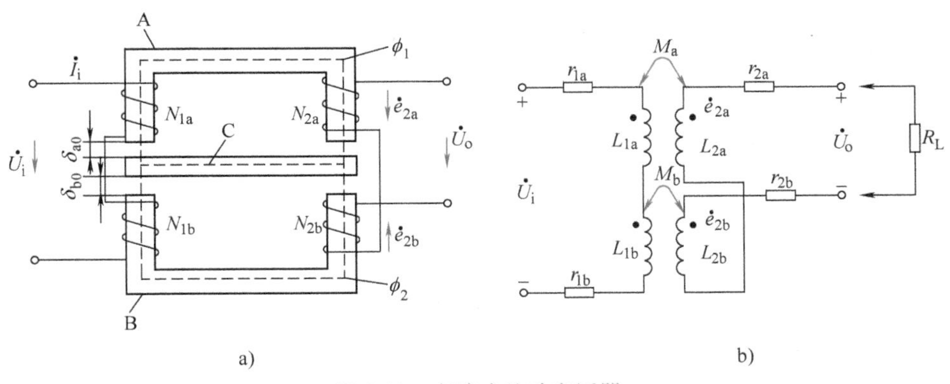

图 4-11　变隙式差动变压器

a）结构　b）等效电路

当衔铁上移时，$\delta_a<\delta_b$，对应的互感系数 $M_a>M_b$，因此，两个二次绕组的互感电势 $\dot{e}_{2a}>\dot{e}_{2b}$，输出电压 $\dot{U}_o=\dot{e}_{2a}-\dot{e}_{2b}>0$；反之，当衔铁下移时，$\delta_a>\delta_b$，对应的互感系数 $M_a<M_b$，因此，两个二次绕组的互感电势 $\dot{e}_{2a}<\dot{e}_{2b}$，输出电压 $\dot{U}_o=\dot{e}_{2a}-\dot{e}_{2b}<0$。因此，根据输出电压的大小和极性可以反映出被测物体位移的大小和方向。

为什么衔铁上移时，$\delta_a<\delta_b$，对应的互感系数 $M_a>M_b$；反之亦然？

2. 输出特性

在忽略铁损、漏感并要求变压器的二次侧开路条件下，变隙式差动变压器的等效电路如图 4-11b 所示。

上下两个一、二次绕组的互感系数分别为

$$M_a=\frac{\psi_1}{\dot{I}_i}=\frac{N_2\phi_1}{\dot{I}_i} \tag{4-35}$$

$$M_b=\frac{\psi_2}{\dot{I}_i}=\frac{N_2\phi_2}{\dot{I}_i} \tag{4-36}$$

式中　ψ_1，ψ_2——穿过上、下二次绕组的磁链；

ϕ_1，ϕ_2——上、下铁心中由激励电流 $\dot{I}_i$ 产生的磁通。

输出电压为

$$\dot{U}_0=\dot{e}_{2a}-\dot{e}_{2b}=-j\omega\dot{I}_i(M_a-M_b)=-j\omega N_2(\phi_1-\phi_2) \tag{4-37}$$

在忽略铁心磁阻与漏磁通的情况下可得

$$\phi_1=\frac{\dot{I}_iN_1}{R_{m1}} \tag{4-38}$$

$$\phi_2=\frac{\dot{I}_iN_1}{R_{m2}} \tag{4-39}$$

式中　R_{m1}，R_{m2}——上、下磁回路中总的气隙磁阻。根据式（4-6）可得

$$R_{m1}=\frac{2\delta_a}{\mu_0A_0} \tag{4-40}$$

$$R_{m2}=\frac{2\delta_b}{\mu_0A_0} \tag{4-41}$$

一次绕组中的激励电流为

$$\dot{I}_i=\frac{\dot{U}_i}{Z_{1a}+Z_{1b}}=\frac{\dot{U}_i}{(r_{1a}+j\omega L_{1a})+(r_{1b}+j\omega L_{1b})} \tag{4-42}$$

式中　Z_{1a}，r_{1a}，L_{1a}和 Z_{1b}，r_{1b}，L_{1b}——一、二次绕组的复阻抗、等效电阻与等效电感。根据式（4-7）有

$$L_{1a}=\frac{N_1^2\mu_0A_0}{2\delta_a} \tag{4-43}$$

$$L_{1b}=\frac{N_1^2\mu_0A_0}{2\delta_b} \tag{4-44}$$

设 $r_{1a}=r_{1b}=r_1$，将式（4-43）、式（4-44）代入式（4-42）后整理可得

$$\dot{I}_i=\frac{\dot{U}_i}{\left(r_{1a}+j\omega\frac{N_1^2\mu_0A_0}{2\delta_a}\right)+\left(r_{1b}+j\omega\frac{N_1^2\mu_0A_0}{2\delta_b}\right)}$$

$$=\frac{\dot{U}_{\mathrm{i}}}{2r_1+\frac{\mathrm{j}\omega N_1^2\mu_0A_0}{2}\left(\frac{1}{\delta_{\mathrm{a}}}+\frac{1}{\delta_{\mathrm{b}}}\right)} \tag{4-45}$$

将式（4-38）~式（4-41）和式（4-45）代入式（4-37）并整理可得

$$\dot{U}_{\mathrm{o}}=-\mathrm{j}\omega N_1N_2\mu_0A_0\dot{U}_{\mathrm{i}}\frac{\frac{1}{\delta_{\mathrm{a}}}-\frac{1}{\delta_{\mathrm{b}}}}{4r_1+\mathrm{j}\omega N_1^2\mu_0A_0\left(\frac{1}{\delta_{\mathrm{a}}}+\frac{1}{\delta_{\mathrm{b}}}\right)} \tag{4-46}$$

根据上一节“机械品质因数”的知识可知，高 Q 值时，式（4-46）中的 $4r_1$ 可忽略，从而简化为

$$\dot{U}_{\mathrm{o}}=\frac{\delta_{\mathrm{a}}-\delta_{\mathrm{b}}}{\delta_{\mathrm{a}}+\delta_{\mathrm{b}}}\frac{N_2}{N_1}\dot{U}_{\mathrm{i}} \tag{4-47}$$

分析：

1）当衔铁位于中间位置时，$\delta_{\mathrm{a}}=\delta_{\mathrm{b}}=\delta_0$，则输出电压 $\dot{U}_{\mathrm{o}}=0$。

2）当衔铁上移 $\Delta\delta$ 时，即 $\delta_{\mathrm{a}}=\delta_0-\Delta\delta$，$\delta_{\mathrm{b}}=\delta_0+\Delta\delta$，代入式（4-47）有

$$\dot{U}_{\mathrm{o}}=-\frac{\Delta\delta}{\delta_0}\frac{N_2}{N_1}\dot{U}_{\mathrm{i}} \tag{4-48}$$

式（4-48）表明：变压器的输出电压 $\dot{U}_{\mathrm{o}}$ 与衔铁位移量 $\Delta\delta$ 成正比，“-”号表明当衔铁向上移动时，如果 $\Delta\delta$ 定义为正，则变压器的输出电压与输入电压反相。

3）当衔铁下移 $\Delta\delta$ 时，同理可得，输出电压为

$$\dot{U}_{\mathrm{o}}=\frac{\Delta\delta}{\delta_0}\frac{N_2}{N_1}\dot{U}_{\mathrm{i}} \tag{4-49}$$

此时，变压器的输出电压与输入电压同相。

图 4-12 所示为变隙式差动变压器输出电压 $\dot{U}_{\mathrm{o}}$ 与衔铁位移量 $\Delta\delta$ 的关系曲线。

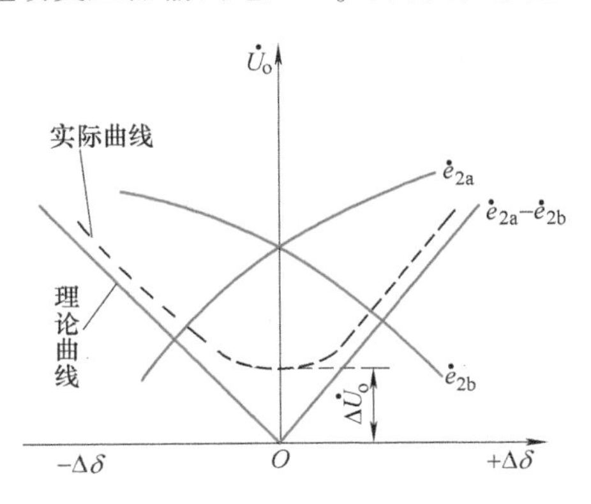

图 4-12 变隙式差动变压器的输出特性

由式（4-48）和式（4-49）可得变隙式差动变压器灵敏度 K 的表达式为

$$K=\left|\frac{\dot{U}_{\mathrm{o}}}{\Delta\delta}\right|=\frac{N_2}{N_1}\frac{\dot{U}_{\mathrm{i}}}{\delta_0} \tag{4-50}$$

综合以上分析，可得到如下结论：

1）供电电源 $\dot{U}_i$要稳定，以便使传感器具有稳定的输出特性；另外，电源幅值的适当提高可以提高灵敏度 K 值，但要以变压器铁心不饱和以及允许的温升为条件。

2）增加 N_2/N_1的比值和减小 δ_0都能使灵敏度 K 值提高。但 N_2/N_1的比值与变压器的体积及零点残余电压有关。δ_0的选取要兼顾灵敏度的改善和测量范围的需要，一般选择传感器的 δ_0为 0.5mm。

3）在忽略铁损和线圈中的分布电容等条件下得出上述结论。如果考虑这些影响，将会使传感器的性能变差（灵敏度降低，非线性加大等）。但是，在一般工程应用中是可以忽略的。

4）假定工艺上能够保证两个二次绕组在结构上完全对称的前提条件一般难以实现，因此，传感器的实际输出特性如图 4-12 中虚线所示，存在零点残余电压 $\Delta\dot{U}_o$。

零点残余电压的产生原因：①(线圈）传感器的两个二次绕组的电气参数与几何尺寸不对称，导致它们产生的感应电动势幅值不等、相位不同，构成了零点残余电压的基波；②(铁心)由于磁性材料磁化曲线的非线性（磁饱和、磁滞），产生了零点残余电压的高次谐波（主要是三次谐波）；③(电源）励磁电压本身含高次谐波。

零点残余电压的消除方法：①尽可能保证传感器的几何尺寸、线圈电气参数和磁路的对称；②采用适当的测量电路，如差动整流电路。

5）以上分析结果是在变压器二次侧开路的条件下得到的，对由电子线路构成的测量电路很容易满足该条件。但如果直接配接低输入阻抗电路，则开路条件不再满足。因此，还必须考虑变压器二次电流对输出特性的影响。

4.2.2 螺线管式差动变压器

1. 工作原理

螺线管式差动变压器的结构如图 4-13a 所示。它由位于中间的一次绕组（绕组匝数为 N_1）、两个位于边缘的二次绕组（反向串接，绕组匝数分别为 N_{2a}和 N_{2b}）和插入绕组中央的圆柱形衔铁组成。

在忽略铁损、导磁体磁阻和线圈分布电容的理想条件下，其等效电路如图 4-13b 所示。

根据变压器的工作原理，当一次绕组加上激励电压时，在两个二次绕组中便会产生感应电动势，在变压器结构对称的情况下（初始状态），当活动衔铁处于初始平衡位置时，必然会使两个互感系数相等（$M_1=M_2$）。根据电磁感应原理，则产生的两个感应电动势也将相等（$\dot{E}_{2a}=\dot{E}_{2b}$）。由于变压器两个二次绕组反向串接，因此差动变压器的输出为 0（$\dot{U}_o=\dot{E}_{2a}-\dot{E}_{2b}=0$）。

当活动衔铁上移时，由于磁阻的影响（$\phi=\dfrac{IN}{R_m}$，上移时上部线圈的磁阻 R_m减小，则磁通 ϕ 增加），上部二次绕组中的磁通将大于下部二次绕组中的磁通，使 $M_1>M_2$，使 $\dot{E}_{2a}$增加，$\dot{E}_{2b}$减小；反之，$\dot{E}_{2b}$增加，$\dot{E}_{2a}$减小，即随着衔铁位移 x 的变化，差动变压器的输出电压 $\dot{U}_o=\dot{E}_{2a}-\dot{E}_{2b}$也将发生变化，其关系曲线如图 4-14 所示。

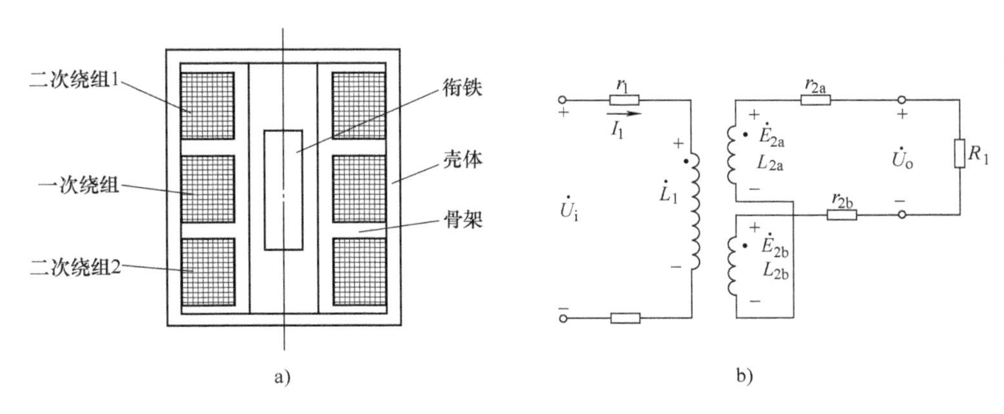

图 4-13　螺线管式差动变压器工作原理图

a）结构　b）等效电路

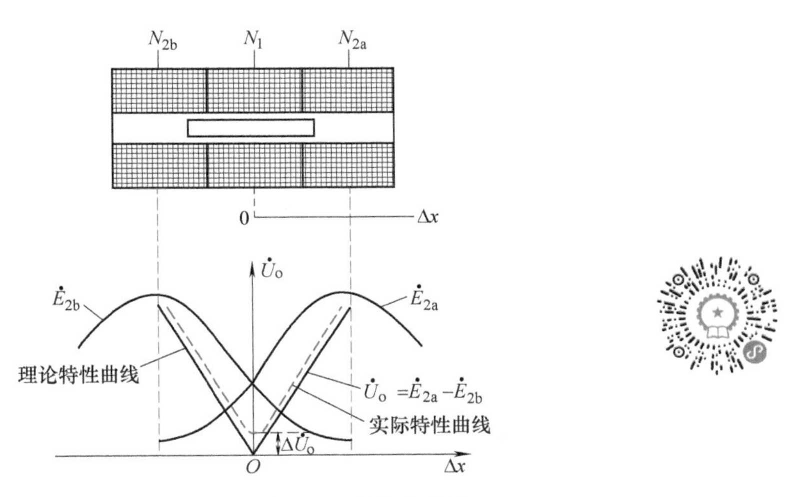

图 4-14　螺线管式差动变压器的输出特性

但实际上，由于零点残余电压的存在，当衔铁位于中心位置时，差动变压器的输出电压并不为 0。零点残余电压一般在几十毫伏以下，在实际使用时应设法减小它。

2. 基本特性

根据图 4-13b 所示差动变压器的等效电路，当二次侧开路时有

$$\dot{I}_1 = \frac{\dot{U}_i}{r_1 + j\omega L_1} \tag{4-51}$$

式中　　ω——激励电压 $\dot{U}_i$ 的角频率；

$\dot{U}_i$，$\dot{I}_1$，r_1，L_1——一次绕组的激励电压、激励电流、直流电阻和电感。

根据电磁感应定律，二次绕组中感应电动势的表达式分别为

$$\dot{E}_{2a} = -j\omega M_1 \dot{I}_1 \tag{4-52}$$

$$\dot{E}_{2b} = -j\omega M_2 \dot{I}_1 \tag{4-53}$$

式中　M_1，M_2——一次绕组和两个二次绕组的互感系数；

“-”号——感应电动势的方向与激励电流的方向相反。

在二次绕组反向串接和开路的条件下，可得

$$\dot{U}_o=\dot{E}_{2a}-\dot{E}_{2b}=-\frac{j\omega(M_1-M_2)\dot{U}_i}{r_1+j\omega L_1} \tag{4-54}$$

输出电压有效值为

$$U_o=\frac{\omega(M_1-M_2)U_i}{\sqrt{r_1^2+(\omega L_1)^2}} \tag{4-55}$$

分析：

1）活动衔铁位于中间位置（$\Delta x=0$）时

$$M_1=M_2=M \tag{4-56}$$

故输出电压有效值为

$$U_o=0 \tag{4-57}$$

即 $\dot{E}_{2a}=\dot{E}_{2b}$，但实际 $\dot{U}_o$不等于 0，存在零点残余电压。

2）活动衔铁位于中间位置以上（$\Delta x>0$）时

$$M_1=M+\Delta M,\quad M_2=M-\Delta M \tag{4-58}$$

故输出电压有效值为

$$U_o=\frac{2\omega\Delta MU_i}{\sqrt{r_1^2+(\omega L_1)^2}} \tag{4-59}$$

与 $\dot{E}_{2a}$同极性，即 $\dot{E}_{2a}>\dot{E}_{2b}$。输出电压 $\dot{U}_o$与输入电压 $\dot{U}_i$同频同相。

3）活动衔铁中间位置以下（$\Delta x<0$）时

$$M_1=M-\Delta M,\quad M_2=M+\Delta M \tag{4-60}$$

故输出电压有效值为

$$U_o=-\frac{2\omega\Delta MU_i}{\sqrt{r_1^2+(\omega L_1)^2}} \tag{4-61}$$

与 $\dot{E}_{2b}$同极性，即 $\dot{E}_{2a}<\dot{E}_{2b}$。输出电压 $\dot{U}_o$与输入电压 $\dot{U}_i$同频反相。

3. 测量电路

差动变压器输出的是交流电压，而且存在零点残余电压，当用交流电压表进行测量时，只能反映衔铁位移的大小，不能反映位移的方向，也不能消除零点残余电压。为了达到辨别位移方向和消除零点残余电压的目的，常用差动整流电路和相敏检波电路。

（1）差动整流电路（消除零点残余电压）

为了消除零点残余电压，常用的几种差动整流电路如图 4-15 所示。它把两个二次输出电压分别整流，然后将整流后的电压或电流的差值作为输出。图 4-15a、c 适于交流负载阻抗；图 4-15b、d 适于低负载阻抗。电阻 R_0作为电位器用于消除零点残余电压。

下面以图 4-15b 为例分析差动整流的工作原理。由图可知：无论两个二次绕组的输出瞬时电压极性如何，流经电容 C_1的电流方向总是从 2 端到 4 端，流经电容 C_2的电流方向总是从 6 端到 8 端，所以整流电路的输出电压为

$$U_o=U_{24}-U_{68} \tag{4-62}$$

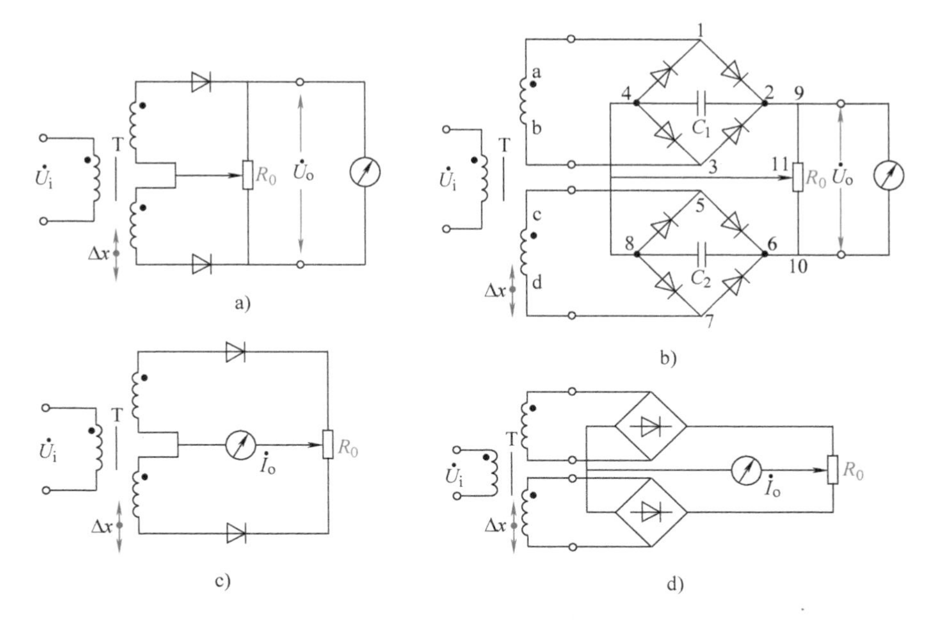

图 4-15　差动整流电路

a）半波电压输出　b）全波电压输出　c）半波电流输出　d）全波电流输出

当衔铁位于中间位置时，$U_{24}=U_{68}$，故输出电压 $U_o=0$；当衔铁位于零位以上时，$U_{24}>U_{68}$，则 $U_o>0$；当衔铁位于零位以下时，则有 $U_{24}<U_{68}$，$U_o<0$。只能根据 U_o的符号判断衔铁的位置在零位处、零位以上或以下，但不能判断运动的方向。

（2）相敏检波电路（判断位移的大小和方向）

相敏检波用来鉴别调制信号的极性，利用交变信号在过零位时正、负极性发生突变，使调制波相位与载波信号比较也相应地产生 180°相位跳变，从而既能反映原信号的幅值，也能反映其相位。相敏检波电路如图 4-16a 所示。四个性能相同的二极管 $VD_1 \sim VD_4$ 以同一方向串联成一个闭合的环形电桥，四个接点 1~4 分别接到两个变压器 A 和 B 的两个二次绕组上。输入信号 u'_y（是差动变压器电感式传感器输出的调幅波电压）和检波器的参考信号 u_0（即同步信号）分别经变压器 A、B 加到环形电桥的两个对角。电阻 R 起限流作用。u_0的幅值远大于变压器 A 的输出信号 $u=u_1+u_2$的幅值，以便控制四个二极管的导通状态，且 u_0 和差动变压器电感式传感器的激励电压 u_y共用同一电源，中间通过适当的移相电路来保证两者同频、同相（或反相）。即 u_0是作为辨别极性的标准，R_f为连接在两个变压器二次绕组中点之间的负载电阻。下面分析相敏检波电路的工作原理。

1）当衔铁在零点以上移动，即位移 $x(t)>0$ 时，u'_y与 u_0 同频同相。根据 4.2.1 节的分析可知，当衔铁在零位以上时，差动变压器电感式传感器的输出电压 u'_y与其输入电压（即激励电压）u_y之间是同频反相的，而 u_y与 u'_y可通过移相电路使其同频反相，这样，u'_y与 u_0 就是一个同频同相的关系。此时，如果 u'_y与 u_0 均为正半周（相位为 0~π），即变压器 A 二次输出电压 u_1上正下负，u_2 上正下负；变压器 B 二次输出电压 u_{01}左正右负，u_{02}左正右负。

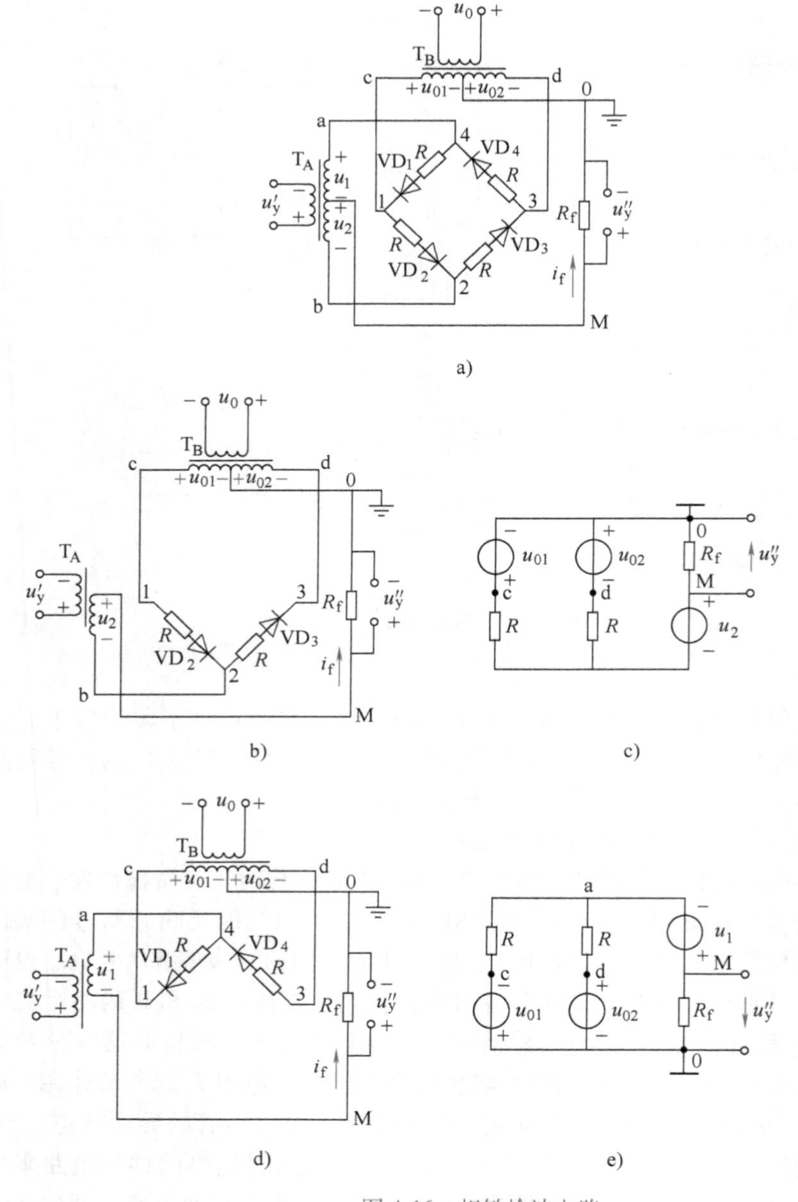

图 4-16　相敏检波电路

① u_1正端接节点 4，u_{01}正端接节点 1，由于 $u_1 \ll u_{01}$，所以，节点 4 电位低于节点 1，二极管 VD_1 截止；

② u_1正端接节点 4，u_{02}负端接节点 3，所以，节点 3 电位低于节点 4，二极管 VD_4 截止。

③ u_2负端接节点 2，u_{01}正端接节点 1，所以，节点 1 电位高于节点 2，二极管 VD_2 导通。

④ u_2负端接节点 2，u_{02}负端接节点 3，由于 $u_2 \ll u_{02}$，所以，节点 3 电位比节点 2 更负，二极管 VD_3 导通。

这样，u_2所在的下线圈接入回路，得到图 4-16b 所示的等效电路。根据变压器的工作原

理有

$$u_{01}=u_{02}=\frac{u_0}{2n_2} \tag{4-63}$$

$$u_1=u_2=\frac{u_y'}{2n_1} \tag{4-64}$$

式中　n_1，n_2——变压器 A、B 的电压变比。

由于 u_{01}、u_{02} 大小相等，极性相反，如图 4-16c 所示，因此该图可进一步简化，如图 4-17 所示。

所以

$$i_f=\frac{u_2}{\frac{R}{2}+R_f} \tag{4-65}$$

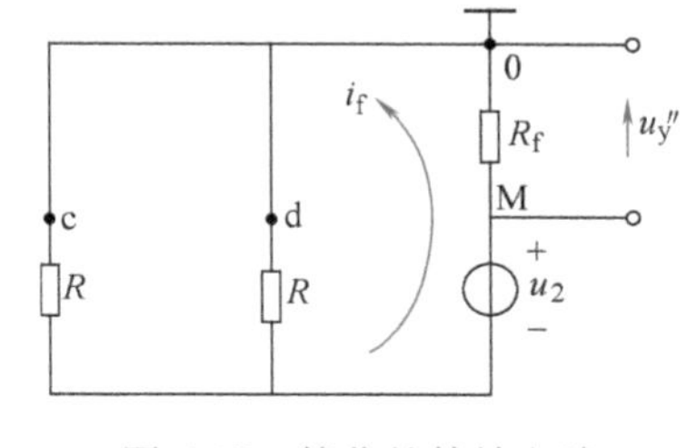

图 4-17　简化的等效电路

输出电压为

$$u_y''=i_fR_f=\frac{R_fu_y'}{n_1(R+2R_f)} \tag{4-66}$$

由式（4-66）可见，在 n_1、R、R_f 为常数的情况下，u_y'' 的大小与 u_y' 的幅值有相同的变化规律（见图 4-18）。

同理，如果载波信号为负半周（相位为 $\pi\sim2\pi$），即变压器 A 二次输出电压 u_1 上负下正，u_2 上负下正；变压器 B 二次输出电压 u_{01} 左负右正，u_{02} 左负右正。环形电桥中二极管 VD_1、VD_4 导通，VD_2、VD_3 截止，u_1 所在的上线圈工作，得到图 4-16d 和图 4-16e 所示的等效电路。输出电压与式（4-66）相同，说明只要位移大于 0，负载两端的输出电压方向不变（始终为正）。

2）当位移 $x(t)<0$ 时，u_y' 和 u_0 同频反相。采用上述同样的分析方法，当衔铁在零位以下移动时，不论载波是正半周还是负半周，可得到负载的输出电压始终为

$$u_y''=i_fR_f=-\frac{R_fu_y'}{n_1(R+2R_f)} \tag{4-67}$$

综上所述，相敏检波电路的输出电压的变化规律反映了位移的变化规律，即 u_y'' 的大小反映了位移 $x(t)$ 的大小，u_y'' 的极性反映了位移 $x(t)$ 的方向（正位移输出正电压、负位移输出负电压）。相敏体现在输入电压 u_y' 与参考电压 u_0 同相或反相，导致输出电压的极性不同，从而反映位移的方向。

图 4-18 为相敏检波的波形图。u_y'' 的一个周期分为四个阶段：

① 正半周的上升阶段：u_y'' 大于 0，且幅值在逐渐增大，说明向上位移，且在零位以上；

② 正半周的下降阶段：u_y'' 大于 0，且幅值在逐渐减小，说明向下位移，且在零位以上；

③ 负半周的下降阶段：u_y'' 小于 0，且幅值在逐渐增大，说明向下位移，且在零位以下；

④ 负半周的上升阶段：u_y'' 小于 0，且幅值在逐渐减小，说明向上位移，且在零位以下。

对比图 4-18a 和图 4-18c 可知，差动变压器电感式传感器的输出电压 u_y' 的极性与被测位移量 $x(t)$ 的上下移动方向并不一致，因此，不能通过传感器输出信号 u_y' 的极性来判断被测物体位移的方向；对比图 4-18a 和图 4-18e 可知，差动变压器电感式传感器的输出电压 u_y' 经相敏检波电路进行信号调理后得到的输出电压 u_y'' 的极性和变化规律与被测位移量 $x(t)$ 的上

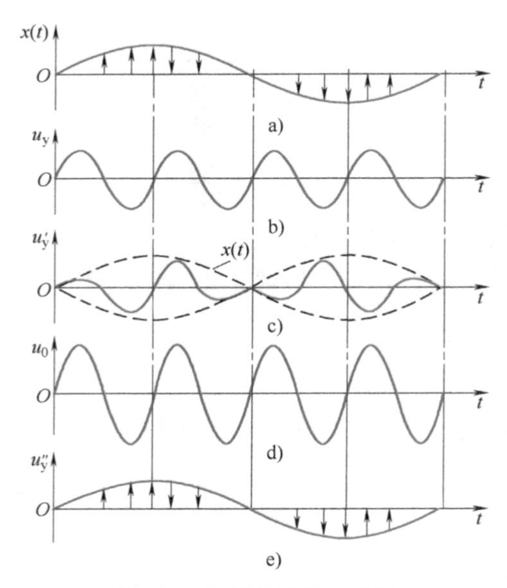

图 4-18　相敏检波的波形图

a）位移变化波形　b）差动变压器激磁电压波形　c）差动变压器输出电压波形

d）相敏检波参考信号　e）相敏检波输出电压波形

下移动方向和变化规律相一致，因此，可以通过相敏检波输出信号 u_y''的极性和变化趋势来判断被测物体位移的方向。

4.2.3　差动变压器电感式传感器的应用

差动变压器电感式传感器可直接用于测量位移或与位移相关的机械量，如振动、压力、加速度、应变、比重、张力、厚度等。

图 4-19 所示为微压传感器的结构，在无压力时，固定在膜盒中心的衔铁位于差动变压器中部，因而输出为零，当被测压力由接头输出到膜盒中时，膜盒的自由端将产生一正比于被测压力的位移，并带动衔铁在差动变压器中移动，其产生的输出电压能反映被测压力的大小。这种传感器经分档可测量$-4\times10^4 \sim 6\times10^4$Pa 的压力，精度为 1.5%。

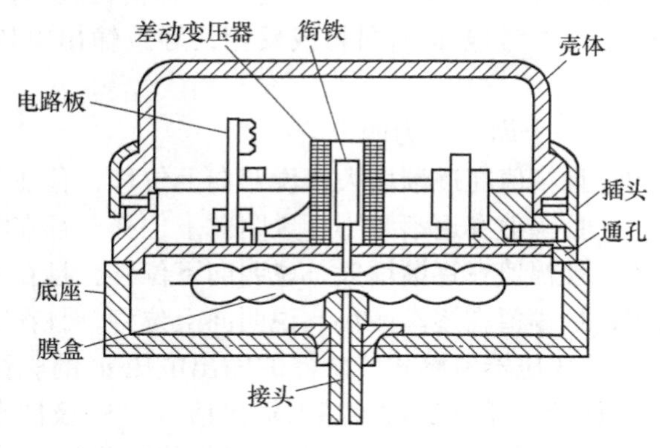

图 4-19　微压传感器的结构

图 4-20 所示是 CPC 型差压计电路图。CPC 型差压计是一种差动变压器，当所测的 P_1 与 P_2 之间的差压变化时，差压计内的膜片产生位移，从而带动固定在膜片上的差动变压器的衔铁移位，使差动变压器二次输出电压发生变化，输出电压的大小与衔铁的位移成正比，从而也与所测差压成正比。

图 4-21 所示为利用差动变压器电感式传感器测量加速度的应用。它由悬臂梁和差动变压器组成。测量时，将悬臂梁底座及差动变压器的线圈骨架固定，将衔铁的 A 端与被测体相连，当被测体带动衔铁以 $\Delta x(t)$ 振动时，导致差动变压器的输出电压按相同的规律变化。

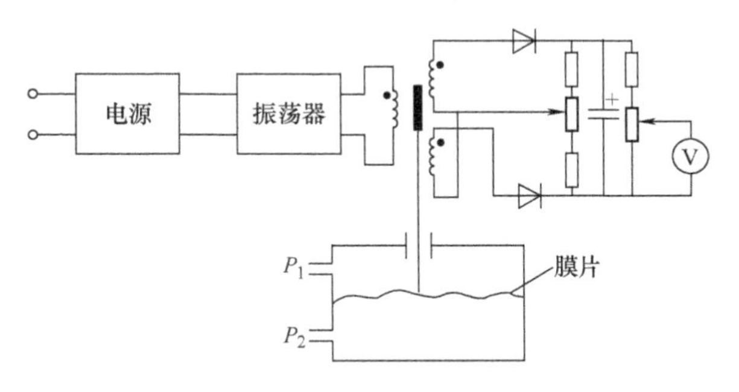

图 4-20　CPC 型差压计电路

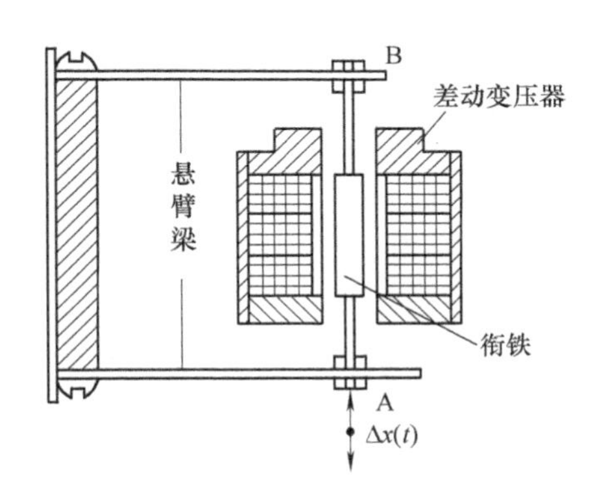

图 4-21　差动变压器测加速度

4.3　电涡流电感式传感器（互感式）

电涡流电感式传感器的内部结构如图 4-22 所示，它是根据电涡流效应（Eddy Current Effect）制成的传感器。电涡流效应指的是这样一种现象：根据法拉第电磁感应定律，块状金属导体置于变化的磁场中或在磁场中作切割磁力线运动时，通过导体的磁通将发生变化，产生感应电动势，该电动势在导体表面形成电流并自行闭合，状似水中的涡流，称为电涡流。电涡流只集中在金属导体的表面，这一现象称为趋肤效应。

电涡流电感式传感器最大的特点是能对位移、厚度、表面温度、速度、应力、材料损伤等进行非接触式连续测量，还具有体积小、灵敏度高、频带响应宽等特点，应用极其广泛。

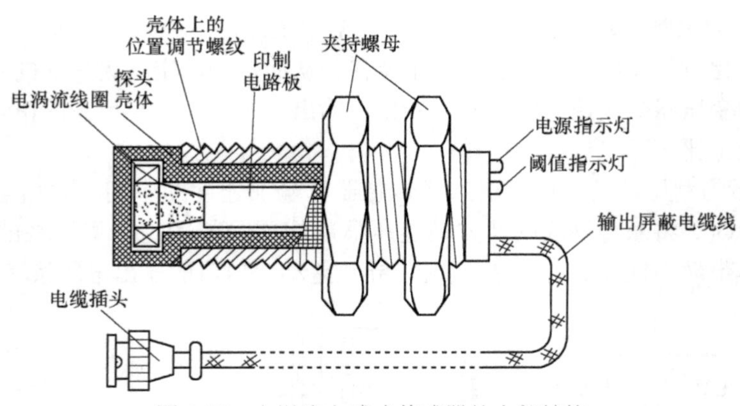

图 4-22　电涡流电感式传感器的内部结构

4.3.1　工作原理

电涡流电感式传感器原理如图 4-23a 所示。它由传感器激励线圈和被测金属体组成。根据法拉第电磁感应定律，当传感器激励线圈中通以正弦交变电流时，线圈周围将产生正弦交变磁场，使位于该磁场中的金属导体产生感应电流，该感应电流又产生新的交变磁场。新的交变磁场的作用是为了反抗原磁场，这就导致传感器线圈的等效阻抗发生变化。传感器线圈受电涡流影响时的等效阻抗 Z 为

$$Z=F(\rho,\mu,r,f,x) \tag{4-68}$$

式中　ρ——被测体的电阻率；

μ——被测金属体的磁导率；

r——线圈与被测体的尺寸因子；

f——线圈中励磁电流的频率；

x——线圈与导体间的距离。

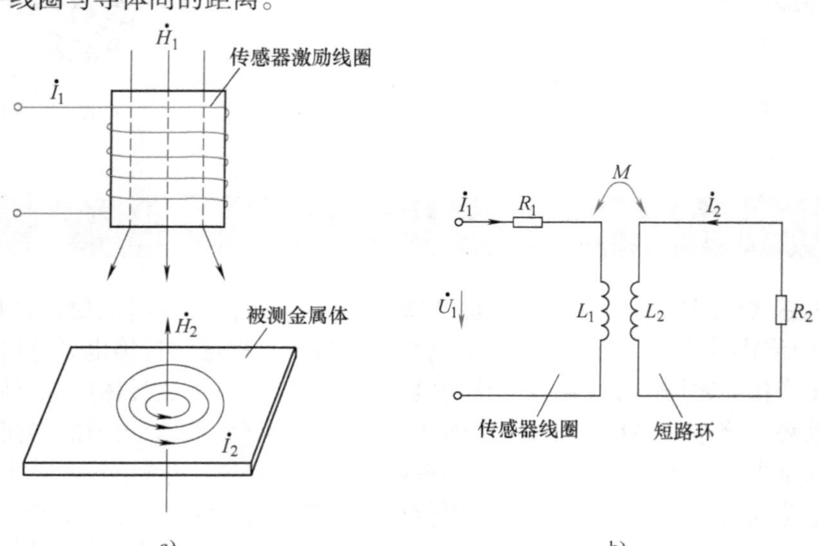

图 4-23　电涡流电感式传感器原理

a）原理结构　b）等效电路

由此可见，线圈阻抗的变化完全取决于被测金属导体的电涡流效应，与以上因素有关。如果只改变式（4-68）中的一个参数，保持其他参数不变，传感器线圈的阻抗 Z 就只与该参数有关，如果测出传感器线圈阻抗的变化，就可确定该参数。实际应用时通常改变线圈与导体间的距离 x，而保持其他参数不变。

方法论

【变参数实验观测法】 分析系统影响因素，确定变量之间关系、变化规律是科学研究中经常要面临的任务；基于实验观测数据，通过统计分析得出并验证结论是解决这类问题的常用方法。当一个变量受到多个参数变化影响时，只改变其中一个参数，其他参数保持不变，通过观测变量得出该参数就是这类方法的运用。

4.3.2　等效电路

根据电涡流在导体内的贯穿情况和激励信号频率高低，可以将电涡流电感式传感器分为高频反射式和低频透射式两类。讨论电涡流电感式传感器时，可以把产生电涡流的金属导体等效成一个短路环，即假设电涡流只分布在环体内。因此，电涡流电感式传感器的等效电路如图 4-23b 所示。图中 R_2 为电涡流短路环等效电阻，其计算方法为

$$R_2=\frac{2\pi\rho}{h\ln\dfrac{r_a}{r_i}} \tag{4-69}$$

式中　R_2——电涡流短路环等效电阻；

h——电涡流的深度（$h=\sqrt{\dfrac{\rho}{\pi\mu_o\mu_r f}}$，可见频率越高，电涡流渗透的深度就越浅，趋肤效应越明显）；

r_a，r_i——短路环的外径和内径。

由基尔霍夫电压定律有

$$\begin{cases}R_1\dot{I}_1+j\omega L_1\dot{I}_1-j\omega M\dot{I}_2=\dot{U}_1\\ -j\omega M\dot{I}_1+R_2\dot{I}_2+j\omega L_2\dot{I}_2=0\end{cases} \tag{4-70}$$

式中　ω——线圈励磁电流的角频率；

R_1，L_1——线圈的电阻和电感；

R_2，L_2——短路环的等效电阻和等效电感；

M——线圈与金属导体间的互感系数。

由式（4-70）可得产生电涡流效应后的等效阻抗为

$$\begin{aligned}Z&=\frac{\dot{U}_1}{\dot{I}_1}=R_1+\frac{\omega^2M^2R_2}{R_2^2+(\omega L_2)^2}+j\omega\left[L_1-\frac{\omega^2M^2L_2}{R_2^2+(\omega L_2)^2}\right]\\&=R_{eq}+j\omega L_{eq}\end{aligned} \tag{4-71}$$

式中　R_{eq}，L_{eq}——产生电涡流效应后线圈的等效电阻和等效电感。

$$R_{eq}=R_1+\frac{\omega^2M^2R_2}{R_2^2+(\omega L_2)^2} \tag{4-72}$$

$$L_{eq}=L_1-\frac{\omega^2M^2L_2}{R_2^2+(\omega L_2)^2} \tag{4-73}$$

因此，产生电涡流前后线圈的特征参数对比见表 4-1。

表 4-1　产生电涡流前后线圈的特征参数对比

对比量	电阻值	电感量	品质因数
产生电涡流前	R_1	L_1	$Q=\frac{\omega L_1}{R_1}$
产生电涡流后	$R_{eq}=R_1+\frac{\omega^2M^2R_2}{R_2^2+(\omega L_2)^2}$	$L_{eq}=L_1-\frac{\omega^2M^2L_2}{R_2^2+(\omega L_2)^2}$	$Q=\frac{\omega L_{eq}}{R_{eq}}=\frac{\omega\left[L_1-\frac{\omega^2M^2L_2}{R_2^2+(\omega L_2)^2}\right]}{R_1+\frac{\omega^2M^2R_2}{R_2^2+(\omega L_2)^2}}$

由表 4-1 可知：

1）产生电涡流效应后，由于电涡流的影响，线圈复阻抗的实部（等效电阻）增大、虚部（等效电感）减小，即出现了涡流损耗，线圈的等效机械品质因数下降。

2）电涡流电感式传感器的等效电气参数都是互感系数 M^2 的函数。通常总是利用其等效电感的变化组成测量电路，因此，电涡流电感式传感器属于电感式传感器（互感式）。

电磁炉的基本工作原理是什么？智能电表是如何完成用户用电数据采样的？

4.3.3　测量电路

用于电涡流电感式传感器的测量电路主要有调频式、调幅式两种。

1. 调频式测量电路

调频式测量电路如图 4-24 所示，传感器线圈作为组成 LC 振荡器的电感元件，并联谐振回路的谐振频率为

$$f=\frac{1}{2\pi\sqrt{LC_0}} \tag{4-74}$$

当电涡流线圈与被测物体的距离变化时，电涡流线圈的电感量在涡流影响下随之变化，引起振荡器的输出频率变化，该频率信号（TTL 电平）可直接由计算机计数，或通过频率-电压转换器（又称为鉴频器）将频率信号转换为电压信号，用数字电压表显示出对应的电压。

2. 调幅式测量电路

调幅式测量电路如图 4-25 所示，它是由传感器线圈、电容器和石英晶体组成的石英晶

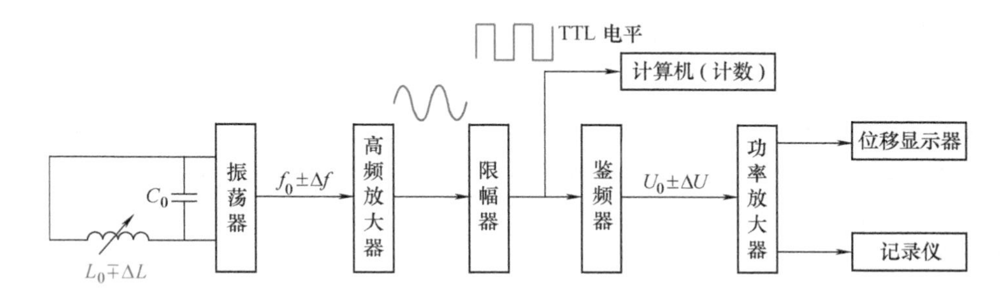

图 4-24　调频式测量电路

体振荡电路。石英晶体振荡器通过耦合电阻 R，向由传感器线圈和一个微调电容组成的并联谐振回路提供一个稳频稳幅的高频激励信号，相当于一个恒流源，即给谐振回路提供一个频率稳定（f_0）的激励电流 i_0，LC 回路的阻抗为

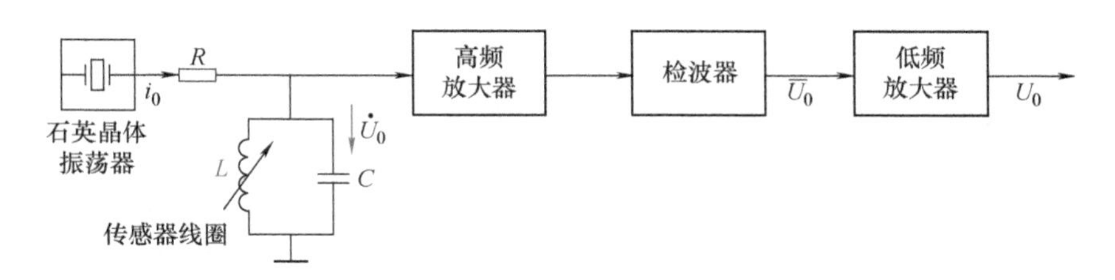

图 4-25　调幅式测量电路

$$Z = \mathrm{j}\omega L \,\Big|\Big|\, \frac{1}{\mathrm{j}\omega C} = \frac{\mathrm{j}\omega L}{1-\omega^2 LC} \tag{4-75}$$

式中　ω——石英振荡频率。

由式（4-75）可知：当 $1-\omega^2 LC=0$ 时，即 $\omega=\frac{1}{\sqrt{LC}}$，由于 $\omega=2\pi f_0$，所以有 $f_0=\frac{1}{2\pi\sqrt{LC}}$（即 LC 振荡回路的谐振频率），此时谐振回路的阻抗值最大；此外，无论是 L 增加导致 $1-\omega^2 LC<0$，还是 L 减小导致 $1-\omega^2 LC>0$，都将使振荡回路的阻抗值 Z 减小。由此可见，当金属导体与传感器的相对位置为某一个确定值时，LC 振荡回路的谐振频率恰好为激励频率（石英振荡频率）f_0，此时，回路呈现的阻抗最大，谐振回路上的压降也最大。当被测金属导体靠近或远离传感器线圈时，线圈的等效电感 L 发生变化，导致回路失谐，相应的谐振频率改变，等效阻抗都将减小（见图 4-26），从而使输出电压幅值减小（参考图 4-6）。L 的数值随距离的变化而变化，因此，输出电压也随距离而变化，从而实现测量的要求。值得指出的是，调幅式的输出电压与位移不是线性关系，需要逐点标定，并用计算机线性化后才能用数码管显示出位移量。

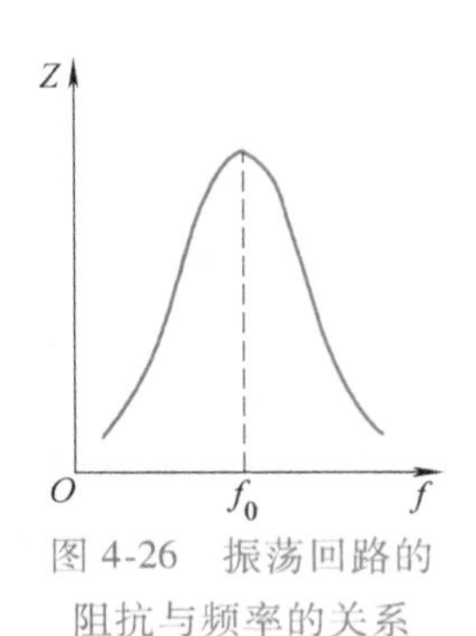

图 4-26　振荡回路的阻抗与频率的关系

4.3.4 电涡流电感式传感器的应用

1. 位移测量

根据式（4-68）可知，电涡流电感式传感器与被测金属导体的距离变化将影响其等效阻抗，根据该原理可用电涡流电感式传感器来实现对位移的测量，如汽轮机主轴的轴向位移、金属试样的热膨胀系数、钢水的液位、流体压力等。测量位移的量程范围为0~30mm，国外甚至可测80mm，分辨力为满量程的0.1%。

2. 振幅测量

电涡流电感式传感器可以无接触地测量各种机械振动，测量范围从几十微米到几毫米，如测量轴的振动形状，可用多个电涡流电感式传感器并排安置在轴附近，如图4-27a所示，用多通道指示仪输出至记录仪，在轴振动时获得各传感器所在位置的瞬时振幅，因而可测出轴的瞬时振动分布形状。

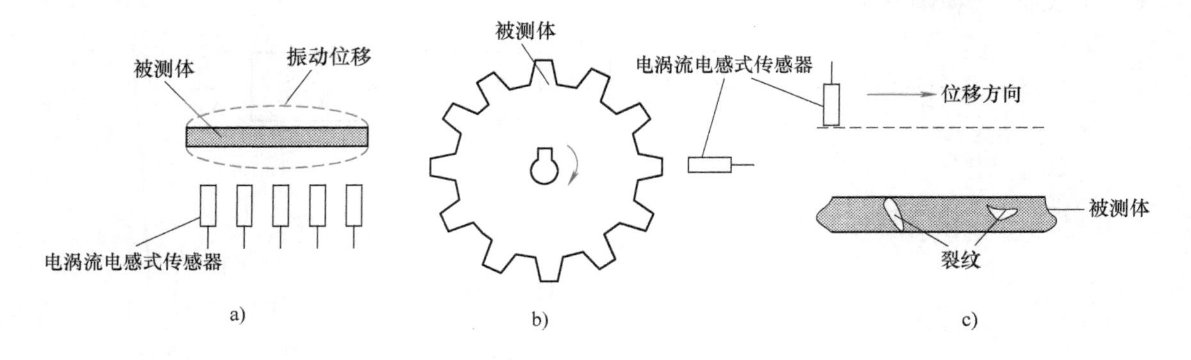

图4-27 电涡流电感式传感器的应用
a）振幅测量 b）转速测量 c）无损探伤

3. 转速测量

把一个旋转金属体加工成齿轮状，旁边安装一个电涡流电感式传感器，如图4-27b所示。当旋转体旋转时，传感器将产生周期性的脉冲信号输出。对单位时间内输出的脉冲进行计数，从而计算出其转速（r/s）。

$$r=\frac{N/n}{t} \tag{4-76}$$

式中 N——t时间内的脉冲数；

n——旋转体的齿数。

4. 无损探伤

可以将电涡流电感式传感器做成无损探伤仪，用于非破坏性地探测金属材料的表面裂纹、热处理裂纹以及焊缝裂纹等，如图4-27c所示。探测时，使传感器与被测体的距离不变，保持平行相对移动，遇有裂纹时，金属的电导率、磁导率发生变化，裂缝处的位移量也将改变，结果引起传感器的等效阻抗发生变化，通过测量电路达到探伤的目的。

学习拓展

（厚度测量） 某轴承公司希望对本厂生产的汽车用滚珠的直径进行自动测量和分选，要求：滚珠的标称直径为10.000mm，允许公差范围为±3μm，超出该范围的均为不合格产品（予以剔除）；在该范围内，滚珠的直径以标称直径为基准，按1μm差值为单位共划分为7个等级，分别选入7个对应的料箱中。分选统计结果通过计算机自动显示出来。试选用电涡流电感式传感器设计一个滚珠自动分选与计数系统以完成上述功能，并说明其工作原理。

（电涡流式安全门应用调查与原理分析） 安防系统已在许多公共或特殊场合得以应用，电涡流式通道安全检查门能够有效地探测出枪支、匕首等金属武器或其他金属器物，被广泛用于机场、海关、造币厂、监狱等重要场所。试调查电涡流式安全门的应用方案，并分析其工作原理（类似的应用还包括电涡流探雷、探宝，实为金属探测器）。

习题云

4.1 根据工作原理的不同，电感式传感器可分为哪些种类？

4.2 试分析变气隙厚度电感式传感器的工作原理。

4.3 已知变气隙厚度电感式传感器的铁心截面积 $A=1.5\mathrm{cm}^2$，磁路长度 $L=20\mathrm{cm}$，相对磁导率 $\mu_r=5000$，气隙初始厚度 $\delta_0=0.5\mathrm{cm}$，$\Delta\delta=\pm0.1\mathrm{mm}$，真空磁导率 $\mu_0=4\pi\times10^{-7}\mathrm{H/m}$，线圈匝数 $N=3000$，求单线圈式传感器的灵敏度 $\Delta L/\Delta\delta$。若将其做成差动结构，灵敏度将如何变化？

4.4 差动式比单线圈式结构的变磁阻电感式传感器在灵敏度和线性度方面有什么优势？为什么？

4.5 有一只差动电感位移传感器，已知电源电压 $\dot{U}=4\mathrm{V}$，$f=400\mathrm{Hz}$，传感器线圈电阻与电感分别为 $R=40\Omega$，$L=30\mathrm{mH}$，用两只匹配电阻设计成四臂等阻抗电桥，如图4-28所示。试求：

（1）匹配电阻 R_3 和 R_4 的值为多少时才能使电压灵敏度达到最大？

（2）当 $\Delta Z=10\Omega$ 时，分别接成单臂和差动电桥后的输出电压值。

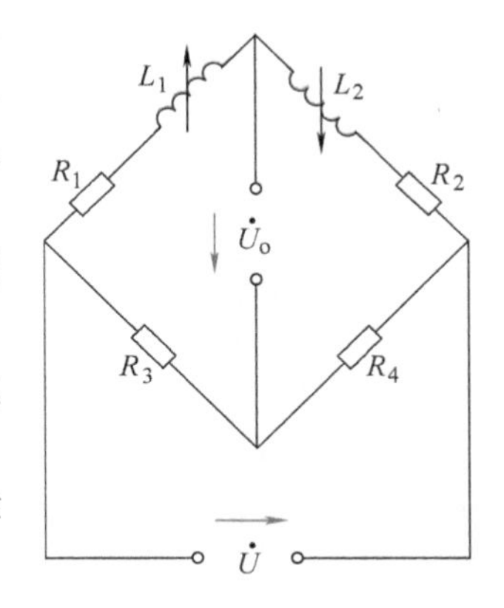

图4-28 题4.5图

4.6 试分析交流电桥和变压器式交流电桥测量电路的工作原理。

4.7 引起零点残余电压的原因是什么？如何消除零点残余电压？

4.8 在使用螺线管电感式传感器时，如何根据输出电压来判断衔铁的位置？

4.9 如何通过相敏检波电路实现对位移大小和方向的判定？

4.10 电涡流电感式传感器的线圈机械品质因数在测量时会发生什么变化？为什么？

第 5 章

电容式传感器

知识单元与知识点	➢ 平板电容式传感器（变面积型、变介质型、变极距型）以及圆筒电容式传感器（变介质型）的工作原理； ➢ 变极距型电容式传感器的非线性； ➢ 调频电路、运算放大器、变压器式交流电桥、二极管双 T 型交流电桥、脉冲宽度调制电路等测量电路； ➢ 电容式传感器的典型应用。
方法论	类推
价值观	守正出新
能力点	◇ 会分析平板电容式传感器（变面积型、变介质型、变极距型）以及圆筒电容式传感器（变介质型）的工作原理； ◇ 会分析调频电路、运算放大器、变压器式交流电桥、二极管双 T 型交流电桥、脉冲宽度调制电路等测量电路； ◇ 能构建电容式传感器的典型应用； ◇ 能对照变磁阻电感式传感器分析变极距型电容式传感器的非线性。
重难点	■ 重点：电容式传感器的工作原理、测量电路、灵敏度及非线性分析。 ■ 难点：二极管双 T 型交流电桥、脉冲宽度调制电路。
学习要求	√ 掌握平板或圆筒电容式传感器的电容量表示； √ 掌握电容式传感器的三种类别； √ 掌握变面积型电容器的分类及其测量原理；掌握变介质型、变极距型、差动变极距型电容式传感器的测量原理； √ 掌握变极距型、差动变极距型电容式传感器的灵敏度及其相对非线性误差分析方法； √ 了解电容式传感器的典型应用。
问题导引	→ 电容式传感器的结构类型如何影响它的基本特性？ → 对比变磁阻电感式传感器，如何分析变极距型电容式传感器的非线性？ → 如何调理电容式传感器的输出信号以方便观测与应用？

电容式传感器利用了将非电量的变化转换为电容量的变化来实现对物理量的测量。电容式传感器具有结构简单、体积小、分辨率高、动态响应好、温度稳定性好、电容量小（一般为几十到几百微法）、负载能力差、易受外界干扰产生不稳定现象等特点。电容式传感器广泛用于位移、振动、角度、加速度，以及压力、差压、液面（料位或物位）、成分含量等的测量。

5.1 工作原理

电容式传感器的常见结构包括平板状和圆筒状，简称平板电容器或圆筒电容器。

平板电容式传感器的结构如图 5-1 所示。在不考虑边缘效应的情况下，其电容量的计算公式为

$$C=\frac{\varepsilon A}{d}=\frac{\varepsilon_0\varepsilon_r A}{d} \tag{5-1}$$

式中　A，d——两平行板所覆盖的面积及之间的距离；

ε，ε_r——电容极板间介质的介电常数和相对介电常数；

ε_0——自由空间（真空）介电常数（根据国际单位制规定，$\varepsilon_0=\frac{10^{-9}}{36\pi}\text{F/m}\approx 8.85\times 10^{-12}\text{F/m}$）。

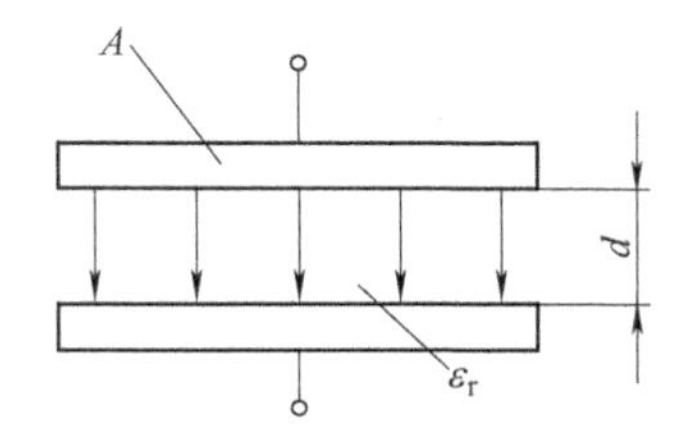

图 5-1　平板电容式传感器的结构

由式（5-1）可见，当被测参数变化引起 A、ε_r或 d 变化时，将导致平板电容式传感器的电容量 C 随之发生变化。在实际使用中，通常保持其中两个参数不变，而只改变其中一个参数，把该参数的变化转换成电容量的变化，通过测量电路转换为电量输出。因此，平板电容式传感器可分为三种：变极板覆盖面积的变面积型、变介质介电常数的变介质型和变极板间距离的变极距型。

电容器的边缘效应将使电容器的灵敏度降低，且会产生非线性，应尽量减小或消除，要达到这样的目标，您有什么方法？

圆筒电容式传感器的结构如图 5-2 所示。在不考虑边缘效应的情况下，其电容量的计算公式为

$$C=\frac{2\pi\varepsilon_0\varepsilon_r l}{\ln\frac{R}{r}} \tag{5-2}$$

式中　l——内外极板所覆盖的高度；

R——外极板的半径；

r——内极板的半径。

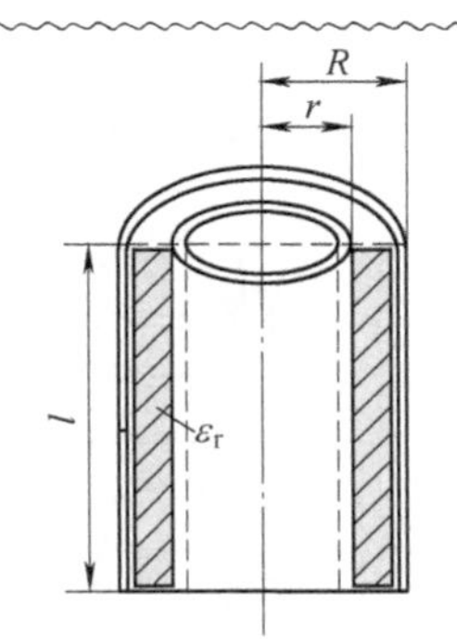

图 5-2　圆筒电容式传感器的结构

由式（5-2）可见，当被测参数变化引起 ε_r或 l 变化

时，将导致圆筒电容式传感器的电容量 C 随之发生变化。在实际使用中，通常保持其中一个参数不变，而改变另一个参数，把该参数的变化转换成电容量的变化，通过测量电路转换为电量输出。因此，圆筒电容式传感器可分为两种：变介质介电常数的变介质型和变极板间覆盖高度的变面积型。

不同类型电容式传感器的结构与用途见表 5-1。

表 5-1　不同类型电容式传感器的结构与用途

序号	结构	名称	类型	是否是差动式	用途
(a)		平板电容式传感器	变面积	否	测角位移相关量
(b)		平板电容式传感器	变面积	否	测角位移相关量
(c)		平板电容式传感器	变面积	是	测角位移相关量
(d)		平板电容式传感器	变面积	是	测角位移相关量
(e)		平板电容式传感器	变介质	否	测线位移相关量
(f)		平板电容式传感器	变介质	否	测介质成分相关量
(g)	δ	平板电容式传感器	变极距	否	测线位移相关量
(h)	δ_1 δ_2	平板电容式传感器	变极距	是	测线位移相关量

（续）

序号	结构	名称	类型	是否是差动式	用途
(i)		圆筒电容式传感器	变介质	否	测液位、料位或介质高度
(j)		圆筒电容式传感器	变介质	否	测介质成分相关量
(k)		圆筒电容式传感器	变面积	否	测线位移相关量
(l)		圆筒电容式传感器	变面积	是	测线位移相关量

5.1.1　变面积型

1. 线位移变面积型

常用的线位移变面积型电容式传感器有平板状和圆筒状两种结构，分别如图 5-3a 和 b 所示。

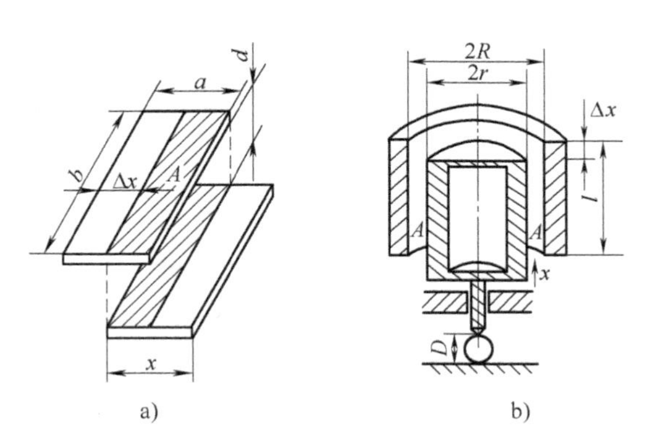

图 5-3　线位移变面积型电容式传感器原理

a）平板状　b）圆筒状

1）对于平板状结构，当被测量通过移动动极板引起两极板有效覆盖面积 A 发生变化时，将导致电容量变化。设动极板相对于定极板的平移距离为 Δx，则电容量为

$$C=C_0+\Delta C=\varepsilon_0\varepsilon_r(a-\Delta x)b/d \tag{5-3}$$

式中　C_0——初始电容量，$C_0=\varepsilon_0\varepsilon_r ab/d$；

ΔC——电容的变化量，$\Delta C=-\varepsilon_0\varepsilon_r\Delta xb/d$。

电容的相对变化量为

$$\frac{\Delta C}{C_0}=-\frac{\Delta x}{a} \tag{5-4}$$

由此可见，平板电容式传感器的电容改变量 ΔC 与水平位移 Δx 成线性关系。

2）对于圆筒状结构，当动极板圆筒沿轴向移动 Δx 时，有

$$C=\frac{2\pi\varepsilon(l-\Delta x)}{\ln(R/r)}=\frac{2\pi\varepsilon l(1-\Delta x/l)}{\ln(R/r)}=C_0(1-\Delta x/l) \tag{5-5}$$

电容的变化量 $\Delta C=C-C_0=-\dfrac{2\pi\varepsilon\Delta x}{\ln(R/r)}=-C_0\Delta x/l$

电容的相对变化量为

$$\frac{\Delta C}{C_0}=-\frac{\Delta x}{l} \tag{5-6}$$

由此可见，圆筒电容式传感器的电容改变量 ΔC 与轴向位移 Δx 成线性关系。

2. 角位移变面积型

角位移变面积型电容式传感器的原理如图 5-4 所示。两块极板均为半月形，当动极板有一个角位移 θ 时，与定极板间的有效覆盖面积将变为图中阴影部分，即 $A=A_0-\theta r^2/2$，$A_0=\pi r^2/2$。所以有

$$A=A_0\left(1-\frac{\theta}{\pi}\right) \tag{5-7}$$

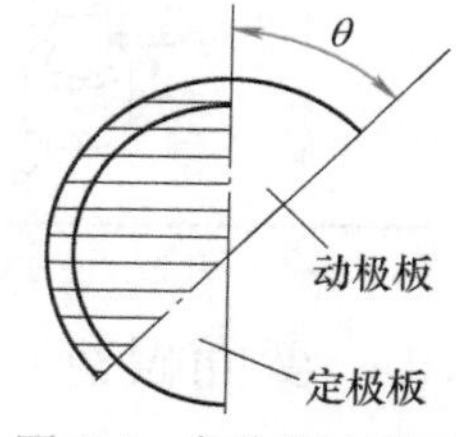

图 5-4　角位移变面积型电容式传感器原理

此时的电容量为

$$C=\frac{\varepsilon_0\varepsilon_r A_0\left(1-\frac{\theta}{\pi}\right)}{d}=C_0\left(1-\frac{\theta}{\pi}\right)=C_0-\Delta C \tag{5-8}$$

$$\frac{\Delta C}{C_0}=\frac{\theta}{\pi} \tag{5-9}$$

式中　C_0——初始电容量，$C_0=\dfrac{\varepsilon_0\varepsilon_r A_0}{d}$。

由式（5-9）可见，传感器的电容改变量 ΔC 与角位移 θ 成线性关系。

由上总结可知：变面积型电容式传感器的电容改变量与输入量（线位移、角位移）总是成线性关系；变面积型电容式传感器也可接成差动形式，灵敏度同样会加倍。

试画出差动变面积型电容式传感器的结构，并分析其电容量及灵敏度的变化情况。

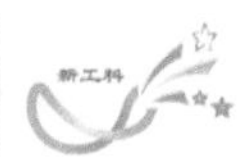

5.1.2　变介质型

根据前面的分析可知，介质的介电常数将影响电容式传感器的电容量大小，不同介质的介电常数各不相同，在 10^6Hz 频率下，一些典型介质的相对介电常数见表 5-2。

表 5-2　典型介质的相对介电常数

介质名称	真空	空气	聚乙烯	硅油	金刚石	氧化铝	云母	TiO_2
相对介电常数	1	≈1	2.26	2.7	5.5	4.5~8.4	6~8.5	14~110

变介质型电容式传感器就是利用不同介质的介电常数各不相同，通过介质的改变来实现对被测量的检测，并通过电容式传感器的电容量的变化反映出来（如电容式湿度传感器）。

1. 平板结构

平板结构变介质型电容式传感器的原理如图 5-5 所示。由于在两极板间所加介质（其介电常数为 ε_1）的分布位置不同，可分为串联型和并联型两种情况。

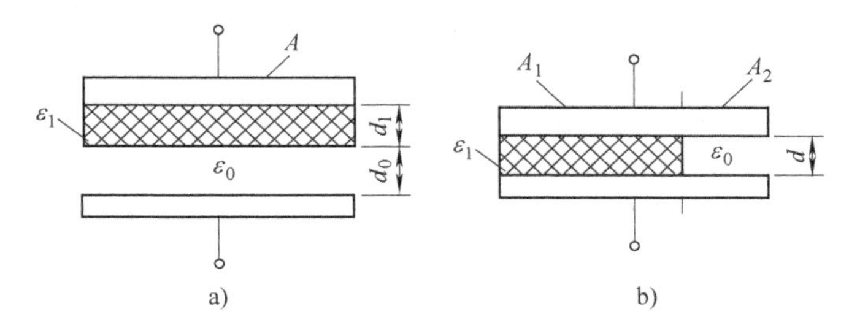

图 5-5　平板结构变介质型电容式传感器的原理

a）串联型　b）并联型

对于串联型结构，可认为是上下两个不同介质（ε_1、ε_0）电容式传感器的串联，此时

$$C_1=\frac{\varepsilon_0\varepsilon_1 A}{d_1} \tag{5-10}$$

$$C_2=\frac{\varepsilon_0 A}{d_0} \tag{5-11}$$

故总的电容量为

$$C=\frac{C_1C_2}{C_1+C_2}=\frac{\varepsilon_0\varepsilon_1 A}{\varepsilon_1 d_0+d_1} \tag{5-12}$$

当未加入介质 ε_1时的初始电容量为

$$C_0=\frac{\varepsilon_0 A}{d_0+d_1} \tag{5-13}$$

介质改变后的电容改变量为

$$\Delta C=C-C_0=C_0\frac{\varepsilon_1-1}{\varepsilon_1 d_0/d_1+1} \tag{5-14}$$

可见，介质改变后的电容改变量与所加介质的介电常数 ε_1成非线性关系。

对于并联型结构，可认为是左右两个不同介质电容式传感器的并联，此时

$$C_1=\frac{\varepsilon_0\varepsilon_1A_1}{d} \tag{5-15}$$

$$C_2=\frac{\varepsilon_0A_2}{d} \tag{5-16}$$

故总的电容量为

$$C=C_1+C_2=\frac{\varepsilon_0\varepsilon_1A_1+\varepsilon_0A_2}{d} \tag{5-17}$$

当未加入介质 ε_1 时的初始电容量为

$$C_0=\frac{\varepsilon_0(A_1+A_2)}{d} \tag{5-18}$$

介质改变后的电容改变量为

$$\Delta C=C-C_0=\frac{\varepsilon_0A_1(\varepsilon_1-1)}{d} \tag{5-19}$$

可见，介质改变后的电容改变量与所加介质的相对介电常数 ε_1 成线性关系。

2. 圆筒结构

图 5-6 为圆筒结构变介质型电容式传感器用于测量液位高低的结构原理图。设被测介质的相对介电常数为 ε_1，液面高度为 h，变换器总高度为 H，内筒外径为 d，外筒内径为 D，此时相当于两个电容器的并联。对于筒式电容器，如果不考虑端部的边缘效应，它们的电容量分别为（近似认为空气的 $\varepsilon_r=1$）

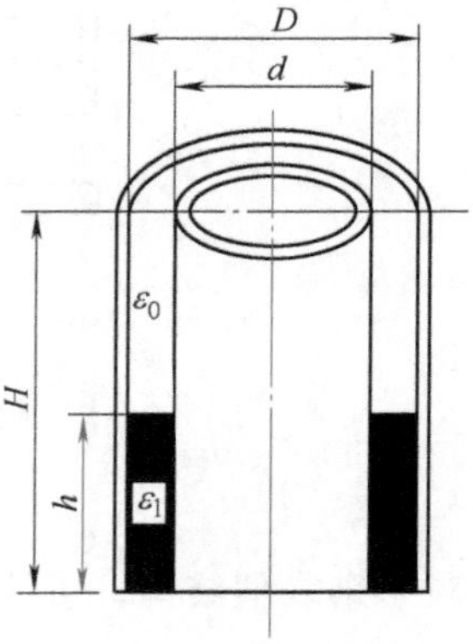

$$C_1=\frac{2\pi\varepsilon_0(H-h)}{\ln(D/d)} \tag{5-20}$$

$$C_2=\frac{2\pi\varepsilon_0\varepsilon_1h}{\ln(D/d)} \tag{5-21}$$

图 5-6　圆筒结构变介质型电容式传感器测量液位原理

当未注入液体时的初始电容量为

$$C_0=\frac{2\pi\varepsilon_0H}{\ln(D/d)} \tag{5-22}$$

故总的电容量为（相当于两个电容器并联）

$$C=C_1+C_2=\frac{2\pi\varepsilon_0(H-h)}{\ln(D/d)}+\frac{2\pi\varepsilon_0\varepsilon_1h}{\ln(D/d)}=\frac{2\pi\varepsilon_0H}{\ln(D/d)}+\frac{2\pi\varepsilon_0h(\varepsilon_1-1)}{\ln(D/d)}=C_0+\frac{2\pi h\varepsilon_0(\varepsilon_1-1)}{\ln(D/d)} \tag{5-23}$$

$$\Delta C=C-C_0=\frac{2\pi h\varepsilon_0(\varepsilon_1-1)}{\ln(D/d)} \tag{5-24}$$

由式（5-24）可见，电容改变量 ΔC 与被测液位的高度 h 或介质的相对介电常数成线性关系。

由上述总结可知：变介质型电容式传感器的电容改变量与输入量可能成线性关系，也可能成非线性关系，即并联型平板结构和圆筒结构（相当于并联型）的电容改变量与介质的相对介电常数成线性关系，串联型平板结构的电容改变量与介质的介电常数成非线性关系。

5.1.3　变极距型

1. 变极距型电容式传感器的工作原理分析

当平板电容式传感器的介电常数和面积为常数，初始极板间距为 d_0 时，其初始电容量为

$$C_0=\frac{\varepsilon_0\varepsilon_r A}{d_0} \tag{5-25}$$

测量时，一般将平板电容器的一个极板固定（称为定极板）、另一个极板与被测体相连（称为动极板）。如果动极板因被测参数改变而位移，导致平板电容器极板间距缩小 Δd，电容量增大 ΔC，则有

$$C=C_0+\Delta C=\frac{\varepsilon_0\varepsilon_r A}{d_0-\Delta d}=\frac{C_0}{1-\Delta d/d_0} \tag{5-26}$$

由式（5-1）可知，传感器的输出特性 $C=f(d)$ 是非线性关系。根据式（5-26），平板电容器极板间距的变化引起电容量的相应变化关系如图 5-7 所示。

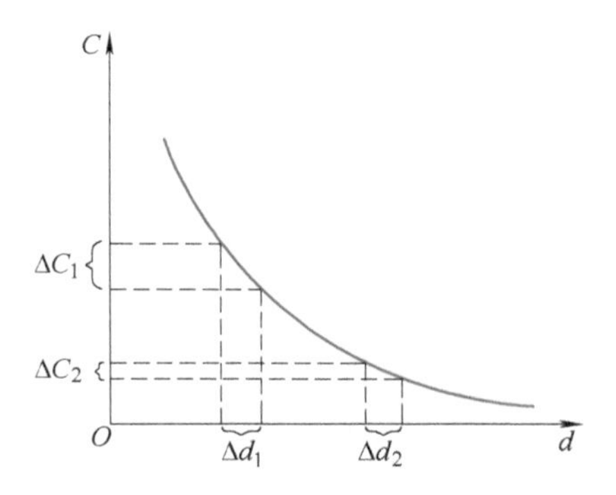

图 5-7　电容量与极板间距的非线性关系

由图 5-7 可见，即使相同的极板间距的改变（$\Delta d_1=\Delta d_2$），也可能引起不同的电容量的变化（$\Delta C_1>\Delta C_2$），因为平板电容式传感器在不同位置的灵敏度（曲线的斜率）是不一样的（$K_1>K_2$）。

由式（5-26）可得

$$\Delta C=C_0\frac{\Delta d}{d_0-\Delta d} \tag{5-27}$$

$$\frac{\Delta C}{C_0}=\frac{\Delta d}{d_0-\Delta d} \tag{5-28}$$

由上述总结可知：对于变极距型电容式传感器，电容改变量与输入量（极板间距）总是成非线性关系。

如果极板间距改变很小，$\Delta d/d_0\ll 1$，则式（5-26）可按泰勒级数展开为

$$C=C_0+\Delta C=C_0\left[1+\frac{\Delta d}{d_0}+\left(\frac{\Delta d}{d_0}\right)^2+\left(\frac{\Delta d}{d_0}\right)^3+\cdots\right] \tag{5-29}$$

对式（5-29）做线性化处理，忽略高次的非线性项，经整理可得

$$\Delta C = C_0 \frac{\Delta d}{d_0} \tag{5-30}$$

由此可见，ΔC 与 Δd 为近似线性关系。

由式（5-30）和图 5-7 可知：对于同样的极板间距变化 Δd，较小的 d_0 可获得更大的电容量变化，从而提高传感器的灵敏度。但 d_0 过小，容易引起电容器击穿或短路，可在极板间加入高介电常数的材料（如云母），如图 5-8 所示。此时实际上相当于云母和空气介质两个电容器的串联，它们的电容量分别为

$$C_g = \frac{\varepsilon_0 \varepsilon_g A}{d_g} \tag{5-31}$$

$$C_0 = \frac{\varepsilon_0 \varepsilon_r A}{d_0} = \frac{\varepsilon_0 A}{d_0} \tag{5-32}$$

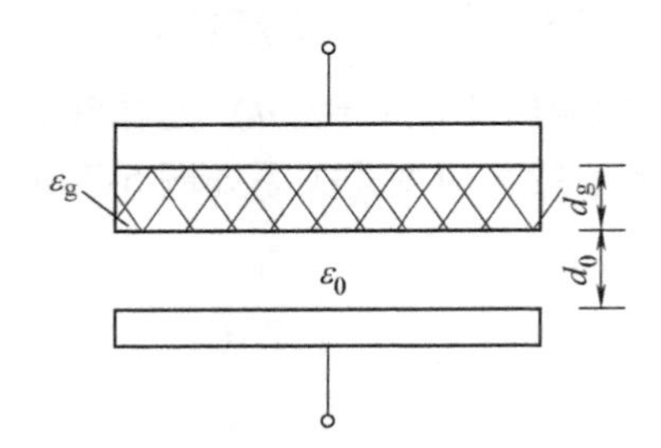

图 5-8　放置云母片的电容式传感器结构

因此它们串联的总电容量为

$$C = \frac{C_g C_0}{C_g + C_0} = \frac{A}{\dfrac{d_g}{\varepsilon_0 \varepsilon_g} + \dfrac{d_0}{\varepsilon_0}} \tag{5-33}$$

式中　ε_g——云母的相对介电常数，$\varepsilon_g = 7$。

云母片的相对介电常数约为空气的 7 倍，其击穿电压远高于空气，在这种情况下，极板间距可大大减小。一般极板间距在 25~200μm 范围内，而最大位移应小于间距的十分之一，因此这种电容式传感器主要用于微位移测量。

2. 变极距型电容式传感器的非线性分析

根据前面的分析可知，变面积型电容式传感器的输入量与输出电容量之间的关系总是成线性关系，变介质型电容式传感器的输入量与输出电容量之间可能成线性关系，也可能成非线性关系，只有变极距型电容式传感器的输入量与输出量之间总是成非线性关系。但这是在忽略边缘效应下得出的结论，实际上由于边缘效应会引起电力线泄漏，使极板间电场的分布不均匀，因此，变面积型和变介质型电容式传感器也都存在非线性问题，导致其灵敏度下降，但它们的非线性问题比变极距型电容式传感器要弱很多。这里只讨论变极距型电容式传感器的非线性问题。

当 $\Delta d/d_0 \ll 1$ 时，由式（5-28）或式（5-29）可得变极距型电容式传感器的电容相对变化量为

$$\frac{\Delta C}{C_0} = \frac{\Delta d}{d_0 - \Delta d} = \frac{\Delta d}{d_0}\left[1 + \frac{\Delta d}{d_0} + \left(\frac{\Delta d}{d_0}\right)^2 + \left(\frac{\Delta d}{d_0}\right)^3 + \cdots\right] \tag{5-34}$$

很明显，电容的变化量与输入位移 Δd 之间成非线性关系。略去高次项（即非线性项）可得到近似线性关系为

$$\frac{\Delta C}{C_0}\approx\frac{\Delta d}{d_0} \tag{5-35}$$

变极距型电容式传感器的灵敏度（即单位距离改变引起的电容量相对变化）为

$$K=\frac{\Delta C/C_0}{\Delta d}=\frac{1}{d_0} \tag{5-36}$$

但根据式（5-28）可得

$$K=\frac{\Delta C/C_0}{\Delta d}=\frac{1}{d_0-\Delta d} \tag{5-37}$$

由式（5-37）可见，单位输入位移所引起的电容量相对变化（即灵敏度）与当前极板间距 $d_0-\Delta d$ 成反比关系，但在 Δd 变化很小，即 $\Delta d/d_0\ll 1$ 时可近似与极板的初始间距 d_0 成反比关系，即式（5-36）。

特别提醒：灵敏度是一个定义灵活的概念，在不同场合的具体含义可能不一样（如图 5-7 中“曲线的斜率”和这里的“单位距离改变引起的电容量相对变化”），但总体上一定表现为类似于输出变化量与输入变化量的比值，即灵敏度是单位输入量变化所激励出的输出变化量的大小，反映了传感器对激励给予响应的灵敏程度。

如果保留式（5-34）中的线性项 $\Delta d/d_0$ 和二次项 $(\Delta d/d_0)^2$（即第一个非线性项，也是最大的非线性项），即

$$\frac{\Delta C}{C_0}=\frac{\Delta d}{d_0}\left(1+\frac{\Delta d}{d_0}\right)=\frac{\Delta d}{d_0}+\left(\frac{\Delta d}{d_0}\right)^2 \tag{5-38}$$

式（5-38）中的二次项被认为是线性化近似处理时的误差项，则传感器的相对非线性误差为

$$\delta=\frac{\left|(\Delta d/d_0)^2\right|}{\left|\Delta d/d_0\right|}\times 100\%=\left|\frac{\Delta d}{d_0}\right|\times 100\% \tag{5-39}$$

由式（5-36）和（5-39）可知：要提高灵敏度，应减小初始间隙 d_0，但这使得非线性误差增大，即灵敏度和非线性误差对 d_0 的要求是矛盾的。在实际应用中，为了既提高灵敏度，又减小非线性误差，通常采用差动式结构，如图 5-9 所示。

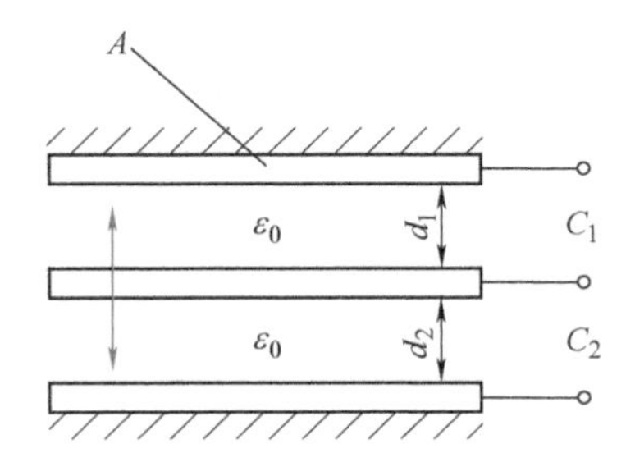

图 5-9　变极距型平板电容器的差动式结构

初始时两电容器极板间距均为 d_0，初始电容量为 C_0。当中间的动极板向上位移 Δd 时，电容器 C_1 的极板间距 d_1 变为 $d_0-\Delta d$，电容器 C_2 的极板间距 d_2 变为 $d_0+\Delta d$。因此有

$$C_1 = C_0 \frac{1}{1-\Delta d/d_0} \tag{5-40}$$

$$C_2 = C_0 \frac{1}{1+\Delta d/d_0} \tag{5-41}$$

相应地

$$\Delta C_1 = C_1 - C_0 = C_0 \frac{\Delta d}{d_0 - \Delta d} \approx C_0 \frac{\Delta d}{d_0} \tag{5-42}$$

$$\Delta C_2 = C_2 - C_0 = -C_0 \frac{\Delta d}{d_0 + \Delta d} \approx -C_0 \frac{\Delta d}{d_0} \tag{5-43}$$

由式（5-42）和式（5-43）可见，ΔC_1与ΔC_2的大小近似相等、符号相反，当动极板向下位移时情况类似，即这种差动结构使得两个电容器的电容量随极板间距变化，一个增加、另一个减小，这就是“差动”的含义。

在$\Delta d/d_0 \ll 1$时，按泰勒级数展开为

$$C_1 = C_0 \left[1 + \frac{\Delta d}{d_0} + \left(\frac{\Delta d}{d_0}\right)^2 + \left(\frac{\Delta d}{d_0}\right)^3 + \cdots\right] \tag{5-44}$$

$$C_2 = C_0 \left[1 - \frac{\Delta d}{d_0} + \left(\frac{\Delta d}{d_0}\right)^2 - \left(\frac{\Delta d}{d_0}\right)^3 + \cdots\right] \tag{5-45}$$

为了方便分析，通过测量电路（参考“二极管双T型交流电桥”部分），可取出两个电容量的差值，得到

$$\Delta C = C_1 - C_2 = C_0 \left[2\frac{\Delta d}{d_0} + 2\left(\frac{\Delta d}{d_0}\right)^3 + 2\left(\frac{\Delta d}{d_0}\right)^5 + \cdots\right] \tag{5-46}$$

电容值的相对变化量为

$$\frac{\Delta C}{C_0} = 2\frac{\Delta d}{d_0}\left[1 + \left(\frac{\Delta d}{d_0}\right)^2 + \left(\frac{\Delta d}{d_0}\right)^4 + \left(\frac{\Delta d}{d_0}\right)^6 + \cdots\right] \tag{5-47}$$

略去式（5-47）中的高次项（即非线性项），可得到电容量的相对变化量与极板位移的相对变化量之间近似的线性关系为

$$\frac{\Delta C}{C_0} \approx 2\frac{\Delta d}{d_0} \tag{5-48}$$

灵敏度为

$$K = \frac{\Delta C/C_0}{\Delta d} = \frac{2}{d_0} \tag{5-49}$$

如果只考虑式（5-47）中的前两项，即线性项和三次项（误差项），忽略更高次非线性项，则此时变极距型电容式传感器的相对非线性误差近似为

$$\delta = \frac{|2(\Delta d/d_0)^3|}{|2\Delta d/d_0|} \times 100\% = \left|\frac{\Delta d}{d_0}\right|^2 \times 100\% \tag{5-50}$$

对比式（5-36）、式（5-39）和式（5-49）、式（5-50）可知：变极距型电容式传感器做成差动结构后，灵敏度提高了一倍，而非线性误差因为转化为二次方关系而得以大大降低。

对比学习变极距型电容式传感器和电感式传感器的非线性，从“灵敏度提高”和“非线性改善”两个方面，你认为“差动”结构给变极距型电容式传感器与变气隙厚度电感式传感器带来的具体好处分别是什么？

5.2 测量电路

电容式传感器的电容量及电容变化量都十分微小，必须借助于信号调理与转换电路才能将其微小的电容变化量转换成与其成正比的电压、电流或频率，从而实现显示、记录和传输。相应的测量电路有调频电路、运算放大器、二极管双 T 型交流电桥、脉冲宽度调制电路等。前两个用于单个电容量变化的测量，后两个用于差动电容量变化的测量。

5.2.1 调频电路

调频电路原理如图 5-10 所示（参考 4.3.3 节内容）。电容式传感器作为振荡器谐振回路的一部分，振荡器的振荡频率为

$$f=\frac{1}{2\pi\sqrt{LC}} \tag{5-51}$$

式中 L——振荡回路的电感；

C——振荡回路的总电容：$C=C_0\pm\Delta C$。这里 C_0 为传感器的初始电容、振荡回路的固有电容、传感器的引线分布电容的综合；ΔC 为传感器电容的变化量。

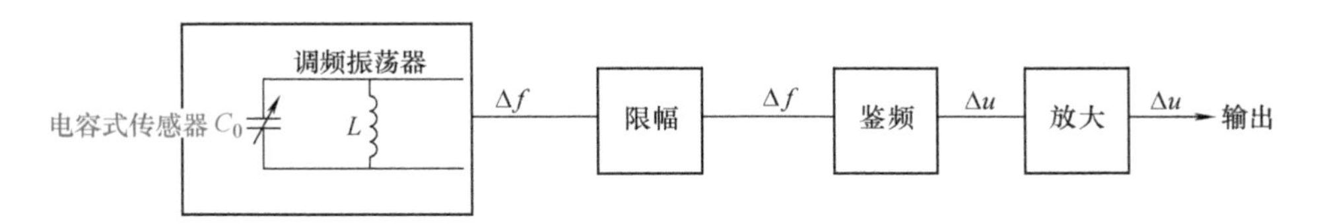

图 5-10　电容式传感器调频电路

当没有被测信号时，$\Delta C=0$，此时振荡器的固有频率为

$$f_0=\frac{1}{2\pi\sqrt{LC_0}} \tag{5-52}$$

当有被测信号（被测量改变）时，$\Delta C\neq 0$，此时振荡器的频率发生了变化，有一个相应的改变量 Δf，即

$$f'_0=\frac{1}{2\pi\sqrt{L(C_0\pm\Delta C)}}=f_0\mp\Delta f \tag{5-53}$$

由此可见，当输入量导致传感器电容量发生变化时，振荡器的振荡频率发生变化（Δf），此时虽然频率可以作为测量系统的输出，但系统是非线性的，不易校正，解决的办法是加入鉴频器，将频率的变化转换为振幅的变化（Δu），经过放大后就可以用仪表指示或用记录仪表进行记录。

电容式传感器的调频测量电路具有以下特点：

1）灵敏度高，可测量0.01μm级位移变化量。

2）抗干扰能力强。

3）性能稳定。

4）能取得高电平的直流信号（伏特级），易于用数字仪器测量和与计算机接口。

5.2.2 运算放大器

运算放大器具有放大倍数大、输入阻抗高的特点，将其作为电容式传感器的测量电路，其测量原理如图5-11所示。图中C_x代表传感器电容。

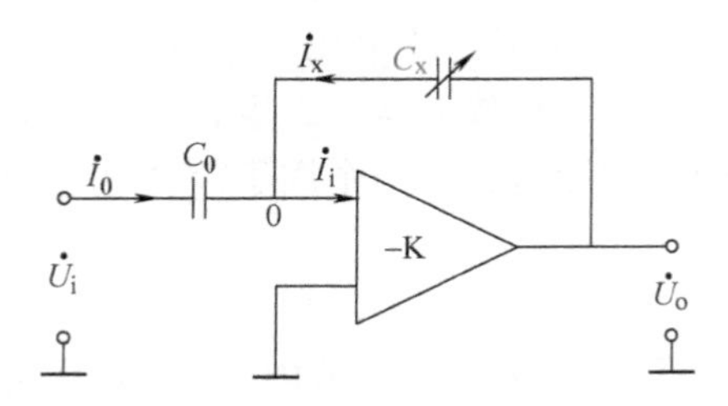

图5-11 运算放大器电路

由于运算放大器的放大倍数非常高（假设$K=\infty$），图中0点为“虚地”，且放大器的输入阻抗很高（假设$Z_i=\infty$），因此：$\dot{I}_i=0$，于是有

$$\dot{U}_i=Z_{C_0}\dot{I}_0=\frac{1}{j\omega C_0}\dot{I}_0 \tag{5-54}$$

$$\dot{U}_o=Z_{C_x}\dot{I}_x=\frac{1}{j\omega C_x}\dot{I}_x \tag{5-55}$$

$$\dot{I}_0+\dot{I}_x=0 \tag{5-56}$$

由以上三式联立解得

$$\dot{U}_o=-\frac{C_0}{C_x}\dot{U}_i \tag{5-57}$$

式中的“-”号说明输出电压与输入电压反相。

如果传感器是变极距型平板电容器，则

$$C_x=\frac{\varepsilon A}{d} \tag{5-58}$$

将其代入式（5-57），有

$$\dot{U}_o=-\frac{\dot{U}_i C_0}{\varepsilon A}d \tag{5-59}$$

由此可见，输出电压与极板间距成线性关系。

运算放大器测量电路的最大特点是可克服变极距型电容式传感器的非线性，使其输出电压与输入位移间成线性关系。尽管这是在放大倍数$K=\infty$和输入阻抗$Z_i=\infty$的假设下得出的结论，实际上存在一定的非线性误差，但在它们都足够大时，其非线性误差是可以忽略的。

5.2.3　变压器式交流电桥

电容式传感器所用变压器式交流电桥测量电路如图 5-12 所示。电桥两臂 C_1、C_2为差动电容式传感器，另外两臂为交流变压器二次绕组阻抗的一半。当负载阻抗（如放大器）为无穷大时，电桥的输出电压为

$$\dot{U}_o=\frac{Z_2\dot{U}_i}{Z_1+Z_2}-\frac{\dot{U}_i}{2}=\frac{Z_2-Z_1}{Z_1+Z_2}\frac{\dot{U}_i}{2} \tag{5-60}$$

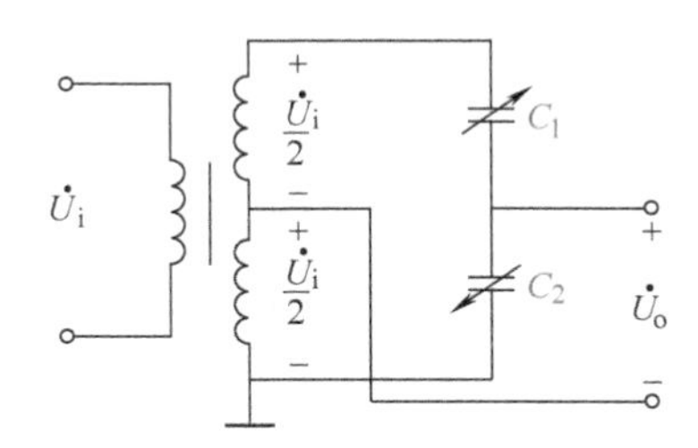

图 5-12　变压器式交流电桥测量电路

将 $Z_1=1/(j\omega C_1)$，$Z_2=1/(j\omega C_2)$ 代入式（5-60）可得

$$\dot{U}_o=\frac{C_1-C_2}{C_1+C_2}\frac{\dot{U}_i}{2} \tag{5-61}$$

如果 C_1、C_2为变极距型电容式传感器，则有

$$C_1=\frac{\varepsilon A}{d_0\mp\Delta d} \tag{5-62}$$

$$C_2=\frac{\varepsilon A}{d_0\pm\Delta d} \tag{5-63}$$

式中　d_0——初始时平板电容式传感器的极板间距。

则式（5-61）可转化为

$$\dot{U}_o=\pm\frac{\Delta d}{d_0}\frac{\dot{U}_i}{2} \tag{5-64}$$

由此可见，在负载（如放大器）输入阻抗极大的情况下，输出电压与位移成线性关系。

①如果 C_1、C_2为变面积型电容式传感器，输出电压该如何表示？②对比第 4 章电感式传感器所用变压器式交流电桥测量电路，你会得出什么结论？

5.2.4　二极管双 T 型交流电桥

二极管双 T 型交流电桥如图 5-13 所示。高频电源 e 提供幅值为 E 的方波，如图 5-13b 所示，VD_1、VD_2 为两个特性完全相同的二极管，$R_1=R_2=R$，C_1、C_2为两个差动电容式传感器。

1. 当传感器没有输入时（$C_1=C_2$）

电路工作原理：当电源 e 为正半周时，VD_1 导通、VD_2 截止，即对电容 C_1充电，其等效

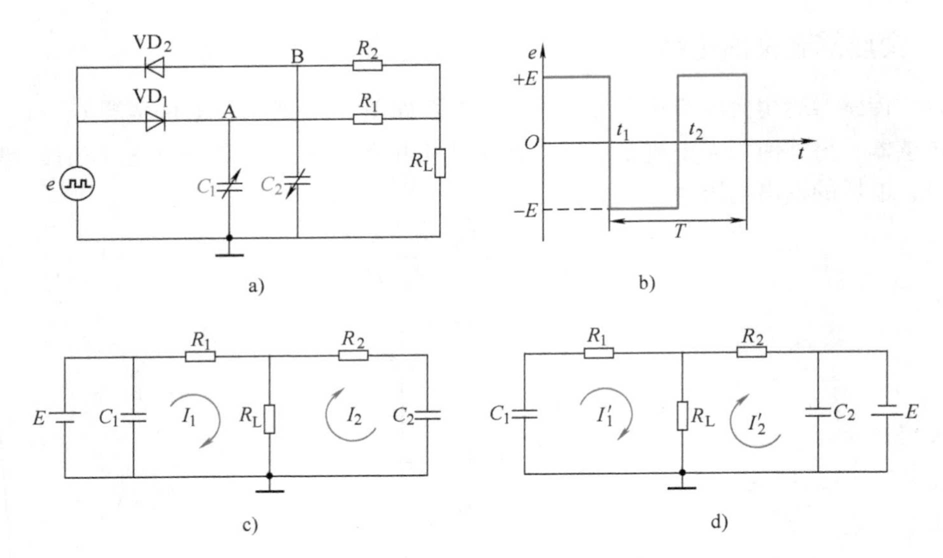

图 5-13　二极管双 T 型交流电桥

电路如图 5-13c 所示。然后在负半周时，电容 C_1 上的电荷通过电阻 R_1、负载电阻 R_L 放电，流过负载的电流为 I_1。在负半周内，VD_2 导通、VD_1 截止，对电容 C_2 充电，其等效电路如图 5-13d 所示。随后出现正半周时，C_2 通过电阻 R_2、负载电阻 R_L 放电，流过 R_L 的电流为 I_2。

根据上述条件，则电流 $I_1=I_2$，且方向相反，在一个周期内流过 R_L 的平均电流为 0。

2. 当传感器有输入时（$C_1\neq C_2$）

此时，$I_1\neq I_2$，R_L 上必定有信号输出，其输出在一个周期内的平均值为（推导过程略）

$$
\begin{aligned}
U_o &= I_L R_L = \frac{1}{T}\int_0^T [I_1(t) - I_2(t)]\,\mathrm{d}t R_L \\
&\approx \frac{R(R+2R_L)}{(R+R_L)^2} R_L E f(C_1-C_2)
\end{aligned}
\tag{5-65}
$$

式中　f——电源频率。

在 R_L 已知的情况下，式（5-65）可改写为

$$U_o \approx KEf(C_1-C_2) \tag{5-66}$$

式中

$$K=\frac{R(R+2R_L)}{(R+R_L)^2}R_L(\text{常数}) \tag{5-67}$$

由式（5-66）可知：输出电压 U_o 不仅与电源电压的幅值和频率有关，也与 T 型网络中的电容 C_1、C_2 的差值有关。当电源确定后（即电压的幅值 E 和频率 f 确定），输出电压 U_o 就是电容 C_1、C_2 的函数。这种电路最大的优点是线路简单，不需要附加相敏检波和整流电路，便可直接得到较高的直流输出电压（因为电源频率 f 很高）。输出信号的上升时间取决于负载电阻，对于 1kΩ 的负载电阻，其上升时间为 20μs 左右，因此，它可用来测量高速机械运动。

5.2.5　脉冲宽度调制电路（PWM 方式）

脉冲宽度调制（Pulse Width Modulation，PWM）是利用数字输出对模拟电路进行控制的

一种技术，广泛应用于测量、控制、通信等领域。

脉冲宽度调制电路如图 5-14 所示。图中 C_1、C_2 为差动电容式传感器，电阻 $R_1=R_2$，A_1、A_2 为比较器。双稳态触发器的两个输出 Q、$\overline{Q}$ 产生反相的方波脉冲电压（即高低电平一致的矩形电压波，方波的占空比为 50%。占空比是指脉冲高电位时间与脉冲周期的比值）。

双稳态触发器在某一状态有 $Q=1$（高电平）、$\overline{Q}=0$（低电平），此时，A 点高电位，u_A（即触发器输出的高电平）经 R_1 对电容 C_1 充电，使 u_M 升高。充电过程可用式（5-68）描述

$$u_M=u_A(1-e^{-\frac{t}{\tau_1}}) \tag{5-68}$$

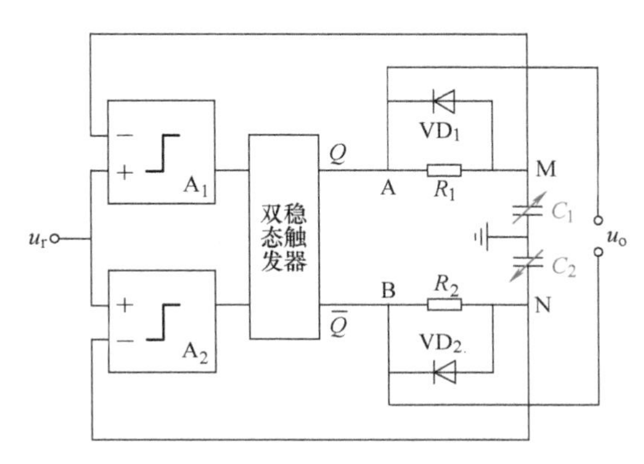

图 5-14　脉冲宽度调制电路

当忽略双稳态触发器的输出电阻，并认为二极管 VD_1 的反向电阻无穷大时，式（5-68）中的充电时间常数（即达到最终稳态值的 63.2%所需的时间）为 $\tau_1=R_1C_1$。如果 $t\ll\tau_1$，此时 $e^{-t/\tau_1}\approx 1-t/\tau_1$，则有

$$u_M=\frac{u_A}{\tau_1}t \tag{5-69}$$

由此可见，C_1 越大，则 τ_1 也越大，相应地，u_M 对 t 的斜率就越小，充电过程越慢。

充电直到 M 点电位高于参比电位 u_r，即 $u_M>u_r$ 时，比较器 A_1 输出正跳变信号，激励触发器翻转，将使 $Q=0$（低电平）、$\overline{Q}=1$（高电平），这时 A 点为低电位，C_1 通过 VD_1 迅速放电至 0 电平；与此同时，B 点为高电位，通过 R_2 对 C_2 充电，充电过程类似式（5-68）描述，但时间常数变为 $\tau_2=R_2C_2$，直至 N 点电位高于参比电位 u_r，即 $u_N>u_r$，使比较器 A_2 输出正跳变信号，激励触发器发生翻转，重复前述过程。如此周而复始，Q 和 $\overline{Q}$ 端（即 A、B 两点间）输出方波。

由式（5-68）可得

$$t=\tau_1\ln\frac{u_A}{u_A-u_M}=R_1C_1\ln\frac{u_A}{u_A-u_M} \tag{5-70}$$

因此，对电容 C_1、C_2 分别充电至 u_r 时所需的时间分别为（u_A、u_B 等于触发器输出的高电平，两者应该相等，即 $u_A=u_B$）

$$T_1 = R_1 C_1 \ln \frac{u_A}{u_A - u_r} \tag{5-71}$$

$$T_2 = R_2 C_2 \ln \frac{u_B}{u_B - u_r} = R_2 C_2 \ln \frac{u_A}{u_A - u_r} \tag{5-72}$$

当差动电容 $C_1 = C_2$时（初始平衡态），由于 $R_1 = R_2$，因此，$T_1 = T_2$，两个电容器的充电过程完全一样，A、B 间的电压 u_{AB}为对称方波，其直流分量（平均电压值）为 0（对应的各点波形如图 5-15a 所示）。

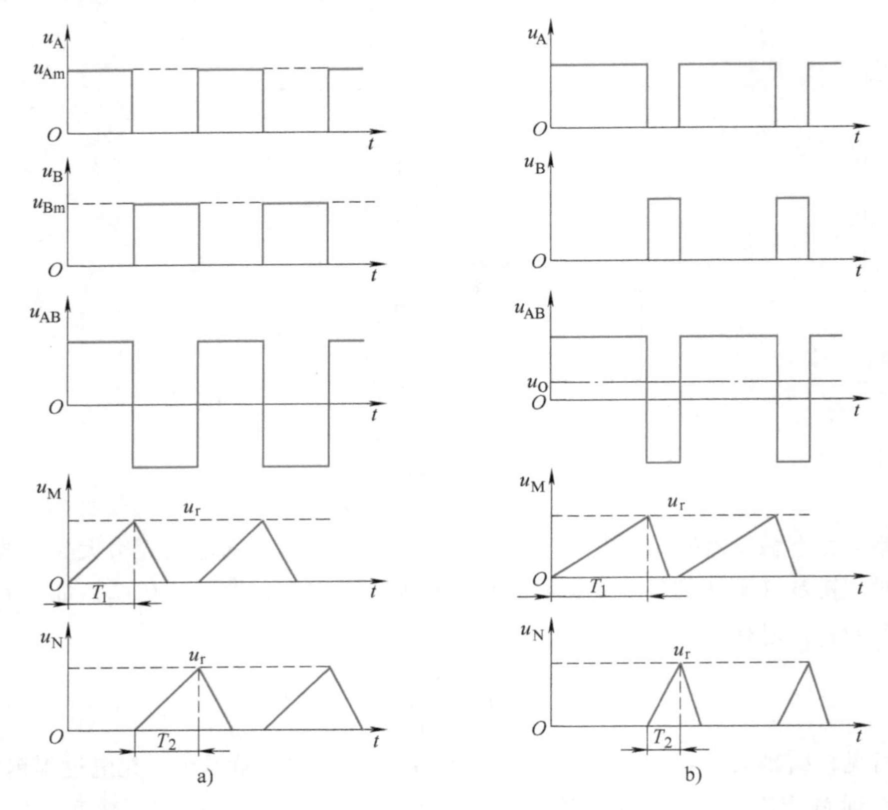

图 5-15　脉冲宽度调制波形

a）$C_1 = C_2$　b）$C_1 > C_2$

当差动电容 $C_1 \neq C_2$时，假设 $C_1 > C_2$，则 C_1充电过程的时间要延长、C_2充电过程的时间要缩短，导致时间常数 $\tau_1 > \tau_2$，此时 u_{AB}为高低电平宽度不相同的脉冲（占空比不等于 50%），各点的波形如图 5-15b 所示。

当 $C_1 < C_2$时，与图 5-15 中 $C_1 > C_2$时各波形对应的脉冲宽度调制波形应是怎样的？如果 $t \ll \tau_1$ 的条件不满足，则 $C_1 > C_2$的脉冲宽度调制波形又应如何？

方法论

【类推】 上面交流与思考题目的两个问题均隐含着类比推理方法（简称类推法）的应用。类推法，也叫类比法，或比较类推法，是指由一类事物所具有的某种属性，可以推测与其类似的事物也应具有这种属性的推理方法，是通过不同事物的某些相似性类推出其他的相似性，从而预测出它们在其他方面存在类似可能的方法，其中蕴含着借鉴、方法移植的思想。

回顾差动技术对电阻式、电感式、电容式传感器的性能改善，可以更具体地理解类推方法。

当矩形电压波通过低通滤波器后，可得出 u_{AB} 的直流分量（平均电压值）不为 0，而应为

$$u_o=(u_{AB})_{DC}=u_A-u_B=\frac{T_1}{T_1+T_2}u_{Am}-\frac{T_2}{T_1+T_2}u_{Bm}=\frac{R_1C_1u_{Am}-R_2C_2u_{Bm}}{R_1C_1+R_2C_2} \tag{5-73}$$

式中　u_{Am}，u_{Bm}——u_A、u_B 的幅值。

由于 $R_1=R_2$，设 $u_{Am}=u_{Bm}=u_m$，则式（5-73）变为

$$u_o=(u_{AB})_{DC}=\frac{C_1-C_2}{C_1+C_2}u_m \tag{5-74}$$

下面分析对于平板电容的情形。

1. 变极距型

结合式（5-1）和式（5-74）有

$$u_o=\frac{d_2-d_1}{d_2+d_1}u_m \tag{5-75}$$

式中　d_1，d_2——电容 C_1、C_2 极板间的距离。

如果采用差动电容，无输入时 $C_1=C_2=C_0$，即 $d_1=d_2=d_0$，$u_o=0$；有输入时，假设 $C_1>C_2$，即 $d_1=d_0-\Delta d$，$d_2=d_0+\Delta d$，则有

$$u_o=+\frac{\Delta d}{d_0}u_m \tag{5-76}$$

若 $C_1<C_2$，即 $d_1=d_0+\Delta d$，$d_2=d_0-\Delta d$，则有

$$u_o=-\frac{\Delta d}{d_0}u_m \tag{5-77}$$

可见 u_o 与 Δd 为线性关系（区别于前面分析变极距型电容式传感器得出的 ΔC 与 Δd 间的非线性关系）。

交流与思考

基于式（5-62）、式（5-63）和式（5-74），你是否可以得出同样的结论？

2. 变面积型

结合式（5-1）和式（5-74），如果 $C_1>C_2$，即 $A_1=A_0+\Delta A$，$A_2=A_0-\Delta A$，则有

$$u_o = +\frac{\Delta A}{A_0}u_m \tag{5-78}$$

同样地，若 $C_1<C_2$，即 $A_1=A_0-\Delta A$，$A_2=A_0+\Delta A$，则可推得

$$u_o = -\frac{\Delta A}{A_0}u_m \tag{5-79}$$

可见 u_o与 ΔA 为线性关系。

与分析变面积型电容式传感器的方法类似，如果这里的平板电容采用变介质型差动结构，则结论会是什么？

综上所述，差动脉冲宽度调制电路适用于差动结构的电容式传感器，且为线性特性。

5.3 典型应用

电容式传感器具有结构简单、耐高温、耐辐射、分辨率高、动态响应特性好等优点，广泛用于压力、位移、加速度、厚度、振动、液位等测量中。在消费电子产品领域，如多点触摸屏、触控笔、滑动条、智能手机、平板电脑和游戏机等更多地采用了电容式触摸传感器。

在使用电容式传感器时要注意以下几个方面对测量结果的影响：①减小环境温度、湿度变化（可能引起某些介质的介电常数或极板的几何尺寸、相对位置发生变化）；②减小边缘效应；③减少寄生电容；④使用屏蔽电极并接地（对敏感电极的电场起保护作用，与外电场隔离）；⑤注意漏电阻、激励频率和极板支架材料的绝缘性（电容式传感器的实际等效电路应包括引线和传感器本身的电感 L，引线、极板和金属支架的电阻 r，传感器本身的电容 C_0，引线、所接测量电路和极板与外界所形成的寄生电容 C_p，极板间的漏电阻 R_g。在低频工作时，传感器的电容阻抗很大，L 和 r 的影响可以忽略，此时的等效电路相当于两个并联电容与漏电阻再并联；在高频工作时，漏电阻可忽略，但 L 和 r 的影响不可忽略，此时的等效电路相当于 L、r 和两个并联电容的三者串联。当激励频率较低时，漏电阻将降低电容式传感器的灵敏度，因此需选用高的电源频率，一般为 50kHz 到几兆赫。极板支架材料的绝缘性高有利于防止极板被电压击穿）。

【守正出新】 前面几章学习了电阻式、电感式和电容式传感器，它们都是相对传统的传感器，尽管出现较早，但在信号检测中仍然发挥着非常重要的作用，而且还在不断地发展，如现在广泛使用的智能手机等的触摸屏，就有电容式传感器的存在，高端的电阻式、电容式传感器仍是我们面临的“卡脖子”前沿技术。传统的不等于过时了，只要是精华的，仍然要坚持，并且要在坚持的基础上不断发展，正所谓守正出新。中华民族几千年的发展历史，留下了许多经典的传统文化，为我们的今天凝聚起文化自信，以及底蕴深厚的民族精神，如爱国主义、团结统一、爱好和平、勤劳勇敢、自强不息、敢为天下先等“伟大创造精神”“伟大奋斗精神”“伟大团结精神”与“伟大梦想精神”，为我国的发展和人类文明进步提供着强大的精神动力。

5.3.1　电容式压力传感器

图 5-16 所示为差动电容式压力传感器结构图。它由一个膜片动极板和两个在凹形玻璃上电镀成的定极板组成差动电容器。差动结构的好处在于灵敏度更高、非线性得到改善。

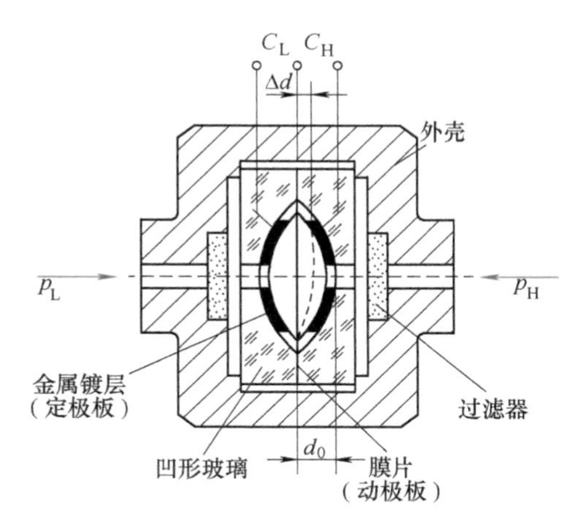

图 5-16　差动电容式压力传感器结构

当被测压力作用于膜片并使之产生位移时，两个电容器的电容量将一个增加、一个减小，该电容量的变化经测量电路转换成电压或电流输出，它反映了压力的大小。

在膜片左右两室中通常充满硅油（化学名叫聚二甲基硅氧烷，是一种石油制品，凝固点低，化学性能稳定，对金属无腐蚀作用，常用于仪表里传递压力）。当左右两室分别承受压力 p_L、p_H时，由于硅油的不可压缩性和流动性，能将差压 $\Delta p=p_H-p_L$传递到膜片上。当左右压力相等，即差压 $\Delta p=0$ 时，测量膜片左右两电容器的电容量完全相等，即 $C_H=C_L=C_0$；当 $\Delta p>0$ 时，膜片变形，如图 5-16 所示，动极板由初始位置向右偏移 Δd，即动极板向低压侧靠近，其结果是使 C_L增加、C_H减小，即 $C_H<C_L$。它们的电容量可分别近似表示为

$$C_L=\frac{\varepsilon A}{d_0-\Delta d} \tag{5-80}$$

$$C_H=\frac{\varepsilon A}{d_0+\Delta d} \tag{5-81}$$

因此可推导得出

$$\frac{\Delta d}{d_0}=\frac{C_L-C_H}{C_L+C_H} \tag{5-82}$$

由材料力学知识可知

$$\frac{\Delta d}{d_0}=K\Delta p \tag{5-83}$$

式中　K——与结构有关的常数。

因此有

$$\frac{C_L-C_H}{C_L+C_H}=K(p_H-p_L)=K\Delta p \tag{5-84}$$

式（5-84）表明$\frac{C_L-C_H}{C_L+C_H}$与差压成正比，且与介电常数无关，从而实现了差压-电容的转换。如果采用脉冲宽度调制电路，将式（5-84）代入式（5-74）可得出测量电路的输出电压与差压成线性关系。这种传感器结构简单、灵敏度高、响应速度快（100ms），能测量微小差压（0~0.75Pa）。

5.3.2 电容式位移传感器

图5-17a是一种单电极的电容式振动位移传感器的结构。它的平面测端作为电容器的一个极板，通过电极座由引线接入电路，另一个极板由被测物表面构成。金属壳体与平面测端电极间有绝缘衬垫使彼此绝缘。工作时壳体被夹持在标准台架或其他支承上，壳体接大地可起屏蔽作用。当被测物因振动发生位移时，将导致电容器的两个极板间距发生变化，从而转化为电容器电容量的改变来实现测量。

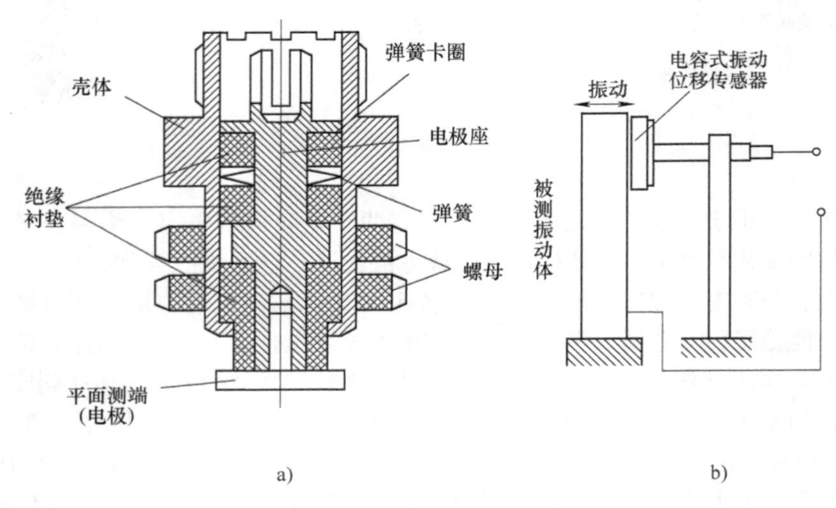

图5-17 电容式振动位移传感器

a）结构 b）应用

图5-17b是电容式振动位移传感器的一种应用示意图。这种传感器可用于测量0.05μm的振动位移等。

5.3.3 电容式加速度传感器

图5-18为差动电容式加速度传感器结构图。它有两个固定极板，中间质量块的两个端面作为动极板。

当传感器壳体随被测对象在垂直方向做直线加速运动时，质量块因惯性相对静止，将导致固定电极与动极板间的距离发生变化，一个增加、另一个减小。根据5.2节差动平板电容的分析结论，有

$$\frac{\Delta C}{C_0}\approx 2\frac{\Delta d}{d_0} \tag{5-85}$$

根据位移与加速度的关系可得出

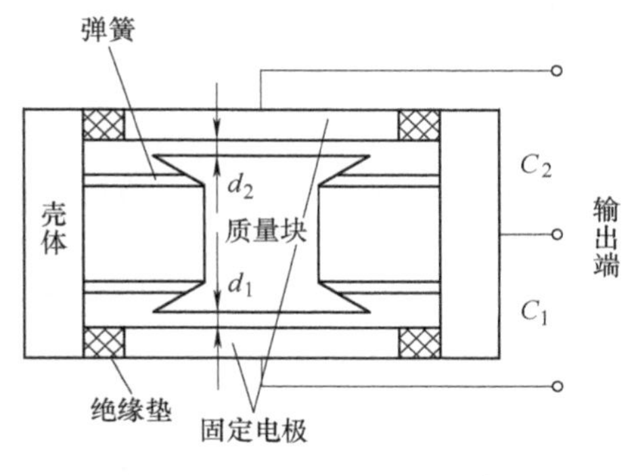

图 5-18　差动电容式加速度传感器结构

$$s=\Delta d=\frac{1}{2}at^2 \tag{5-86}$$

式中　s，a，t——位移、加速度和运动时间。

将式（5-86）代入式（5-85），得到

$$\frac{\Delta C}{C_0}\approx 2\frac{\Delta d}{d_0}=\frac{at^2}{d_0} \tag{5-87}$$

由此可见，此电容改变量正比于被测加速度。也可以采用脉冲宽度调制电路，利用式（5-76）、式（5-77）得出测量电路的输出电压与被测加速度成正比。

电容式加速度传感器的特点是频率响应快、量程范围大。

5.3.4　电容式厚度传感器

电容式厚度传感器用于测量金属带材在轧制过程中的厚度，其原理如图 5-19 所示。在被测带材的上下两边各放一块面积相等、与带材中心等距离的极板，构成了两个电容器（带材也作为一个极板）。用导线将两个极板连接起来，此时，相当于两个电容并联，其总电容 $C=C_1+C_2$。金属带材在轧制过程中不断前行，如果带材厚度有变化，将导致它与上下两个极板间的距离发生变化，从而引起电容量的变化。将总电容量作为交流电桥的一个臂，

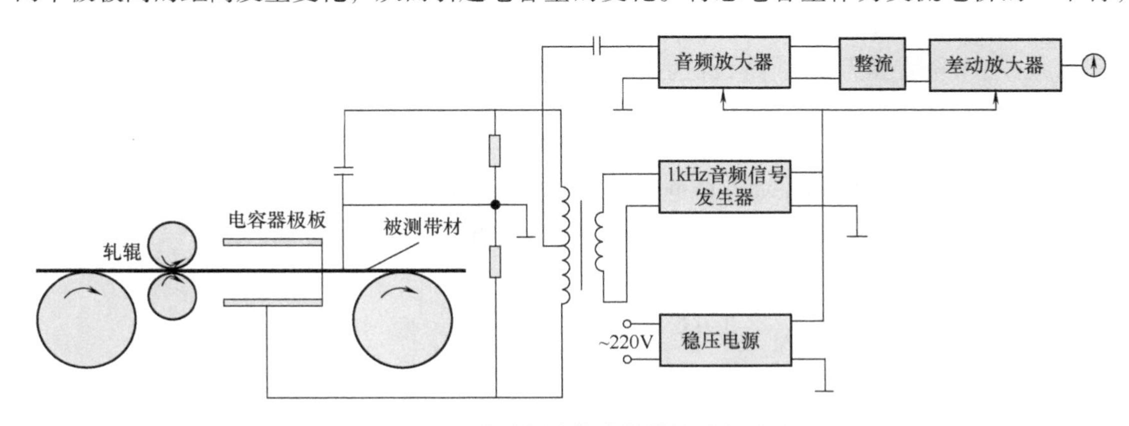

图 5-19　电容式厚度传感器测量厚度原理

电容的变化将使得电桥产生不平衡输出，从而实现对带材厚度的检测。

学习拓展

（超级电容研究进展） 据 *Advanced Materials*（2018，Vol. 30，No. 2）报道，新加坡南洋理工大学的科学家设计出一种可附着在织物上的“超级电容”，它是一种高效实用的新型储能器件（电源），即使经过剪切、折叠或者拉伸后也不会丧失功能，具有充电速度快、循环寿命长、安全可靠、存储电能多、绿色环保等优点，在电动汽车、大功率输出设备和消费电子等领域市场前景广阔。英国曼彻斯特大学也曾开发出一款固态柔性超级电容器，通过丝网印刷技术将可导电的石墨烯氧化物油墨直接打印在纺织品上。这类超级电容着眼于可穿戴技术和智能织物，有助于电子设备自供电，可在自身被拉伸或扭转时产生电能。“当可穿戴电子器件能够可靠地给自身供电，并可以与家和其他环境中的设备进行连接和通信时，它也为‘物联网’领域打开了各种可能性”。通过进一步查阅文献，试分析超级电容和电容式传感器的区别与联系，由此你会得到什么启示？

探索与实践

（工业生产料位测量方案设计） 在工业生产中，料位是常见的被检测量。试应用所了解的变介质型电容式传感器的工作原理，设计一个工业生产料位测量方案，给出适宜的测量电路，并分析其工作原理。

习题云

5.1　根据电容式传感器工作时变换参数的不同，可以将电容式传感器分为哪几种类型？各有何特点？

5.2　一个以空气为介质的平板电容式传感器结构如图 5-3a 所示，其中 $a=10\text{mm}$、$b=16\text{mm}$，两极板间距 $d_0=1\text{mm}$。测量时，一块极板在原始位置上向左平移了 2mm，求该传感器的电容变化量、电容相对变化量和位移灵敏度 K（已知空气的相对介电常数 $\varepsilon_r=1$，真空的介电常数 $\varepsilon_0=8.85\times10^{-12}\text{F/m}$）。

5.3　试讨论变极距型电容式传感器的非线性及其补偿方法。

5.4　有一个直径为 2m、高 5m 的铁桶，往桶内连续注水，当注水量达到桶容量的 80% 时就应当停止，试分析用应变电阻式传感器或电容式传感器来解决该问题的途径和方法。

5.5　试分析电容式厚度传感器的工作原理。

5.6　试推导图 5-20 所示变介质型电容式位移传感器的特性方程 $C=f(x)$。设真空的介电常数为 ε_0，图中相对介电常数 $\varepsilon_2>\varepsilon_1$，极板宽度为 W。其他参数如图所示。

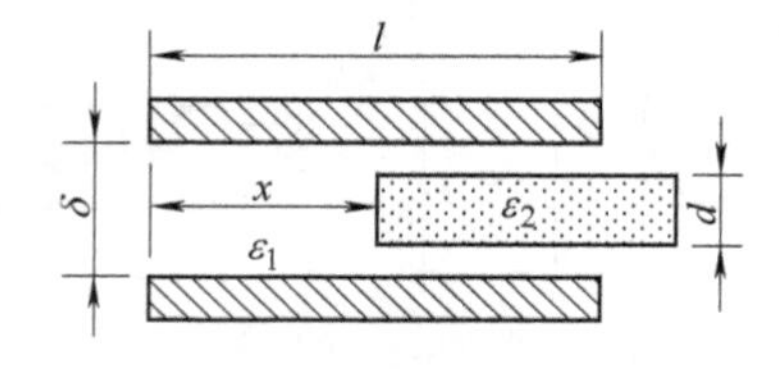

图 5-20　题 5.6 图

5.7　在题 5.6 中，设 $\delta=d=1\mathrm{mm}$，极板为正方形（边长 50mm）。$\varepsilon_1=1$，$\varepsilon_2=4$。试针对 $x=0\sim50\mathrm{mm}$ 范围内，绘出此位移传感器的特性曲线，并给以适当说明。

5.8　某一电容测微仪，其传感器的圆形极板半径 $r=4\mathrm{mm}$，工作初始间隙 $d=0.3\mathrm{mm}$，问：

（1）工作时，如果传感器与工件的间隙变化量 $\Delta d=2\mu\mathrm{m}$ 时，电容变化量是多少？

（2）如果测量电路的灵敏度 $S_1=100\mathrm{mV/pF}$，读数仪表的灵敏度 $S_2=5$ 格/mV，在 $\Delta d=2\mu\mathrm{m}$ 时，读数仪表的示值变化多少格？

第 6 章

压电式传感器

知识单元与知识点	➢ 压电效应、正压电效应、逆压电效应的基本概念； ➢ 压电材料的分类及其特性； ➢ 压电式传感器的等效电路、电荷放大器与电压放大器的测量电路； ➢ 压电元件的连接特性； ➢ 压电式传感器的应用。
方法论	透过现象看本质
价值观	合作共赢
能力点	◇ 能复述并解释压电效应、正压电效应、逆压电效应的基本概念； ◇ 会分析压电式传感器的等效电路、电荷放大器与电压放大器的测量电路； ◇ 能比较压电材料的分类及其特性； ◇ 会分析压电元件的连接特性； ◇ 能应用压电式传感器。
重难点	■ 重点：压电式传感器的工作原理、测量电路。 ■ 难点：压电式传感器的测量电路。
学习要求	√ 掌握压电效应、正压电效应、逆压电效应的含义； √ 掌握石英晶体具有压电效应特性的分子结构特性、压电陶瓷的压电特性机理； √ 了解压电材料的主要特性参数及其含义、压电材料的选取； √ 掌握压电式传感器的等效电路与测量电路； √ 掌握压电元件并联或串联特性； √ 了解压电式传感器的典型应用。
问题导引	→ 什么是压电效应？ → 压电材料的类别和特性如何？ → 压电式传感器表现出什么特殊属性？

6.1 工作原理

6.1.1 压电效应

压电式传感器是以某些介质的压电效应作为工作基础的。所谓压电效应，就是对某些电介质沿一定方向施以外力使其变形时，其内部将产生极化而使其表面出现电荷集聚的现象，也称为正压电效应。不同于压阻效应只产生阻抗变化，压电效应会产生电荷。由于某些介质材料具有压电效应，在受力作用而变形时，会在两个表面产生符号相反的电荷，在外力去除后又重新恢复到不带电状态，使机械能转变为电能。

当在片状压电材料的两个电极面上加交流电压时，压电片将产生机械振动，即压电片在电极方向上产生伸缩变形，压电材料的这种现象称为电致伸缩效应，也称为逆压电效应。逆压电效应是将电能转变为机械能。逆压电效应说明压电效应具有可逆性。

利用逆压电效应可以制成电激励的制动器（执行器）；基于正压电效应可制成机械能的敏感器（检测器），即压电式传感器。当有力作用于压电材料上时，传感器就有电荷（或电压）输出。压电式传感器是典型的有源传感器。

压电式传感器的特点：结构简单、体积小、重量轻；工作频带宽；灵敏度高；信噪比高；工作可靠；测量范围广等。

压电式传感器的用途：主要用于与力相关的动态参数测试，如动态力、机械冲击、振动等，它可以把加速度、压力、位移等许多非电量转换为电量。

6.1.2 压电材料

压电材料是实现机械能与电能相互转换的功能材料。自然界中大多数晶体具有压电效应，但十分微弱。石英晶体的压电效应早在 1880 年即已被居里（Curie）兄弟发现，1948 年制作出第一个石英传感器。在石英晶体的压电效应发现之后，一系列的单晶、多晶陶瓷材料和近些年发展起来的有机高分子聚合材料，也都具有相当强的压电效应。

1. 石英晶体（单晶体）

石英晶体的化学成分是 SiO_2，是单晶结构，理想形状为六角锥体，如图 6-1a 所示。石英晶体是各向异性材料，不同晶向具有各异的物理特性，用 x、y、z 轴来描述（见图 6-1b）。

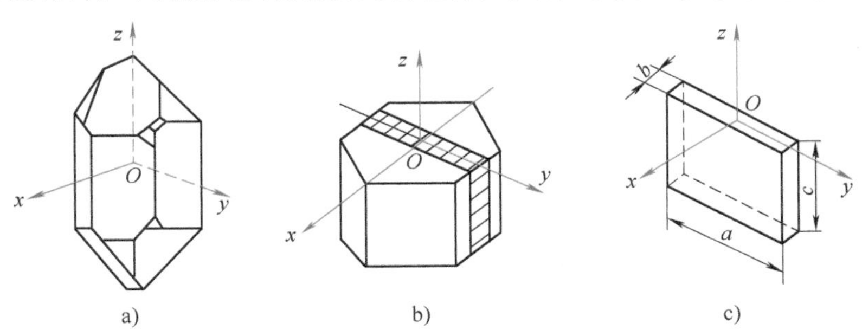

图 6-1　石英晶体

a）晶体外形　b）轴定义　c）切割晶片

z 轴：通过锥顶端的轴线，是纵向轴，称为光轴，沿该方向受力不会产生压电效应。

x 轴：经过六棱柱的棱线并垂直于 z 轴的轴为 x 轴，称为电轴（压电效应只在该轴的两个表面产生电荷集聚），沿该方向受力产生的压电效应称为“纵向压电效应”。

y 轴：与 x、z 轴同时垂直的轴为 y 轴，称为机械轴（该方向只产生机械变形，不会出现电荷集聚）。沿该方向受力产生的压电效应称为“横向压电效应”。

如果从晶体上沿 y 轴方向切下一块晶片，如图 6-1c 所示。分析其压电效应情况：

1）沿 x 轴方向施加作用力，将在 yz 平面上产生电荷，其大小为

$$q_x = d_{11} f_x \tag{6-1}$$

式中 d_{11}——x 方向受力的压电系数；

f_x——x 轴方向作用力。

电荷 q_x 的符号视 f_x 为压力或拉力而决定。从式（6-1）可见，沿电轴方向的力作用于晶体时所产生电荷量 q_x 的大小与切片的几何尺寸无关。

2）沿 y 轴方向施加作用力，仍然在 yz 平面上产生电荷，但极性方向相反，其大小为

$$q_y = d_{12} \frac{a}{b} f_y = -d_{11} \frac{a}{b} f_y \tag{6-2}$$

式中 d_{12}——y 方向受力的压电系数（石英轴对称，$d_{12} = -d_{11}$）；

a，b——切片的长度和厚度；

f_y——y 轴方向作用力。

从式（6-2）可见，沿机械轴方向的力作用于晶体时产生的电荷量 q_y 的大小与晶体切片的几何尺寸有关。在相同的作用力下，晶体切片的长度越长、厚度越薄，产生的电荷量越多，压电效应越明显。式中的“-”号说明沿 y 轴的压力（或拉力）所引起的电荷极性与沿 x 轴的压力（或拉力）所引起的电荷极性是相反的。

3）沿 z 轴方向施加作用力，不会产生压电效应，没有电荷产生。

综上，石英晶体切片受力发生压电效应产生的电荷与受力方向的关系如图 6-2 所示。

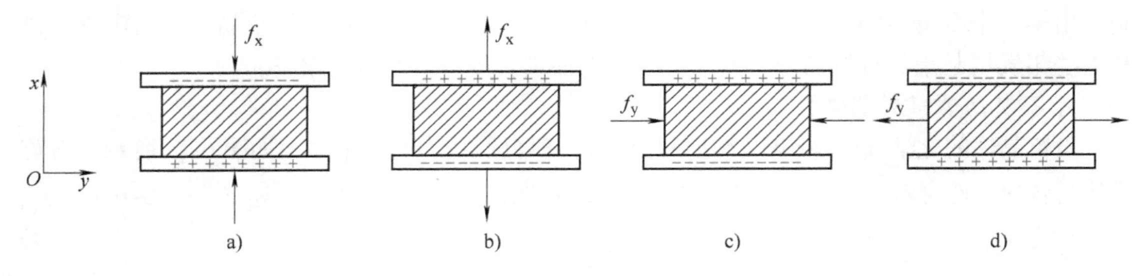

图 6-2 电荷与受力方向的关系

a）x 轴向受压力 b）x 轴向受拉力 c）y 轴向受压力 d）y 轴向受拉力

石英晶体的压电效应特性与其内部的分子结构有关，如图 6-3 所示。

石英晶体由硅离子 Si^{4+}（正离子）和氧离子 O^{2-}（负离子）组成，在每一个晶体单元中，硅离子和氧离子在 xy 平面上的投影等效为一个正六边形。正、负离子分布于正六边形的顶点上，形成三个互成 120°夹角的电偶极矩，三个正离子和三个负离子的中心连接分别组成一个正三角形，此时，两个正三角形的重心重合，即正负电荷重心重合、相互平衡，电偶极

矩的矢量和为 0，整个晶体呈电中性。如图 6-4a 所示。

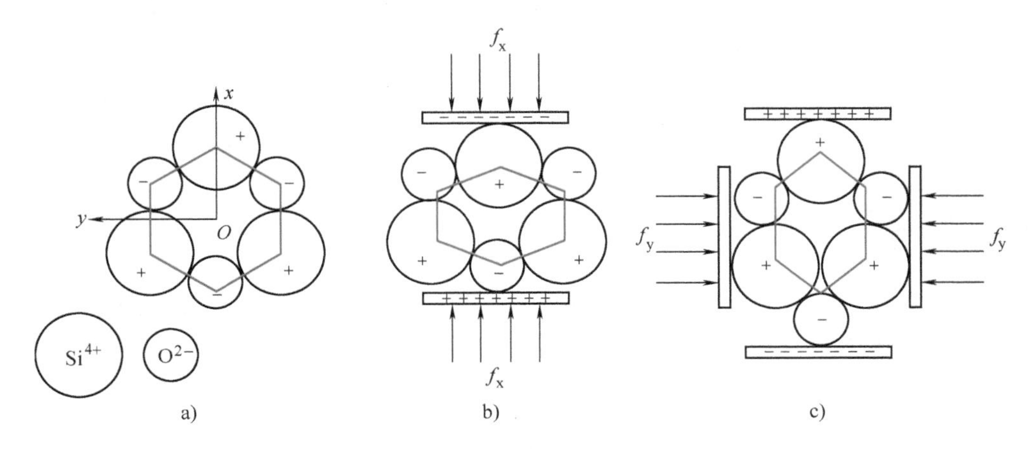

图 6-3　石英晶体内部分子结构模型

a）不受力时　b）x 轴向受压力时　c）y 轴向受压力时

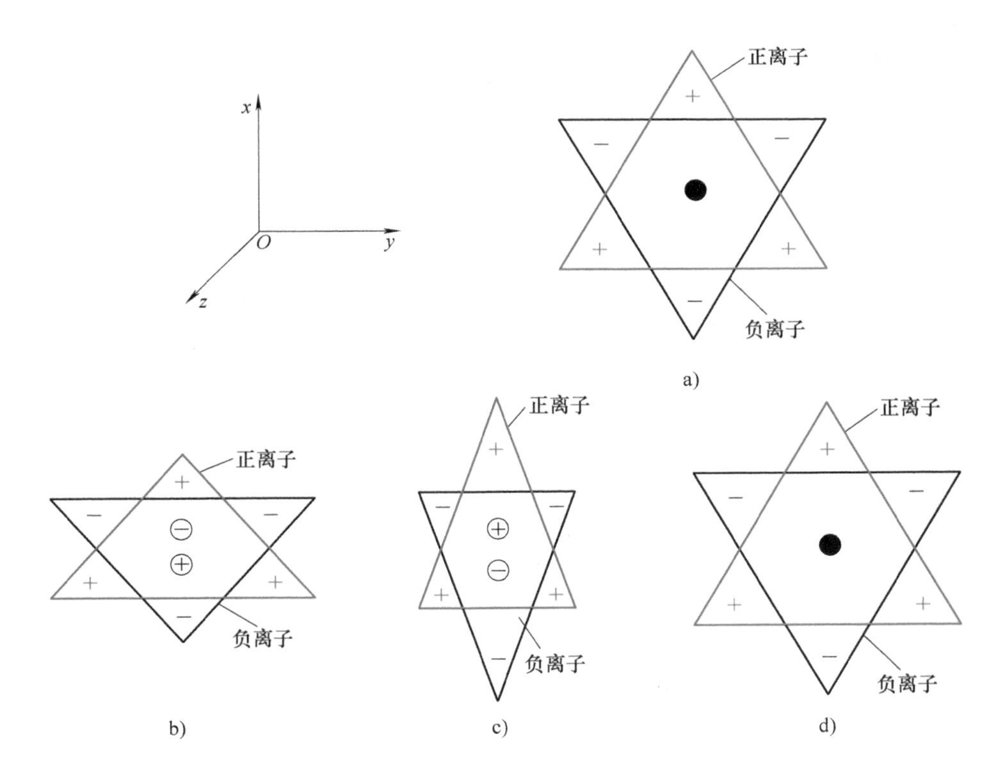

图 6-4　力作用对离子排列位置的影响

a）未受力作用　b）x 轴向受压力或 y 轴向受拉力作用

c）y 轴向受压力或 x 轴向受拉力作用　d）z 轴向受压力或拉力作用

1）当石英晶体受沿 x 轴方向的力作用时，压力使晶体沿该方向产生压缩变形，正、负离子的相对位置发生变动，如图 6-4b 所示。此时，两个三角形的重心不再重合，即正、负电荷的重心不再重合，在 x 轴的上方出现负电荷，下方出现正电荷。在 y 方向上不出现电荷。（如果是受拉力作用，则出现的电荷极性方向相反，即上方为正电荷、下方为负电荷。）

2）当石英晶体受沿 y 轴方向的力作用时，压力使晶体沿该方向产生压缩变形，正、负离子的相对位置发生变动，如图 6-4c 所示。此时，两个三角形的重心不再重合，即正、负电荷的重心不再重合，在 x 轴的上方出现正电荷，下方出现负电荷。在 y 方向上不出现电荷。（如果是受拉力作用，则出现的电荷极性方向相反，即上方为负电荷、下方为正电荷。）

3）当石英晶体受沿 z 轴方向的力作用时，无论是压力或拉力作用，因为晶体在 x 方向和 y 方向所产生的形变完全相同，此时，两个三角形的重心仍然重合，即正、负电荷的重心保持重合，因此不会产生压电效应，如图 6-4d 所示。

方法论

【透过现象看本质】 对石英晶体压电效应特性的分析告诉我们：任何事物都具有现象和本质两重属性，现象是本质的外在表现，本质是现象的内在根据，现象离不开本质，本质也离不开现象，没有无现象的本质，也没有无本质的现象，现象与本质是对立统一的。人们认识一个事物，首先接触的是事物的现象，但事物的现象有真象和假象之分，本质表现为真象的事物容易认识，本质表现为假象的事物就要小心了，所以这对范畴给我们的方法论就是要透过现象来看事物的本质，尤其要注意揭穿假象的面具，以达到真正认识事物本质、揭示事物变化规律的目的。其中也蕴含着外因（力）基于内因（离子排列）起作用的哲学；要变压力为动力，还得有“道”（方向正确）。

2. 压电陶瓷（多晶体）

压电陶瓷是人工制造的多晶体压电材料。其内部的晶粒有一定的极化方向，在无外电场作用下，晶粒杂乱分布，它们的极化效应被相互抵消，因此压电陶瓷此时呈中性，即原始的压电陶瓷不具有压电性质，如图 6-5a 所示。

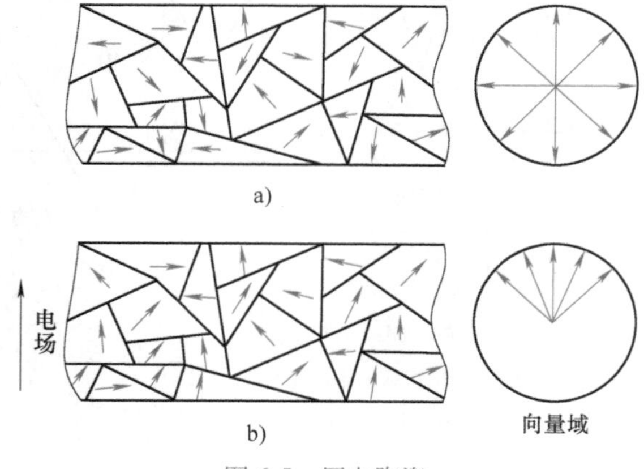

图 6-5 压电陶瓷

a）未极化 b）已极化

当在陶瓷上施加强直流外电场时，晶粒的极化方向发生转动，趋向于按外电场方向排列，从而使材料整体得到极化。外电场越强，极化程度越高，当外电场强度大到使材料的极化达到饱和程度，即所有晶粒的极化方向都与外电场的方向一致时，去掉外电场，材料整体的极化方向基本不变，即出现剩余极化（可参考第10章的“铁电体”），这时的材料就具有了压电特性，如图6-5b所示。由此可见，压电陶瓷要具有压电效应，需要有外电场和压力的共同作用。此时，当陶瓷材料受到外力作用时，晶粒发生移动，将引起在垂直于极化方向（即外电场方向）的平面上出现极化电荷，电荷量的大小与外力成正比关系。

压电陶瓷的压电系数比石英晶体大得多（即压电效应更明显），因此用它做成的压电式传感器的灵敏度较高，但稳定性（压电陶瓷因极化而表现出压电特性，但压电陶瓷的压电系数会随时间的增加或温度升高而减小，此时压电陶瓷中晶粒的极化方向倾向于各向异性，压电特性减弱甚至消失）、机械强度等不如石英晶体。

压电陶瓷材料有多种，最早的是第二次世界大战中发现的钛酸钡（$BaTiO_3$），现在最常用的是1955年美国B. Jaffe等人发现的压电性更优越的锆钛酸铅（$PbZrO_3$-$PbTiO_3$，PZT，即Pb、Zr、Ti三个元素符号的首字母组合）等。前者工作温度较低（最高70℃），后者工作温度较高，且有良好的压电性，得到了广泛应用。值得指出的是：PZT含铅，对环境和健康有一定危害，因此，目前世界各国正在大力研制开发无铅压电陶瓷。

3. 压电高分子材料

高分子材料属于有机分子半结晶或结晶聚合物，其压电效应较复杂，不仅要考虑晶格中均匀的内应变对压电效应的贡献，还要考虑高分子材料中做非均匀内应变所产生的各种高次效应以及同整个体系平均变形无关的电荷位移而表现出来的压电特性。

目前已发现的压电系数最高且已进行应用开发的压电高分子材料是聚偏氟乙烯（Polyvinylidene Fluoride Polymer，PVDF），其压电效应可采用类似铁电体的机理来解释。这种聚合物中碳原子的个数为奇数，经过机械滚压和拉伸制作成薄膜（称为压电薄膜，厚度1～100μm）之后，带负电的氟离子和带正电的氢离子分别对应排列在薄膜的上下两边，形成微晶偶极矩结构，经过一定时间的外电场和温度联合作用后，晶体内部的偶极矩进一步旋转定向，形成垂直于薄膜平面的碳-氟偶极矩固定结构。正是由于这种固定取向后的极化受到一定方向的外力作用时，材料的极化面就会产生一定的电荷，即压电效应。

压电高分子材料可以降低材料的密度和介电常数，增加材料的柔性，使其压电性能较单相陶瓷有所改善。目前对压电薄膜材料的研究向多种类、高性能、新工艺等方向发展，其基础研究向分子层次、原子层次、纳米层次、介观结构等方向深入。2017年7月，《科学》杂志报道东南大学研究人员发现了一类具有优异压电性能的分子铁电材料，这种新型分子铁电材料不但秉承了分子材料的结构灵活多变、设计调控空间大、制作成本低、容易制作成薄膜、柔韧性好、可降解、无毒害等优势，同时在压电性能上达到了传统压电陶瓷的水平，为制作柔性薄膜压电元件（如制作成可穿戴的衣服给手机充电）开辟了新路。

与石英晶体和压电陶瓷相比，压电薄膜主要有以下优点：

- 质量轻：它的密度只有常用的压电陶瓷PZT的1/4，粘贴在被测物体上对原结构几乎不产生影响，高弹性柔顺性，可以加工成特定形状与任意被测表面完全贴合，机械强度高，抗冲击。
- 高电压输出：在同样受力条件下，输出电压比压电陶瓷高10倍。

- 高介电强度：可以耐受强电场的作用（75V/μm），此时大部分压电陶瓷已经退极化了。
- 声阻抗低：仅为压电陶瓷 PZT 的 1/10，与水、人体组织以及粘胶体相接近。
- 频响宽：从 $10^{-3}\sim10^{9}$Hz 均能转换机电效应，而且振动模式单纯。

4. 压电材料的特性参数

具有压电效应的材料称为压电材料。压电材料的主要特性参数有：

- 压电系数：衡量材料压电效应强弱的参数，影响压电输出的灵敏度。
- 弹性系数：决定压电器件的固有频率和动态特性。
- 介电常数：影响压电元件的固有电容，随之影响压电式传感器的频率下限。
- 机电耦合系数：指压电效应中，转换后的输出能量与转换前的输入能量之比的二次方根，即正压电效应的机电耦合系数为$\sqrt{电能/机械能}$，逆压电效应的机电耦合系数为$\sqrt{机械能/电能}$。机电耦合系数用于衡量压电材料在压电效应中的能量转换效率。
- 电阻：压电材料的绝缘电阻将减少电荷泄漏，从而改善压电式传感器的低频特性。
- 居里点：当温度升高到一定程度后，材料的压电特性将消失。压电材料开始失去压电特性的温度称为居里温度或居里点。

决定压电陶瓷材料具有压电效应的因素应包括哪些？

5. 压电材料的选取

常用压电材料的性能参数见表 6-1。

表 6-1　常用压电材料的性能参数

性能参数	压电材料				
	石英	钛酸钡	锆钛酸铅（PZT 系）		
			PZT-4	PZT-5	PZT-8
压电系数/(10^{-12}C/N)	$d_{11}=2.31$ $d_{14}=0.73$	$d_{15}=260$ $d_{31}=-78$ $d_{33}=190$	$d_{15}=410$ $d_{31}=-100$ $d_{33}=230$	$d_{15}=670$ $d_{31}=-185$ $d_{33}=600$	$d_{15}=330$ $d_{31}=-90$ $d_{33}=200$
弹性系数/(10^{9}N/m^{2})	80	110	115	117	123
相对介电常数	4.5	1200	1050	2100	1000
机械品质因数	$10^{5}\sim10^{6}$		600~800	80	1000
体积电阻率/Ω·m	$>10^{12}$	10^{10}	$>10^{10}$	10^{11}	
居里点/℃	573	115	310	260	300
密度/(10^{3}kg/m^{3})	2.65	5.5	7.45	7.5	7.45
静抗拉强度/(10^{5}N/m^{2})	95~100	81	76	76	83

选用合适的压电材料是设计、制作高性能压电式传感器的关键。一般应考虑：

- 转换性能：具有较高的耦合系数或具有较大的压电系数。
- 机械性能：压电元件作为受力元件，希望它的机械强度高、机械刚度大，以获得宽的线性范围和高的固有振动频率。
- 电性能：希望具有高的电阻率和大的介电常数，以减弱外部分布电容的影响并获得良好的低频特性。
- 温度、湿度稳定性好：要求具有较高的居里点，以获得宽的工作温度范围。
- 时间稳定性：压电特性不随时间退化（压电陶瓷的时间稳定性不如石英晶体）。

从上述几个方面来看，石英是较好的单晶体类压电材料，除了其压电系数不大外，其他特性都具有显著的优越性：石英的居里点为 573℃；在 20~200℃ 范围内，压电系数的温度系数在 10^{-6}/℃数量级；弹性系数较大；机械强度较高，在冲击力作用下漂移也较小。鉴于这些特性，石英晶体主要用于测量大量值的力和加速度或作为标准传感器使用。

钛酸钡是较好的多晶体陶瓷类压电材料。其突出的特点表现为：压电系数比石英大几十倍；居里点在 120℃左右；介电常数和电阻率均较高；比石英材料容易制成特殊形状的元件（如圆环形元件）；相对于其他压电陶瓷（如锆钛酸铅等）更容易极化。

除钛酸钡外，目前广泛使用的压电陶瓷是锆钛酸铅系，即 PZT 系压电陶瓷，它是以 $PbTiO_3$ 和 $PbZrO_3$ 组成的共熔体 $Pb(ZrTi)O_3$ 为基础，再添加一种或两种微量的其他元素，如铌（Nb）、锑（Sb）、锡（Sn）、锰（Mn）或钨（W）等以获得不同性能的压电材料。PZT 系压电陶瓷的居里点在 300℃左右，因此，工作温度较高；性能较稳定；但要实现极化较困难。

6.2　测量电路

6.2.1　等效电路

根据压电元件的工作原理，压电式传感器可等效为一个电容器，正、负电荷聚集的两个表面相当于电容的两个极板，极板间物质相当于一种介质，如图 6-6a 所示，其电容量为

$$C_a=\frac{\varepsilon_r\varepsilon_0 A}{d} \tag{6-3}$$

式中　A，d——压电片的面积和厚度；

ε_r——压电材料的相对介电常数。

当压电元件受外力作用时，其两表面产生等量的正、负电荷 Q，此时，压电元件的开路电压为

$$U=\frac{Q}{C_a} \tag{6-4}$$

因此，压电式传感器可以等效为一个电荷源 Q 和一个电容器 C_a 并联，如图 6-6b 所示。压电式传感器也可等效为一个与电容相串联的电压源，如图 6-6c 所示。

在实际使用中，压电式传感器总是与测量仪器或测量电路相连接，因此还须考虑连接电缆的等效电容 C_c，放大器的输入电阻 R_i，放大器的输入电容 C_i 以及压电式传感器的泄漏电

阻 R_a。这样，压电式传感器在测量系统中的实际等效电路如图 6-7 所示。

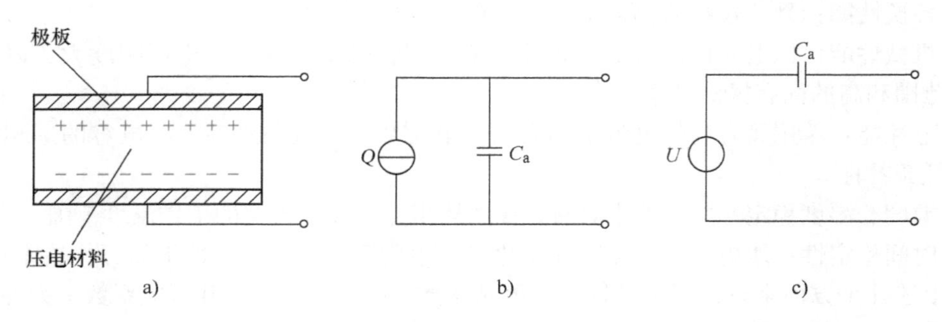

图 6-6 压电式传感器等效电路

a）压电片电荷聚集 b）电荷等效电路 c）电压等效电路

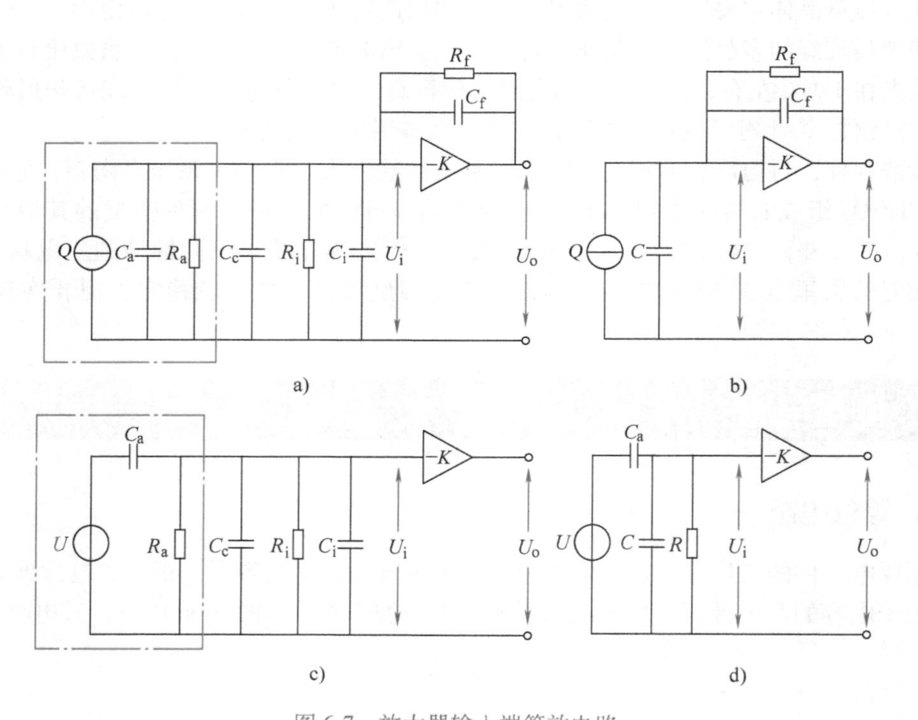

图 6-7 放大器输入端等效电路

a）电荷等效电路 b）简化的电荷等效电路 c）电压等效电路 d）简化的电压等效电路

6.2.2 测量电路

由于压电式传感器本身的内阻抗很高（通常 $10^{10}\Omega$ 以上），输出能量较小，因此它的测量电路通常需要接入一个高输入阻抗的前置放大器。其作用为：①把它的高输入阻抗（一般 1000MΩ 以上）变换为低输出阻抗（小于 100Ω）；②对传感器输出的微弱信号进行放大。根据压电式传感器的两种等效方式可知，压电式传感器的输出可以是电荷信号或电压信号，因此前置放大器也有两种形式：电荷放大器和电压放大器。

1. 电荷放大器

由于运算放大器的输入阻抗很高，其输入端几乎没有分流，故可略去压电式传感器的泄漏电阻 R_a 和放大器的输入电阻 R_i 两个并联电阻的影响，将压电式传感器的等效电容 C_a、连接电缆的等效电容 C_c、放大器的输入电容 C_i 合并为电容 C 后，电荷放大器的等效电路如图 6-7b 所示。它由一个负反馈电容 C_f 和高增益运算放大器构成。图中 K 为运算放大器的增益。由于负反馈电容工作于直流时相当于开路，对电缆噪声敏感，放大器的零点漂移也较大，因此一般在反馈电容两端并联一个电阻 R_f，其作用是为了稳定直流工作点，减小零漂；R_f 通常为 $10^{10} \sim 10^{14}\Omega$，当工作频率足够高时，$1/R_f \ll \omega C_f$，可忽略 $(1+K)\dfrac{1}{R_f}$（反馈电阻折合到输入端的等效电阻）。反馈电容折合到放大器输入端的有效电容为

$$C_f' = (1+K)C_f \tag{6-5}$$

由于

$$\begin{cases} U_i = \dfrac{Q}{C_a + C_c + C_i + C_f'} \\ U_o = -KU_i \end{cases} \tag{6-6}$$

因此其输出电压为

$$U_o = \frac{-KQ}{C_a + C_c + C_i + (1+K)C_f} \tag{6-7}$$

“-” 号表示放大器的输入与输出反相。

当 $K \gg 1$（通常 $K = 10^4 \sim 10^6$），满足 $(1+K)C_f > 10(C_a + C_c + C_i)$ 时，就可将式（6-7）近似为

$$U_o \approx \frac{-Q}{C_f} = U_{C_f} \tag{6-8}$$

由此可见：

1）放大器的输入阻抗极高，输入端几乎没有分流，电荷 Q 只对反馈电容 C_f 充电，充电电压 U_{C_f}（反馈电容两端的电压）接近于放大器的输出电压。

2）电荷放大器的输出电压 U_o 与电缆电容 C_c 近似无关，而与 Q 成正比，这是电荷放大器的突出优点。由于 Q 与被测压力成线性关系，因此，输出电压与被测压力成线性关系。

2. 电压放大器

电压放大器的原理及等效电路如图 6-7c 和 d 所示。

将图中的 R_a、R_i 并联成为等效电阻 R，将 C_c 与 C_i 并联为等效电容 C，于是有

$$R = \frac{R_a R_i}{R_a + R_i} \tag{6-9}$$

$$C = C_c + C_i \tag{6-10}$$

如果压电元件受正弦力 $f = F_m \sin\omega t$ 的作用，则所产生的电荷为

$$Q = df = dF_m \sin\omega t \tag{6-11}$$

对应的电压为

$$U = \frac{Q}{C_a} = \frac{dF_m}{C_a}\sin\omega t = U_m \sin\omega t \tag{6-12}$$

式中　d——压电系数；

U_m——压电元件输出电压的幅值，$U_m=\dfrac{dF_m}{C_a}$。

等效电路中 R、C 并联的总阻抗为

$$Z_{RC}=\frac{\frac{1}{j\omega C}R}{\frac{1}{j\omega C}+R}=\frac{R}{1+j\omega RC} \tag{6-13}$$

R、C 又与 C_a 串联，因此它们总的等效阻抗为

$$Z=\frac{1}{j\omega C_a}+Z_{RC}=\frac{1}{j\omega C_a}+\frac{R}{1+j\omega RC} \tag{6-14}$$

因此，送到放大器输入端的电压为

$$\dot{U}_i=\frac{Z_{RC}}{Z}U_m \tag{6-15}$$

将上述式子代入并整理可得

$$\dot{U}_i=dF_m\frac{j\omega R}{1+j\omega R(C_a+C)}=dF_m\frac{j\omega R}{1+j\omega R(C_a+C_c+C_i)} \tag{6-16}$$

于是可得放大器输入电压的幅值为

$$U_{im}=\frac{dF_m\omega R}{\sqrt{1+\omega^2R^2(C_a+C_c+C_i)^2}} \tag{6-17}$$

输入电压与作用力间的相位差为

$$\varphi=\frac{\pi}{2}-\arctan[\omega R(C_a+C_c+C_i)] \tag{6-18}$$

这是受测量电路影响的动态特性（结合第2章所述，说明传感器的动态特性与敏感材料特性、结构参数、测量电路有关，由多环节决定）。在理想情况下，传感器的泄漏电阻 R_a 和前置放大器的输入电阻 R_i 都为无穷大，根据式（6-9）可知 R 为无穷大，这时 $\omega R(C_a+C_c+C_i)\gg 1$，代入式（6-17）可得放大器的输入电压幅值为

$$U'_{im}=\frac{dF_m}{C_a+C_c+C_i} \tag{6-19}$$

式（6-19）表明，理想情况下，前置放大器输入电压与频率无关。为了扩展频带的低频段，必须提高回路的时间常数 $R(C_a+C_c+C_i)$。如果单靠增大测量回路电容量的方法将影响传感器的灵敏度 $S=\dfrac{U'_{im}}{F_m}=\dfrac{d}{C_a+C_c+C_i}$，因此常采用 R_i 很大的前置放大器。

联立式（6-17）和式（6-19）可得

$$\frac{U_{im}}{U'_{im}}=\frac{\omega R(C_a+C_c+C_i)}{\sqrt{1+\omega^2R^2(C_a+C_c+C_i)^2}} \tag{6-20}$$

令测量电路角频率为

$$\omega_1=\frac{1}{R(C_a+C_c+C_i)}=\frac{1}{\tau} \tag{6-21}$$

式中　τ——测量电路时间常数。

则

$$\frac{U_{\mathrm{im}}}{U'_{\mathrm{im}}}=\frac{\omega/\omega_1}{\sqrt{1+(\omega/\omega_1)^2}}=\frac{\omega\tau}{\sqrt{1+(\omega\tau)^2}} \tag{6-22}$$

对应的相角为

$$\varphi=\frac{\pi}{2}-\arctan(\omega/\omega_1)=\frac{\pi}{2}-\arctan(\omega\tau) \tag{6-23}$$

由此得到电压幅值比和相角与频率比的关系曲线如图 6-8 所示。

高频特性：由图 6-8 可见，测量电路时间常数一定，被测量频率越高（实际只要 $\omega/\omega_1=\omega\tau>3$），就可认为 U_{im} 与 ω 无关，即越接近理想状态，此时 $U_{\mathrm{im}}\approx U'_{\mathrm{im}}=\dfrac{dF_{\mathrm{m}}}{C_{\mathrm{a}}+C_{\mathrm{c}}+C_{\mathrm{i}}}$，这表明压电式传感器有很好的高频响应特性。

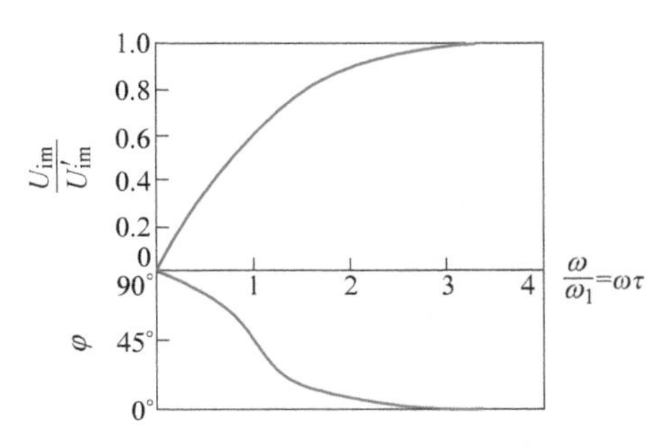

图 6-8　电压幅值比和相角与频率比的关系曲线

低频特性：被测量的频率越低，测量电路的放大器输入电压越偏离理想状态，相位角的误差也越大。当作用力为静态力（即 $\omega=0$）时，前置放大器的输入电压 $U'_{\mathrm{im}}=0$，电荷会通过放大器输入电阻和传感器本身漏电阻漏掉。实际上，外力作用于压电材料产生的电荷只有在无泄漏的情况下才能保存，即需要负载电阻（放大器的输入阻抗）无穷大，并且内部无漏电，但这是不可能的，因此，压电式传感器要以时间常数 τ 按指数规律放电，不能用于测量静态量。压电材料在交变力的作用下，电荷可以不断补充，以供给测量回路一定的电流，故适合于动态测量。

6.2.3　压电元件的连接

压电元件作为压电式传感器的敏感部件，单片压电元件产生的电荷量很小，因此在实际应用中，通常采用两片（或两片以上）同规格的压电元件黏结在一起，以提高压电式传感器的输出灵敏度。

由于压电元件所产生的电荷具有极性区分，其连接方式有两种，如图 6-9 所示。从作用力的角度看，压电元件是串接的，每片受到的作用力相同，产生的变形和电荷量大小也一致。

图 6-9a 所示是将两个压电元件的负端黏结在一起，中间插入金属电极作为压电元件连接件的负极，将两边连接起来作为连接件的正极，这种连接方法称为“**并联法**”。与单片时相比，在外力作用下，正负电极的电荷量增加了一倍（$Q'=2Q$），总电容量增加了一倍（$C'_{\mathrm{a}}=2C_{\mathrm{a}}$），其输出电压与单片时相同（$U'=U$）。

并联法输出电荷大、本身电容大、时间常数大，适宜测量慢变信号且以电荷作为输出量的场合。

图 6-9b 所示是将两个压电元件的不同极性黏结在一起，这种连接方法称为“**串联法**”。在外力作用下，两个压电元件产生的电荷在中间黏结处正负电荷中和，上、下极板的电荷量

Q 与单片时相同（$Q'=Q$），总电容量为单片时的一半（$C'_a=C_a/2$），输出电压增大了一倍（$U'=2U$）。

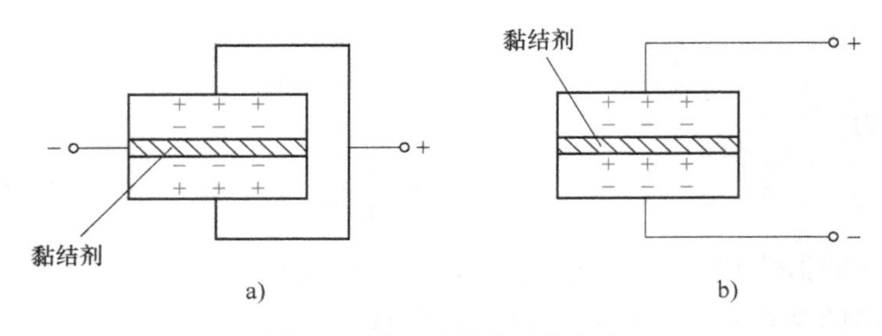

图 6-9　压电元件的连接方式
a）同极性黏结　b）不同极性黏结

串联法输出电压大、本身电容小，适宜以电压作输出信号且测量电路输入阻抗很高的场合。

【合作共赢】 压电元件的连接告诉我们：个体的力量总是渺小的、有限的，一个团队（组合）的力量远大于单个个体的力量。团队不仅强调个人的工作成果，更强调团队的整体业绩。合作、协同有助于调动团队成员的所有资源与才智，为达到既定目标而产生一股强大而持久的力量。“合作共赢”“协同创新”“1+1>2”之道于物、于人皆成立。

6.3　典型应用

6.3.1　压电式力传感器

根据压电效应，压电式传感器可以直接用于实现力-电转换，影响这种转换效果的主要因素包括压电材料的选取、变形方式、机械上串联或并联的晶片数、晶片的几何尺寸和合理的传力结构。压电元件的变形方式以利用纵向压电效应的厚度变形最为方便；压电材料的选择取决于待测力的量值大小（数量级）、对测量误差的要求、工作环境温度等；晶片数目的选取通常是使用机械串联、电气并联的两片压电片，因为机械上串联数目过多会导致传感器抗侧向干扰能力的降低，而机械上并联的片数增多会导致对传感器加工精度的要求过高，并给安装带来困难，而传感器的电压输出灵敏度并不增大。

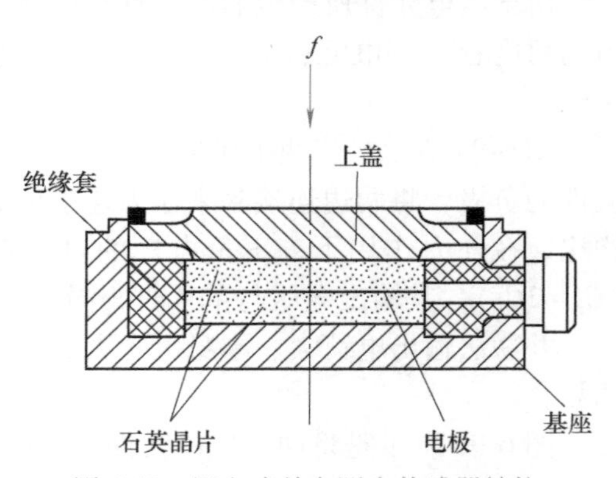

图 6-10　压电式单向测力传感器结构

压电式单向测力传感器的结构如图 6-10 所示。它主要由石英晶片、绝缘套、电极、上盖和基座等组成。上盖为传力元件，当受外力作用时，它将产生弹性形变，将力传递到石英晶片上，利用石英晶片的压电效应实现力-电转换。绝缘套用于绝缘和定位。基座内外底面对其中心

线的垂直度、上盖以及晶片、电极的上下底面的平行度与表面光洁度都有极严格的要求。它的测力范围是 0~50N，最小分辨率为 0. 01N；绝缘阻抗为 $2\times10^{14}\Omega$；固有频率约 50~60kHz；非线性误差小于±1%。该传感器可用于机床动态切削力的测量。

6.3.2　压电式加速度传感器

压电式加速度传感器的结构如图 6-11 所示。它主要由压电元件、质量块、预压弹簧、基座和壳体组成；整个部件用螺栓固定。压电元件一般由两片压电片组成，在压电片的两个表面镀上一层银，并在银层上焊接输出引线，或在两个压电片之间夹一片金属，引线焊接在金属片上，输出端的另一根引线直接与传感器基座相连。在压电片上放置一个比重较大的质量块，然后用一个硬弹簧或螺栓、螺母对质量块预加载荷。整个组件装在一个厚基座的金属壳体中，为了隔离试件的任何应变传递到压电元件上去，避免产生假信号输出，一般要加厚基座或选用刚度较大的材料来制造基座。

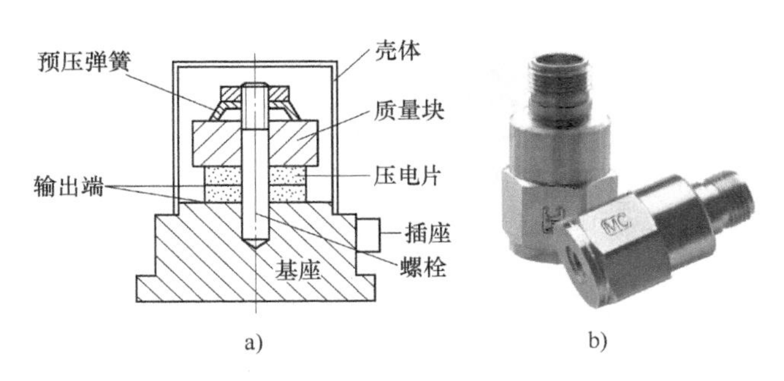

图 6-11　压电式加速度传感器
a）结构　b）外形

测量时，将传感器基座与试件刚性固定在一起。当传感器与被测物体一起受到冲击振动时，由于弹簧的刚度相当大，而质量块的质量相对较小，可以认为质量块的惯性很小，因此，质量块与传感器基座感受到相同的振动，并受到与加速度方向相反的惯性力的作用，这样，质量块就有一个正比于加速度的交变力作用于压电片上：$f=ma$。由于压电片的压电效应，因此，在它的两个表面上产生交变电荷 Q，当振动频率（不能测量零频率信号）远低于传感器的固有频率时，传感器的输出电荷与作用力成正比，即与试件的加速度成正比

$$Q=d_{11}f=d_{11}ma \tag{6-24}$$

式中　d_{11}——压电系数；

m——质量块的质量；

a——加速度。

输出电量由传感器的输出端引出，输入到前置放大器后就可以用普通的测量仪器测出试件的加速度。如要测量试件的振动速度或位移，可考虑在放大器后加入适当的积分电路。

6.3.3　压电式交通检测

图 6-12 所示为常见的压电式交通检测及闯红灯抓拍原理示意图。每个车道有两根相距数米的压电感应电缆（地感线圈，也可采用磁敏感应线圈）平行埋在公路路面下约 5cm 处，

车辆通过时的碾压作用可使压电式传感器输出相应信号，通过信号处理及对存储在计算机中的档案资料进行比对分析，可以得出车辆的轮数、轮距、轴数、轴距、车速等信息，为汽车车型的判断、交通流量、闯红灯以及停车监控等提供依据。

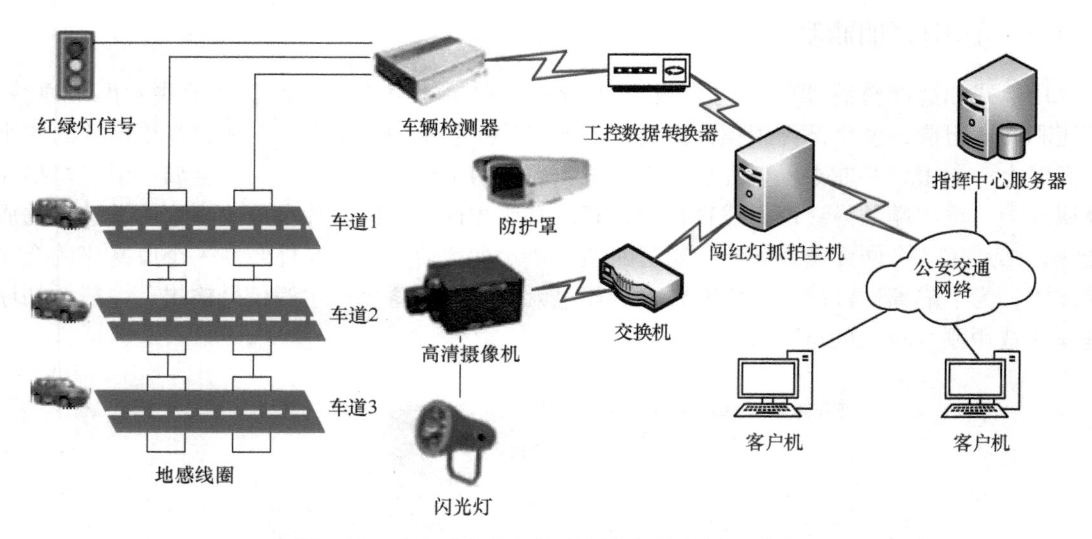

图 6-12　压电式交通检测及闯红灯抓拍原理示意

如闯红灯被抓拍的基本原理是：车辆检测器通过压电感应电缆检测到路面上汽车通过时传来的压力，转换成相应的电信号并传输给闯红灯抓拍主机，该数据在一个红灯周期内有效。如果在同一个时间间隔内（即红灯周期内）同时产生两个脉冲信号，即视为有效，抓拍主机将启动高清摄像机进行抓拍，并将抓拍照片通过公安交通网络送入指挥中心服务器，供相关人员核实并处理。例如，红灯亮后，车的前轮过了线、后轮没压线，将产生一个脉冲，在没有连续的两个脉冲时，不拍照（有些人遇到这种情况并不知道不会被拍照，反而倒一下车，回到线内，结果被拍照了，这是因为抓拍系统不能区分车辆的运动方向，由于一前一后两次压线，产生了“一对”脉冲信号，且这一对脉冲信号是在同一个红灯周期内产生的）。为了防止误拍，通常在时间设置上采用黄灯亮时，拍照系统延时 2s 后启动；红灯亮时，系统已经启动；绿灯将要亮时，提前 2s 关闭系统。无论对闯红灯、超速、违章停车等哪种行为，抓拍系统都会对违章车辆拍摄至少三张照片，一张是瞬间违章图片，一张是车牌识别图片，一张是全景图片，图片一般保留一周，并且所有抓拍机器都是 24h 开机拍摄。

学习拓展

（压电式传感器在汽车中的应用） 汽车交通事故往往是意外发生的，发生时间极短，人们通常没有足够的反应时间来主动保护自己，只有靠被动安全装置来减少事故对人体造成的伤害。目前，在汽车中广泛安装和使用的安全气囊就是一个例子，它可以在汽车发生严重碰撞时迅速充气以保护乘车人的安全，减少对人体（特别是头部和颈部）的伤害。试用压电式传感器作为检测汽车碰撞的基本器件，设计一个电子式安全气囊检测控制系统，并说明其工作原理。

6.1　什么是压电式传感器？它有何特点？其主要用途是什么？

6.2　试分析石英晶体的压电效应机理。

6.3　试分析压电陶瓷的压电效应机理。

6.4　压电材料的主要指标有哪些？其各自含义是什么？

6.5　在进行压电材料选取时，一般考虑的因素是什么？

6.6　试分析压电式传感器的等效电路。

6.7　试分析电荷放大器和电压放大器两种压电式传感器测量电路的输出特性。

6.8　压电元件在使用时常采用串接或并接的结构形式，试陈述在不同接法下输出电压、输出电荷、输出电容的关系，以及每种接法的适用场合。

6.9　将一个压电式力传感器与一只灵敏度 S_V 可调的电荷放大器连接，然后接到灵敏度为 $S_X=20\text{mm/V}$ 的光线示波器上记录，已知压电式压力传感器的灵敏度为 $S_P=5\text{pc/Pa}$，该测试系统的总灵敏度为 $S=0.5\text{mm/Pa}$，试问：

（1）电荷放大器的灵敏度 S_V 应调为何值（V/pc）？

（2）用该测试系统测 40Pa 的压力变化时，光线示波器上光点的移动距离是多少？

第 7 章

磁敏式传感器

知识单元与知识点	➢ 电磁感应、霍尔效应的基本概念； ➢ 磁电感应式传感器的工作原理、分类（恒磁通式：动圈式和动铁式结构，变磁通式：开磁路和闭磁路结构）、基本特性、测量电路与应用； ➢ 霍尔式传感器的工作原理、测量电路与应用； ➢ 霍尔元件的基本结构、基本特性、误差及其补偿。
方法论	转化
能力点	◇ 能复述并解释电磁感应、霍尔效应的基本概念； ◇ 会分析磁电感应式传感器的工作原理、分类、基本特性、测量电路； ◇ 会分析霍尔式传感器的工作原理； ◇ 认识霍尔元件的基本结构、基本特性、误差及其补偿； ◇ 能构建磁电感应式传感器、霍尔式传感器的典型应用。
重难点	■ 重点：电磁感应、霍尔效应的基本概念，磁敏式传感器工作原理、分类、测量电路，霍尔式传感器的工作原理。 ■ 难点：磁敏式传感器的基本特性。
学习要求	√ 熟练掌握电磁感应、霍尔效应的基本概念； √ 掌握磁电感应式传感器的工作原理、分类、基本特性、测量电路； √ 掌握霍尔式传感器的工作原理； √ 了解霍尔元件的基本结构、基本特性、误差及其补偿； √ 了解磁电感应式传感器、霍尔式传感器的应用。
问题导引	→ 磁敏式传感器有哪几种情形？ → 霍尔式传感器为什么非常流行？ → 我能用磁敏式传感器做什么？

对磁场参量（如磁感应强度 B、磁通 ϕ）敏感、通过磁电作用将被测量（如振动、位移、转速等）转换为电信号的器件或装置称为磁敏式传感器。磁电作用主要分为电磁感应和霍尔效应两种情况，因此，相应的磁敏式传感器主要有利用电磁感应的磁电感应式传感器和利用霍尔效应的霍尔式传感器两种。

7.1 磁电感应式传感器

磁电感应式传感器是利用导体和磁场发生相对运动时会在导体两端输出感应电动势的原

理进行工作的。所以，磁电感应式传感器也被称为感应式传感器或电动式传感器。它是一种机-电能量变换型传感器，属于有源传感器，可直接从被测物体吸取机械能量并转换成电信号输出，无须供电电源。

磁电感应式传感器电路简单、性能稳定、输出阻抗小，具有一定的频率响应范围（一般在 10~1000Hz），适用于转速、振动、位移、扭矩等的测量。

7.1.1　工作原理

1. 电磁感应

磁电感应式传感器是以电磁感应原理为基础的。1831 年，法拉第（Michael Faraday）经研究揭示：当导体在稳定均匀的磁场中沿着垂直于磁场方向做切割磁力线运动时，导体内将产生感应电动势。对于一个 N 匝的线圈，设穿过线圈的磁通为 ϕ，则线圈内的感应电动势将与 ϕ 的变化速率成正比，即

$$E=N\frac{\mathrm{d}\phi}{\mathrm{d}t} \tag{7-1}$$

如果线圈相对于磁场的运动线速度为 v 或角速度为 ω，则式（7-1）可改写为

$$E=NBLv \tag{7-2}$$

或

$$E=NBS\omega \tag{7-3}$$

式中　B——线圈所在磁场的磁感应强度；

L——每匝线圈的平均长度；

S——每匝线圈的平均截面积。

如果线圈的运动方向（v）与磁场方向（B）的夹角为 θ，则式（7-2）应修改为 $E=NBLv\sin\theta$。在磁电感应式传感器中，当其结构参数确定以后，即 B、L、S、N 均为确定值，则感应电动势 E 与线圈相对磁场的运动速度 v 或 ω 成正比。根据这一原理，人们设计出了恒磁通式和变磁通式两类磁电感应式传感器。

（1）恒磁通式传感器（测线速度）

恒磁通式传感器是指在测量过程中使导体（线圈）位置相对于恒定磁通 ϕ 变化而实现测量的一类磁电感应式传感器。图 7-1 所示为恒磁通磁电感应式传感器的典型结构，它由永磁体、线圈、弹簧、金属壳体等部件组成。磁路系统产生恒定的直流磁场，磁路中的工作气隙固定不变，因此气隙中磁通也是恒定不变的。在恒磁通式传感器中，由于其运动部件可以是线圈，也可以是磁铁，因此分成动圈式和动铁式两种结构类型，分别如图 7-1a 和图 7-1b 所示。动圈式的运动部件是线圈，永久磁铁与传感器壳体固定，线圈与金属骨架用柔软弹簧片支撑；动铁式的运动部件是磁铁，线圈、金属骨架和壳体固定，永久磁铁用弹簧支撑。

动圈式和动铁式的工作原理是完全相同的。将恒磁通磁电感应式传感器与被测振动体绑定在一起，当壳体随被测振动体一起振动时，由于弹簧较软，而运动部件质量相对较大，因此在被测振动体的振动频率足够高时（远大于传感器固有频率），运动部件会由于惯性很大而来不及跟随振动体一起振动，近乎静止不动，振动能量几乎全部被弹簧吸收，于是永久磁铁与线圈之间的相对运动速度接近于振动体的振动速度，线圈与磁铁的相对运动将切割磁力线，从而产生与运动速度成正比的感应电动势。

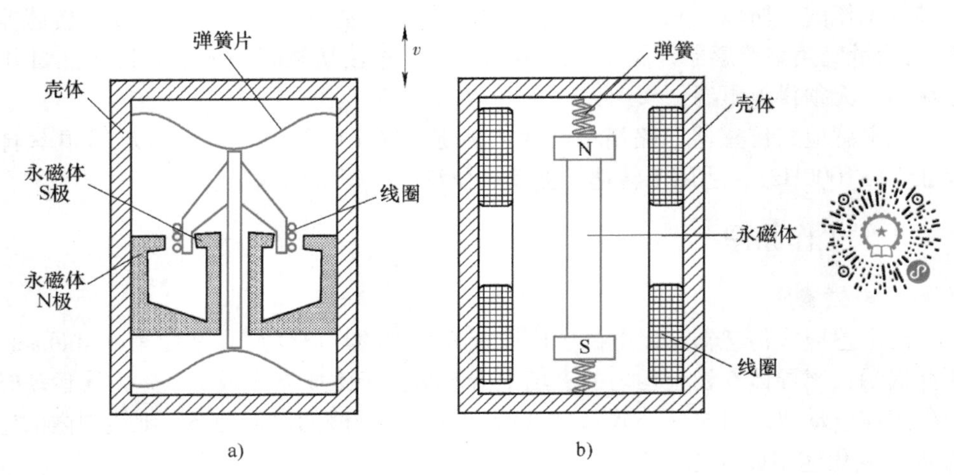

图 7-1　恒磁通磁电感应式传感器结构
a）动圈式　b）动铁式

（2）变磁通式传感器（测角速度）

变磁通式传感器主要是靠改变磁路的磁通 ϕ 的大小来进行测量，即通过改变测量磁路中气隙的大小来改变磁路的磁阻，从而改变磁路的磁通（$\phi=\dfrac{IN}{R_m}$）。因此，变磁通式传感器又可以称为变磁阻式传感器或变气隙式传感器，其典型应用是转速计，用于测量旋转物体的角速度。变磁通磁电感应式传感器的结构如图 7-2 所示。

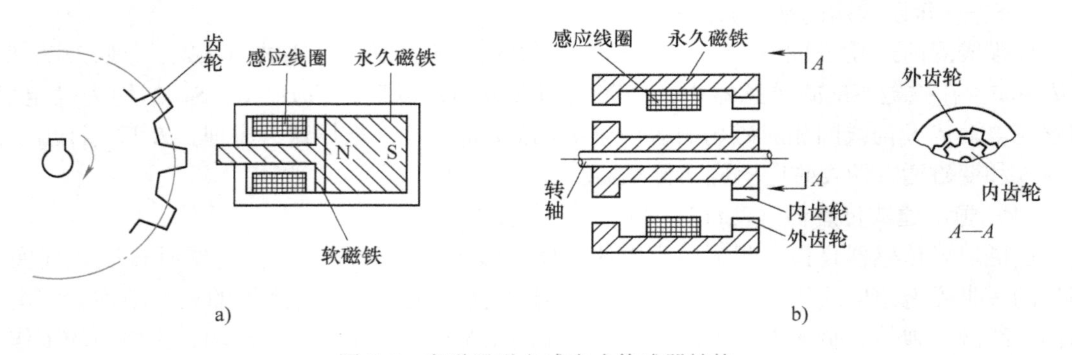

图 7-2　变磁通磁电感应式传感器结构
a）开磁路　b）闭磁路

变磁通磁电感应式传感器可分为开磁路和闭磁路两种结构。

图 7-2a 所示是开磁路变磁通式，它由永久磁铁、软磁铁、感应线圈和测量齿轮等部件组成。工作时线圈和磁铁静止不动；测量齿轮（导磁材料）被安装在被测旋转体上，随被测物一起转动。测量齿轮的凸凹导致气隙大小发生变化，从而影响磁路磁阻的变化，每当齿轮转过一个齿，传感器的磁路磁阻变化一次，磁通就跟随变化一次，线圈中产生感应电动势，其变化频率等于被测转速与齿轮齿数的乘积，即

$$f=rn=\frac{N}{t} \tag{7-4}$$

式中　f——频率（Hz）；

r——转速（单位：r/s）；

n——齿轮齿数；

N——t 时间内的采样脉冲数。

由此可推得转速为

$$r=\frac{N/n}{t}=\frac{N}{tn} \tag{7-5}$$

由式（7-5）可见，转速就是单位时间内的转数（总转数 N/n 等于采样脉冲数除以每转脉冲数，即齿轮的齿数）。

这种传感器结构简单、输出信号较弱，由于平衡和安全问题而不宜测量高转速。

图 7-2b 所示是闭磁路变磁通式，它由装在转轴上的定子和转子、感应线圈和永久磁铁等部件组成。传感器的转子和定子都由纯铁制成，在它们的圆形端面上都均匀地分布有凹槽。工作时，将传感器的转子与被测物轴相连接，当被测物旋转时就会带动转子旋转，当转子和定子的齿凸相对时，气隙最小、磁通最大；当转子与定子的齿凹相对时，气隙最大、磁通最小。这样，定子不动而转子旋转时，磁通就发生周期性变化，从而在线圈中感应出近似正弦波的电动势信号。

变磁通式传感器对环境要求不高，它的工作频率下限较高，可以达到 50Hz，上限可以达到 100kHz。

方法论

【转化】　如果做一个归纳，可以发现这样的规律：无论传感器的类别是什么，具体工作原理可能不同，但只要测量加速度，通常会用到质量块，要测量转速，通常会涉及类似齿轮的周期性状态变化。为什么？

因为可以通过质量块将加速度转化为力，通过齿轮将转速转化为信号脉冲计数，转化后的量更容易被实现测量。当一个问题难以直接解决或解决成本较高时，转化可能是促进问题更好解决的理想方法。

2. 基本特性

当磁电感应式传感器接入测量电路时（见图 7-3），磁电感应式传感器的输出电流 I_o 为

$$I_o=\frac{E}{R+R_f}=\frac{NBLv}{R+R_f} \tag{7-6}$$

式中　R_f——测量电路输入电阻；

R——线圈等效电阻。

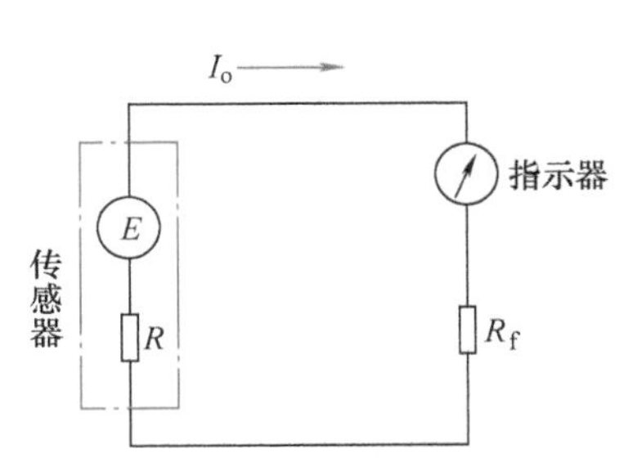

图 7-3　磁电感应式传感器测量等效电路

传感器的电流灵敏度为

$$S_I=\frac{I_o}{v}=\frac{NBL}{R+R_f} \tag{7-7}$$

传感器的输出电压和电压灵敏度分别为

$$U_o = I_o R_f = \frac{NBLvR_f}{R+R_f} \tag{7-8}$$

$$S_U = \frac{U_o}{v} = \frac{NBLR_f}{R+R_f} \tag{7-9}$$

由电流和电压灵敏度公式可知：B 值大，灵敏度 S 也大，因此要选用 B 值大的永磁材料；线圈的平均长度 L 大也有助于提高灵敏度 S，但这是有条件的（因为 L 增加使 R 也增加），要考虑两种情况：

（1）线圈电阻与指示器电阻匹配问题

如图 7-3 所示，因传感器相当于一个电压源，为使指示器从传感器获得最大功率，必须使线圈的电阻 R 等于指示器的电阻 R_f。

（2）线圈的发热问题

传感器线圈产生感应电动势，接上负载后，线圈中有电流流过而发热。

当传感器的工作温度发生变化或受到外界磁场干扰、受到机械振动或冲击时，其灵敏度将发生变化，产生测量误差，其相对误差根据式（7-7）可得

$$\gamma = \frac{dS_I}{S_I} = \frac{dB}{B} + \frac{dL}{L} - \frac{dR}{R} \tag{7-10}$$

7.1.2 测量电路

磁电感应式传感器可以直接输出感应电动势信号，且磁电感应式传感器通常具有较高的灵敏度，所以不需要高增益放大器。但磁电感应式传感器只用于测量动态量，可以直接测量振动物体的线速度 $v=\frac{dx}{dt}$或旋转体的角速度。如果在其测量电路中接入积分电路（$x=\int v dt$）或微分电路（$a=\frac{dv}{dt}$），那么还可以测量位移或加速度。图 7-4 是磁电感应式传感器的一般测量电路框图。

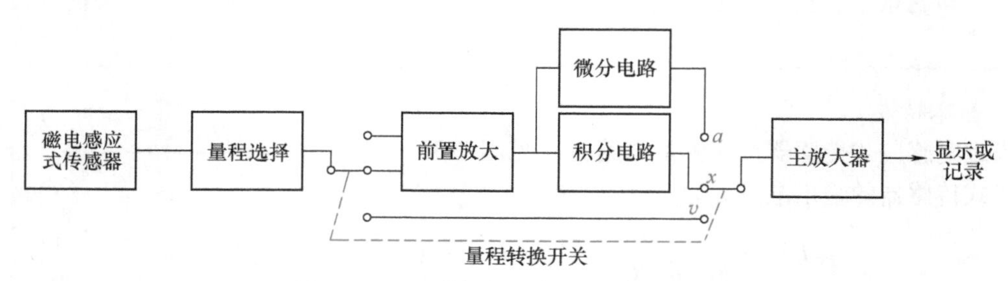

图 7-4 磁电感应式传感器一般测量电路

7.1.3 磁电感应式传感器的应用

1. 磁电感应式振动速度传感器

磁电感应式振动速度传感器在市场上比较多见，型号和种类也比较多，如 CD-1 型、CD-6 型和 ZI-A 型等都是比较常见的振动速度传感器。图 7-5 是动圈式恒磁通振动速度传感器结构示意图，其结构主要由钢制圆形外壳制成，里面用铝支架将圆柱形永久磁铁与外壳固

定成一体，永久磁铁中间有一个小孔，穿过小孔的心轴两端架起线圈和阻尼环，心轴两端通过圆形弹簧片支撑架空且与外壳相连。

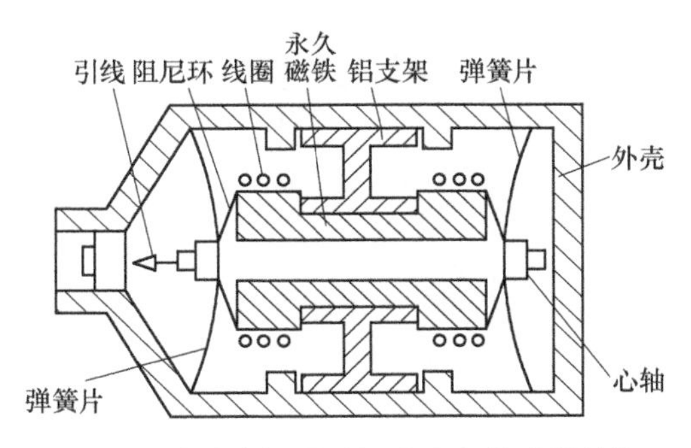

图 7-5　动圈式恒磁通振动速度传感器结构

工作时，传感器与被测物体刚性连接，当物体振动时，传感器外壳和永久磁铁随之振动，而架空的心轴、线圈和阻尼环因惯性而不随之振动。这样，磁路气隙中的线圈切割磁力线而产生正比于振动速度的感应电动势，线圈的输出通过引线送到测量电路。该传感器测量的是振动速度参数，如果在测量电路中接入积分电路，则输出电动势与位移成正比；如果在测量电路中接入微分电路，则其输出与加速度成正比。

2. 电磁流量计

电磁流量计是根据电磁感应原理制成的一种流量计，用来测量有一定电导率（不低于 5μS/cm，S——西门子，等同于 Ω^{-1}）的流体物质的流量，属于恒磁通式。电磁流量计的工作原理如图 7-6 所示，它由产生均匀磁场的磁路系统、用不导磁材料制成的管道及在管道横截面上的导电电极组成。要求磁场方向、电极连线和管道轴线三者在空间上互相垂直。

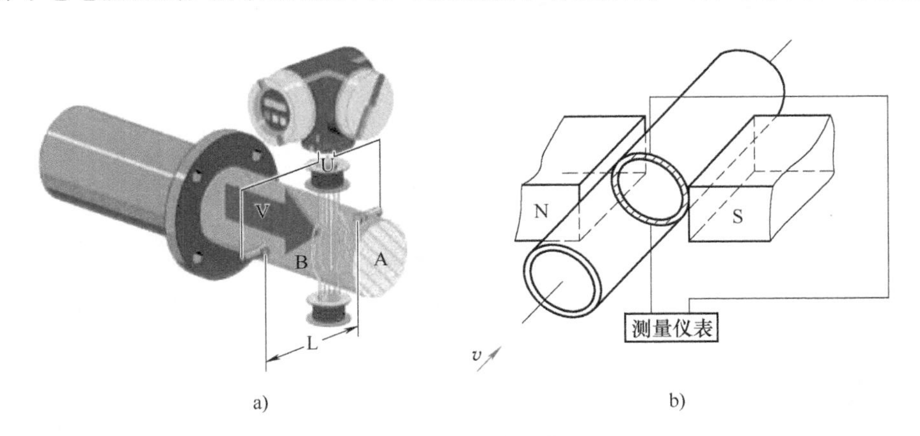

图 7-6　电磁流量计工作原理
a）安装要求示意图　b）原理图

当被测导电液体流过管道时，切割磁力线，在和磁场及流动方向垂直的方向上产生感应电动势 E，其值与被测流体的流速成正比，即

$$E = BDv \tag{7-11}$$

式中　B——磁感应强度（T）；

D——管道内径（m）；

v——流体的平均流速（m/s）。

相应地，流体的体积流量可表示为

$$q_V = \frac{\pi D^2}{4} v = \frac{\pi DE}{4B} = KE \tag{7-12}$$

式中　K——仪表常数，对于某一个确定的电磁流量计，该常数为定值，$K = \frac{\pi D}{4B}$。

交流与思考

对比式（7-2）和式（7-11），你会发现影响线圈和导电流体感应电动势的因素有何异同？

电磁流量计的典型外形与结构如图 7-7 所示，测量管上下装有励磁线圈，通励磁电流后产生磁场穿过测量管，一对电极装在测量管内壁与被测液体相接触，引出感应电动势送到转换器，励磁电流则由转换器提供。转换器将电磁流量计送来的流量信号进行放大，并转换成与流量信号成正比的标准信号输出，最终完成显示、记录和调节控制等功能。

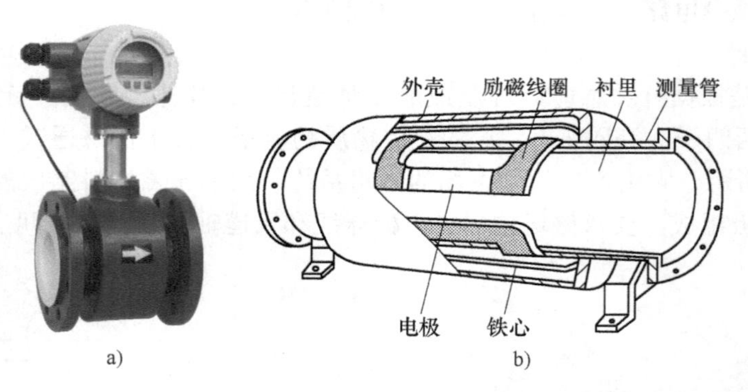

图 7-7　电磁流量计的外形与结构

a）外形　b）结构

电磁流量计的测量管道内没有任何阻力件，适用于各种酸、碱、盐等腐蚀性介质或有悬浮颗粒的浆流（如纸浆、煤水浆、矿浆、泥浆和污水）等的流量测量，且压力损失极小；因感应电动势与被测液体的密度、温度、黏度、压力、电导率等无关，故其使用范围广；可以测量各种腐蚀性液体的流量；电磁流量计惯性小，可用来测脉动流量；因通常要求测量介质的导电率大于 0.002~0.005Ω^{-1}/m，故不能用于测量有机溶剂及石油制品等的流量；不能测量气体、蒸汽和含有较多或较大气泡的液体。

交流与思考

工程上使用电磁流量计时特别值得注意的事项有哪些？

7.2 霍尔式传感器

霍尔式传感器是基于霍尔效应进行工作的传感器。1879 年，美国物理学家霍尔（Edwin H. Hall）在研究金属导电机制时在金属中发现了这一效应，但由于金属材料的霍尔效应太弱而没有得到应用。随着半导体技术的发展，使用半导体制造的霍尔元件具有显著的霍尔效应，且随着高强度的恒定磁体和工作于小电压输出的信号调节电路的出现，霍尔式传感器开始广泛用于电磁、压力、加速度和振动等方面的测量。随着霍尔传感器相关技术的不断完善，可编程霍尔传感器、智能化霍尔传感器以及微型霍尔传感器将有更好的市场前景。

7.2.1 工作原理

1. 霍尔效应

当载流导体或半导体处于与电流方向相垂直的磁场中时，在其两端将产生电位差，这一现象被称为霍尔效应。霍尔效应产生的电动势被称为霍尔电压。霍尔效应的产生是由于运动电荷受磁场中洛伦兹力作用的结果。

如图 7-8 所示，在一块长度为 l、宽度为 b、厚度为 d 的长方体导电板上，两对垂直侧面各装上电极。如果在长度方向通入控制电流 I，在厚度方向施加磁感应强度为 B 的磁场时，那么导电板中的自由电子在电场作用下定向运动，此时，每个电子受到洛伦兹力 f_L 的作用，f_L 大小为

$$f_L = eBv \tag{7-13}$$

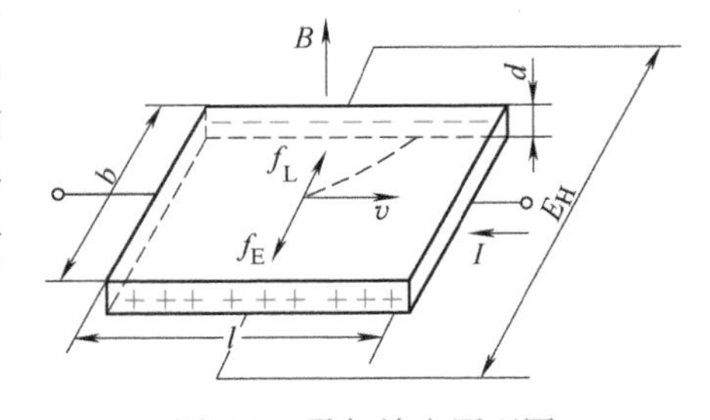

图 7-8　霍尔效应原理图

式中　e——单个电子的电荷量，$e=1.6\times10^{-19}$C；

B——磁场感应强度；

v——电子平均运动速度。

洛伦兹力 f_L 的方向在图中是向里的（左手法则），此时电子除了沿电流反方向作定向运动外，还在 f_L 作用下向里飘移，结果在导电板里底面积累了负电荷（电子），而在外表面积累了正电荷（空穴），将形成附加内电场 E_H，称为霍尔电场。在霍尔电场作用下，电子将受到一个与洛仑兹力方向相反的电场力的作用，此力阻止电荷的继续积聚，当在导电板内电子积累达到动态平衡时（电荷不再积聚），电子所受洛仑兹力和电场力大小相等：$f_L = f_H$，即 $eE_H = eBv$，因此有

$$E_H = Bv \tag{7-14}$$

则相应的电动势就称为霍尔电压 U_H，其大小可表示为

$$U_H = E_H b \tag{7-15}$$

或

$$U_H = Bvb \tag{7-16}$$

式中　b——导电板宽度。

利用电磁推进技术的电磁轨道炮是如何工作的?

当电子浓度为 n，电子定向运动平均速度为 v 时，对于不同的材料（N 型半导体材料中多数载流子为电子，电流与电子的运动方向相反；P 型半导体材料中多数载流子为空穴，电流与电子的运动方向相同），根据电流的定义（单位时间内流过导体截面积的电荷量）可得出表 7-1 所示霍尔效应的特征量。

表 7-1 不同半导体材料霍尔效应的特征量

特征量	半导体材料	
	N 型	P 型
电流 I	$-nevbd$	$nevbd$
霍尔电压 U_H	$-\frac{IB}{ned}$	$\frac{IB}{ned}$
霍尔系数 R_H	$-\frac{1}{ne}$	$\frac{1}{ne}$
霍尔灵敏度 K_H	$-\frac{1}{ned}$	$\frac{1}{ned}$

霍尔电压与霍尔系数或霍尔灵敏度的关系可表示为

$$U_H = R_H \frac{IB}{d} = K_H IB \tag{7-17}$$

注意：如果所加磁场与电流方向的夹角为 θ，此时，实际作用于霍尔元件上的有效磁场为其法线方向的分量，即 $B\sin\theta$，所以此时式（7-17）应改为 $U_H = K_H IB\sin\theta$。

霍尔灵敏度 K_H 表征了一个霍尔元件在单位控制电流和单位磁感应强度时产生的霍尔电压的大小。

式（7-17）给出的霍尔电压是用控制电流来表示的，在霍尔器件的使用中，电源是一常量 U_C，由于 $U_C = El$，而载流子在电场中的平均迁移速度为

$$v = \mu E \tag{7-18}$$

式中 μ——在单位电场强度下，载流子的迁移速率。

联立式（7-16）和式（7-18），得

$$U_H = \frac{\mu b U_C B}{l} \tag{7-19}$$

由上面的推导可知，霍尔电压除了正比于激励电流 I、电压 U_C 及磁感应强度 B 外，还与材料的载流子迁移率及器件的宽度 b 成正比，与器件长度 l 成反比。其灵敏度与霍尔系数 R_H 成正比，而与霍尔元件厚度 d 成反比。

为了提高霍尔式传感器的灵敏度，霍尔元件常制成薄片形状（故霍尔元件也称为霍尔

片），一般来说霍尔元件的厚度 $d=0.1\sim0.2$mm（通常 $b=4$mm，$l=2$mm，达到 $b/l=2$ 的习惯做法。这是因为：一方面 b/l 大一些对 U_H 有影响，并有助于减少控制电极对内部产生的霍尔电压的局部短路作用，即在两控制电极中间处测得的霍尔电压最大，离控制电极很近处霍尔电压下降至接近于 0；另一方面，如果 b/l 过大，反而会使输入功耗增加，降低元件的输出），薄膜型霍尔元件的厚度只有 1μm 左右。根据表 7-1 的灵敏度定义可以知道霍尔元件的灵敏度与载流子浓度成反比，由于金属的自由电子浓度过高，所以不适合用来制作霍尔元件。

结合式（7-17）和式（7-19）可得到

$$K_H=\frac{\mu b U_C}{lI} \tag{7-20}$$

由式（7-20）可知，材料中载流子的迁移率 μ 对元件灵敏度 K_H 也有很大的影响，一般来说电子迁移率远大于空穴的迁移率，所以制作霍尔元件一般采用 N 型半导体材料。目前常用的 N 型半导体材料有硅（Si）、锗（Ge）、锑化铟（InSb）和砷化铟（InAs）等材料。但是半导体材料对环境温度比较敏感，在一定的温度范围内有较大的温度系数。

为什么霍尔元件一般要做成薄片状？且多选用 N 型半导体材料，而不是金属或 P 型半导体材料？

2. 霍尔元件

（1）霍尔元件的基本结构

霍尔元件的结构比较简单，它由霍尔片、引脚和壳体三部分组成（霍尔元件可能的磁极感应方式有单极性、双极性和全极性，实际的霍尔元件引脚可能是三端、四端或五端）。霍尔元件是一块矩形半导体单晶薄片（一般为 4mm×2mm×0.1mm），在长度方向焊有两根控制电流端引线 a 和 b，它们在薄片上的焊点称为**激励电极**；在薄片另两侧端面的中央以点的形式对称地焊有 c 和 d 两根输出引线，它们在薄片上的焊点称为**霍尔电极**。霍尔元件壳体是用非导磁金属、陶瓷或环氧树脂封装而成。霍尔元件的外形、结构和电路符号如图 7-9 所示。

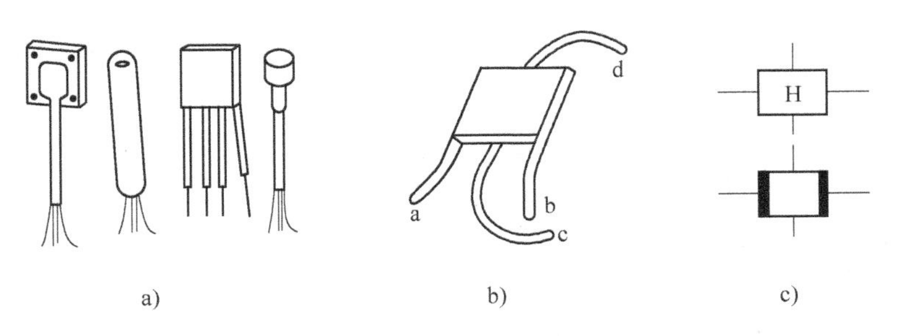

图 7-9　霍尔元件及符号

a）外形　b）结构　c）电路符号

（2）霍尔元件的基本特性

1）线性特性与开关特性。**霍尔元件分为线性特性和开关特性两种**（根据霍尔元件的功能特性将其分为霍尔线性器件和霍尔开关器件，分别输出模拟量和数字量)，如图 7-10 所示。线性特性是指霍尔元件的输出电动势 U_H 分别和基本参数 I、B 成线性关系。开关特性是指霍尔元件的输出电动势 U_H 在一定区域随 B 的增加而迅速增加的特性。磁通计中的传感器大多采用具有线性特性的霍尔元件；开关特性随磁体本身的材料及形状不同而异，低磁场时磁通饱和，直流无刷电动机的控制一般采用具有开关特性的霍尔传感器。开关型霍尔传感器主要用于测转数、转速、风速、流速和接近开关、关门告知器、报警器、自动控制电路等。

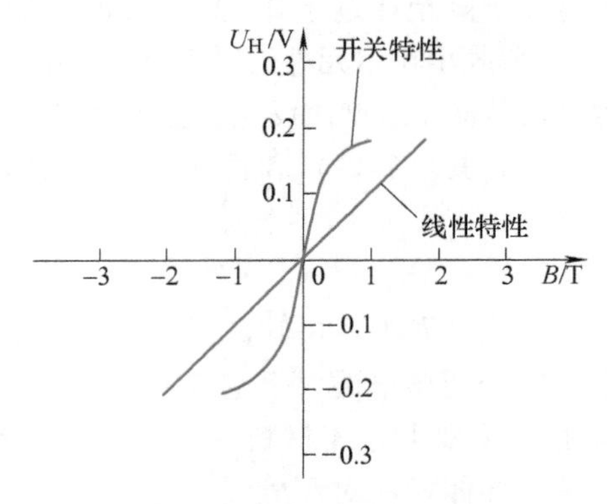

图 7-10　霍尔元件的特性

2）不等位电阻 r_o。表示未加磁场时，不等位电动势与相应电流的比值。产生不等位电阻的原因：①霍尔电极安装位置不对称或不在同一等电位上；②半导体材料不均匀造成了电阻率不均匀或几何尺寸不对称；③激励电极接触不良造成激励电流不均匀分配。其值大小为

$$r_o = \frac{U_o}{I} \tag{7-21}$$

式中　U_o——不等位电动势；

I——激励电流。

3）负载特性。在线性特性中描述的霍尔电压，是指霍尔电极间开路或测量仪表阻抗无穷大情况下测得的。当霍尔电极间串接有负载时，由于要流过霍尔电流，故在其内阻上产生压降，实际的霍尔电压比理论值略小。这就是霍尔元件的负载特性。

4）温度特性。通常，温度对半导体材料有较大的影响，用半导体材料制作的霍尔元件也不例外。霍尔元件的温度特性包括霍尔电压、灵敏度、输入阻抗和输出阻抗的温度特性，它们归结为霍尔系数和电阻率与温度的关系。

（3）霍尔元件的测量误差及其补偿

由于制造工艺不完善，元件安装不合理及其环境温度变化等因素都会影响霍尔元件的转换精度，从而带来测量误差。

1）霍尔元件的零位误差及补偿。霍尔元件的零位误差主要包括不等位电动势和寄生直流电动势。

① 不等位电动势及其补偿。不等位电动势误差是零位误差中最主要的一种，它与霍尔电压具有相同的数量级，有时甚至会超过霍尔电压。但在霍尔式传感器实际使用过程中，其不等位电动势误差是很难消除的，一般采用的方法是利用补偿的原理来消除不等位电动势误差的影响。如图 7-11 所示，霍尔元件可以等效为一个四臂电桥，当存在不等位电阻时，说明电桥不平衡，四个电阻值不相等。为了使电桥平衡，可以采用两种补偿方法：第一，在电桥阻值较大的桥臂上并联电阻，这种补偿方式相对简单，称为不对称补偿；第二，在两个桥臂上同时并联电阻，这种补偿方式称为对称补偿，其补偿的温度稳定性较好。

② 寄生直流电动势及其补偿。当霍尔元件的电极的焊点是不完全的欧姆接触（指金属与半导体的接触，其接触面的电阻值远小于半导体本身的电阻）、霍尔电极的焊点大小不

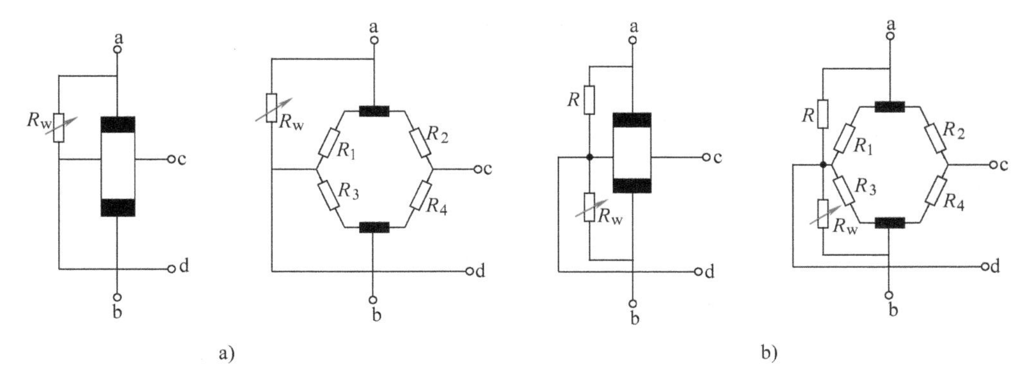

图 7-11　不等位电势补偿电路

a）不对称补偿　b）对称补偿

等、热容量不同时，就会产生寄生直流电动势。寄生直流电动势与工作电流有关，随工作电流减小而减小。因此要求在元件制作和安装时，应尽量使电极欧姆接触，并做到散热均匀。

2）霍尔元件的温度误差及其补偿。一般半导体材料都具有较大的温度系数。所以当温度发生变化时，霍尔元件的载流子浓度、迁移率、电阻率以及霍尔系数都会发生变化。为了减小温度误差，除了使用温度系数小的半导体材料（如砷化铟）外，还可以采用适当的补偿电路来进行补偿。

温度变化会引起霍尔元件输入电阻的变化，从 $U_H=K_HIB$ 可以看出采用恒流源（稳定度±0.1%）供电，可以减小由于输入电阻随温度变化而引起的激励电流 I 变化所带来的温度误差。但霍尔元件的霍尔灵敏度 K_H 也是温度的函数。因此，只采用恒流源供电不能补偿全部温度误差。当温度发生变化时，可知霍尔元件的灵敏度系数与温度的关系可写成

$$K_H=K_{H0}(1+\gamma\Delta T) \tag{7-22}$$

式中　K_{H0}——温度 T_0 时的 K_H 值；

ΔT——温度变化量，$\Delta T=T-T_0$；

γ——霍尔电压温度系数。

对于具有正温度系数的霍尔元件，它的霍尔电压随温度升高而增加（$1+\gamma\Delta T$）倍。此时，如果要保持 K_HI 值不变（磁场强度不随温度的变化而变化），只有适当地减小激励电流 I 的值，从而抵消了霍尔灵敏度系数增大的影响。因此，可以在霍尔元件的输入回路中并联一个电阻，起到分流的作用。如图 7-12 所示，电路中用一个分流电阻 R_P 与霍尔元件的激励电极相并联。当霍尔元件的输入电阻随温度升高而增加时，分流电阻 R_P 也会随温度升高而自动加强分流，减少了霍尔元件的激励电流 I，从而达到补偿目的。

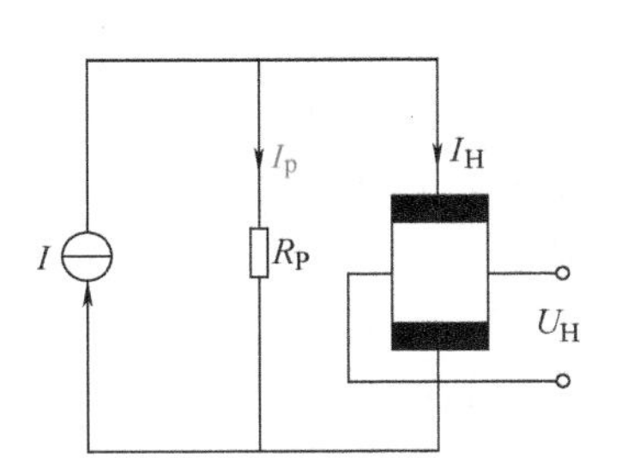

图 7-12　恒流温度补偿电路

当霍尔元件的初始温度为 T_0，初始输入电阻为 R_{I0}，灵敏度系数为 K_{H0}，分流电阻为 R_{P0} 时

$$I_{H0}=\frac{R_{P0}I}{R_{P0}+R_{I0}} \tag{7-23}$$

当温度上升到 T 时，电路中各参数变化为

$$R_{I}=R_{I0}(1+\alpha\Delta T) \tag{7-24}$$

$$R_{P}=R_{P0}(1+\beta\Delta T) \tag{7-25}$$

式中 α——霍尔元件输入电阻温度系数；

β——分流电阻温度系数。

则有

$$I_{H}=\frac{R_{P}I}{R_{I}+R_{P}}=\frac{R_{P0}(1+\beta\Delta T)I}{R_{I0}(1+\alpha\Delta T)+R_{P0}(1+\beta\Delta T)} \tag{7-26}$$

要使电路满足在温度变化前后，霍尔电压 U_{H} 不发生变化，即

$$U_{H0}=U_{H} \tag{7-27}$$

B 不随温度变化而变化，根据式（7-17）则有

$$K_{H0}I_{H0}=K_{H}I_{H} \tag{7-28}$$

将式（7-22）、式（7-23）、式（7-26）代入式（7-28），整理并约去 ΔT^{2} 项后得

$$R_{P0}=\frac{(\alpha-\beta-\gamma)R_{I0}}{\gamma} \tag{7-29}$$

当霍尔元件选定后，它的输入电阻、温度系数以及霍尔电压温度系数都是确定值。由式（7-29）可以计算出分流电阻的初始值。

7.2.2 测量电路

霍尔式传感器的基本测量电路如图 7-13 所示，电源 E 提供激励电流，可变电阻 RP 用于调节激励电流 I 的大小，R_{L} 为输出霍尔电压 U_{H} 的负载电阻，一般用于表征显示仪表、记录装置或放大器的输入阻抗。

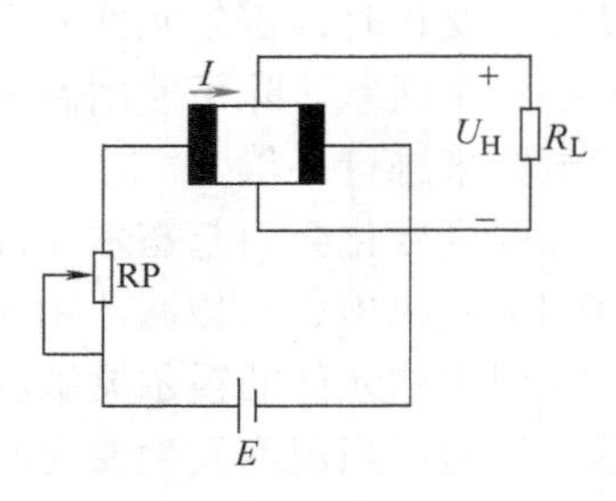

图 7-13 霍尔式传感器的基本测量电路

7.2.3 霍尔式传感器的应用

霍尔元件结构简单、工艺成熟、寿命长、体积小、线性度好、频带宽，因此霍尔式传感器被广泛应用在变频调速装置、逆变装置、UPS 电源、通信电源、电焊机、电力机车、变电站、数控机床、电解电镀、微机监测、电网监测等需要隔离检测电流的设施中，以及新兴的太阳能、风能、地铁轨道信号、汽车电子等领域。例如，用于测量电功率、电能、大电流、微气隙中的磁场，用于制成磁头、罗盘，用于做接近开关（如车门是否闭合、手机的翻盖或滑动检测等）、霍尔电键等。经过转换，霍尔元件可以测量微位移、转速、加速度、振动、压力、流量、液位等物理量。

根据霍尔式传感器的磁电特性，其应用可分为三类：

1. 磁场比例性应用

磁场比例性应用是指控制电流恒定时，利用霍尔电压与磁场间的线性关系，一般 B 在 0.5T 以下时其线性特性较好。

（1）磁场的测量（线性特性的利用）

根据 $U_{H}=K_{H}IB$，在控制电流 I 恒定的条件下，霍尔电压 U_{H} 与磁场强度 B 成正比，由此

可制成霍尔式磁罗盘（或称为磁力计）等测量装置来测量磁场的大小。

（2）微位移的测量（线性特性的利用）

如图 7-14 所示，在极性相反、磁场强度相同的两个磁钢气隙中放入一片霍尔元件，当霍尔元件处于中间位置时，霍尔元件同时受到大小相等、方向相反的磁通作用，则有 $B=0$，此时霍尔电压 $U_H=0$；当霍尔元件沿着 $\pm z$ 方向移动时，有 $B\neq 0$，则霍尔电压发生变化，为

$$U_H=K_HIB=K\Delta z \tag{7-30}$$

式中 K——霍尔式位移传感器的输出灵敏度。

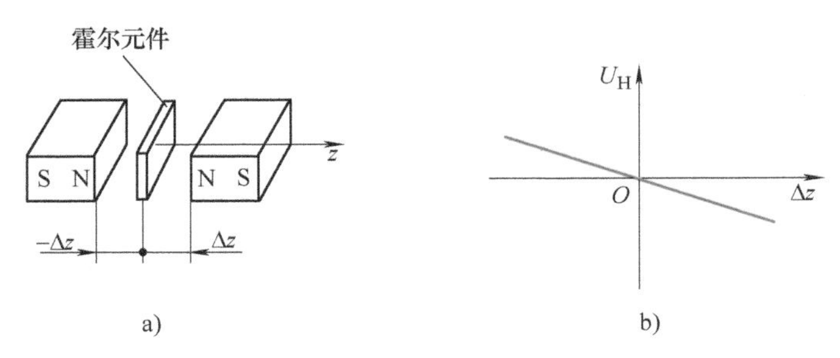

图 7-14 微位移测量原理及其输出特性

a）测量原理 b）输出特性

可见霍尔电压与位移量 Δz 成线性关系，并且霍尔电压的极性还会反映霍尔元件的移动方向。实践证明，磁场变化率越大，灵敏度越高。霍尔式传感器可用来测量 1~2mm 的小位移，其动态范围达到 5mm，分辨率为 0.001mm；位移产生的霍尔电压可达 30mV/mm 以上。

在图 7-14 位移测量的基础上，如果将霍尔元件与一个质量块通过弹簧片固定在传感器的壳体上，霍尔元件位于自由端，一对同极性相对的磁钢固定在传感器壳体上，位于霍尔元件的两边；传感器与被测物体连接在一起。当被测物体做加速度运动时，在惯性力的作用下，质量块使弹簧片自由端产生位移，使霍尔式传感器产生霍尔电压输出，其大小与被测物体的加速度成正比。

（3）转速的测量（开关特性的利用）

利用霍尔元件的开关特性可以实现对转速的测量，如图 7-15 所示，在被测非磁性材料的旋转体上粘贴一对或多对永磁体，其中图 7-15a 是永磁体粘在旋转体盘面上，图 7-15b 是永磁体粘在旋转体盘侧。导磁体霍尔元件组成的测量头置于永磁体附近，当被测物以角速度 ω 旋转，每个永磁体通过测量头时，霍尔元件上就会产生一个相应的脉冲，测量单位时间内的脉冲数目，就可以推算出被测物的旋转速度。

设旋转体上固定有 n 个永磁体，采样时间 t（单位：s）内霍尔元件送入数字频率计的脉冲数为 N，则转速为

$$r=\frac{N/n}{t}=\frac{N}{tn}(\text{单位:r/s}) \tag{7-31}$$

或

$$\omega=2\pi r=\frac{2\pi N}{tn}(\text{单位:rad/s}) \tag{7-32}$$

由此可见，该方法测量转速时分辨率的大小由转盘上的小磁体的数目 n 决定。用上述原

理还可以制作成计程表等。

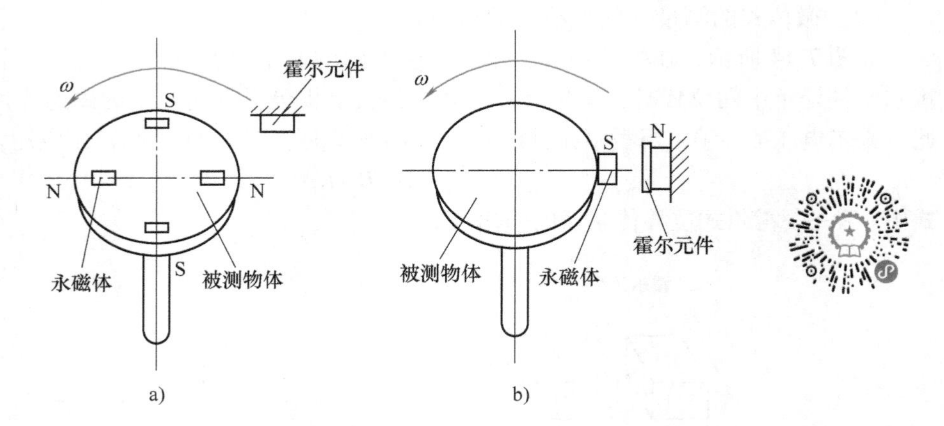

图 7-15　霍尔式传感器转速测量原理
a）永磁体位于旋转体盘面　b）永磁体位于旋转体盘侧

如果圆盘在转动过程中其上分布的永磁体的磁极或者全部是N极接近霍尔元件，或者全部是S极接近霍尔元件，或者是随机地以N极或S极去接近霍尔元件，是否都能实现对转速的测量，霍尔元件输出的波形有何变化？

进一步，如果图 7-15a 中圆盘上永磁体的分布不均匀，但位置不重叠、数量不改变，对测量结果是否有影响？

图 7-16 是采用霍尔元件的转速测量电路，磁转子 M 旋转带动磁极旋转，霍尔元件 H 感受到磁场强度发生变化，产生的霍尔电压经差动运算放大器 A 放大后输出矩形波，输出信号可反映转子的转速（在单位时间内对矩形波进行计数）。由此电路图可知，当 c 点电压等于 d 点电压时，运算放大器无输出；否则，有差动信号输入，即使霍尔元件的输出很小，因运算放大器有较大的放大作用，因此，运算放大器的输出端仍有较大的电压输出。

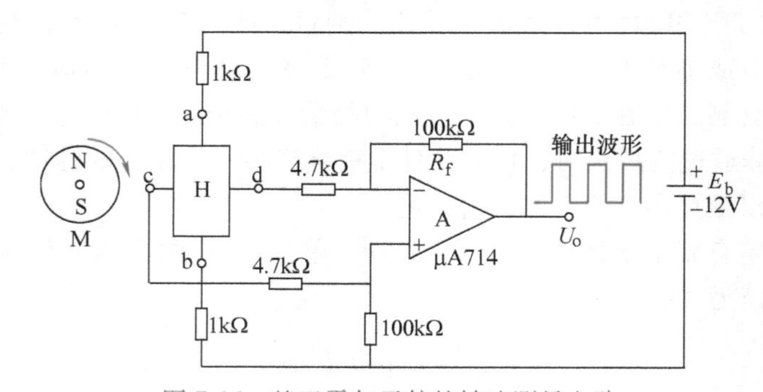

图 7-16　基于霍尔元件的转速测量电路

（4）霍尔键盘（开关特性的利用）

键盘是电子计算机的一个重要外围设备，早期的键盘都采用机械接触式，在使用过程中容易产生抖动噪声，系统的可靠性不高；目前大都采用无触点键盘开关，其构造是：每个键

上都有两小块永久磁铁，键被按下时，磁铁的磁场加在下方的开关型集成霍尔传感器上，形成开关动作。开关型集成霍尔元件的工作十分可靠，功耗低，动作过程中传感器与机械部件之间没有机械接触，使用寿命非常长。

2. 电场比例性应用

利用了磁场强度恒定时，在一定的温度下，霍尔电压与控制电流之间具有很好的线性关系特性。典型的应用是直接测量电流。

3. 乘法类应用

利用了当霍尔元件的霍尔灵敏度 K_H 恒定时，霍尔电压与控制电流及外加磁场磁感应强度的乘积成正比。如果控制电流为 I_1，磁感应强度 B 由励磁电流 I_2 产生，则霍尔输出电压为

$$U_H = K_H I_1 B = K I_1 I_2 \tag{7-33}$$

学习拓展

（无线充电技术探索） 作为一种新型的充电（能量感知）技术，无线电力传输技术得到了广泛关注。无线充电的基本原理是电磁感应或磁共振（类似于变压器，如图 7-17 所示），实现线圈和电容器在空气中的高效电能传输，电场耦合、微波谐振、超声波振动、聚焦光线等都是实现无线充电的方式，通过调研，系统总结现有的无线充电标准和实现方案。

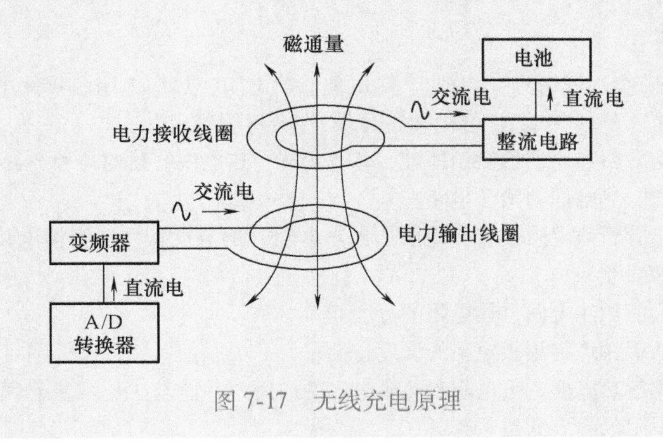

图 7-17　无线充电原理

7.1　简述变磁通式和恒磁通式磁电感应式传感器的工作原理。

7.2　为什么磁电感应式传感器的灵敏度在工作频率较高时，将随频率增加而下降？

7.3　试解释霍尔式位移传感器的输出电压与位移成正比关系。

7.4　什么是霍尔效应？霍尔电压与哪些因素有关？

7.5　某霍尔元件 l、b、d 尺寸分别为 1.0mm、3.5mm、0.1mm，沿 l 方向通以电流 I=1.0mA，在垂直 lb 面加有均匀磁场 B=0.3T，传感器的灵敏度系数为 22V/(A·T)，求其输出的霍尔电压和载流子浓度。

第 8 章

热电式传感器

知识单元与知识点	➢ 热电效应、热电偶、热电阻、热敏电阻、接触电动势、温差电动势、工作端（热端）、自由端（冷端）、分度表等概念； ➢ 热电偶的测温原理、基本定律、热电偶的结构与种类、热电偶的冷端温度补偿、热电偶的测温电路； ➢ 热电阻（铂热电阻、铜热电阻）的温度特性、测量电路（两线制、三线制、四线制）； ➢ 热敏电阻的温度特性； ➢ 热电偶、热电阻和热敏电阻的应用。
方法论	简化
能力点	◇ 能比较并解释热电效应、热电偶、热电阻、热敏电阻、接触电动势、温差电动势、工作端（热端）、自由端（冷端）、分度表等概念； ◇ 会分析热电偶的测温原理、基本定律、热电偶的结构与种类、热电偶的冷端温度补偿、热电偶的测温电路； ◇ 会分析热电阻（铂热电阻、铜热电阻）的温度特性、测量电路（两线制、三线制、四线制）； ◇ 会使用热电偶、热电阻的分度表； ◇ 认识并理解热敏电阻的温度特性； ◇ 理解热电偶、热电阻和热敏电阻的应用，并能设计开发基于热电偶、热电阻或热敏电阻的温度测量系统。
重难点	■ 重点：基本概念；热电偶的测温原理、基本定律、冷端温度补偿方法、实用测温电路；热电阻的温度特性、测量电路；热敏电阻的温度特性。 ■ 难点：热电偶的种类及冷端温度补偿方法。
学习要求	√ 熟练掌握热电效应、热电偶、热电阻、热敏电阻、接触电动势、温差电动势、工作端（热端）、自由端（冷端）、分度表等概念； √ 掌握热电偶的测温原理、基本定律、热电偶的结构与种类、热电偶的冷端温度补偿方法、热电偶的测温电路； √ 掌握热电阻（铂热电阻、铜热电阻）的温度特性、测量电路（两线制、三线制、四线制）； √ 掌握热电偶、热电阻分度表的使用方法； √ 掌握热敏电阻的温度特性； √ 了解热电偶、热电阻和热敏电阻的应用。

（续）

问题导引	→ 热电式传感器的类别有哪些？ → 不同类别热电式传感器的工作机理是什么？ → 不同类别的热电式传感器在工程应用上要注意什么？

在工业生产过程中，温度通常是需要测量和控制的重要参数之一。热电式传感器是一种能将温度变化转换为电量变化的元件。在各种热电式传感器中，除有一类集成温度传感器直接将温度转换成电压或电流输出外（如 LM135 和 DS18B20 为电压输出、AD590 为电流输出），以将温度转换为电动势或电阻值的方法最为普遍，对应的元件分别称为热电偶、热电阻和热敏电阻。即热电偶是将温度变化转换为电动势变化的测温元件；热电阻和热敏电阻是将温度变化转换为电阻值变化的测温元件。

8.1　热电偶

热电偶（Thermocouples）被广泛用于测量 100～1300℃ 范围内的温度，根据需要还可以用来测量更高或更低的温度。它具有结构简单、制作容易、精度高、温度测量范围宽、动态响应特性好、输出信号便于远传等优点。热电偶是一种有源传感器，测量时不需要外加电源，使用方便，常用于测量炉子或管道内气体、液体的温度或固体的表面温度。

8.1.1　热电偶测温原理

1. 热电效应

如图 8-1 所示，两种不同的导体两端相互紧密地连接在一起，组成一个闭合回路。当两接点温度不等时（设 $t>t_0$），回路中就会产生大小和方向与导体材料及两接点的温度有关的电动势，从而形成电流，这种现象称为热电效应。它是 1821 年 T. J. Seebeck 用铜和锑做实验时发现的，因此也称为塞贝克效应（Seebeck Effect）。该电动势称为热电动势；把这两种不同导体的组合称为热电偶，称 A、B 两导体为热电极。两个接点，一个为工作端或热端（t），测温时将它置于被测温度场中；另一个为自由端或冷端（t_0），一般要求它恒定在某一温度。

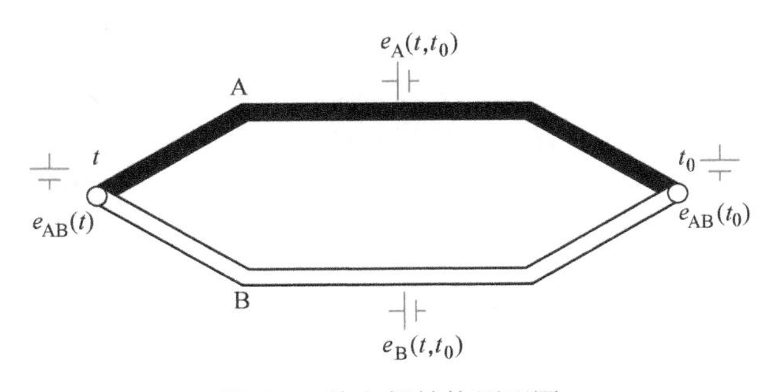

图 8-1　热电偶结构原理图

实际上，热电动势来源于两个方面，一部分由两种导体的接触电动势构成，另一部分是单一导体的温差电动势。

2. 两种导体的接触电动势

不同导体的自由电子密度是不同的。当两种不同的导体A、B连接在一起时，由于两者内部单位体积的自由电子数目不同，因此，在A、B的接触处就会发生电子的扩散，且电子在两个方向上扩散的速率不相同。设导体A的自由电子密度大于导体B的自由电子密度，那么在单位时间内，由导体A扩散到导体B的电子数要比导体B扩散到导体A的电子数多，这时导体A因失去电子而带正电，导体B因得到电子而带负电，在接触处形成了电位差，即电动势，如图8-2所示。这个电动势的方向与扩散进行的方向相反，它将引起反方向的电子转移，阻碍电子由导体A向导体B的进一步扩散。当电子的扩散作用和上述电场的阻碍扩散作用相等时，即在电场作用下自导体A扩散到导体B的自由电子数与自导体B扩散到导体A的自由电子数相等，接触处的自由电子扩散便达到动态平衡。

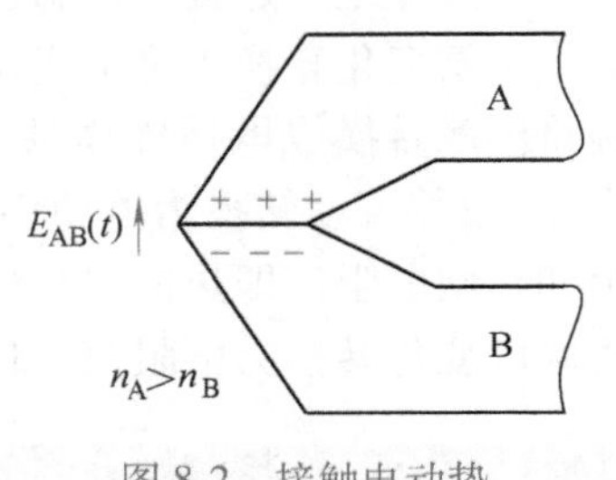

图8-2 接触电动势

这种由于两种导体自由电子密度不同，而在其接触处形成的电动势称为接触电动势。接触电动势的大小与导体的材料、接点的温度有关，而与导体的直径、长度、几何形状等无关。两接点的接触电动势分别用符号 $E_{AB}(t)$ 和 $E_{AB}(t_0)$ 表示，它们可表示为

$$E_{AB}(t)=\frac{kt}{e}\ln\frac{n_A(t)}{n_B(t)} \tag{8-1}$$

$$E_{AB}(t_0)=\frac{kt_0}{e}\ln\frac{n_A(t_0)}{n_B(t_0)} \tag{8-2}$$

式中 $E_{AB}(t)$ 和 $E_{AB}(t_0)$——A、B两种材料在温度 t、t_0 时的接触电动势；

k——波尔兹曼常数（$k=1.38\times10^{-23}$J/K）；

t，t_0——两接触处的绝对温度；

$n_A(t)$，$n_B(t)$，$n_A(t_0)$，$n_B(t_0)$——材料A、B分别在温度 t、t_0 下的自由电子密度；

e——单个电子的电荷量，$e=1.6\times10^{-19}$C。

3. 单一导体的温差电动势

对单一金属导体，如果将导体两端分别置于不同的温度场 t、t_0 中（$t>t_0$），在导体内部，热端的自由电子具有较大的动能，将更多地向冷端移动，导致热端失去电子带正电，冷端得到电子带负电，这样，导体两端将产生一个热端指向冷端的静电场。该电场阻止电子从热端继续向冷端转移，并使电子反方向移动，最终将达到动态平衡状态。这样，在导体两端产生电位差，称为温差电动势（Thermo Electromotive Force）。温差电动势的大小取决于导体材料和两端的温度，可表示为

$$E_A(t,t_0)=\frac{k}{e}\int_{t_0}^{t}\frac{1}{n_A(t)}\mathrm{d}[n_A(t)t] \tag{8-3}$$

$$E_B(t,t_0)=\frac{k}{e}\int_{t_0}^{t}\frac{1}{n_B(t)}\mathrm{d}[n_B(t)t] \tag{8-4}$$

式中 $E_A(t,t_0)$——导体A在两端温度为 t、t_0 时形成的温差电动势；

$E_B(t,t_0)$——导体B在两端温度为 t、t_0 时形成的温差电动势。

4. 热电偶回路的总电动势

根据前面的分析可知，热电偶回路总共存在四个电动势：两个接触电动势、两个温差电动势，如图 8-1 所示。但实践证明，热电偶回路中所产生的热电动势主要是由接触电动势引起的，温差电动势所占比例极小，可以忽略不计；因为 $E_{AB}(t)$ 和 $E_{AB}(t_0)$ 的极性相反，假设导体 A 的电子密度大于导体 B 的电子密度，且 A 为正极、B 为负极，因此回路的总电动势为

$$
\begin{aligned}
E_{AB}(t,t_0) &= E_{AB}(t)-E_A(t,t_0)+E_B(t,t_0)-E_{AB}(t_0) \\
&\approx E_{AB}(t)-E_{AB}(t_0) \\
&= \frac{kt}{e}\ln\frac{n_A(t)}{n_B(t)}-\frac{kt_0}{e}\ln\frac{n_A(t_0)}{n_B(t_0)}
\end{aligned} \tag{8-5}
$$

由此可见，热电偶总电动势与两种材料的电子密度以及两接点的温度有关，可得出以下结论：

1）如果热电偶两电极相同，即 $n_A(t)=n_B(t)$，$n_A(t_0)=n_B(t_0)$，则无论两接点温度如何，总热电动势始终为 0。

2）如果热电偶两接点温度相同（$t=t_0$），尽管 A、B 材料不同，回路中总电动势依然为 0。

3）热电偶产生的热电动势大小与材料（n_A,n_B）和接点温度（t,t_0）有关，与其尺寸、形状等无关。

4）热电偶在接点温度为 t_1、t_3时的热电动势，等于此热电偶在接点温度为 t_1、t_2与 t_2、t_3两个不同状态下的热电动势之和，即

$$
\begin{aligned}
E_{AB}(t_1,t_3) &= E_{AB}(t_1,t_2)+E_{AB}(t_2,t_3) \\
&= E_{AB}(t_1)-E_{AB}(t_2)+E_{AB}(t_2)-E_{AB}(t_3)=E_{AB}(t_1)-E_{AB}(t_3)
\end{aligned} \tag{8-6}
$$

5）电子密度取决于热电偶材料的特性和温度，当热电极 A、B 选定后，热电动势 $E_{AB}(t,t_0)$ 就是两接点温度 t 和 t_0的函数差，即

$$E_{AB}(t,t_0)=f(t)-f(t_0) \tag{8-7}$$

如果自由端的温度保持不变，即 $f(t_0)=C$（常数），此时，$E_{AB}(t,t_0)$ 就成为 t 的单一函数，即

$$E_{AB}(t,t_0)=f(t)-f(t_0)=f(t)-C=\varphi(t) \tag{8-8}$$

式（8-8）在实际测温中得到了广泛应用。当保持热电偶自由端温度 t_0不变时，只要用仪表测出总电动势，就可以求得工作端温度 t。在实用中，常把自由端温度保持在 0℃或室温。值得注意的是，热电偶输出的电压（热电动势）是有极性的，如果在使用中热电偶的极性被接错，将导致正的温度显示为负的温度，或者相反。

方法论

【简化】 这里针对热电偶回路总的热电动势的计算，主要取决于接触电动势，因温差电动势所占比例很小而进行了忽略。其中蕴含着抓住主要矛盾、忽略次要因素的科学方法，从而有利于简化问题的解决，降低解决问题的复杂性和成本，其与牵住“牛鼻子”、抓“关键少数”有异曲同工之妙。该方法在第 2 章的例题质疑、第 4 章分析变磁阻电感式传感器工作原理时都涉及过，在实际工作中常常会用到该方法。

对于不同金属组成的热电偶，温度与热电动势之间有不同的函数关系，一般通过实验方法来确定，并将不同温度下所测得的结果列成表格，编制出针对各种热电偶的热电动势与温度的对照表，称为分度表，供使用时查阅，见表 8-1～表 8-5。表中温度按 10℃ 分档，其中间值可按线性插值法计算（假设小范围内相邻值间成近似线性关系），即

$$t_M = t_L + \frac{E_M - E_L}{E_H - E_L}(t_H - t_L) \tag{8-9}$$

式中　t_M，t_H，t_L——被测温度值，较高的温度值和较低的温度值；

E_M，E_H，E_L——温度 t_M、t_H、t_L 对应的热电动势。

表 8-1　铂铑$_{30}$-铂铑$_6$ 热电偶分度表

分度号：B　　（参考端温度为 0℃）

测量端温度/℃	0	10	20	30	40	50	60	70	80	90
	热电动势/mV									
0	-0.000	-0.002	-0.003	-0.002	0.000	0.002	0.006	0.011	0.017	0.025
100	0.033	0.043	0.053	0.065	0.078	0.092	0.107	0.123	0.140	0.159
200	0.178	0.199	0.220	0.243	0.266	0.291	0.317	0.344	0.372	0.401
300	0.431	0.462	0.494	0.527	0.561	0.596	0.632	0.669	0.707	0.746
400	0.786	0.827	0.870	0.913	0.957	1.002	1.048	1.095	1.143	1.192
500	1.241	1.292	1.344	1.397	1.450	1.505	1.560	1.617	1.674	1.732
600	1.791	1.851	1.912	1.974	2.036	2.100	2.164	2.230	2.296	2.363
700	2.430	2.499	2.569	2.639	2.710	2.782	2.855	2.928	3.003	3.078
800	3.154	3.231	3.308	3.387	3.466	3.546	3.626	3.708	3.790	3.873
900	3.957	4.041	4.126	4.212	4.298	4.386	4.474	4.562	4.652	4.742
1000	4.833	4.924	5.016	5.109	5.202	5.297	5.391	5.487	5.583	5.680
1100	5.777	5.875	5.973	6.073	6.172	6.273	6.374	6.475	6.577	6.680
1200	6.783	6.887	6.991	7.096	7.202	7.308	7.414	7.521	7.628	7.736
1300	7.845	7.953	8.063	8.172	8.283	8.393	8.504	8.616	8.727	8.839
1400	8.952	9.065	9.178	9.291	9.405	9.519	9.634	9.748	9.863	9.979
1500	10.094	10.210	10.325	10.441	10.558	10.674	10.790	10.907	11.024	11.141
1600	11.257	11.374	11.491	11.608	11.725	11.842	11.959	12.076	12.193	12.310
1700	12.426	12.543	12.659	12.776	12.892	13.008	13.124	13.239	13.354	13.470
1800	13.585									

表 8-2　铂铑$_{10}$-铂热电偶分度表

分度号：S　　（参考端温度为 0℃）

测量端温度/℃	0	10	20	30	40	50	60	70	80	90
	热电动势/mV									
0	0.000	0.055	0.113	0.173	0.235	0.299	0.365	0.432	0.502	0.573
100	0.645	0.719	0.795	0.872	0.950	1.029	1.109	1.190	1.273	1.356
200	1.440	1.525	1.611	1.698	1.785	1.873	1.962	2.051	2.141	2.232
300	2.323	2.414	2.506	2.599	2.692	2.786	2.880	2.974	3.069	3.164
400	3.260	3.356	3.452	3.549	3.645	3.743	3.840	3.938	4.036	4.135

（续）

测量端温度/℃	0	10	20	30	40	50	60	70	80	90
	热电动势/mV									
500	4. 234	4. 333	4. 432	4. 532	4. 632	4. 732	4. 832	4. 933	5. 034	5. 136
600	5. 237	5. 339	5. 442	5. 544	5. 648	5. 751	5. 855	5. 960	6. 064	6. 169
700	6. 274	6. 380	6. 486	6. 592	6. 699	6. 805	6. 913	7. 020	7. 128	7. 236
800	7. 345	7. 454	7. 563	7. 672	7. 782	7. 892	8. 003	8. 114	8. 225	8. 336
900	8. 448	8. 560	8. 673	8. 786	8. 899	9. 012	9. 126	9. 240	9. 355	9. 470
1000	9. 585	9. 700	9. 816	9. 932	10. 048	10. 165	10. 282	10. 400	10. 517	10. 635
1100	10. 754	10. 872	10. 991	11. 110	11. 229	11. 348	11. 467	11. 587	11. 707	11. 827
1200	11. 947	12. 067	12. 188	12. 308	12. 429	12. 550	12. 671	12. 792	12. 913	13. 034
1300	13. 155	13. 276	13. 397	13. 519	13. 640	13. 761	13. 883	14. 004	14. 125	14. 247
1400	14. 368	14. 489	14. 610	14. 731	14. 852	14. 973	15. 094	15. 215	15. 336	15. 456
1500	15. 576	15. 697	15. 817	15. 937	16. 057	16. 176	16. 296	16. 415	16. 534	16. 653
1600	16. 771	16. 890	17. 008	17. 125	17. 245	17. 360	17. 477	17. 594	17. 711	17. 826

表 8-3　镍铬-镍硅热电偶分度表

分度号：K　　　　（参考端温度为 0℃）

测量端温度/℃	0	10	20	30	40	50	60	70	80	90
	热电动势/mV									
-0	-0. 000	-0. 392	-0. 777	-1. 156	-1. 527	-1. 889	-2. 243	-2. 586	-2. 920	-3. 242
+0	0. 000	0. 397	0. 798	1. 203	1. 611	2. 022	2. 436	2. 850	3. 266	3. 681
100	4. 095	4. 508	4. 919	5. 327	5. 733	6. 137	6. 539	6. 939	7. 338	7. 737
200	8. 137	8. 537	8. 938	9. 341	9. 745	10. 151	10. 560	10. 969	11. 381	11. 793
300	12. 207	12. 623	13. 039	13. 456	13. 874	14. 292	14. 712	15. 132	15. 552	15. 974
400	16. 395	16. 818	17. 241	17. 664	18. 088	18. 513	18. 938	19. 363	19. 788	20. 214
500	20. 640	21. 066	21. 493	21. 919	22. 346	22. 772	23. 198	23. 624	24. 050	24. 476
600	24. 902	25. 327	25. 751	26. 176	26. 599	27. 022	27. 445	27. 867	28. 288	28. 709
700	29. 128	29. 547	29. 965	30. 383	30. 799	31. 241	31. 629	32. 042	32. 455	32. 866
800	33. 277	33. 686	34. 095	34. 502	34. 909	35. 314	35. 718	36. 121	36. 524	36. 925
900	37. 325	37. 724	38. 122	38. 519	38. 915	39. 310	39. 703	40. 096	40. 488	40. 897
1000	41. 269	41. 657	42. 045	42. 432	42. 817	43. 202	43. 585	43. 968	44. 349	44. 729
1100	45. 108	45. 486	45. 863	46. 238	46. 612	46. 985	47. 356	47. 726	48. 095	48. 462
1200	48. 828	49. 192	49. 555	49. 916	50. 276	50. 633	50. 990	51. 344	51. 697	52. 049
1300	52. 398									

表 8-4　镍铬-铜镍热电偶分度表

分度号：E　　　　（参考端温度为 0℃）

测量端温度/℃	0	10	20	30	40	50	60	70	80	90
	热电动势/mV									
-0	-0. 000	-0. 581	-1. 151	-1. 709	-2. 254	-2. 787	-3. 306	-3. 811	-4. 301	-4. 777
+0	0. 000	0. 591	1. 192	1. 801	2. 419	3. 047	3. 683	4. 329	4. 983	5. 646

（续）

测量端温度/℃	0	10	20	30	40	50	60	70	80	90
	热电动势/mV									
100	6.317	6.996	7.633	8.377	9.078	9.787	10.501	11.222	11.949	12.681
200	13.419	14.161	14.909	15.661	16.417	17.178	17.942	18.710	19.481	20.256
300	21.033	21.814	22.597	23.383	24.171	24.961	25.754	26.549	27.345	28.143
400	28.943	29.744	30.546	31.350	32.155	32.960	33.767	34.574	35.382	36.190
500	36.999	37.808	38.617	39.426	40.236	41.045	41.853	42.662	43.470	44.278
600	45.085	45.891	46.697	47.502	48.306	49.109	49.911	50.713	51.513	52.312
700	53.110	53.907	54.703	55.498	56.291	57.083	57.873	58.663	59.451	60.237
800	61.022									

表 8-5　铜-康铜热电偶分度表

分度号：T　　　　（参考端温度为 0℃）

工作端温度/℃	0	10	20	30	40	50	60	70	80	90
	热电动势/mV									
-200	-5.603	-5.753	-5.889	-6.007	-6.105	-6.181	-6.232	-6.258		
-100	-3.378	-3.656	-3.923	-4.177	-4.419	-4.648	-4.865	-5.069	-5.261	-5.439
-0	-0.000	-0.383	-0.757	-1.121	-1.475	-1.819	-2.152	-2.475	-2.788	-3.089
+0	0.000	0.391	0.789	1.196	1.611	2.035	2.467	2.908	3.357	3.813
100	4.277	4.749	5.227	5.712	6.204	6.702	7.207	7.718	8.235	8.757
200	9.286	9.320	10.360	10.905	11.456	12.011	12.572	13.137	13.707	14.281
300	14.860	15.443	16.030	16.621	17.217	17.816	18.420	19.027	19.638	20.252
400	20.869									

根据式（8-8）可以明确热电偶回路的热电动势是温度的单一函数；对于不同分度号的热电偶，人们通过实验测试的方法，已经得出了其在不同温度下对应的热电动势值，如表 8-1 等。你能否参考表 8-1 等的实验数据，通过研究进一步得出不同分度号热电偶的热电动势与温度间的函数表达式？如果能，请给出具体函数关系式；如果不能，请说明原因。

5. 热电偶的基本定律

（1）中间导体定律

利用热电偶进行测温，必须在回路中引入连接导线和仪表，接入导线和仪表后会不会影响回路中的热电动势呢？中间导体定律说明，在热电偶测温回路内接入第三种导体，只要其两端温度相同，则对回路的总热电动势没有影响。

接入第三种导体的回路如图 8-3 所示。对于图 8-3a，回路中的总热电动势等于各接点的接触电动势之和，即

$$E_{ABC}(t,t_0)=E_{AB}(t)+E_{BC}(t_0)+E_{CA}(t_0) \tag{8-10}$$

发散性思维训练	
方法 1	当 $t=t_0$ 时，式（8-10）等于 0，因此有 $$E_{BC}(t_0)+E_{CA}(t_0)=-E_{AB}(t_0) \tag{8-11}$$ 将式（8-11）代入式（8-10）有 $$E_{ABC}(t,t_0)=E_{AB}(t)-E_{AB}(t_0)=E_{AB}(t,t_0) \tag{8-12}$$
方法 2	利用式（8-1）、式（8-2）有 $$E_{BC}(t_0)+E_{CA}(t_0)=\frac{kt_0}{e}\ln\frac{n_B(t_0)}{n_C(t_0)}+\frac{kt_0}{e}\ln\frac{n_C(t_0)}{n_A(t_0)}$$ $$=\frac{kt_0}{e}\ln\frac{n_B(t_0)}{n_A(t_0)}=E_{BA}(t_0)=-E_{AB}(t_0) \tag{8-13}$$ 将式（8-13）代入式（8-10）有 $$E_{ABC}(t,t_0)=E_{AB}(t)-E_{AB}(t_0)=E_{AB}(t,t_0) \tag{8-14}$$
方法 3	如果将材料 C 换成材料 B，根据热电偶的特点有 $$E_{BC}(t_0)=E_{BB}(t_0)=0 \tag{8-15}$$ 相应地，式（8-10）则转化为 $$E_{ABC}(t,t_0)=E_{AB}(t)+E_{BB}(t_0)+E_{BA}(t_0)$$ $$=E_{AB}(t)+E_{BA}(t_0)$$ $$=E_{AB}(t)-E_{AB}(t_0)$$ $$=E_{AB}(t,t_0) \tag{8-16}$$

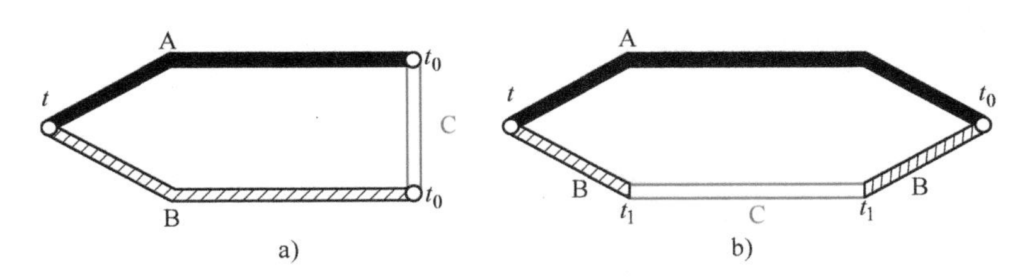

图 8-3　中间导体回路结构图

对于图 8-3b，回路中的总热电动势等于各接点的接触电动势之和，即

$$E_{ABC}(t,t_0)=E_{AB}(t)+E_{BC}(t_1)+E_{CB}(t_1)+E_{BA}(t_0) \tag{8-17}$$

由于

$$E_{BC}(t_1)=-E_{CB}(t_1) \tag{8-18}$$

所以有

$$E_{ABC}(t,t_0)=E_{AB}(t)+E_{BA}(t_0)=E_{AB}(t)-E_{AB}(t_0)=E_{AB}(t,t_0) \tag{8-19}$$

可见，结论与式（8-12）一致。

同理，当加入第四种、第五种或更多种导体后，如果保证加入的导体两端的温度相等，同样不影响回路中的总热电动势。

中间导体定律的意义在于：在实际的热电偶测温应用中，测量仪表（如动圈式毫伏表、电子电位差计等）和连接导线可以作为第三种导体对待。

（2）中间温度定律

如图 8-4 所示，热电偶 AB 在接点温度为 t、t_0 时的热电动势 $E_{AB}(t,\ t_0)$ 等于它在接点温

度 t、t_c和 t_c、t_0时的热电动势 $E_{AB}(t,\ t_c)$ 和 $E_{AB}(t_c,\ t_0)$ 的代数和，即

$$E_{AB}(t,t_0)=E_{AB}(t,t_c)+E_{AB}(t_c,t_0) \tag{8-20}$$

中间温度定律为补偿导线的使用提供了理论依据。它表明：如果热电偶的两个电极通过连接两根导体的方式来延长，只要接入的两根导体的热电特性与被延长的两个电极的热电特性一致，且它们之间连接的两点间温度相同，则回路总的热电动势只与延长后的两端温度有关，与连接点温度无关。在实际测量中，利用热电偶的这一性质，还可对参考端温度不为0℃的热电动势进行修正。

（3）标准电极定律

如图 8-5 所示，如果两种导体 A、B 分别与第三种导体 C 组成的热电偶所产生的热电动势已知，则由这两个导体 A、B 组成的热电偶产生的热电动势可由下式来确定，即

$$E_{AB}(t,t_0)=E_{AC}(t,t_0)-E_{BC}(t,t_0) \tag{8-21}$$

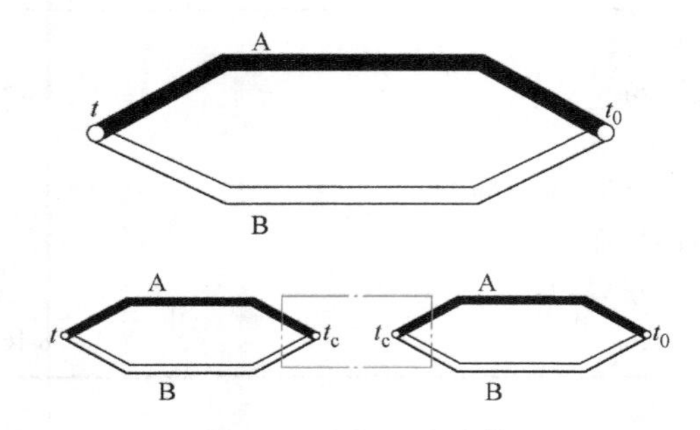

图 8-4　中间温度定律

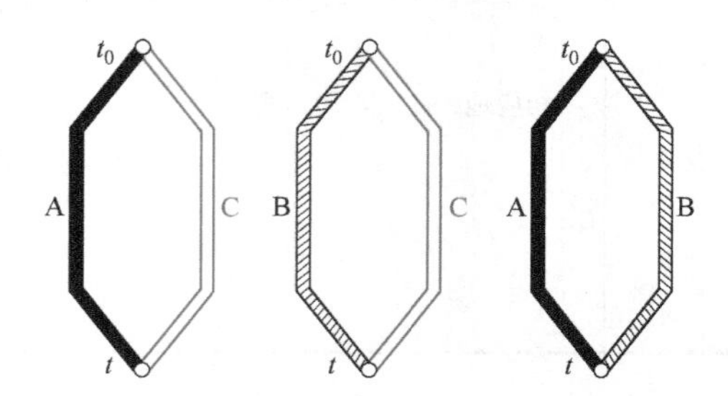

图 8-5　标准电极结构图

因为

$$E_{AC}(t,t_0)=E_{AC}(t)-E_{AC}(t_0) \tag{8-22}$$

$$E_{BC}(t,t_0)=E_{BC}(t)-E_{BC}(t_0) \tag{8-23}$$

将式（8-22）、式（8-23）相减可得

$$E_{AC}(t,t_0)-E_{BC}(t,t_0)=E_{AC}(t)-E_{AC}(t_0)-[E_{BC}(t)-E_{BC}(t_0)] \tag{8-24}$$

利用式（8-1）、式（8-2）有

$$E_{AC}(t)-E_{BC}(t)=E_{AB}(t) \tag{8-25}$$

$$-E_{AC}(t_0)+E_{BC}(t_0)=E_{BA}(t_0) \tag{8-26}$$

所以有

$$E_{AC}(t,t_0)-E_{BC}(t,t_0)=E_{AB}(t)+E_{BA}(t_0)=E_{AB}(t)-E_{AB}(t_0)=E_{AB}(t,t_0) \tag{8-27}$$

由式（8-27）可知：任意几个热电极与一标准电极组成热电偶产生的热电动势已知时，就可以很方便地求出这些热电极彼此任意组合时的热电动势。

标准电极定律的意义在于：纯金属的种类很多，合金的种类更多，要得出这些金属间组成热电偶的热电动势是一件工作量极大的事。在实际处理中，由于铂的物理化学性质稳定，通常选用高纯铂丝作标准电极，只要测得它与各种金属组成的热电偶的热电动势，则各种金属间相互组合成热电偶的热电动势就可根据标准电极定律计算出来。

例：热端为 100℃、冷端为 0℃ 时，镍铬合金与纯铂组成的热电偶的热电动势为 2.95mV，而考铜与纯铂组成的热电偶的热电动势为-4.0mV，则镍铬和考铜组成的热电偶所

产生的热电动势应为

$$2.95\text{mV}-(-4.0\text{mV})=6.95\text{mV}$$

（4）均质导体定律

如果组成热电偶的两个热电极的材料相同，无论两接点的温度是否相同，热电偶回路中的总热电动势均为 0。

均质导体定律有助于检验两个热电极材料成分是否相同及热电极材料的均匀性。

8.1.2　热电偶的结构与种类

1. 结构

为了适应不同测量对象的测温条件和要求，热电偶的结构形式有普通型热电偶、铠装型热电偶和薄膜型热电偶。

（1）普通型热电偶

普通型热电偶结构如图 8-6 所示。它一般由热电极、绝缘管、保护管和接线盒等几个主要部分组成。在工业上使用最为广泛。

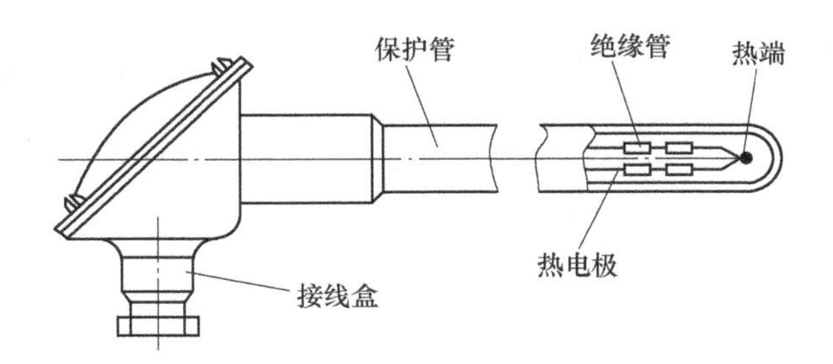

图 8-6　普通型热电偶结构

热电极是热电偶的基本组成部分，使用时有正、负极性之分。热电极的直径大小由材料价格、机械强度、导电率、热电偶的用途和测量范围等因素决定。普通金属做成的热电极，其直径一般在 0.5~3.2mm，贵重金属做成的热电极，其直径一般为 0.3~0.6mm。热电极的长度则取决于应用需要和安装条件，通常为 300~2000mm，常用长度为 350mm。

绝缘管用于热电极之间及热电极与保护管之间进行绝缘保护，防止两根热电极短路。形状一般为圆形或椭圆形，中间开有两个、四个或六个孔，热电极穿孔而过。制作绝缘管的材料一般为黏土、高铝或刚玉等，要求在室温下绝缘管的绝缘电阻应在 5MΩ 以上，最常用的是氧化铝管和耐火陶瓷。

保护管是用来使热电极与被测温介质隔离，保护热电偶感温元件免受被测介质化学腐蚀和机械损伤的装置。一般要求保护管应具有耐高温、耐腐蚀的特性，且导热性、气密性好。制作保护管的材料分为金属、非金属两类。

接线盒供热电偶与补偿导线连接之用。根据被测对象和现场环境条件，可分为普通式、防溅式（密封式）两种结构。

（2）特殊热电偶

为适应工业测温的一些特殊需要，如超高温、超低温、快速测温等，从而出现了一些特殊热电偶。下面介绍两种我国生产的特殊热电偶。

1）铠装型（Sheath）热电偶：也称缆式热电偶。它是由热电极、绝缘材料和金属保护导管一起拉制加工而成的坚实缆状组合体，如图 8-7 所示。它可以做得很细很长，使用中可随需要任意弯曲；测温范围通常在 1100℃以下。其优点是测温端热容量小，因此热惯性小、动态响应快；寿命长，机械强度高，弯曲性好，可安装在结构复杂的装置上。

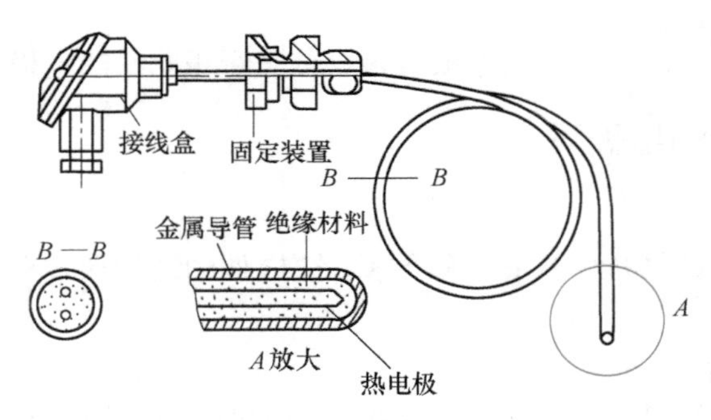

图 8-7　铠装型热电偶的结构

2）薄膜型热电偶：它是将两种薄膜热电极材料用真空蒸镀、化学涂层等办法蒸镀到绝缘基板（云母、陶瓷片、玻璃及酚醛塑料纸等）上制成的一种特殊热电偶，如图 8-8 所示。薄膜热电偶的接点可以做得很小、很薄（0.01～0.1μm），具有热容量小、响应速度快（毫秒级）等特点。其适用于微小面积上的表面温度以及快速变化的动态温度的测量，测温范围在 300℃以下。

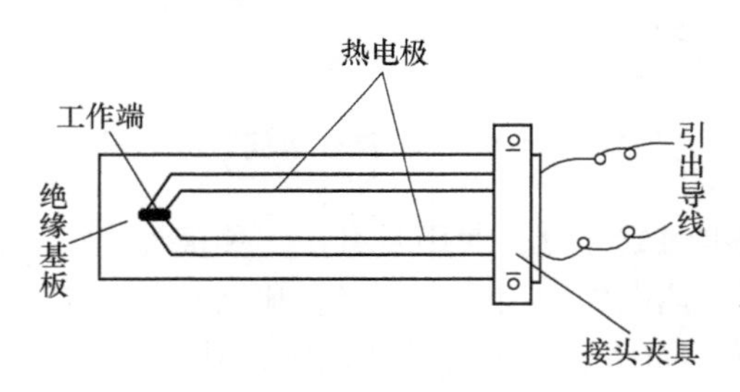

图 8-8　薄膜型热电偶的结构

2. 热电极材料的选取

根据金属的热电效应原理，理论上讲，任何两种不同材料的导体都可以组成热电偶，但为了准确可靠地测量温度，对组成热电偶的材料有严格的选择条件。在实际应用中，用作热电极的材料一般应具备以下条件：

1）性能稳定。要求在规定的温度测量范围内热电极的热电性能稳定，均匀性和复现性好，不随时间和被测介质变化。

2）温度测量范围广。要求热电动势随温度的变化率要大，且要求温度与热电动势的关系是单值函数，最好是成线性关系，使该变化率在测温范围内接近常数；在规定的温度测量范围内能产生较大的热电动势，有较高的测量精确度。

3）物理化学性能稳定。要求在规定的温度测量范围内使用时不易氧化或腐蚀，不产生蒸发现象，有良好的化学稳定性、抗氧化或抗还原性能。

4）导电率要高，并且电阻温度系数要小。

5）材料的机械强度要高，复制性好、复制工艺简单，价格便宜。

3. 热电偶的种类

满足上述条件的热电极材料并不多。目前，国际电工委员会（IEC）向世界各国推荐了八种标准化热电偶。表 8-6 是我国采用的符合 IEC 标准的六种热电偶的主要性能和特点。IEC 公布的分度号为“R”的铂铑$_{13}$[⊖]-铂标准热电偶因在国际上只有少数国家采用，且其温度测量范围与铂铑$_{10}$-铂重合，因此，我国未发展这个类别。

目前工业上常用的有四种标准化热电偶，即（B 型）铂铑$_{30}$-铂铑$_{6}$、（S 型）铂铑$_{10}$-铂、（K 型）镍铬-镍硅、（E 型）镍铬-铜镍热电偶。它们的分度表分别见表 8-1～表 8-4。

表 8-6　标准化热电偶的主要性能特点

热电偶名称	正热电极	负热电极	分度号	测温范围	特点
铂铑$_{30}$-铂铑$_{6}$	铂铑$_{30}$	铂铑$_{6}$	B	0～1700℃（超高温）	适用于氧化性气氛中测温，测温上限高，稳定性好。在冶金、钢水等高温领域得到广泛应用。缺点是常温时热电动势小，价格高
铂铑$_{10}$-铂	铂铑$_{10}$	纯铂	S	0～1600℃（超高温）	适用于氧化性、惰性气氛中测温，热电性能稳定，抗氧化性强，精度高，但价格贵、热电动势较小。常用作标准热电偶或用于高温测量
镍铬-镍硅	镍铬合金	镍硅	K	-200～1200℃（高温）	适用于氧化和中性气氛中测温，测温范围很宽、热电动势与温度关系近似线性、热电动势大、价格低。稳定性不如 B、S 型热电偶，但是非贵金属热电偶中性能最稳定的一种。缺点是略有滞后现象，高温还原气氛中易腐蚀
镍铬-康铜	镍铬合金	铜镍合金	E	-200～900℃（中温）	适用于还原性或惰性气氛中测温，热电动势较其他热电偶大，稳定性好，灵敏度高，价格低。缺点是易氧化，高温时有滞后现象
铁-康铜	铁	铜镍合金	J	-200～750℃（中温）	适用于还原性气氛中测温，价格低，热电动势较大，仅次于 E 型热电偶。缺点是铁极易氧化
铜-康铜	铜	铜镍合金	T	-200～350℃（低温）	适用于还原性气氛中测温，精度高，价格低。在-200～0℃可制成标准热电偶。缺点是铜极易氧化

⊖ 铂铑$_{13}$指铂的质量分数占 87%、铑的质量分数占 13%。

8.1.3 热电偶的冷端温度补偿

由热电偶的测温原理可以知道，热电偶产生的热电动势大小与两端温度有关，热电偶的输出电动势只有在冷端温度不变的条件下，才与工作端温度成单值函数关系。实际应用时，由于热电偶冷端离工作端很近，且又处于大气中，其温度受到测量对象和周围环境温度波动的影响，因而冷端温度难以保持恒定，这样会带来测量误差。进行冷端温度补偿的方法有以下四种。

1. 补偿导线法

热电偶的长度一般只有1m左右，要保证热电偶的冷端温度不变，可以把热电极加长，使自由端远离工作端，放置到恒温或温度波动较小的地方，但这种方法对于由贵金属材料制成的热电偶来说将使成本增加，解决的办法是采用一种称为补偿导线的特殊导线，将热电偶的冷端延伸出来，如图8-9所示。补偿导线实际上是一对与热电极化学成分不同的导线，在0～150℃温度范围内与配接的热电偶具有相同的热电特性，但价格相对便宜。利用补偿导线将热电偶的冷端延伸到温度恒定的场所（如仪表室），且它们具有一致的热电特性，相当于将热电极延长，根据中间温度定律，只要热电偶和补偿导线的两个接触点温度一致，就不会影响热电动势的输出。常用补偿导线类型见表8-7，根据表中数据可知，补偿导线主要用于贵金属制成的热电偶的补偿，对于非贵金属通常用制作热电极的材料本身进行补偿。

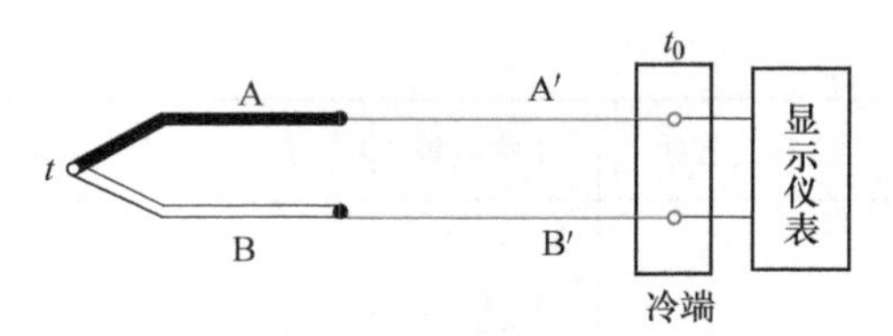

图8-9 补偿导线连接图

表8-7 热电偶补偿导线类型

热电偶类型	补偿导线类型	补偿导线	
		正极	负极
铂铑$_{10}$-铂	铜-铜镍合金	铜	铜镍合金（镍的质量分数为0.6%）
镍铬-镍硅	Ⅰ型：镍铬-镍硅	镍铬	镍硅
镍铬-镍硅	Ⅱ型：铜-康铜	铜	康铜
镍铬-康铜	镍铬-康铜	镍铬	康铜
铁-康铜	铁-康铜	铁	康铜
铜-康铜	铜-康铜	铜	康铜

2. 冷端恒温法

冷端恒温法就是把热电偶的冷端置于某些温度不变的装置中，以保证冷端温度不受热端测量温度的影响。恒温装置可以是电热恒温器或冰点槽（槽中装冰水混合物，温度保持在0℃），前者的温度不为0℃，还需要对热电偶进行冷端温度校正；后者为了避免冰水导电引起两个连接点短路，必须把连接点分别置于两个玻璃试管里，浸入同一冰点槽，使之相互绝缘，如图8-10所示。这种方法仅限于科学实验中使用。

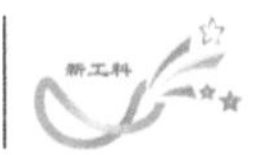

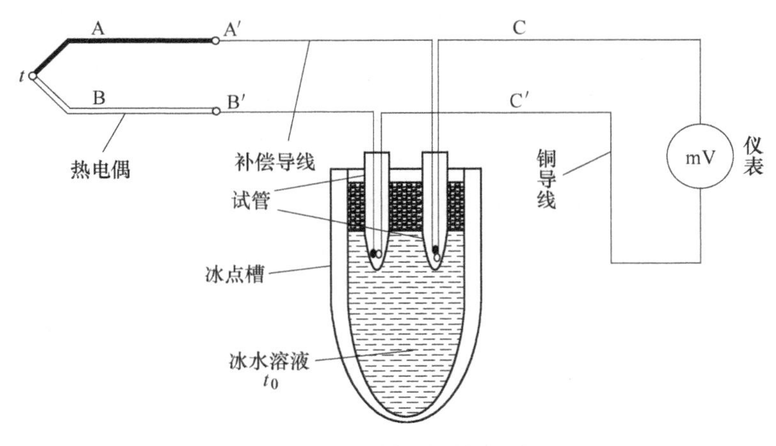

图 8-10　冰点槽冷端恒温法

3. 冷端温度校正法

如果热电偶的冷端温度偏离 0℃，但稳定在温度 t_0℃，则按式（8-20）（即中间温度定律）对仪表指示值进行修正，即

$$E(t,0)=E(t,t_0)+E(t_0,0) \tag{8-28}$$

式中　　t——工作端温度；

t_0——冷端的实际温度；

0——冷端的标准温度（0℃，便于查表）；

$E(t,t_0)$——热电偶工作在 t 与 t_0时，仪表测出的热电动势值；

$E(t,0)$，$E(t_0,0)$——冷端温度为 0℃，工作端温度为 t 和 t_0时的热电动势值（由热电偶分度表中查得）。

例：镍铬-镍硅热电偶，工作时其冷端温度为 $t_0=30$℃，测得热电动势 $E(t,t_0)=39.17$mV，求被测介质实际温度。

解：由热电偶分度表查得 $E(30,0)=1.203$mV。

则 $E(t,0)=E(t,30)+E(30,0)=39.17+1.203=40.373$mV。

再从表中查得最相邻的两个热电动势 $E(970,0)=40.096$mV，$E(980,0)=40.488$mV。

因此，利用式（8-9）可得被测介质实际温度为

$$t=\left[970+\frac{40.373-40.096}{40.488-40.096}\times(980-970)\right]℃\approx977℃。$$

冷端较正法得出的数据很精确，存在的不足是不适合连续测量温度，为什么？

当热电偶通过补偿导线连接到显示仪表时，如果热电偶冷端温度保持恒定且已知，则可预先将有零位调整功能的显示仪表的指针从刻度的初始值调至已知的冷端温度值，这样，显示仪表的示值即为被测量的实际温度值。

4. 自动补偿法

自动补偿法也称电桥补偿法，它是在热电偶与仪表间加上一个补偿电桥，当热电偶冷端温度升高，导致回路总电动势降低时，这个电桥感受自由端温度的变化，产生一个电位差，其数值刚好与热电偶降低的电动势相同，两者互相补偿。这样，测量仪表上所测得的电动势

将不随自由端温度而变化。自动补偿法解决了冷端温度校正法不适合连续测温的问题。

如图 8-11 所示，补偿电桥是一个直流不平衡电桥，它由三个电阻温度系数较小的锰铜丝绕制的电阻 R_1、R_2、R_3 和电阻温度系数较大的铜丝绕制的电阻 R_{Cu} 和稳压电源组成。补偿电桥与热电偶参考端处在同一环境温度，设计时使电桥在 20℃（或 0℃）处于平衡状态，此时电桥的 A、B 两端无电压输出，电桥对仪表无影响。当环境温度变化时，热电偶冷端温度随之变化，这将导致热电动势发生改变，但此时 R_{Cu} 的阻值也随温度变化而变化，电桥平衡被破坏，电桥 A、B 两端将有不平衡电压输出，不平衡电压与热电偶的热电动势叠加在一起输入测量仪表。如果适当选择桥臂电阻和桥路电流，就可以使电桥产生的不平衡电压 U_{AB} 正好补偿由于参考端温度变化引起的热电动势 $E_{AB}(t,t_0)$ 的变化量，从而达到自动补偿的目的。

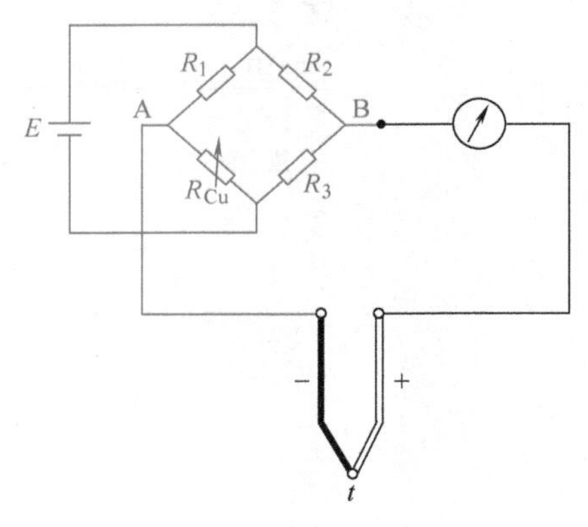

图 8-11　补偿电桥

补偿目标为

$$t_0\uparrow\begin{cases}E_{AB}(t,t_0)\downarrow\\ R_{Cu}\uparrow\rightarrow U_{AB}\uparrow\end{cases}E_{AB}(t,t_0)+U_{AB}=\text{恒定} \tag{8-29}$$

电桥不平衡输出电压为

$$U_{AB}=E\frac{R_2R_{Cu}-R_1R_3}{(R_{Cu}+R_1)(R_2+R_3)}=E\frac{R_2-\dfrac{R_1R_3}{R_{Cu}\uparrow}}{\left(1+\dfrac{R_1}{R_{Cu}\uparrow}\right)(R_2+R_3)}=\frac{\uparrow}{\downarrow}=\uparrow \tag{8-30}$$

式中　E——加在电桥上的电压。

需要注意的是，如果电桥是在 20℃平衡，采用电桥补偿法时需要把仪表的机械零位调整到 20℃处。另外，不同型号规格的补偿电桥应与热电偶配套。与热电偶相配的仪表（最好是直流电位差计）必须是高输入阻抗的，保证不从热电偶取电流，否则测出的是端电压而不是电动势。

现有基于热电偶的测温方案往往要面临冷端温度补偿或温度校正，每一次测量结果的得出都较费时，不能实现在线的连续测量，不适用于某些对温度监测有连续且实时要求的场合。如果将设计整改方案的任务交给你，你会怎么做？

8.1.4　热电偶的实用测温线路

热电偶的使用温度与线径有关，线径越粗使用温度越高，其在高温环境中的耐久性也越强。因此，在高温而较长时间进行温度测量时，应尽量选用线径粗的热电偶，但线径粗则响应时间慢。

在使用热电偶进行实际测温时，根据不同的测量任务主要有以下几种测温线路。

1. 测量单点的温度

图 8-12a 是一个热电偶直接和仪表配用的测量单点温度的测量线路。热电偶在测温时，也可以与温度补偿器（如补偿电桥）连接（见图 8-12b），转换成标准电流信号输出。

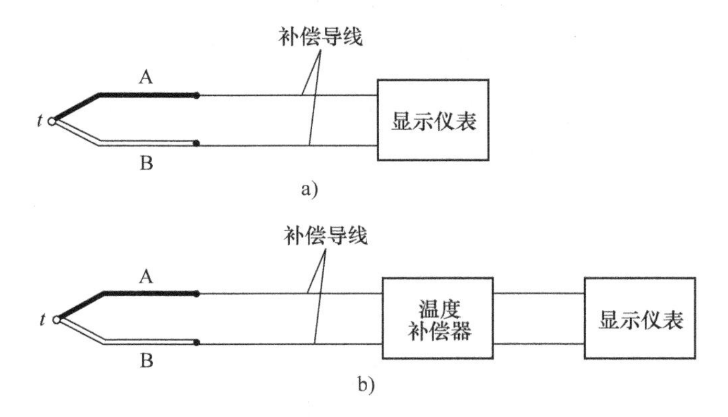

图 8-12　热电偶单点温度测量线路图

a）普通测温线路　b）带温度补偿器的测温线路

2. 测量两点间温度差（反极性串联）

图 8-13 是测量两点间温度差（t_1-t_2）的一种方法。将两个同型号的热电偶配用相同的补偿导线，其接线应使两热电偶反向串联（A 接 A、B 接 B），使得两热电动势方向相反，故输入仪表的是其差值，这一差值反映了两热电偶热端的温度差。设回路总电动势为 E_T，根据热电偶的工作原理和式（8-5）或式（8-20）可推得

$$E_T=E_{AB}(t_1,t_0)-E_{AB}(t_2,t_0)=E_{AB}(t_1,t_2) \tag{8-31}$$

即以 t_2 为参考端温度，测量工作端 t_1 的值，实为 t_1-t_2 的温度差。也可从中间温度定律的角度进行分析，得出相同的结论，这里的中间温度为 t_0，即 $E_T=E_{AB}(t_1,t_0)+E_{AB}(t_0,t_2)=E_{AB}(t_1,t_2)$。

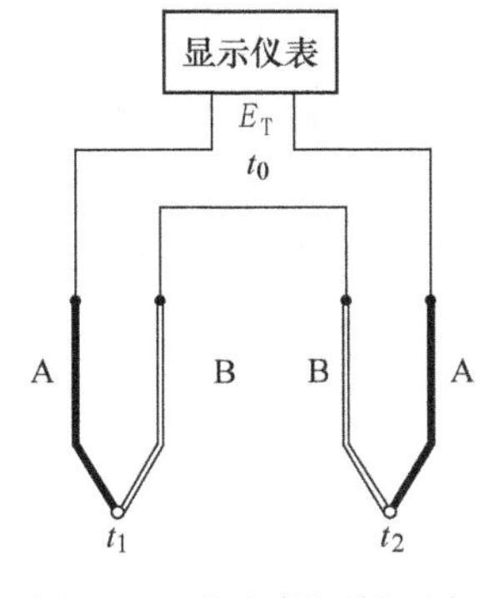

图 8-13　热电偶测量两点温度差线路图

为了减少测量误差，提高测量精度，应保证两热电偶的冷端温度相同（t_0）。

3. 测量多点的平均温度（同极性并联或串联）

有些大型设备，有时需要测量多点（两点或两点以上）的平均温度，可以通过将多支同型号的热电偶同极性并联或串联的方式来实现。

（1）热电偶的并联

将多只同型号热电偶的正极和负极分别连接在一起的线路称为热电偶的并联。图 8-14 是测量三点的平均温度的热电偶并联连接线路，用三只同型号的热电偶并联在一起，在每一只热电偶线路中分别串联均衡电阻 R。根据电路理论，当仪表的输入电阻很大时，并联测量线路的总热电动势等于三只热电偶热电动势的平均值，根据式（8-5）可得回路中总的电动势为

$$E_T=\frac{E_1+E_2+E_3}{3}=\frac{E_{AB}(t_1,t_0)+E_{AB}(t_2,t_0)+E_{AB}(t_3,t_0)}{3}$$

$$=\frac{E_{AB}(t_1+t_2+t_3,3t_0)}{3}=E_{AB}\left(\frac{t_1+t_2+t_3}{3},t_0\right) \tag{8-32}$$

式中　E_1，E_2，E_3——单只热电偶的热电动势。

特点：只要有一只热电偶能正常工作，就不会中断整个测温系统的工作，因此，当其中有热电偶烧断时，难以觉察出来。

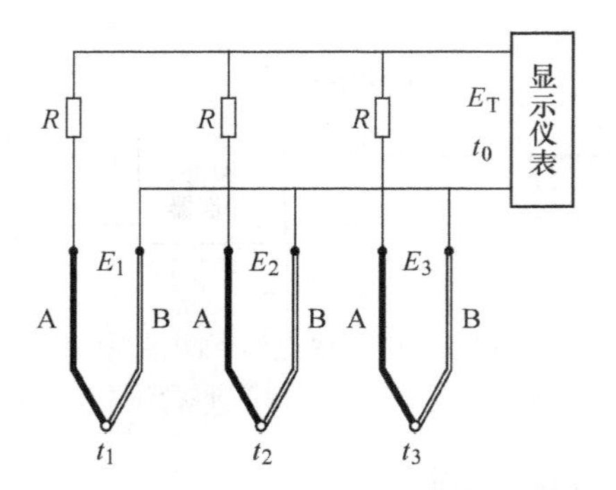

图 8-14　热电偶的并联测温电路图

（2）热电偶的串联

将多只同型号热电偶的正、负极依次连接形成的线路称为热电偶的串联。图 8-15 是将三只同型号的热电偶依次将正、负极相连串接起来，此时，回路总的热电动势等于三只热电偶的热电动势之和，即回路的总电动势为

$$E_T=E_1+E_2+E_3=E_{AB}(t_1,t_0)+E_{AB}(t_2,t_0)+E_{AB}(t_3,t_0)$$

$$=E_{AB}(t_1+t_2+t_3,3t_0)\overset{t_0=0}{=\!=\!=}E_{AB}(t_1+t_2+t_3,t_0) \tag{8-33}$$

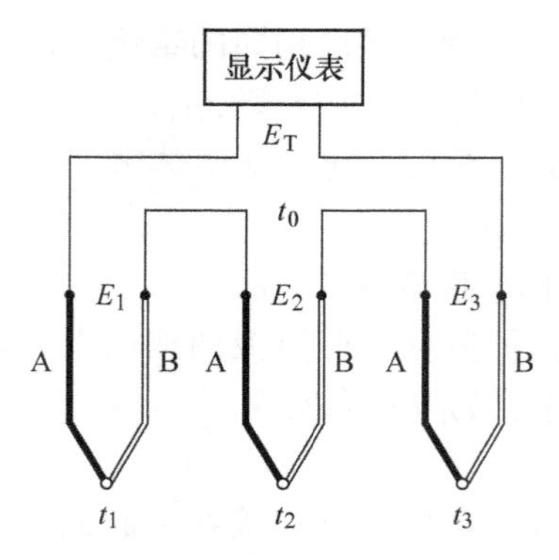

图 8-15　热电偶的串联测温电路图

可见对应得到的是三点的温度之和，如果将结果再除以 3，就得到三点的平均温度。式（8-33）是在冷端温度为 0℃的条件下得出的，实际上可以证明，当冷端温度不为 0℃时，上述结论依然成立，最后得出的仍然是三点的温度之和。

串联线路的主要优点是热电动势大，仪表的灵敏度大大增加，且避免了热电偶并联线路存在的缺点，只要有一只热电偶断路，总的热电动势消失，立即可以发现有断路。其缺点是只要有一支热电偶断路，整个测温系统将停止工作。

8.1.5　热电偶的选用与安装

热电偶的选用应根据被测介质的温度、压力、介质性质、测温时间长短来选择热电偶和保护套管。其安装位置要有代表性，安装方法要正确，图 8-16 是在管道上安装的两种常用方法。在工业生产中，热电偶常与毫伏计或电子电位差计联用，后者精度较高，且能自动记录。另外也可经温度变送器将信号放大后再接指示仪表，或作为控制用的信号。

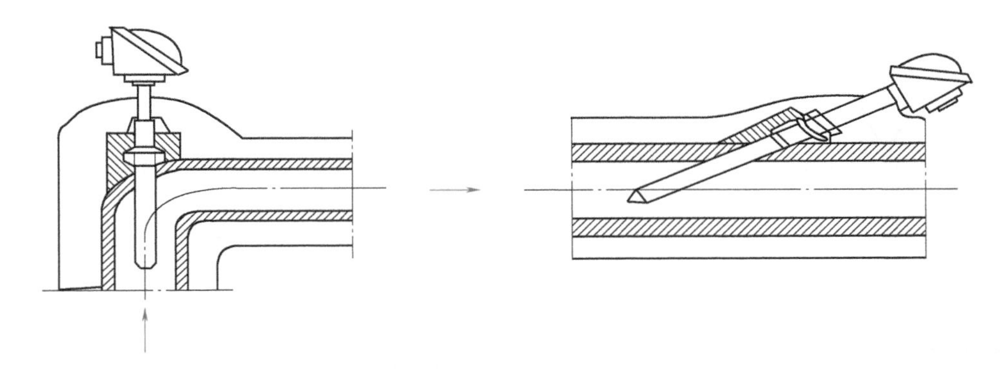

图 8-16　热电偶的安装

8.1.6　热电偶的应用

图 8-17 是采用 AD594C 的温度测量电路实例。AD594C 片内除有放大电路外，还有温度补偿电路，对于 J 型热电偶经激光修整后可得到 10mV/℃输出。在 0~300℃测量范围内精度为±1℃。测量时，热电偶内产生的与温度相对应的热电动势经 AD594C 的-IN 和+IN 两引脚输入，经初级放大和温度补偿后，再送入主放大器 A_1，运算放大器 A_1 输出的电压信号 U_o'反映了被测温度的高低。若 AD594C 输出接 A/D 转换器，则可构成数字温度计。

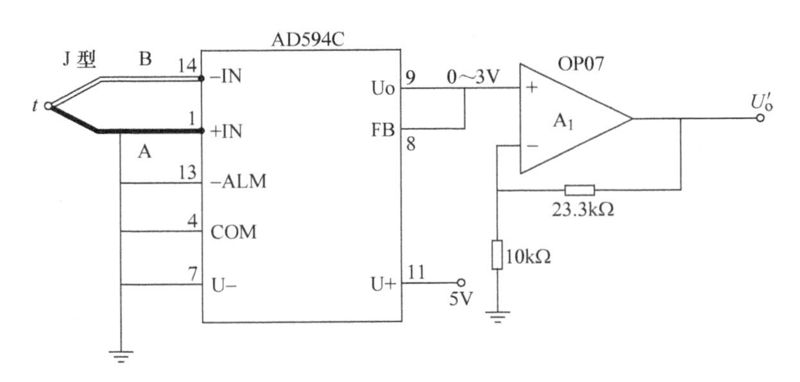

图 8-17　热电偶温度测量电路实例

常用炉温测量控制系统如图 8-18 所示。毫伏定值器给出给定温度的相应毫伏值，将热电偶的热电动势与定值器的毫伏值相比较，若有偏差则表示炉温偏离给定值，此偏差经放大器送入调节器，再经过晶闸管触发器推动晶闸管执行器（如选用晶闸管用作无触点开关，代替传统的继电器，通过改变其导通角来控制电压）来调整电炉丝的加热功率，直到偏差被消除，从而实现对温度的自动控制。

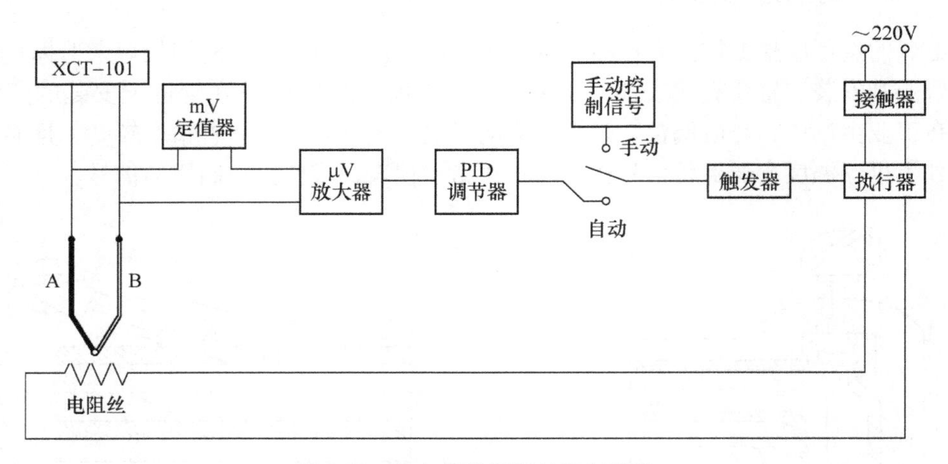

图 8-18 热电偶炉温测量控制系统

8.2 热电阻

热电阻作为一种感温元件，它是利用导体的电阻值随温度变化而变化的特性来实现对温度的测量。几乎所有的物质都具有这一特性，但作为测温用的热电阻一般要求：

- 电阻值与温度变化具有良好的线性关系；
- 电阻温度系数大，以便对温度变化敏感，便于精确测量；
- 电阻率高，热容量小，从而具有较快的响应速度；
- 在测量范围内具有稳定的物理、化学性质；
- 容易加工，价格尽量便宜。

根据以上要求，最常用的材料是铂和铜。工业上被广泛用来测量中低温区（-200~850℃）的温度。

热电阻由电阻体、保护套管和接线盒等部件组成，如图 8-19a 所示。热电阻丝是绕在骨架上的，骨架采用石英、云母、陶瓷或塑料等材料制成，可根据需要将骨架制成不同的外形。为了防止电阻体出现电感，热电阻丝通常采用**双线并绕法**，如图 8-19b 所示。

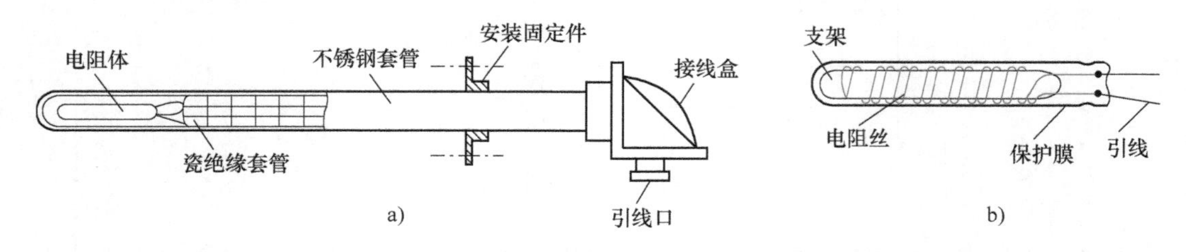

图 8-19 热电阻结构图
a）热电阻组成 b）双线并绕

8.2.1 铂热电阻

铂热电阻在氧化性介质中，甚至在高温下，其物理、化学性能稳定，电阻率大，精确度高，能耐较高的温度，因此，国际温标 ITS-90 规定，在-259.34～630.74℃温度域内，以铂热电阻温度计作为基准器。其缺点是价格高。

铂热电阻值与温度的关系在 0～850℃范围内为

$$R_t=R_0(1+At+Bt^2) \tag{8-34}$$

在-200～0℃范围内为

$$R_t=R_0[1+At+Bt^2+C(t-100)t^3] \tag{8-35}$$

式中 R_t，R_0——温度为 t℃和 0℃时的电阻值。

温度系数 $A=3.9083\times10^{-3}/℃$，$B=-5.775\times10^{-7}/℃^2$，$C=-4.183\times10^{-12}/℃^4$。

从式（8-35）可以看出，热电阻在温度 t 时的电阻值与 R_0（标称电阻）有关。目前，工业用铂热电阻有 $R_0=10\Omega$、$R_0=50\Omega$、$R_0=100\Omega$ 和 $R_0=1000\Omega$ 四种，它们的分度号分别为 Pt_{10}、Pt_{50}、Pt_{100}和 Pt_{1000}，分度号为 Pt_{100}的铂热电阻较为常用，其分度表（即 R_t-t 关系表）见表 8-8（标准号：GB/T 30121—2013/IEC 60751：2008）。实际测量中，只要测得热电阻的阻值 R_t，便可从表中查出对应的温度值；如果不能通过查表直接得出温度值，则可以结合查表和线性插值法计算得出对应的温度值。对于分度号为 Pt_{10}的铂热电阻，可由表 8-8 中查得的电阻值除以 10 得到。现在发展出了新的 Pt_{1000}，其测温范围为-50～300℃，主要用于医疗、电机工业等高精温度测量场合。

表 8-8 铂热电阻的分度表

分度号：Pt_{100} $R_0=100\Omega$

温度/℃	0	10	20	30	40	50	60	70	80	90
	电阻/Ω									
-200	18.52									
-100	60.26	56.19	52.11	48.00	43.88	39.72	35.54	31.34	27.10	22.83
-0	100.00	96.09	92.16	88.22	84.27	80.31	76.33	72.33	68.33	64.30
+0	100.00	103.90	107.79	111.67	115.54	119.40	123.24	127.08	130.90	134.71
100	138.51	142.29	146.07	149.83	153.58	157.33	161.05	164.77	168.48	172.17
200	175.86	179.53	183.19	186.84	190.47	194.10	197.71	201.31	204.90	208.48
300	212.05	215.61	219.15	222.68	226.21	229.72	233.21	236.70	240.18	243.64
400	247.09	250.53	253.96	257.38	260.78	264.18	267.56	270.93	274.29	277.64
500	280.98	284.30	287.62	290.92	294.21	297.49	300.75	304.01	307.25	310.49
600	313.71	316.92	320.12	323.30	326.48	329.64	332.79	335.93	339.06	342.18
700	345.28	348.38	351.46	354.53	357.59	360.64	363.67	366.70	369.71	372.71
800	375.70	378.68	381.65	384.60	387.55	390.48				

8.2.2 铜热电阻

铂热电阻虽然优点多，但价格昂贵，在测量精度要求不高且温度较低的场合，铜热电阻

得到广泛应用。在-50~150℃的温度范围内，铜热电阻与温度近似成线性关系，可用下式表示

$$R_t = R_0(1+\alpha t) \tag{8-36}$$

式中　α——0℃时铜热电阻温度系数（$\alpha = 4.289\times10^{-3}/℃$）。

铜热电阻的电阻温度系数较大、线性性好、价格便宜；缺点是电阻率较低，电阻体的体积较大，热惯性较大，稳定性较差，在100℃以上时容易氧化，因此只能用于低温及没有浸蚀性的介质中。

铜热电阻有两种分度号：Cu_{50}（$R_0 = 50\Omega$）和 Cu_{100}（$R_0 = 100\Omega$），后者为常用。分度号为 Cu_{50} 铜热电阻的分度表见表 8-9（标准号：JB/T 8623—2015）。对于分度号为 Cu_{100} 的铜热电阻，可将表中的电阻值加倍即可。

表 8-9　铜热电阻的分度表

分度号：Cu_{50}　　　　$R_0 = 50\Omega$

温度/℃	0	1	2	3	4	5	6	7	8	9
	电阻/Ω									
-50	39.242									
-40	41.4	41.184	40.969	40.753	40.537	40.322	40.106	39.89	39.674	39.458
-30	43.555	43.349	43.124	42.909	42.693	42.478	42.262	42.047	41.831	41.616
-20	45.706	45.491	45.276	45.061	44.846	44.631	44.416	44.2	43.985	43.77
-10	47.854	47.639	47.425	47.21	46.995	46.78	46.566	46.351	46.136	45.921
-0	50.00	49.786	49.571	49.356	49.142	48.927	48.713	48.498	48.284	48.069
+0	50.00	50.214	50.429	50.643	50.858	51.072	51.286	51.501	51.715	51.929
10	52.144	52.358	52.572	52.786	53	53.215	53.429	53.643	53.857	54.071
20	54.285	54.5	54.714	54.928	55.142	55.356	55.57	55.784	55.998	56.212
30	56.426	56.64	56.854	57.068	57.282	57.496	57.71	57.924	58.137	58.351
40	58.565	58.779	58.993	59.207	59.421	59.635	59.848	60.062	60.276	60.49
50	60.704	60.918	61.132	61.345	61.559	61.773	61.987	62.201	62.415	62.628
60	62.842	63.056	63.27	68.484	63.698	63.911	64.125	64.339	64.553	64.767
70	64.981	65.194	65.408	65.622	65.836	66.05	66.264	66.478	66.692	66.906
80	67.12	67.333	67.547	67.761	67.975	68.189	68.403	68.617	68.831	69.045
90	69.259	69.473	69.687	69.901	70.115	70.329	70.544	70.762	70.972	71.186
100	71.4	71.614	71.828	72.042	72.257	72.471	72.685	72.899	73.114	73.328
110	73.542	73.751	73.971	74.185	74.4	74.614	74.828	75.043	75.258	75.477
120	75.686	75.901	76.115	76.33	76.545	76.759	76.974	77.189	77.404	77.618
130	77.833	78.048	78.263	78.477	78.692	78.907	79.122	79.337	79.552	79.767
140	79.982	80.197	80.412	80.627	80.843	81.058	81.272	81.488	81.704	81.919
150	82.134									

8.2.3　热电阻的测量电路

工业上广泛应用热电阻作为-200~500℃范围的温度测量。其特点是精度高，性能稳定，适于测低温；缺点是热惯性大，需辅助电源。流过热电阻丝的电流不要过大，否则会产生较大的热量，影响测量精度，此电流值一般不宜超过 6mA。

由表 8-8 和表 8-9 可以看出：热电阻的阻值不高；工业用热电阻安装在生产现场，离控制室较远，因此，热电阻的引线电阻对测量结果有较大的影响。目前，热电阻引线方式有两线制、三线制和四线制三种。

1. 两线制（用于引线不长的短距离测量，精度较低）

两线制的接线方式如图 8-20 所示，在热电阻感温体的两端各连一根导线。设每根导线的电阻值为 r，则电桥平衡条件为

$$R_1R_3=R_2(R_t+2r) \tag{8-37}$$

因此有

$$R_t=\frac{R_1R_3}{R_2}-2r \tag{8-38}$$

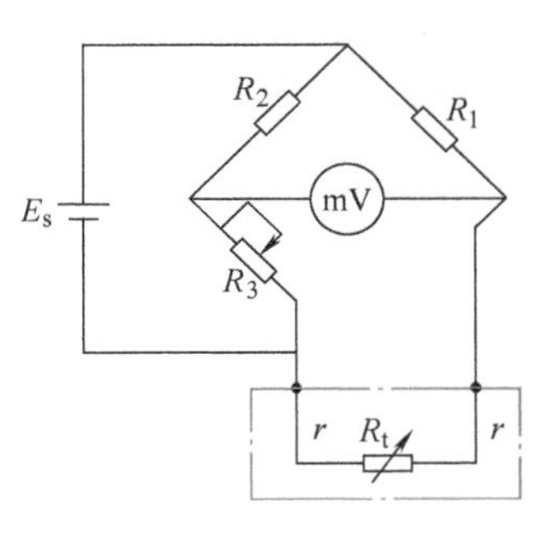

图 8-20　两线制接法

很明显，如果在实际测量中不考虑导线电阻，即忽略式（8-38）中的 $2r$，则测量结果将引入误差。实际上，R_1 和 R_2 两个桥臂同样存在引线电阻 r，只是在 $R_1=R_2$ 和两个桥臂引线电阻 r 相等的条件下，其影响被消除了。

这种引线方式简单、费用低，但是引线电阻以及引线电阻的变化会改变热电阻桥臂的总阻值，从而带来附加误差，因此，两线制适用于引线不长、测温精度要求较低，且引线电阻值远小于热电阻值的场合。

对于采用两线制接法的热电阻测量电路，由于引线电阻的存在，测量结果中总是存在误差，那么，测量得出的温度将比实际值偏高还是偏低？为什么？

2. 三线制（用于较长距离的工业测量，一般精度）

由于热电阻的阻值很小，因此导线的电阻值不能忽视。如 $R_0=100\Omega$ 的铂电阻，1Ω 的导线电阻可能产生 3℃左右的误差（见表 8-8）。为解决导线电阻的影响，工业热电阻大多采用三线制电桥连接法，如图 8-21 所示。图中 R_t 为热电阻，其三根引出导线相同，阻值都是 r。其中一根与电桥电源相串联，它对电桥的平衡没有影响；另外两根分别与电桥的相邻两臂串联，当电桥平衡时，可得下列关系

$$(R_t+r)R_2=(R_3+r)R_1 \tag{8-39}$$

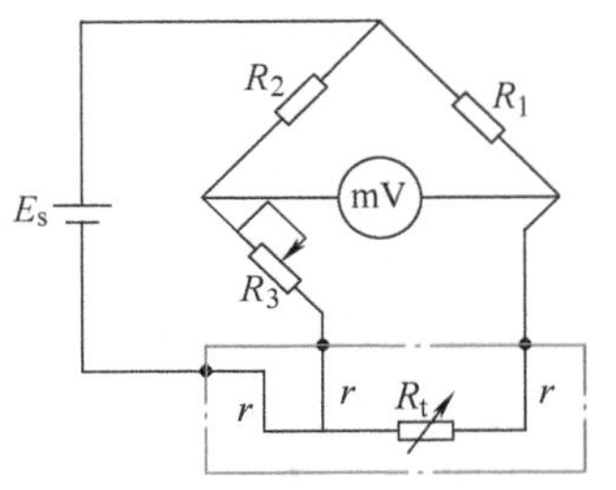

图 8-21　三线制接法

所以有

$$R_t=\frac{(R_3+r)R_1-rR_2}{R_2} \tag{8-40}$$

如果使 $R_1=R_2$，则式（8-40）就和 $r=0$ 时的电桥平衡公式完全相同，即说明此种接法导线电阻 r 对热电阻的测量毫无影响。注意：以上结论只有在 $R_1=R_2$，且只有在平衡状态下才成立。为了消除从热电阻感温体到接线端子间的导线对测量结果的影响，一般要求从热电阻感温体的根部引出导线，且要求引出线一致，以保证它们的电阻值相等。

例：对于标号为 Pt_{100} 的铂热电阻，如果采用图 8-20 的两线制接法测温，设电桥电源为 10V，$R_1=R_2=1000\Omega$，$R_3=100\Omega$，引线电阻 $r=5\Omega$，如果被测温度为 300℃，试求两线制接法引起的相对测量误差。

解：根据式（8-34），当 $t=300℃$ 时，铂热电阻的阻值为

$$\begin{aligned}R_t&=R_0(1+At+Bt^2)\\&=100\times(1+3.91\times10^{-3}\times300-5.78\times10^{-7}\times300^2)\Omega\\&=212.1\Omega\end{aligned}$$

按图 8-21 的三线制接法，引线电阻不会引起误差，其输出电压为

$$\begin{aligned}U_{01}&=\left(\frac{R_t+r}{R_1+R_t+r}-\frac{R_3+r}{R_2+R_3+r}\right)E_S\\&=\left(\frac{212.1+5}{1000+212.1+5}-\frac{100+5}{1000+100+5}\right)\times10\text{V}\\&\approx833.5\text{mV}\end{aligned}$$

按图 8-20 的两线制接法，输出电压为

$$\begin{aligned}U_{02}&=\left(\frac{R_t+2r}{R_1+R_t+2r}-\frac{R_3}{R_2+R_3}\right)E_S\\&=\left(\frac{212.1+2\times5}{1000+212.1+2\times5}-\frac{100}{1000+100}\right)\times10\text{V}\\&\approx908.3\text{mV}\end{aligned}$$

因此，两线制接法引起的测量相对误差为

$$\begin{aligned}\gamma&=\frac{U_{02}-U_{01}}{U_{01}}\times100\%\\&=\frac{908.3-833.5}{833.5}\times100\%\\&\approx9.0\%\end{aligned}$$

由上述计算结果可见，两线制接法引起的测量误差是客观存在的，有时还相当大，在实际测量中应高度重视。

3. 四线制（实验室用，高精度测量）

三线制接法是工业测量中广泛采用的方法。在高精度测量中，可设计成四线制的测量电路，如图 8-22 所示。

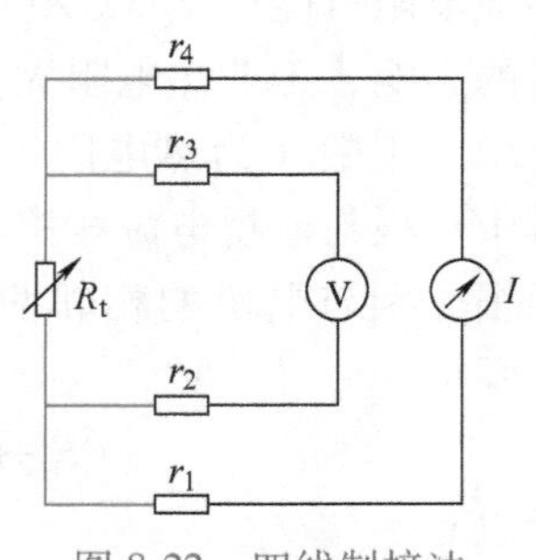

图 8-22　四线制接法

图中 I 为恒流源，测量仪表 V 一般用直流电位差计，热电阻上引出电阻值各为 r_1、r_4 和 r_2、r_3 的四根导线，分别接在电流和电压回路，电流导线上 r_1、r_4 引起的电压降不在测量范围内，而电

压导线上虽有电阻但无电流（测量时没有电流流过电位差计，认为其内阻无穷大），所以四根导线的电阻对测量都没有影响。

热电阻的阻值可由测得的电压和恒流源的电流求出，即

$$R_t = \frac{U}{I} \tag{8-41}$$

如何用数字万用表（DMM）测电阻值？其接线方式有哪些？与测量误差间的关系怎样？

8.2.4　热电阻的应用

图 8-23 为采用 EL-700（100Ω，Pt_{100}）铂电阻的高精度温度测量电路，测温范围为 20～120℃，对应的输出为 0～2V，输出电压可直接输入单片机作为显示和控制信号。

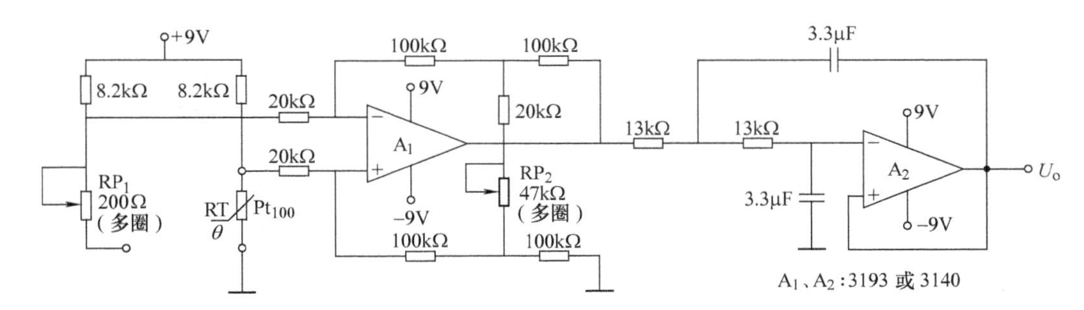

图 8-23　铂电阻测温电路

EL-700 是一种新型的厚膜铂电阻，是一种高精度温度传感器。铂电阻采用三线制接入测量电桥中，以便减少连接线引起的测量误差。A_1 进行信号放大，放大后的信号经 R、C 组成的低通滤波器滤去无用杂波，再经 A_2 放大。测量前的电路调节采用标准电阻箱来代替传感器，在 T=20℃时，调节 RP_1 使输出 U_o=0V；在 T=120℃时，调节 RP_2 使 U_o=2.0V。

如果采用的 EL-700 为 1kΩ（Pt_{1000}）的铂电阻，则将图 8-23 中 8.2kΩ 的电阻换成 18kΩ 的电阻，20kΩ 的电阻换成 68kΩ 的电阻，RP_1 改用 2kΩ 的电位器即可。

8.3　热敏电阻

热敏电阻是利用半导体的电阻值随温度显著变化这一特性制成的一种热敏元件，其特点是电阻率随温度而显著变化。它是由某些金属氧化物（如 NiO、MnO_2、CuO、TiO_2 等），采用不同比例配方，经高温烧结而成的。它主要由敏感元件（即热敏电阻）、引线和壳体组成。根据使用要求，可制成珠状、片状、杆状、垫圈状等各种形状，其直径或厚度约为 1mm，长度往往不到 3mm，如图 8-24 所示。热敏电阻的符号如图 8-25 所示。

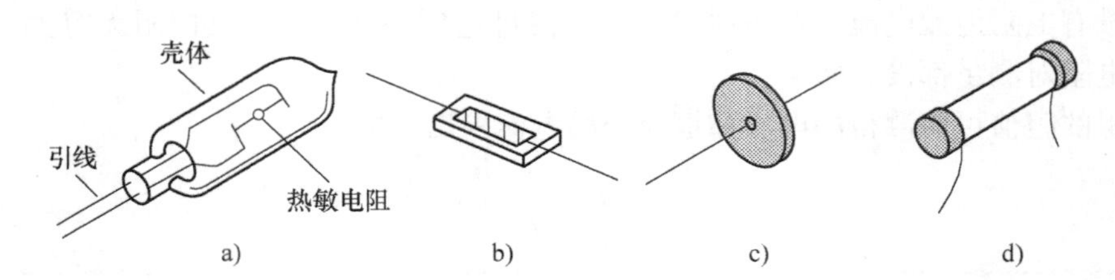

图 8-24　热敏电阻的结构
a）玻璃罩珠状　b）片状　c）垫圈状　d）杆状

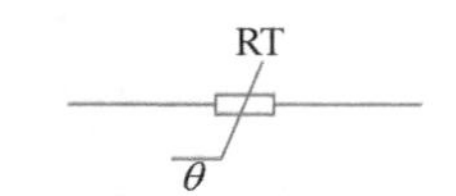

图 8-25　热敏电阻的符号

热敏电阻与热电阻相比，具有电阻值和电阻温度系数大、灵敏度高（“最灵敏的温度传感器”，比热电阻大 1~2 个数量级），体积小（最小直径可达 0.1~0.2mm，可用来测量“点温”）、结构简单坚固（能承受较大的冲击、振动），热惯性小、响应速度快（适用于快速变化的测量场合），使用方便，寿命长，易于实现远距离测量（本身阻值一般较大，无须考虑引线电阻对测量结果的影响）等优点，得到了广泛的应用。目前它存在的主要缺点是互换性较差，同一型号的产品特性参数有较大差别，稳定性较差，非线性严重，且不能在高温下使用。但随着技术的发展和工艺的成熟，热敏电阻的缺点将逐渐得到改进。

热敏电阻的测温范围一般为-50~350℃，可用于液体、气体、固体、高空气象、深井等方面对温度测量精度要求不高但快速、灵敏的场合。

8.3.1　热敏电阻的特性

根据半导体的电阻-温度特性，热敏电阻可分为三类，即负温度系数（Negative Temperature Coefficient，NTC）热敏电阻、正温度系数（Positive Temperature Coefficient，PTC）热敏电阻和临界温度系数（Critical Temperature Resistors，CTR）热敏电阻。它们的温度特性曲线如图 8-26 所示。

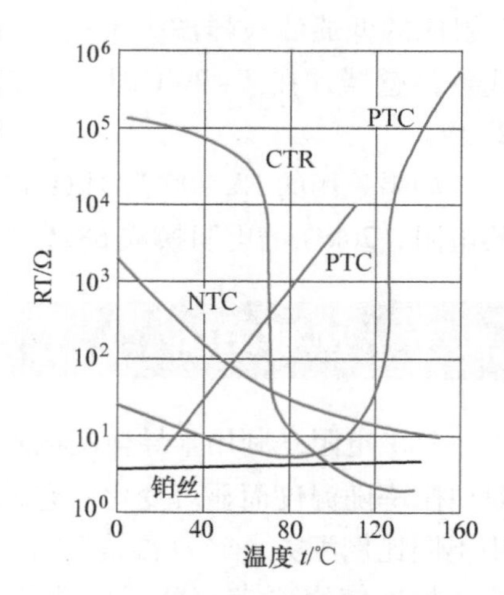

图 8-26　热敏电阻的温度特性曲线

正温度系数的热敏电阻的阻值与温度的关系可表示为

$$\mathrm{RT}=R_0\exp[A(t-t_0)] \tag{8-42}$$

式中　RT，R_0——温度 t(K) 和 t_0(K) 时的电阻值；

A——热敏电阻的材料常数；

t_0=273.15K，即 0℃时的绝对温度。

大多数热敏电阻具有负温度系数，其阻值与温度的关系可表示为

$$\mathrm{RT}=R_0\exp\left(\frac{B}{t}-\frac{B}{t_0}\right) \tag{8-43}$$

式中　B——热敏电阻的材料常数（单位 K，由材料、工艺及结构决定，B 一般在 1500～6000K 之间）。

温度越高，负温度系数（NTC）热敏电阻的阻值越小，且有明显的非线性。NTC 热敏电阻具有很高的负电阻温度系数，特别适用于-100～300℃之间测温。

PTC 热敏电阻的阻值随温度升高而增大，且有斜率最大的区域，当温度超过某一数值时，其电阻值朝正的方向快速变化。其用途主要是彩电消磁、各种电器设备的过热保护等。

CTR 也具有负温度系数，但在某个温度范围内电阻值急剧下降，曲线斜率在此区段特别陡，灵敏度极高。其主要用作温度开关。

各种热敏电阻的阻值在常温下很大，通常都在数千欧以上，所以连接导线的阻值（最多不过 10Ω）几乎对测温没有影响，不必采用三线制或四线制接法，给使用带来方便。

另外，热敏电阻的阻值随温度改变显著，只要很小的电流流过热敏电阻，就能产生明显的电压变化，而电流对热敏电阻自身有加热作用，所以应注意不要使电流过大，防止带来测量误差（即“自热误差”）。

热敏电阻在使用中面临着电流“限流”的问题，对于热电阻和热电偶又如何呢？

8.3.2　热敏电阻的应用

1. 温度控制

图 8-27 是利用热敏电阻作为测温元件，进行自动控制温度的电加热器，电位器 RP 用于调节不同的控温范围。测温用的热敏电阻 RT 作为偏置电阻接在 VT_1、VT_2 组成的差分放大器电路内，当温度升高时，对于正温度特性的热敏电阻的阻值将增加，引起 VT_1 基极电压升高、集电极电流变大，影响二极管 VD 支路电流，从而使电容 C 充电电流变大，相应的充电速度加快、充电时间减少，则电容电压升到单结晶体管 VT_3 峰值电压的时长下降，即单结晶体管的输出脉冲相移减小，晶闸管 VT_4 的导通角相应减小，从而导致加热丝的电源电压下降，加热功率降低，温度下降，进而确保温度回到设定值；反之亦然，达到自动控制温度的目的。

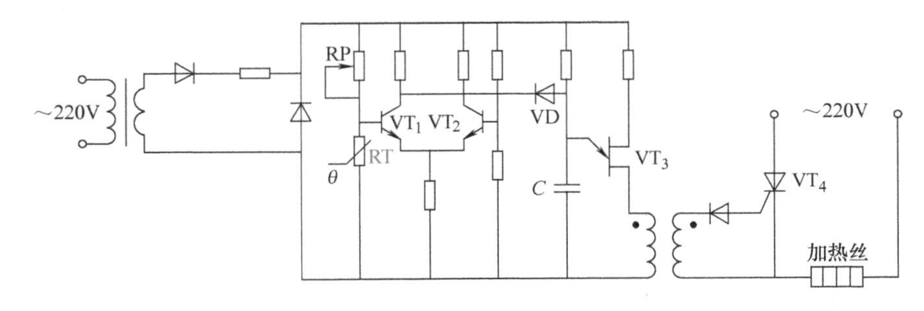

图 8-27　热敏电阻温度控制

2. 管道流量测量

图 8-28 中 RT_1 和 RT_2 是热敏电阻，RT_1 放在被测流量管道中，RT_2 放在不受流体干扰的容器内，R_1 和 R_2 是普通电阻，四个电阻组成电桥。

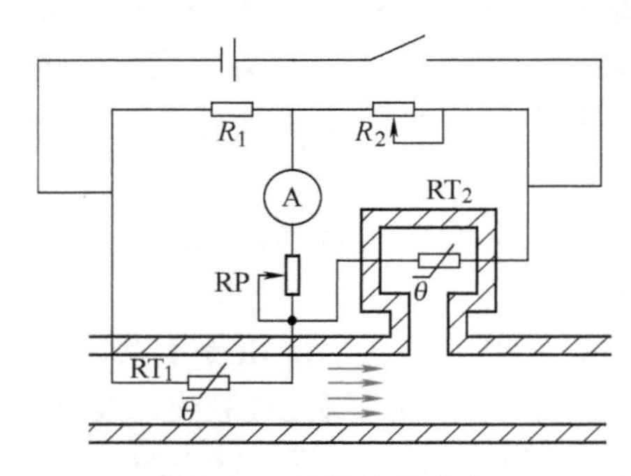

图 8-28　管道流量测量

当流体静止时，使电桥处于平衡状态。当流体流动时，介质的流速、流量、密度等将改变散热条件，要带走热量，使热敏电阻 RT_1 和 RT_2 散热情况不同，RT_1 因温度变化引起阻值变化，电桥失去平衡，电流表有指示。因为在其他条件不变的情况下，RT_1 的散热条件取决于流体流量的大小，因此测量结果反映其流量的变化。

探索与实践

（火灾探测报警系统设计）“水火无情”，在各种灾害中，火灾是最经常、最普遍地威胁公众安全和社会发展的主要灾害之一，往往给人们的生命财产带来严重威胁。人们总是在用火的同时不断总结火灾发生的规律，尽可能地减少火灾及其对人类造成的危害。要减少火灾造成的损失，早期火灾预警是重要的。目前用于火灾探测报警的传感器主要有烟感传感器、温度传感器、火焰传感器和气体传感器等。试运用所了解的热电式传感器知识，设计一个火灾探测报警系统，给出相应的设计电路框图，并说明其工作原理。

8.1　什么是热电效应、接触电动势、温差电动势？

8.2　热电偶的工作原理是什么？

8.3　什么是中间导体定律、中间温度定律、标准导体定律、均质导体定律？

8.4　试说明热电偶的类型与特点。

8.5　热电偶的冷端温度补偿有哪些方法？各自的原理是什么？

8.6　试设计测温电路，实现对某一点的温度、某两点的温度差、某三点的平均温度进行测量。

8.7　用两只 K 型热电偶测量两点温度差，其连接线路如图 8-29 所示。已知 $t_1=420℃$，$t_0=30℃$，测得两点的温差电动势为 15.24mV，问两点的温度差是多少？如果测量 t_1 温度的那只热电偶错用的是 E 型热电偶，其他都正确，则两点的实际温度差是多少？

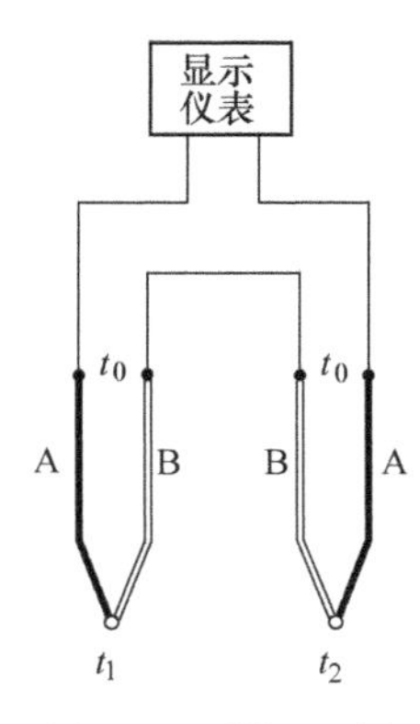

图 8-29　题 8.7 图

8.8　将一支镍铬-镍硅热电偶与电压表相连，电压表接线端是 50℃，若电位计上读数是 6.0mV，问热电偶热端温度是多少？

8.9　用一支铂电阻温度计去测量某气体的温度得到其电阻值为 281.50Ω，试确定该气体的温度（已知 0℃时电阻值为 100Ω）。

8.10　镍铬-镍硅热电偶的灵敏度为 0.04mV/℃，把它放在温度为 1200℃处，若以指示表作为冷端，此处温度为 50℃，试求热电动势的大小。

8.11　将一灵敏度为 0.08mV/℃的热电偶与电压表相连接，电压表接线端是 50℃，若电位计上读数是 60mV，求热电偶的热端温度。

8.12　使用 K 型热电偶，参考端温度为 0℃，测量热端温度为 30℃和 900℃时，温差电动势分别为 1.203mV 和 37.326mV。当参考端温度为 30℃，测量点温度为 900℃时的温差电动势为多少？

8.13　如果将图 8-13 中的两只相同类型的热电偶顺向串联，是否可以测量两点间的平均温度，为什么？

8.14　热电阻有什么特点？

8.15　试分析三线制和四线制接法在热电阻测量中的原理及其不同特点。

8.16　对热敏电阻进行分类，并叙述其各自不同的特点。

8.17　某热敏电阻，其 B 值为 2900K，若冰点电阻为 500kΩ，求该热敏电阻在 100℃时的电阻值。

8.18　简述工程上测量温度时选用热电阻和热敏电阻尤其要注意的事项。

第 9 章

光电式传感器

知识单元与知识点	➢ 光电式传感器的类别、基本形式； ➢ 光电器件及其基本特性； ➢ CCD 图像传感器的工作原理、分类、特性参数与应用； ➢ 光纤的传光原理、光纤的主要特性、光纤传感器的组成、分类与应用； ➢ 光电式编码器（码盘式、脉冲盘式）的结构、工作原理与应用； ➢ 计量光栅的结构、组成、工作原理与应用。
价值观	奋斗的青春最美丽
能力点	◇ 能复述并解释光电效应、内光电效应、外光电效应、亮电阻、暗电流、全反射、数值孔径、粗误差、莫尔条纹、辨向与细分等基本概念； ◇ 能比较光电式传感器的类别、基本形式； ◇ 认识各种光电器件的基本特性； ◇ 会分析 CCD 图像传感器、光纤、光电式编码器（码盘式、脉冲盘式）和计量光栅的工作原理； ◇ 理解并能解释 CCD 图像传感器的分类、特性参数，光纤的主要特性、光纤传感器的组成、分类，光电式编码器（码盘式、脉冲盘式）的结构和计量光栅的结构、组成； ◇ 能应用光电式传感器。
重难点	■ 重点：基本概念；光电器件的基本特性；光电式传感器的工作原理。 ■ 难点：CCD 图像传感器的工作原理、码盘的辨向原理、计量光栅的辨向原理与细分技术。
学习要求	√ 熟练掌握光电效应、内光电效应、外光电效应、亮电阻、暗电流、全反射、数值孔径、粗误差、莫尔条纹、辨向与细分等基本概念； √ 了解光电式传感器的类别、基本形式； √ 了解各种光电器件的基本特性； √ 掌握 CCD 图像传感器、光纤、光电式编码器（码盘式、脉冲盘式）和计量光栅的工作原理； √ 了解 CCD 图像传感器的分类、特性参数，光纤的主要特性、光纤传感器的组成、分类，光电式编码器（码盘式、脉冲盘式）的结构和计量光栅的结构、组成； √ 掌握二进制与循环码的相互转换方法； √ 了解光电式传感器的应用。

（续）

问题导引	→ 光电式传感器得以快速发展的原因是什么？ → 光电式传感器的类别和特性如何？ → 可以利用光电器件开展哪些创新型应用？

9.1　概述

光电式传感器（或称光敏传感器）是利用光电器件把光信号转换成电信号或电参数（电压、电流、电荷、电阻等）的装置。光电式传感器工作时，先将被测量转换为光量的变化，然后通过光电器件把光量的变化转换为相应的电量变化，从而实现对非电量的测量。

光电式传感器具有结构简单、响应速度快、高精度、高分辨率、高可靠性、抗干扰能力强（不受电磁辐射影响，本身也不辐射电磁波）、可实现非接触式测量等特点，可以直接检测光信号，还可以间接测量温度、压力、位移、速度、加速度等，虽然它是发展较晚的一类传感器，但其发展速度快、应用范围广，具有很大的应用潜力。

9.1.1　光电式传感器的类别

按照工作原理的不同，可将光电式传感器分为四类：

（1）光电效应传感器

光照射到物体上使物体发射电子，或电导率发生变化，或产生光生电动势等，这些因光照引起物体电学特性改变的现象称为光电效应。光电效应传感器就是利用光敏材料的光电效应制成的光敏器件。

（2）红外热释电探测器

红外热释电探测器是对光谱中长波（红外）敏感的器件，主要是利用辐射的红外光（因热激发）照射材料时引起材料电学特性发生变化或产生热电动势的原理制成的一类器件。具体内容见第 10 章红外传感器部分。

（3）固体图像传感器

固体图像传感器结构上主要分为两大类：一类是以电荷耦合器件（Charge Coupled Device，CCD）为代表的光电转换、电荷转移、信号依次串行输出的电荷耦合型 CCD 图像传感器；一类是用光敏二极管与 MOS 晶体管构成的将光信号变成电荷或电流信号，可以指定 XY 地址、可以选择性输出的 CMOS（Complementary Metal Oxide Semiconductor，互补金属氧化物半导体）型图像传感器。两者都是利用光敏二极管进行光电转换，将图像转换为数字信号，它们的典型产品都是数码相机、数码摄像机等；主要差异是数字信号的传送方式（读取过程）不同。本书主要介绍前一类。

（4）光纤传感器

光纤传感器利用发光管（LED）或激光管（LD）发射的光，经光纤传输到被检测对象，被检测信号调制后，沿着光纤经多次反射被送到光接收器，经接收解调后变成电信号。

9.1.2 光电式传感器的基本形式

光电式传感器可用来测量光学量或已转换为光学量的其他被测量，输出电信号。测量光学量时，光电器件是作为敏感元件使用的；测量其他物理量时，它作为转换元件使用。

光电式传感器由光路及电路两大部分组成。光路实现被测信号对光学量的调制；电路完成从光信号到电信号的转换。按测量光路组成来看，光电式传感器可分为四种基本形式：

（1）透射式光电传感器

透射式光电传感器是利用光源发出一恒定光通量 ϕ [luminous flux，是指人眼所能感觉到的光信号辐射功率，单位：流明（lm），相当于电学单位瓦特] 的光，并使之穿过被测对象，其中部分光被吸收，而其余的光则到达光敏器件上，转变为电信号输出。如图 9-1a 所示，根据被测对象吸收光通量的多少就可确定出被测对象的特性，此时，光敏器件上输出的光电流是被测对象所吸收光通量的函数。这类传感器可用来测量液体、气体和固体的透明度和浑浊度等参数。

（2）反射式光电传感器

反射式光电传感器是将恒定光源发出的光投射到被测对象上，由光敏器件接收其反射光通量，如图 9-1b 所示。反射光通量的变化反映出被测对象的特性。例如，通过光通量变化的大小，可以反映出被测物体的表面光洁度；通过光通量的变化频率，可以反映出被测物体的转速。

（3）辐射式光电传感器

这种形式的传感器，其光源本身就是被测对象，即被测对象本身是一辐射源。光敏器件接收辐射能的强弱变化，如图 9-1c 所示，光通量的强弱与被测参量（如温度）的高低有关。

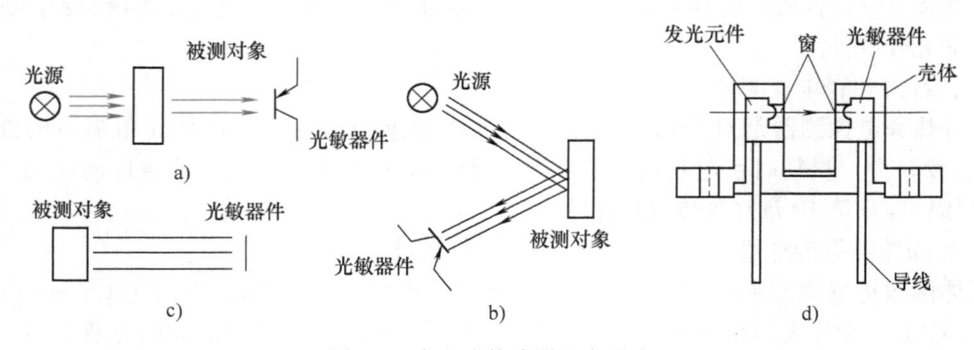

图 9-1 光电式传感器基本形式

（4）开关式光电传感器

在开关式光电传感器的光源与光敏器件之间的光路上有物体时，光路被切断，否则，光路畅通，如图 9-1d 所示。光敏器件上表现出有光（无物体阻挡）就有电信号，无光（有物体阻挡）则无电信号，即仅为“0”或“1”的两种开关状态。它的使用形式有开关、计数和编码三种，如点钞机利用两组（为了检测纸币的完整性，避免残币被计入）红外发光二极管和光敏晶体管实现计数。

完成光电检测需要设计一定形式的光路图，光路由光学元件组成。光学元件有透镜、滤光片、光阑、光楔、棱镜、反射镜、光通量调制器、光栅及光导纤维等。通过它们实现光参

数的选择、调制和处理。在测量其他物理量时，还需配以光源和调制件。常用的光源有白炽灯、发光二极管和半导体激光器等，用以提供恒定的光照条件；调制件是用来将光源提供的光量转换成能与被测量对应变化的光量的器件，调制件的结构依被测量及测量原理而定。

常用的光电转换元器件有真空光电管、充气光电管、光电倍增管、光敏电阻、光电池、光敏二极管及光敏晶体管等，它们的作用是检测照射其上的光通量。选用何种形式的光电转换元器件取决于被测参数所需的灵敏度、响应速度、光源的特性及测量环境和条件等。

9.2　光电效应与光电器件

光子是具有能量的粒子，每个光子的能量可表示为

$$E=h\omega \tag{9-1}$$

式中　h——普朗克常数（$h=6.626\times10^{-34}\mathrm{J\cdot s}$）；

ω——光的振动频率。

根据爱因斯坦假设：一个光子的能量只给一个电子。因此，如果一个电子要从物体中逸出，必须使光子能量 E 大于表面逸出功 A_0，这时，逸出表面的电子具有的动能可用光电效应方程表示为

$$E_\mathrm{k}=\frac{1}{2}mv^2=h\omega-A_0 \tag{9-2}$$

式中　m——电子的质量；

v——电子逸出的初始速度。

根据光电效应方程，当光照射在某些物体上时，光能量作用于被测物体而释放出电子，即物体吸收具有一定能量的光子后所产生的电效应，这就是光电效应。光电效应中所释放出的电子叫光电子，能产生光电效应的敏感材料称作光电材料。光电效应一般分为外光电效应和内光电效应两大类。根据光电效应可以做出相应的光电转换元件，简称光电器件或光敏器件，它是构成光电式传感器的主要部件。

随着“墨子”号量子通信卫星的发射成功及其科学实验的顺利完成，标志着我国的量子保密通信技术走在了世界的前列，具有极为重要的战略意义。量子密码是基于量子理论、利用光子的量子特性来实现保密通信的一种技术；量子保密通信的实现基于两个事实：①从原理上说，无法准确测出光子的偏振方向（这让窃听得到的内容变得不正确）；②测量行为本身会导致光子的状态发生改变（这使获得授权的接收者可判断出通信是否被窃听）。既然测量将导致光子的状态改变，即光子不可测，那么接收者如何正确接收消息或发现窃听行为（量子探测）？

9.2.1　外光电效应型光电器件

当光照射到金属或金属氧化物构成的光电材料上时，光子的能量传给光电材料表面的电子，如果入射到表面的光能使电子获得足够的能量，电子会克服正离子对它的吸引力，脱离材料表面而进入外界空间，这种现象称为外光电效应。即外光电效应是在光线作用下，电子

逸出物体表面的现象。

根据外光电效应制作的光电器件有光电管和光电倍增管。

1. 光电管及其基本特性

（1）结构与工作原理

光电管有真空光电管和充气光电管两类。真空光电管的结构与测量电路如图 9-2 所示，它由一个阴极（K 极）和一个阳极（A 极）构成，并且密封在一只真空玻璃管内。阴极装在玻璃管内壁上，其上涂有光电材料，或者在玻璃管内装入柱面形金属板，在此金属板内壁上涂有阴极光电材料。阳极通常用金属丝弯曲成矩形或圆形或金属丝柱，置于玻璃管的中央。在阴极和阳极之间加有一定的电压，且阳极为正极、阴极为负极。当光通过光窗照在阴极上时，光电子就从阴极发射出去，在阴极和阳极之间的电场作用下，光电子在极间做加速运动，被高电位的中央阳极收集形成电流，光电流的大小主要取决于阴极灵敏度和入射光辐射的强度。

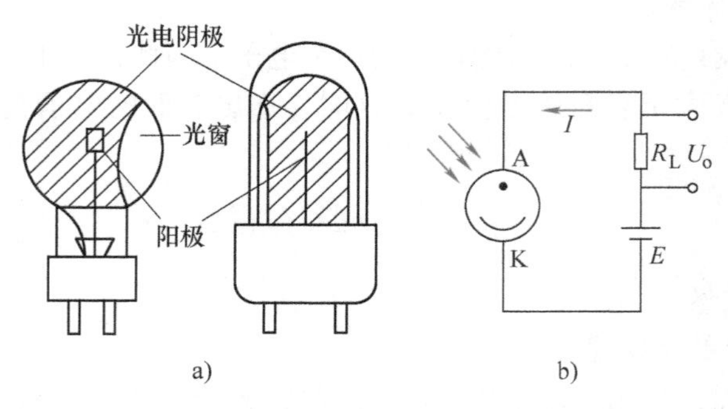

图 9-2　真空光电管的结构与测量电路

a）结构　b）测量电路

根据图 9-2b 光电管的测量电路，你是否认为光电流 I 随阴极和阳极间所加电压 E 的增加而增加，随负载 R_L 的增加而减小？

充气光电管的结构与真空光电管相同，只是管内充有少量的惰性气体如氩或氖，当充气光电管的阴极被光照射后，光电子在飞向阳极的途中和气体的原子发生碰撞，使气体电离，电离过程中产生的新电子与光电子一起被阳极接收，正离子向反方向运动被阴极接收，因此增大了光电流，通常能形成数倍于真空光电管的光电流，从而使光电管的灵敏度增加。但充气光电管的光电流与入射光强度不成比例关系，因而使其具有稳定性较差、惰性大、温度影响大、容易衰老等一系列缺点。目前由于放大技术的提高，对于光电管的灵敏度不再要求那样严格，而且真空光电管的灵敏度正在不断提高。在自动检测仪表中，由于要求受温度影响小和灵敏度稳定，所以一般都采用真空光电管。值得指出的是，随着半导体光电器件的发展，真空光电管已逐步被半导体光电器件所替代。

（2）主要性能

光电管的性能主要由伏安特性、光照特性、光谱特性、响应时间、峰值探测率和温度特

性等来描述。下面主要介绍前三种特性。

1）光电管的伏安特性。在一定的光照射下，对光电管所加电压与所产生的光电流之间的关系称为光电管的伏安特性。真空光电管和充气光电管的伏安特性分别如图 9-3a、b 所示。由图可见：光电流随着光照强度（简称照度，指照射到单位面积上的光通量，表示被照射平面上某一点的光亮程度。符号：E；单位：勒克斯，lm/m^2 或 lx）的增加而增加；在相同的光照下，在一定范围内光电流随所加电压的增加而增大，但电压增加到一定程度（此时所有激发出来的光电子被阳极全部收集）后，光电流不再增大。

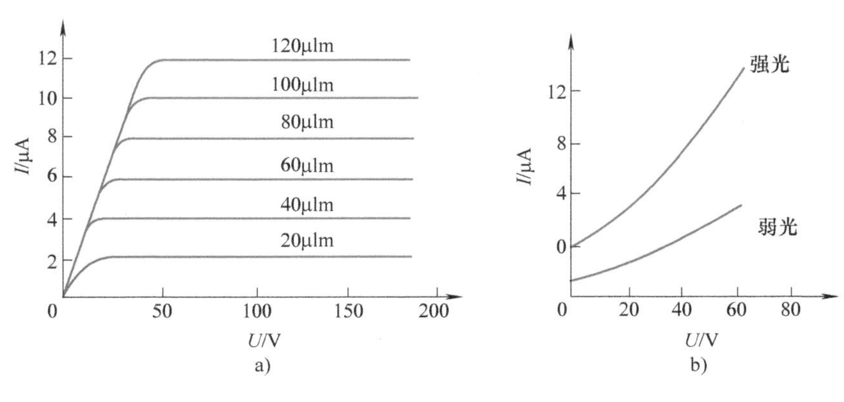

图 9-3　光电管的伏安特性

a）真空光电管　b）充气光电管

2）光电管的光照特性。当光电管的阳极和阴极之间所加电压一定时，光通量与光电流之间的关系为光电管的光照特性。其特性曲线如图 9-4 所示。曲线 1 表示银氧铯阴极光电管的光照特性，光电流与光通量成线性关系。曲线 2 为锑铯阴极的光电管光照特性，它成非线性关系。光照特性曲线的斜率（光电流与入射光光通量之比）称为光电管的灵敏度。

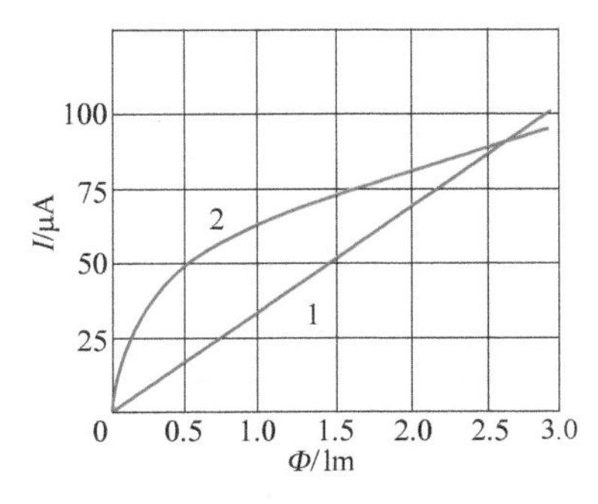

图 9-4　光电管的光照特性

3）光电管的光谱特性。不同光电阴极材料的光电管，对同一波长的光有不同的灵敏度；同一种阴极材料的光电管对于不同波长的光的灵敏度也不同，这就是光电管的光谱特性。如图 9-5 所示，曲线 1、2 分别为银氧铯阴极、锑铯阴极对应不同波长光线的灵敏度，曲线 3 为多种成分（锑、钾、钠、铯等）阴极的光谱特性曲线。所以，对各种不同波长区域的光，应选用不同材料的光电阴极，以使其最大灵敏度在需要检测的光谱范围内。

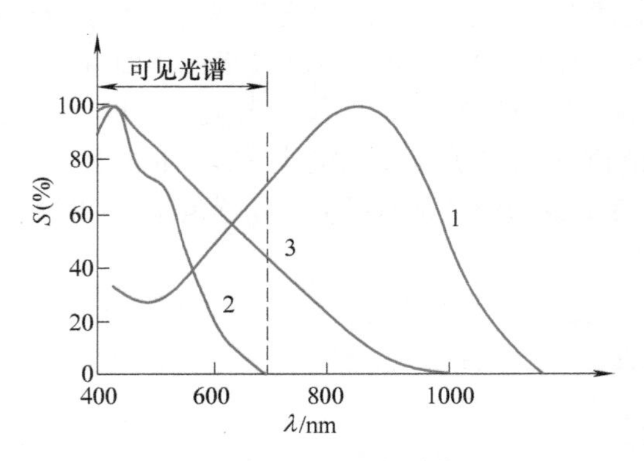

图 9-5　光电管的光谱特性

2. 光电倍增管及其基本特性

（1）结构与工作原理

普通光电管产生的光电流很小，在微安级，当入射光很微弱时，只有零点几微安，很不容易探测，这时常用光电倍增管对电流进行放大，图 9-6 是光电倍增管的外形和结构。

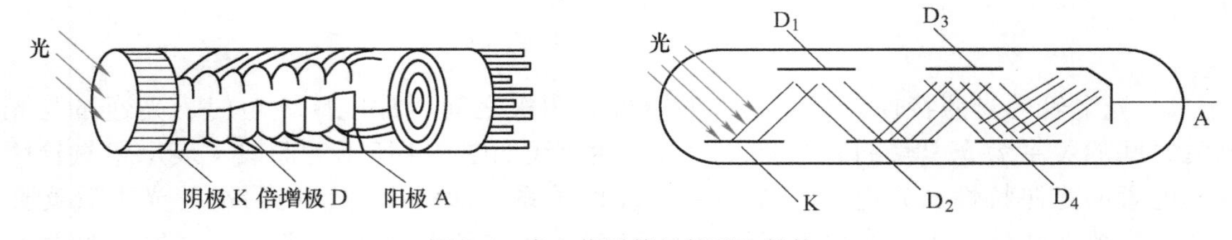

图 9-6　光电倍增管的外形和结构

光电倍增管（Photo-Multiple Tube，PMT）主要由光阴极、次阴极（倍增极）以及阳极三部分组成。阳极是最后用来收集电子的，它输出的是电压脉冲。光电倍增管是灵敏度极高、响应速度极快的光探测器，其输出信号在很大范围内与入射光子数成线性关系。

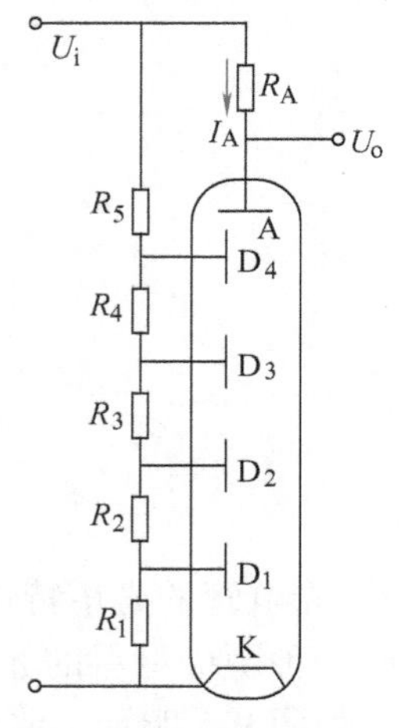

图 9-7　光电倍增管的工作电路

光电倍增管除光阴极外，还有若干个倍增极。光电倍增管的工作电路如图 9-7 所示，使用时在各个倍增极上均加上电压。阴极电位最低，从阴极开始，各个倍增极的电位依次升高，阳极电位最高。同时这些倍增极用次级发射材料制成，这种材料在具有一定能量的电子轰击下，能够产生更多的“次级电子”。由于相邻两个倍增极之间有电位差，因此，存在加速电场对电子加速。从阴极发出的光电子，在电场的加速下，打到第一个倍增极上，引起二次电子发射。每个电子能从这个倍增极上打出 3~6 个次级电子，被打出来的次级电子再经过电场的加速后，打在第二个倍增极上，电子数又增

加3~6倍，如此不断倍增，阳极最后收集到的电子数将达到阴极发射电子数的$10^5 \sim 10^8$倍，即光电倍增管的放大倍数可达到几十万倍甚至上亿倍。因此光电倍增管的灵敏度比普通光电管高几十万倍到上亿倍，相应的电流可由零点几微安放大到几安或10A级，即使在很微弱的光照下，它仍能产生很大的光电流。

（2）主要参数

1）倍增系数M。倍增系数M等于各倍增极的二次电子发射系数δ的乘积。如果n个倍增极的δ都一样，则阳极电流为

$$I = iM = i\delta^n \tag{9-3}$$

式中　I——光电阳极的光电流；

i——光电阴极发出的初始光电流；

δ——倍增极的电子发射系数；

n——光电倍增极数（一般为9~11个）。

光电倍增管的电流放大倍数为

$$\beta = I/i = \delta^n = M \tag{9-4}$$

倍增系数M与所加电压有关，反映倍增极收集电子的能力，一般M在$10^5 \sim 10^8$之间。如果电压有波动，倍增系数也会波动。一般阳极和阴极之间的电压为1000~2500V之间。两个相邻的倍增极的电位差为50~100V之间。

2）光电阴极灵敏度和光电倍增管总灵敏度。一个光子在阴极上所能激发的平均电子数叫作光电阴极的灵敏度。一个光子入射在阴极上，最后在阳极上能收集到的总的电子数叫作光电倍增管的总灵敏度，该值与加速电压有关。光电倍增管的最大灵敏度可达10A/lm，极间电压越高，灵敏度越高。但极间电压也不能太高，太高反而会使阳极电流不稳。另外，由于光电倍增管的灵敏度很高，所以不能受强光照射，否则易被损坏。

3）暗电流。一般把光电倍增管放在暗室里避光使用，使其只对入射光起作用（称为光激发）。但是，由于环境温度、热辐射和其他因素的影响，即使没有光信号输入，加上电压后阳极仍有电流，这种电流称为暗电流。光电倍增管的暗电流在正常应用情况下是很小的，一般为$10^{-16} \sim 10^{-10}$A。暗电流主要是热电子发射引起，它随温度的增加而增加（称为热激发）；影响光电倍增管暗电流的因素还包括欧姆漏电（光电倍增管的电极之间玻璃漏电、管座漏电、灰尘漏电等）、残余气体放电（光电倍增管中高速运动的电子会使管中的气体电离产生正离子和光电子）等。有时暗电流可能很大甚至使光电倍增管无法正常工作，需要特别注意；暗电流通常可以用补偿电路加以消除。

4）光电倍增管的光谱特性。光电倍增管的光谱特性与相同材料的光电管的光谱特性相似，主要取决于光阴极材料。

光电倍增管是高能物理实验的关键通用部件。关于光电管与光电倍增管，请问：

① 提高光电管光电效应特性（或灵敏度）的可能途径有哪些？

② 光电倍增管一般用于什么场合？可否在强光下使用？为什么？

9.2.2　内光电效应型光电器件

内光电效应是指物体受到光照后所产生的光电子只在物体内部运动，而不会逸出物体的现象。内光电效应多发生于半导体内，可分为因光照引起半导体电阻率变化的光电导效应和因光照产生电动势的光生伏特效应两种。光电导效应是指物体在入射光能量的激发下，其内部产生光生载流子（电子-空穴对），使物体中载流子数量显著增加而电阻减小的现象；这种效应在大多数半导体和绝缘体中都存在，但金属因电子能态不同，不会产生光电导效应。光生伏特效应是指光照在半导体中激发出的光电子和空穴在空间分开而产生电位差的现象，是将光能变为电能的一种效应。光照在半导体 PN 结或金属-半导体接触面上时，在 PN 结或金属-半导体接触面的两侧会产生光生电动势，这是因为 PN 结或金属-半导体接触面因材料不同质或不均匀而存在内建电场，半导体受光照激发产生的电子或空穴会在内建电场的作用下向相反方向移动和积聚，从而产生电位差。

基于光电导效应的光电器件有光敏电阻；基于光生伏特效应的光电器件典型的有光电池，此外，光敏二极管、光敏晶体管也是基于光生伏特效应的光电器件。

1. 光敏电阻

光敏电阻又称光导管，是一种均质半导体器件。它具有灵敏度高、工作电流大（可达数毫安）、光谱响应范围宽，体积小、质量轻、机械强度高，耐冲击、耐振动、抗过载能力强、寿命长、使用方便等优点，但存在响应时间长、频率特性差、强光线性差、受温度影响大等缺点，主要用于红外的弱光探测和开关控制领域。

（1）光敏电阻的结构和工作原理

当入射光照到半导体上时，若光电导体为本征半导体材料，而且光辐射能量又足够强，则电子受光子的激发由价带越过禁带跃迁到导带，在价带中就留有空穴。在外加电压下，导带中的电子和价带中的空穴同时参与导电，即载流子数增多，电阻率下降。由于光的照射，使半导体的电阻变化，所以称为光敏电阻。

如果把光敏电阻连接到外电路中，在外加电压的作用下，电路中有电流流过，用检流计可以检测到该电流；如果改变照射到光敏电阻上的光照强度，发现流过光敏电阻的电流发生了变化，即用光照射能改变电路中电流的大小，实际上是光敏电阻的阻值随照度发生了变化，图 9-8a 为单晶光敏电阻的结构图。一般单晶的体积小，受光面积也小，额定电流容量低。为了加大感光面，通常采用微电子工艺在玻璃（或陶瓷）基片上均匀地涂敷一层薄薄的光电导多晶材料，经烧结后放上掩蔽膜，蒸镀上两个金（或铟）电极，再在光敏电阻材料表面覆盖一层漆保护膜（用于防止周围介质的影响，但要求该漆膜对光敏层最敏感波长范围内的光线透射率最大）。感光面大的光敏电阻的表面大多采用图 9-8b 的梳状电极结构，这样可得到比较大的光电流。图 9-8c 为光敏电阻的测量电路。

（2）典型光敏电阻

典型的光敏电阻有硫化镉（CdS）、硫化铅（PbS）、锑化铟（InSb）以及碲化镉汞（$Hg_{1-x}Cd_xTe$）系列光敏电阻。

1）硫化镉光敏电阻是最常见的光敏电阻，其光谱响应特性最接近人眼光谱视觉效率，在可见光波段范围内的灵敏度最高，因此，被广泛用于灯光的自动控制和照相机的自动测光等；硫化镉光敏电阻的峰值响应波长为 0.52μm。

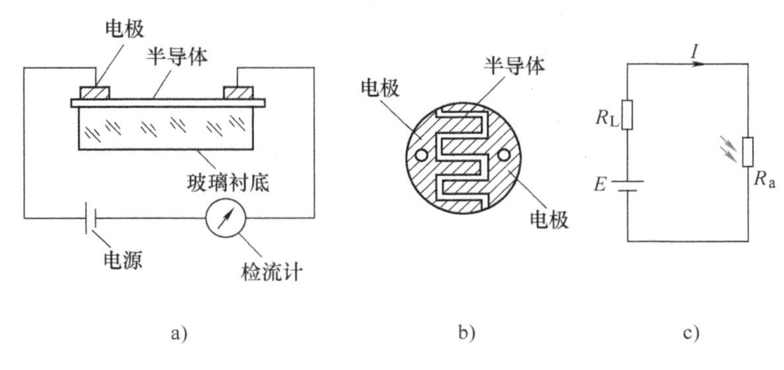

图 9-8　光敏电阻的结构
a）结构　b）梳状电极　c）测量电路

2）硫化铅光敏电阻在近红外波段最灵敏，在 2μm 附近的红外辐射的探测灵敏度很高，常用于火灾等领域的探测。硫化铅光敏电阻通常用真空蒸发或化学沉积的方法制备，光敏电阻的厚度为微米级的多晶薄膜或单晶硅薄膜。硫化铅光敏电阻的光谱响应特性与工作温度有关，随着工作温度的降低，其峰值响应波长将向长波方向移动。

3）锑化铟光敏电阻是 3~5μm 光谱范围内的主要探测器件之一，锑化铟光敏电阻由单晶材料制备，制造工艺较成熟，经过切片、磨片、抛光后的单晶材料，再采用腐蚀的方法减薄到所需要的厚度便制成单晶锑化铟光敏电阻。

4）碲化镉汞（$Hg_{1-x}Cd_xTe$）系列光敏电阻是目前所有红外探测器中性能最优良、最有前途的探测器件，尤其是对于 4~8μm 大气窗口波段辐射的探测；$Hg_{1-x}Cd_xTe$ 系列光敏电阻是由碲化汞（HgTe）和碲化镉（CdTe）两种材料的晶体混合制成的，其中 x 标明镉（Cd）元素含量的组分，其变化范围一般为 0.18~0.4，对应的波长变化范围为 1~30μm。

（3）光敏电阻的主要参数和基本特性

光敏电阻的选用取决于它的主要参数和一系列特性，如暗电流、光电流、光敏电阻的伏安特性、光照特性、光谱特性、频率特性、温度特性以及光敏电阻的灵敏度、时间常数和最佳工作电压等。

1）暗电阻、亮电阻与光电流。暗电阻、亮电阻和光电流是光敏电阻的主要参数。光敏电阻在未受到光照时的阻值称为暗电阻，此时流过的电流称为暗电流。在受到光照时的电阻称为亮电阻，此时的电流称为亮电流。亮电流与暗电流之差，称为光电流。

光敏电阻的暗电阻越大、亮电阻越小，则性能越好。也就是说，暗电流要小，亮电流要大，光敏电阻的灵敏度就高。实际上光敏电阻的暗电阻的阻值往往超过 1MΩ，甚至超过 100MΩ，而亮电阻即使在正常白昼条件下也可降到 1kΩ 以下。暗电阻与亮电阻之比一般在 10^2~10^6 之间，可见光敏电阻的灵敏度是相当高的。

2）光敏电阻的伏安特性。在一定照度下，光敏电阻两端所加的电压与光电流之间的关系称为伏安特性。硫化镉（CdS）光敏电阻的伏安特性曲线如图 9-9 所示，虚线为允许功耗线或额定功耗线（使用时应不使光敏电阻的实际功耗超过额定值）。由曲线可知，所加的电压越高，光电流越大，而且没有饱和现象，但是电压不能无限增大。在给定的电压下，光电流的数值将随光照增强而增大，其电压-电流关系为直线，即其阻值与入射光量有关。

3）光敏电阻的光照特性。光敏电阻的光照特性用于描述光电流和光照强度之间的关系，绝大多数光敏电阻光照特性曲线是非线性的，不同光敏电阻的光照特性是不同的，硫化镉光敏电阻的光照特性如图9-10所示。光敏电阻一般在自动控制系统中用作开关式光电信号转换器而不宜用作线性测量元件。

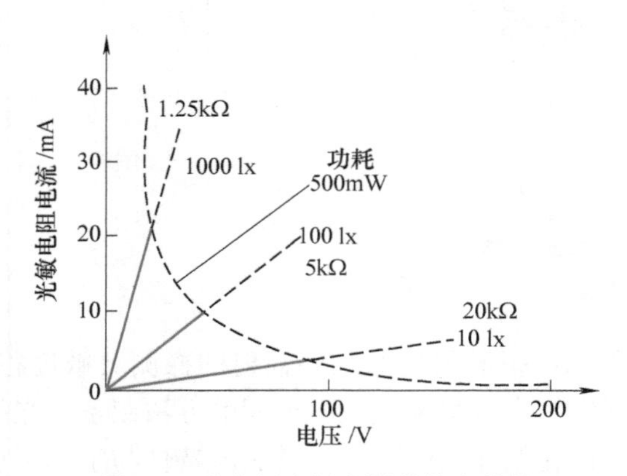

图9-9　硫化镉光敏电阻的伏安特性

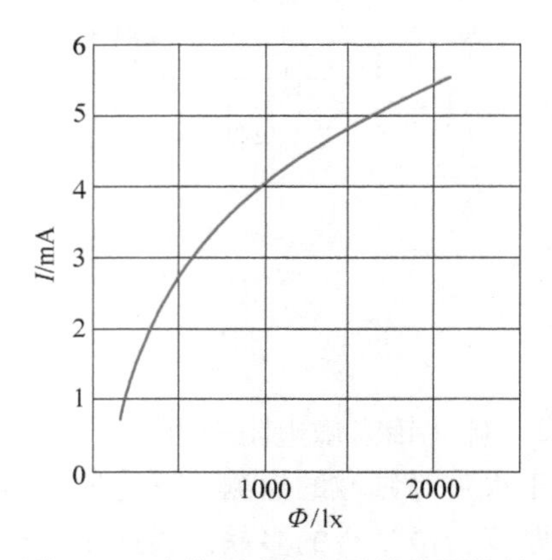

图9-10　硫化镉光敏电阻的光照特性

4）光敏电阻的光谱特性。对于不同波长的光，不同的光敏电阻的灵敏度是不同的，即不同的光敏电阻对不同波长的入射光有不同的响应特性。光敏电阻的相对灵敏度与入射波长的关系称为光谱特性。

几种常用光敏电阻材料的光谱特性如图9-11所示。从图中看出，对于不同材料制成的光敏电阻，其光谱响应的峰值是不一样的，即不同的光敏电阻最敏感的光波长是不同的，从而决定了它们的适用范围是不一样的。如硫化镉的峰值在可见光区域，而硫化铊的峰值在红外区域。因此在选用光敏电阻时应当把元件和光源的种类结合起来考虑，才能获得满意的结果。

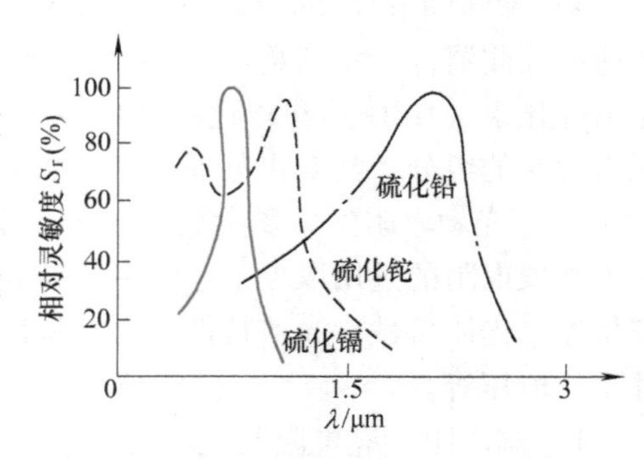

图9-11　光敏电阻的光谱特性

5）光敏电阻的响应时间和频率特性。实验证明，光敏电阻的光电流不能随着光照量的改变而立即改变，即光敏电阻产生的光电流有一定的惰性，这个惰性通常用时间常数来描述。时间常数为光敏电阻自停止光照起到电流下降为原来的63%所需要的时间，因此，时间常数越小，响应越迅速。但大多数光敏电阻的时间常数都较大，这是它的缺点之一。不同材料的光敏电阻有不同的时间常数，因此其频率特性也各不相同，与入射的辐射信号的强弱有关。

图9-12所示为硫化镉和硫化铅光敏电阻的频率特性。硫化铅的使用频率范围最大，其他都较差。目前正在通过改进生产工艺来改善各种材料光敏电阻的频率特性。

6）光敏电阻的温度特性。光敏电阻为多数载流子导电的光电器件，具有复杂的温度特性。光敏电阻的温度特性与光电导材料有密切关系，不同材料的光敏电阻有不同的温度特性；光敏电阻的光谱响应、灵敏度和暗电阻都要受到温度变化的影响。受温度影响最大的例

子是硫化铅光敏电阻，其光谱响应的温度特性曲线如图 9-13 所示。

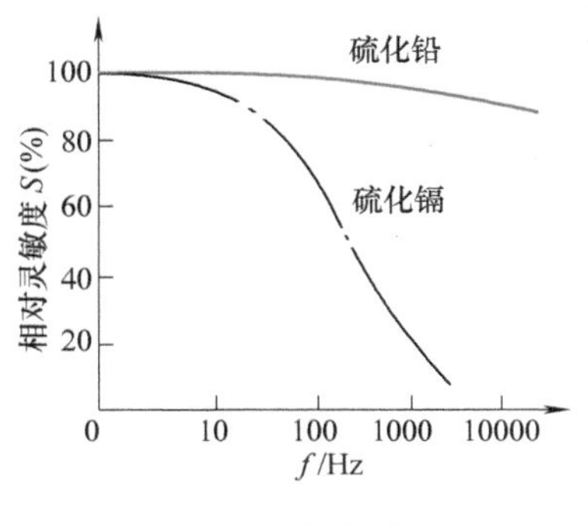

图 9-12　频率特性

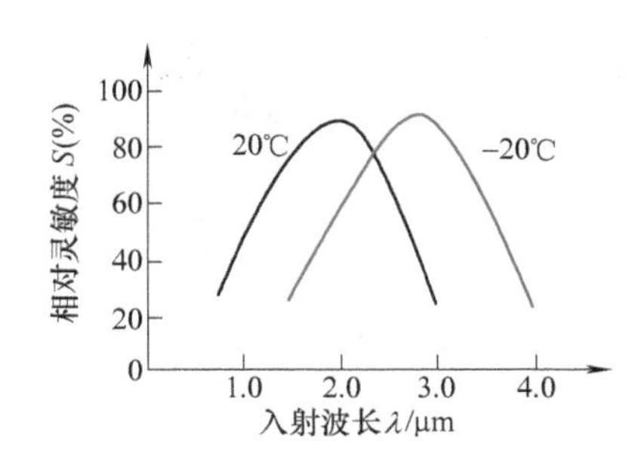

图 9-13　硫化铅光敏电阻的温度特性

随着温度的上升，其光谱响应曲线向左（即短波长的方向）移动。因此，要求硫化铅光敏电阻在低温、恒温的条件下使用。

（4）光敏电阻的应用

这里以火灾探测报警器的应用为例。图 9-14 为以光敏电阻为敏感探测元件的火灾探测报警器电路，在 1mW/cm^2 照度下（电学的“瓦特”单位相当于光学的“流明”，mW/cm^2 与 lm 一致），PbS 光敏电阻的暗电阻阻值为 1MΩ，亮电阻阻值为 0.2MΩ，峰值响应波长为 2.2μm，与火焰的峰值辐射光谱波长接近。

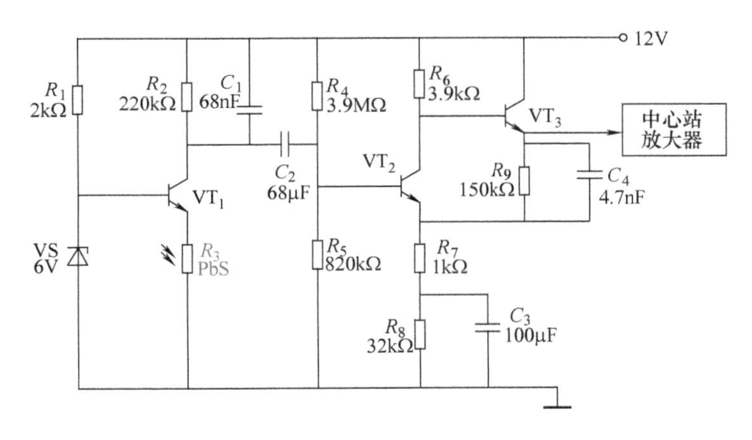

图 9-14　火灾探测报警器电路

由 VT_1、电阻 R_1、R_2 和稳压二极管 VS 构成对光敏电阻 R_3 的恒压偏置电路，该电路在更换光敏电阻时只要保证光电导灵敏度不变，输出电路的电压灵敏度就不会改变，可保证前置放大器的输出信号稳定。当被探测物体的温度高于燃点或被探测物体被点燃而发生火灾时，火焰将发出波长接近于 2.2μm 的辐射（或“跳变”的火焰信号），该辐射光将被 PbS 光敏电阻接收，使前置放大器的输出跟随火焰“跳变”信号，并经电容 C_2 耦合，由 VT_2、VT_3 组成的高输入阻抗放大器放大。放大的输出信号再送给中心站放大器，由其发出火灾报警信号或自动执行喷淋等灭火动作。

2. 光电池

（1）光电池原理

光电池实质上是一个电压源，是利用光生伏特效应把光能直接转换成电能的光电器件。由于它广泛用于把太阳能直接转变成电能，因此也称为太阳能电池。一般，能用于制造光敏电阻的半导体材料均可用于制造光电池，如硒光电池、硅光电池、砷化镓光电池等。

光电池结构如图9-15所示。硅光电池是在一块N型硅片上，用扩散的方法掺入一些P型杂质形成PN结。当入射光照射在PN结上时，若光子能量$h\nu_0$大于半导体材料的禁带宽度E，则在PN结附近激发出电子-空穴对，在PN结内电场（PN结内电场的方向是由N区指向P区的）的作用下，N型区的光生空穴被拉向P型区，P型区的光生电子被拉向N型区，结果使P型区带正电，N型区带负电，这样PN结就产生了电位差。若将PN结两端用导线连接起来，电路中就有电流流过，电流方向由P型区流经外电路至N型区（见图9-16）。若将外电路断开，就可以测出光生电动势。

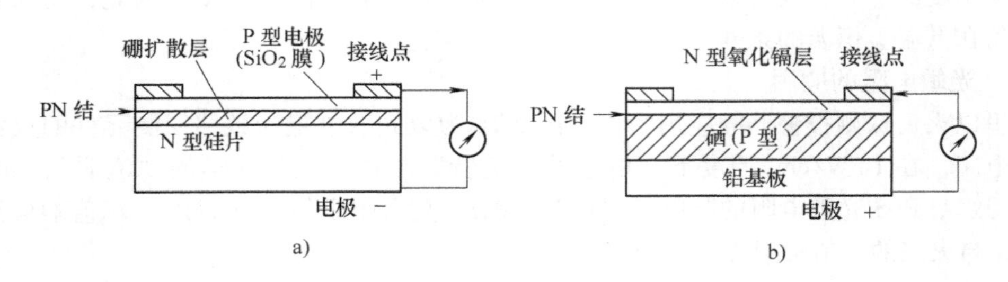

图9-15 光电池结构示意图
a）硅光电池结构 b）硒光电池结构

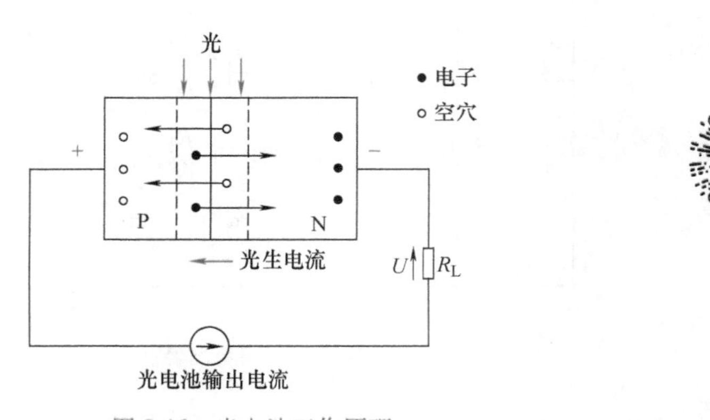

图9-16 光电池工作原理

硒光电池是在铝片上涂硒（P型），再用溅射的工艺，在硒层上形成一层半透明的氧化镉（N型）。在正、反两面喷上低融合金作为电极，如图9-15b所示。在光线照射下，镉材料带负电，硒材料带正电，形成电动势或光电流。

光电池的符号、基本电路及其等效电路如图9-17所示。

（2）光电池种类

光电池的种类很多，有硅光电池、硒光电池、锗光电池、砷化镓光电池、氧化亚铜光电

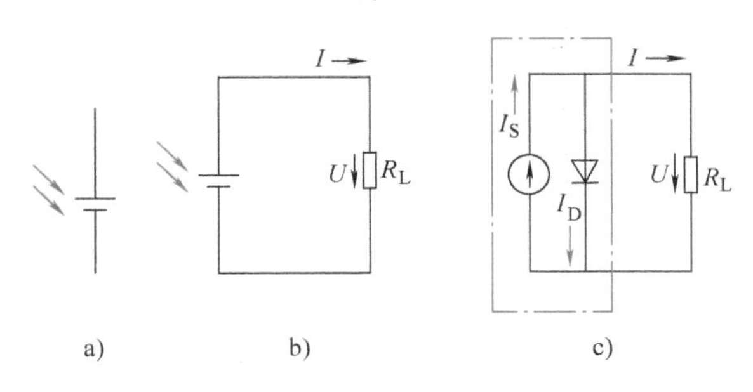

图 9-17　光电池的符号及其电路
a）符号　b）基本电路　c）等效电路

池等，但最受人们重视的是硅光电池。这是因为它具有性能稳定、光谱范围宽、频率特性好、转换效率高、能耐高温辐射、价格便宜、寿命长等特点。它不仅广泛应用于人造卫星和宇宙飞船作为太阳能电池，而且也广泛应用于自动检测和其他测试系统中。硒光电池由于其光谱特性与人眼的视觉很相近，频谱较宽，所以在很多分析仪器、测量仪表中也常常用到。

（3）光电池特性

1）光谱特性。硅和硒光电池的光谱特性如图 9-18a 所示，由图可知：

① 光电池对不同波长的光的灵敏度是不同的。硅光电池的光谱响应波长范围为 0.4～1.2μm，而硒光电池在 0.38～0.75μm，相对而言，硅电池的光谱响应范围更宽。硒光电池在可见光谱范围内有较高的灵敏度，适宜测可见光。

② 不同材料的光电池的光谱响应峰值所对应的入射光波长也是不同的。硅光电池在 0.8μm 附近，硒光电池在 0.5μm 附近。因此，使用光电池时对光源应有所选择。

2）光照特性。光电池在不同光照下，其光电流和光生电动势是不同的，它们之间的关系称为光照特性。硅光电池的开路电压和短路电流（外接负载相对于它的内阻很小时的光电流）与光照强度的关系如图 9-18b 所示。由图可知：短路电流在很大范围内与光照强度成线性关系，而开路电压（负载电阻无穷大时）与光照强度的关系是非线性的，在 2000lx 照度时趋于饱和，因此光电池作为测量元件时，应把它作为电流源来使用，使其接近短路工作状态，以利用短路电流与光照强度间线性关系的特点，不能作电压源。注意，随着附载的增加，硒光电池的负载电流与光照强度间的线性关系将变差。

从实验知道：对于不同的负载电阻，可在不同的照度范围内，使光电流与光照强度保持线性关系。负载电阻越小，光电流与照度间的线性关系越好，线性范围也越宽。因此，应用光电池时，所用负载电阻大小，应根据光照的具体情况来决定。

3）频率特性。光电池的 PN 结面积大，极间电容大，因此频率特性较差。图 9-18c 分别给出硅光电池和硒光电池与光的调制频率之间的关系特性，由图可见，硅光电池有较好的频率特性和较高的频率响应，因此一般在高速计算器中采用。

4）温度特性。半导体材料易受温度的影响，将直接影响光电流的值。光电池的温度特性用于描述光电池的开路电压和短路电流随温度变化的情况。温度特性将影响测量仪器的温漂和测量或控制的精度等。

硅光电池在 1000lx 光照下的温度特性曲线如图 9-18d 所示，由图可以看出：开路电压随温度的升高而快速下降，短路电流却随温度升高而增加，（在一定温度范围内）它们都与温

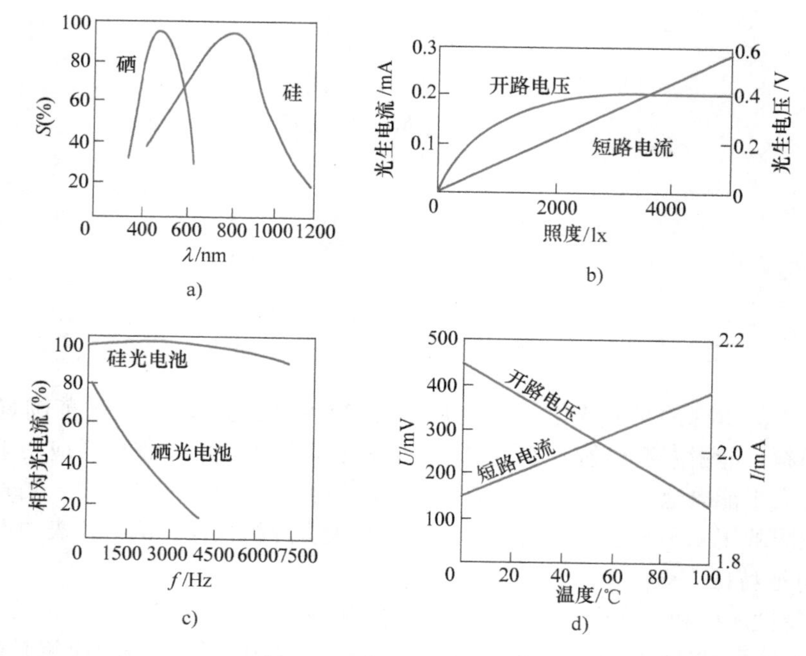

图 9-18　光电池的基本特性

a）光谱特性　b）光照特性　c）频率特性　d）温度特性

度成线性关系。温度对光电池的工作影响较大，当它作为测量元件时，最好保证温度恒定，或采取温度补偿措施。

3. 光敏管

大多数半导体二极管和晶体管都是对光敏感的，当二极管和晶体管的 PN 结受到光照射时，通过 PN 结的电流将增大，故常规的二极管和晶体管都用金属罐或其他壳体密封起来，以防光照；而光敏管（包括光敏二极管和光敏晶体管）则必须使 PN 结能接收最大的光照射。光电池与光敏二极管、晶体管都是 PN 结，主要区别在于后者的 PN 结处于反向偏置，无光照时反向电阻很大、反向电流很小，相当于截止状态（实质是 P 区和 N 区相邻的区域，即 PN 结中因 N 区的电子向 P 区移动、P 区的空穴向 N 区移动，两者复合形成一个既无电子也无空穴的耗尽区，在该区域中半导体物质恢复到绝缘状态）。当有光照时 PN 结将产生光生的电子-空穴对，在 PN 结电场作用下电子向 N 区移动，空穴向 P 区移动，形成光电流。

（1）光敏管的结构和工作原理

光敏二极管是一种 PN 结型半导体器件，与一般半导体二极管类似，其 PN 结装在管的顶部，以便接受光照，上面有一个透镜制成的窗口，可使光线集中在敏感面上。其工作原理和基本使用电路如图 9-19 所示。在无光照射时，处于反偏的光敏二极管工作在截止状态，这时只有少数载流子在反向偏压下越过阻挡层，形成微小的反向电流，即暗电流（或称漏电流）。值得指出的是，PN 结截止时总是会有很小的漏电流存在，即 PN 结存在反向关不断的现象，或者说 PN 结的单向导电性不是百分之百的。这是因为 PN 结反偏时，能够正向导电的多数载流子被拉向电源，使 PN 结变厚，其不能再通过 PN 结承担起载流导电的功能，此时漏电流的形成靠少数载流子的导电作用。

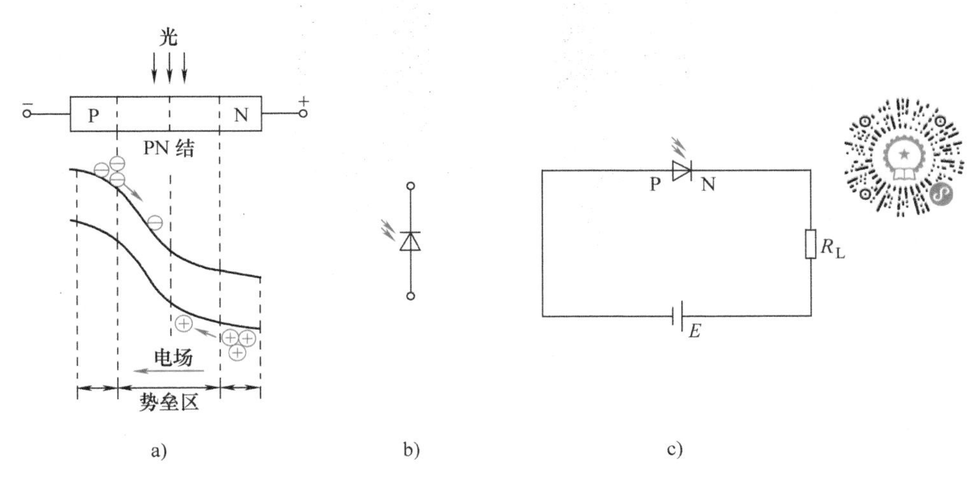

图9-19　光敏二极管的结构原理和基本电路
a）结构原理　b）符号　c）基本电路

当光敏二极管受到光照射之后，光子在半导体内被吸收，使P型区的电子数增多，也使N型区的空穴增多，产生新的自由载流子（即光生电子-空穴对）。这些载流子在结电场的作用下，空穴向P型区移动，电子向N型区移动，从而使通过PN结的反向电流大为增加，这就形成了光电流，处于导通状态。当入射光的强度发生变化时，光生载流子的多少相应发生变化，通过光敏二极管的电流也随之变化，这样就把光信号变成了电信号。达到平衡时，在PN结的两端将建立起稳定的电压差，这就是光生电动势（光敏管的光生伏特效应）。

试区分光敏二极管两端所加电压在正向和反偏两种状态下的工作情形。

光敏晶体管是光敏二极管和晶体管放大器一体化的结果，它有NPN型和PNP型两种基本结构，用N型硅材料为衬底制作的光敏晶体管为NPN型，用P型硅材料为衬底制作的光敏晶体管为PNP型。

这里以NPN型光敏晶体管为例，其结构与普通晶体管很相似，只是它的基极做得很大，以扩大光的照射面积，且其基极往往不接引线，即相当于在普通晶体管的基极和集电极之间接有光敏二极管且对电流加以放大。光敏晶体管的工作原理分为光电转换和光电流放大两个过程；光电转换过程与一般光敏二极管相同，当集电极加上相对于发射极为正的电压而不接基极时，集电极就是反向偏压，当光照在基极上时，就会在基极附近光激发产生电子-空穴对，在反向偏置的PN结势垒电场作用下，自由电子向集电区（N区）移动并被集电极所收集，空穴流向基区（P区）被正向偏置的发射结发出的自由电子填充，这样就形成一个由集电极到发射极的光电流，相当于晶体管的基极电流I_b。空穴在基区的积累提高了发射结的正向偏置，发射区的多数载流子（电子）穿过很薄的基区向集电区移动，在外电场作用下形成集电极电流I_c，结果表现为基极电流将被集电结放大β倍，这一过程与普通晶体管放大基极电流的作用相似。不同的是普通晶体管是由基极向发射结注入空穴载流子控制发射极的扩散电流，而光敏晶体管是由注入到发射结的光生电流控制。PNP 型光敏晶体管的工作与 NPN 型相同，只是它以 P 型硅为衬底材料构成，它工作时的电压极性与 NPN 型相反，集电极的电位为负。

光敏晶体管是兼有光敏二极管特性的器件，它在把光信号变为电信号的同时又将信号电流放大，光敏晶体管的光电流可达 0.4~4mA，而光敏二极管的光电流只有几十微安，因此光敏晶体管有更高的灵敏度。图 9-20 给出了它的结构和基本使用电路。

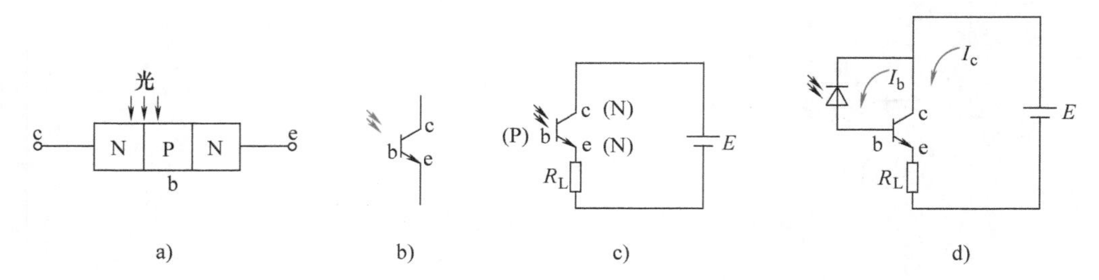

图 9-20　光敏晶体管的结构和基本电路

a）结构　b）符号　c）基本电路　d）工作原理示意图

（2）光敏管的基本特性

1）光谱特性。光谱特性是指光敏管在照度一定时，输出的光电流（或光谱相对灵敏度）随入射光的波长而变化的关系。如图 9-21 所示为硅和锗光敏管（光敏二极管、光敏晶体管）的光谱特性曲线。对一定材料和工艺制成的光敏管，必须对应一定波长范围（即光谱）的入射光才会响应，这就是光敏管的光谱响应。从图中可以看出：硅光敏管适用于 0.4~1.1μm 波长，最灵敏的响应波长为 0.8~0.9μm；而锗光敏管适用于 0.6~1.8μm 的波长，其最灵敏的响应波长为 1.4~1.5μm。

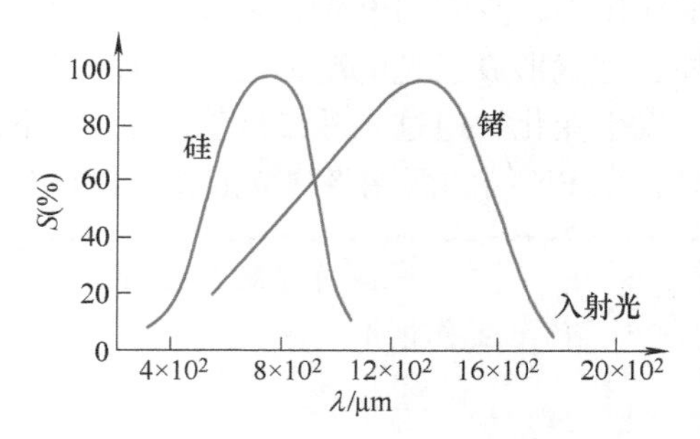

图 9-21　光敏管的光谱特性

由于锗光敏管的暗电流比硅光敏管大，故在可见光作光源时，都采用硅管；但是，在用红外光源探测时，则锗管较为合适。光敏二极管、光敏晶体管几乎全用锗或硅材料做成。由于硅管比锗管无论在性能上还是制造工艺上都更为优越，所以目前硅管的发展与应用更为广泛。

2）伏安特性。伏安特性是指光敏管在照度一定的条件下，光电流与外加电压之间的关系。图 9-22 所示为光敏二极管、光敏晶体管在不同照度下的伏安特性曲线。由图可见，光敏晶体管的光电流比相同管型光敏二极管的光电流大上百倍。由图 9-22b 可见，光敏晶体管在偏置电压为零时，无论光照强度有多强，集电极的电流都为零，说明光敏晶体管必须在一定的偏置电压作用下才能工作，偏置电压要保证光敏晶体管的发射结处于正向偏置、集电结处于反向偏置；随着偏置电压的增高伏安特性曲线趋于平坦。由图 9-22a 还可看出，与光敏晶体管不同的是，一方面，在零偏压时，光敏二极管仍有光电流输出，这是因为光敏二极管

存在光生伏特效应；另一方面，随着偏置电压的增高，光敏晶体管的伏安特性曲线向上偏斜，间距增大，这是因为光敏晶体管除了具有光电灵敏度外，还具有电流增益 β，且 β 值随光电流的增加而增大。图 9-22b 中光敏晶体管的特性曲线始端弯曲部分为饱和区，在饱和区光敏晶体管的偏置电压提供给集电结的反偏电压太低，集电极的电子收集能力低，造成光敏晶体管饱和，因此，应使光敏晶体管工作在偏置电压大于 5V 的线性区域。

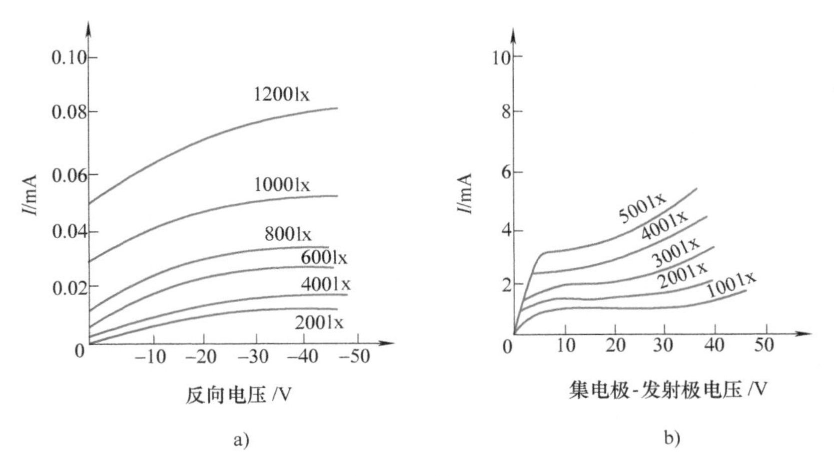

图 9-22　光敏管伏安特性

a）硅光敏二极管　b）硅光敏晶体管

3）光照特性。光照特性就是光敏管的输出电流 I_o 和照度 E 之间的关系。光敏管的光照特性如图 9-23 所示，从图中可以看出，光照强度越大，产生的光电流越强。光敏二极管的光照特性曲线的线性较好；光敏晶体管在照度较小时，光电流随照度增加缓慢，而在照度较大时（光照强度为几千勒克斯）光电流存在饱和现象，这是由于光敏晶体管的电流放大倍数在小电流和大电流时都有下降的缘故。

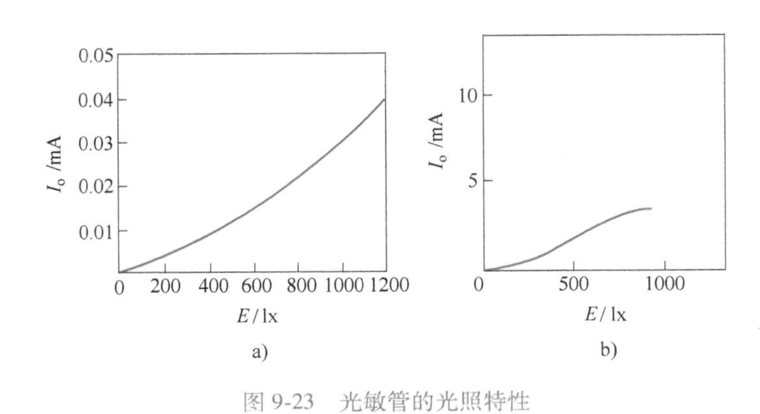

图 9-23　光敏管的光照特性

a）硅光敏二极管　b）硅光敏晶体管

4）频率特性。光敏管的频率特性是光敏管输出的光电流（或相对灵敏度）与光强变化频率的关系。光敏二极管的频率特性好，其响应时间可以达到 10^{-8}～10^{-7}s，因此适用于测量快速变化的光信号。由于光敏晶体管存在发射结电容和基区渡越时间（发射极的载流子通过基区所需要的时间），所以，光敏晶体管的频率响应比光敏二极管差，而且和光敏二极管一样，负载电阻越大，高频响应越差，因此，在高频应用时应尽量降低负载电阻的阻值。图 9-24 给出了硅光敏晶体管的频率特性曲线。

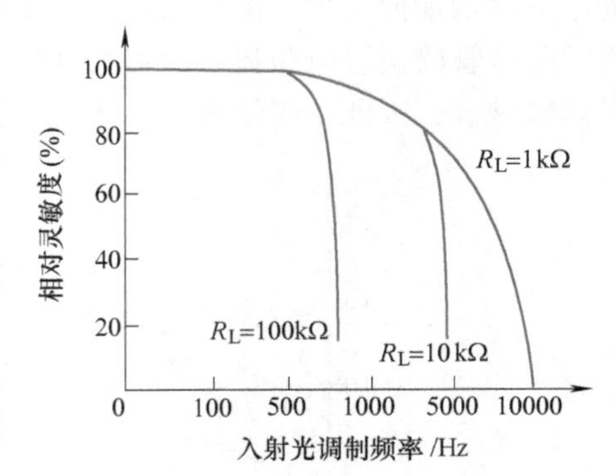

图 9-24　硅光敏晶体管的频率特性

综上所述，可以把光敏二极管和光敏晶体管的主要差别归纳为三个方面：

- 光电流。光敏二极管的光电流一般只有几微安到几百微安，而光敏晶体管一般都在几毫安以上，至少也有几百微安，两者相差十倍至百倍。光敏二极管与光敏晶体管的暗电流则相差不大，一般都不超过 1μA。
- 响应时间。光敏二极管的响应时间在 100ns 以下，而光敏晶体管为 5～10μs。因此，当工作频率较高时，应选用光敏二极管；只有在工作频率较低时，才选用光敏晶体管。
- 输出特性。光敏二极管有很好的线性特性，而光敏晶体管的线性较差。

（3）光敏管的应用举例

1）路灯自动控制器。图 9-25 为路灯自动控制器电路原理图。VD 为光敏二极管。当夜晚来临时，光线变暗，VD 截止，VT_1 饱和导通，VT_2 截止，继电器 K 线圈失电，其常闭触点 K_1 闭合，路灯 HL 点亮。天亮后，当光线亮度达到预定值时，VD 导通，VT_1 截止，VT_2 饱和导通，继电器 K 线圈带电，其常闭触点 K_1 断开，路灯 HL 熄灭。

2）光电式数字转速表。图 9-26a 是光电式数字转速表的工作原理图。在电动机的转轴上安装一个具有均匀分布齿轮的调制盘，当电动机转轴转动时，将带动调制盘转动，发光二极管发出的恒定光被调制成随时间变化的调制光，透光与不透光交替出现，光敏管将间断地接收到透射光信号，输出电脉冲。图 9-26b 为放大整形电路，当有光照时，光敏二极管产生光电流，使 RP 上压降增大，直到晶体管 VT_1 导通，作用到由 VT_2 和 VT_3 组成的射极耦合触发器，使其输出 U_o 为高电位；反之，U_o为低电位。放大整形电路输出整齐的脉冲信号 U_o，转速可由该脉冲信号的频率来确定，该脉冲信号 U_o可送到频率计进行计数，从而测出电动机的转速。每分钟的转速 r（单位：r/min）与脉冲频率 f（单位：Hz）之间的关系为

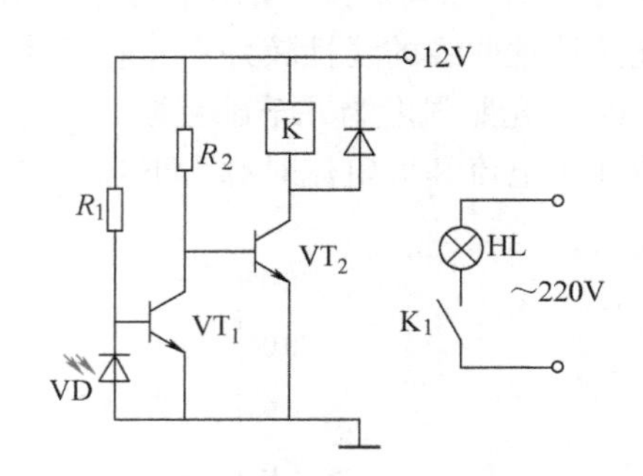

图 9-25　路灯自动控制器电路原理图

$$r=\frac{60f}{n}=\frac{60N}{tn} \tag{9-5}$$

式中　n——调制盘的齿数；

N——脉冲数；

t——采样时间（min）。

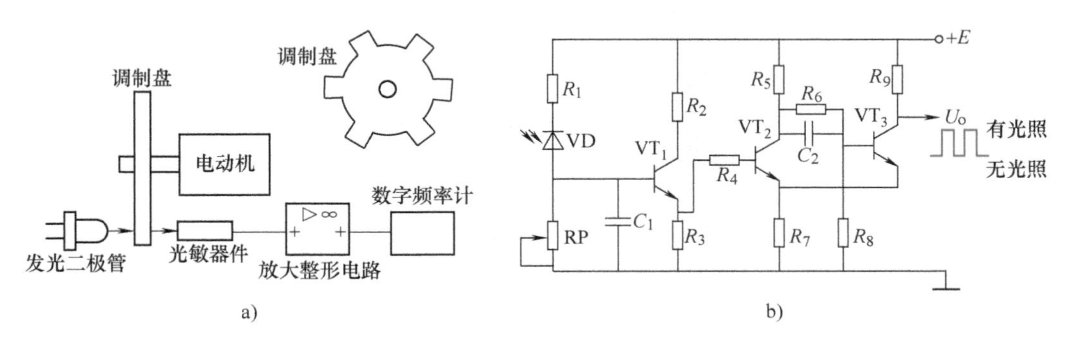

图 9-26　光电式数字转速表原理图
a）工作原理图　b）放大整形电路

如果工程上，图 9-26a 中调制盘的齿因存在制作误差而导致分布不均匀，是否会影响转速的测量结果？为什么？

光电器件的分类与特性小结如图 9-27 所示。

4. 光电耦合器

光电耦合器（工程上常简称光耦，型号如 TLP521、PC817 等）是将发光元件和光敏元件合并使用，以光为媒介实现信号传递的光电器件。发光元件通常采用砷化镓发光二极管，它由一个 PN 结组成，有单向导电性，随正向电压的提高，正向电流增加，产生的光通量也增加。光敏元件可以是光敏二极管或光敏晶体管等。为了保证灵敏度，要求发光元件与光敏元件在光谱上要得到最佳匹配。

光电耦合器将发光元件和光敏元件集成在一起，封装在一个外壳内，如图 9-28 所示。光电耦合器的输入电路和输出电路在电气上完全隔离，仅仅通过光的耦合才把两者联系在一起。工作时，把电信号加到输入端，使发光器件发光，光敏元件则在此光照下输出光电流，从而实现电-光-电的两次转换。

光电耦合器实际上能起到电量隔离的作用，具有抗干扰和单向信号传输功能。值得注意的是：①光电耦合器属于易失效器件，要特别注意光耦的选型、替代、工作电流、工作温度等，遵从相关指导性规范；②在光电耦合器的输入部分和输出部分必须分别采用独立的电源，若两端共用一个电源，则光电耦合器的隔离作用将失去意义；③当用光电耦合器来隔离输入输出通道时，必须隔离所有的信号（包括数字量信号、控制量信号、状态信号），确保被隔离的两边没有任何电气上的联系，否则这种隔离是没有意义的。

光电耦合器可起到很好的安全保障作用，即使当外部设备出现故障，甚至输入信号线短接时，也不会损坏仪表，因为光耦合器件的输入回路和输出回路之间可以承受几千伏的高压。光电耦合器的响应速度极快，其响应延迟时间只有 10μs 左右，适于对响应速度要求很高的场合。光电耦合器广泛应用于电量隔离、电平转换、噪声抑制、无触点开关等领域。这里以燃气灶的脉冲点火控制器为例介绍光电耦合器的应用。

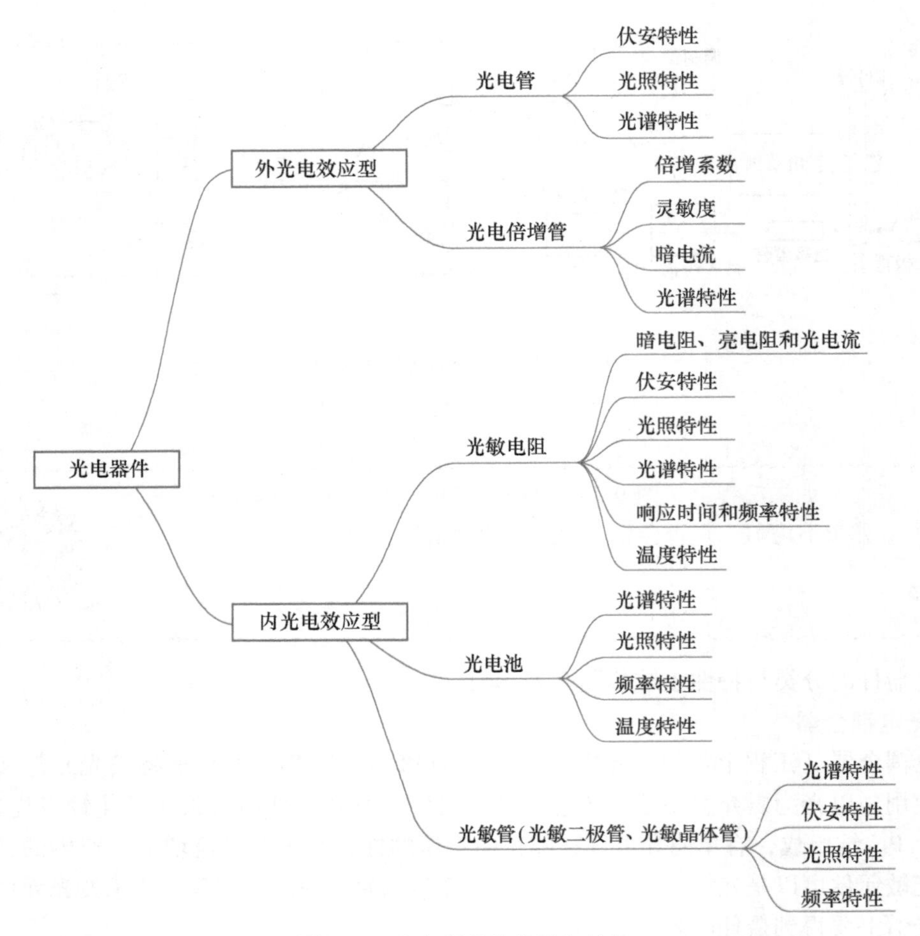

图 9-27 光电器件的分类与特性

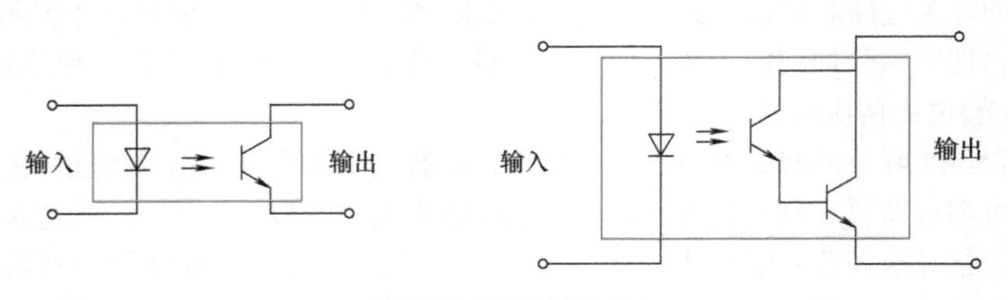

图 9-28 光电耦合器

煤气是易燃、易爆气体，所以对燃气器具中的点火控制器的要求是安全、稳定、可靠。因此，电路功能设计要求打火针确认产生火花，才可打开燃气阀门，否则燃气阀门保持关闭，以保证燃气器具使用的安全。

图 9-29 为燃气灶高压打火确认电路。在高压打火时，火花电压可达一万多伏，这个脉冲高电压对电路工作影响极大，为了使电路正常工作，采用光电耦合器（Optical Coupler，OC）进行电平隔离，大大增强了电路抗干扰能力。当高压打火针对打火确认针放电时，光电耦合

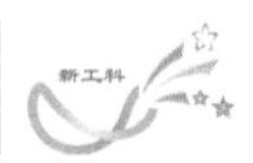

器中的发光二极管发光，耦合器中的光敏晶体管导通，信号经 VT_1、VT_2、VT_3 放大，驱动强吸电磁阀将气路打开，燃气碰到火花即燃烧。如果打火针与确认针之间不放电，则光电耦合器不工作，VT_1 等不导通，燃气阀将保持关闭。

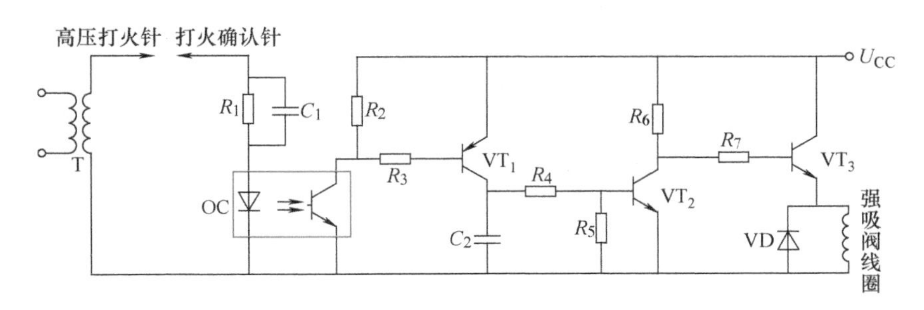

图 9-29　燃气灶的高压打火确认电路

交流与思考

光电耦合器之所以在传输信号的同时能有效地抑制尖脉冲和各种噪声干扰，使通道上的信噪比大为提高，主要原因是什么？

9.3　CCD 固体图像传感器

电荷耦合器件（Charge Coupled Devices，CCD）以电荷转移为核心，是一种使用非常广泛的固体图像传感器，它是以电荷包的形式存储和传递信息的半导体表面器件，是在 MOS（Metal Oxide Semiconductor）结构电荷存储器的基础上发展起来的，是半导体技术的一次重大突破。CCD 的概念最初于 1970 年由美国贝尔实验室的 W. S. Boyle 和 G. E. Smith 提出，很快有各种实用的 CCD 被研制出来。由于它具有光电转换、信息存储和延时等功能，而且集成度高、功耗小，所以在固体图像传感、信息存储和处理等方面得到了广泛的应用，其典型产品有数码照相机、数码摄像机等。

9.3.1　CCD 的工作原理

CCD 的突出特点是以电荷作为信号，而不同于其他大多数器件是以电流或者电压为信号。有人将其称为“排列起来的 MOS 电容阵列”。一个 MOS 电容器是一个光敏单元，可以感应一个像素点，如一个图像有 1024×768 个像素点，就需要同样多个光敏单元，即传递一幅图像需要由许多 MOS 光敏单元大规模集成的器件。因此，CCD 的基本功能是信号电荷的产生、存储、传输和输出。

1. CCD 的 MOS 光敏单元结构

CCD 是按照一定规律排列的 MOS 电容器阵列组成的移位寄存器，CCD 的单元结构是 MOS 电容器，如图 9-30a 所示。其中“金属”为 MOS 结构的电极，称为“栅极”（此栅极材料通常不是用金属而是用能够透过一定波长范围光的多晶硅薄膜）；“半导体”作为衬底电极；在两电极之间有一层“氧化物”（SiO_2）绝缘体，构成电容，但它具有一般电容所不具有的耦合电荷的能力。

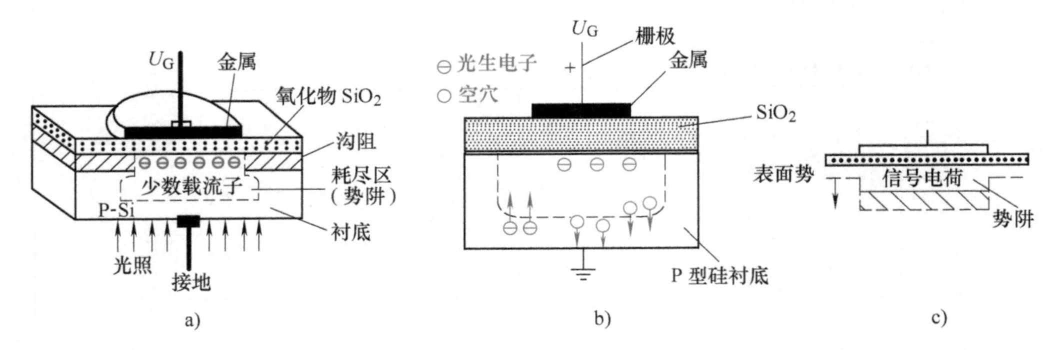

图 9-30　P 型 MOS 光敏单元

a）剖面图　b）结构　c）有信号电荷势阱图

2. 电荷存储原理

所有电容器都能存储电荷，MOS 电容器也不例外。例如，如果 MOS 电容器的半导体是 P 型硅，当在金属电极上施加一个 U_G正电压时（衬底接地），金属电极板上就会充上一些正电荷，附近的 P 型硅中的多数载流子-空穴被排斥到表面入地，如图 9-30b 所示。在衬底 Si-SiO_2 界面处的表面势能将发生变化，处于非平衡状态，表面区有表面势 ϕ_s，若衬底电位为 0，则表面处电子的静电位能为$-e\phi_s$（e 代表单个电子的电荷量）。因为 ϕ_s大于 0，电子位能$-e\phi_s$小于 0，则表面处有存储电荷的能力，半导体内的电子被吸引到界面处来，从而在表面附近形成一个带负电荷的耗尽区（称为电子势阱或表面势阱），电子在这里势能较低，沉积于此，成为积累电荷的场所，如图 9-30c 所示。势阱的深度与所加电压大小成正比关系，在一定条件下，若 U_G增加，栅极上充的正电荷数目增加，在 SiO_2 附近的 P-Si 中形成的负离子数目相应增加，耗尽区的宽度增加，表面势阱加深。

若形成 MOS 电容的半导体材料是 N-Si，则 U_G加负电压时，在 SiO_2 附近的 N-Si 中形成空穴势阱。

如果此时有光照射在硅片上，在光子作用下，半导体硅吸收光子，产生电子-空穴对，其中的光生电子被附近的势阱吸收，吸收的光生电子数量与势阱附近的光强度成正比：光强度越大，产生的电子-空穴对越多，势阱中收集的电子数就越多；反之，光越弱，收集的电子数越少。同时，产生的空穴被电场排斥出耗尽区。因此势阱中电子数目的多少可以反映光的强弱和图像的明暗程度，即这种 MOS 电容器可实现光信号向电荷信号的转变。若给光敏单元阵列同时加上 U_G，整个图像的光信号将同时变为电荷包阵列。当有部分电子填充到势阱中时，耗尽层深度和表面势将随着电荷的增加而减小。势阱中的电子处于被存储状态，即使停止光照，一定时间内也不会损失，这就实现了对光照的记忆。

3. 电荷转移原理

由于所有光敏单元共用一个电荷输出端，因此需要进行电荷转移。为了方便进行电荷转移，CCD 基本结构是一系列彼此非常靠近（间距为 15～20μm）的 MOS 光敏单元，这些光敏单元使用同一半导体衬底；氧化层均匀、连续；相邻金属电极间隔极小。

若两个相邻 MOS 光敏单元所加的栅压分别为 U_{G1}、U_{G2}，且 $U_{G1}<U_{G2}$，如图 9-31 所示。任何可移动的电荷都将力图向表面势大的位置移动。因 U_{G2} 高，表面形成的负离子多，所以表面势 $\phi_{s2}>\phi_{s1}$，电子的静电位能 $-e\phi_{s2}<-e\phi_{s1}<0$，则 U_{G2} 吸引电子能力强，形成的势阱深，1 中电子有向 2 中转移的趋势。若串联很多光敏单元，且使 $U_{G1}<U_{G2}<\cdots<U_{Gn}$，则可形成一个输运电子的路径，实现电子的转移。

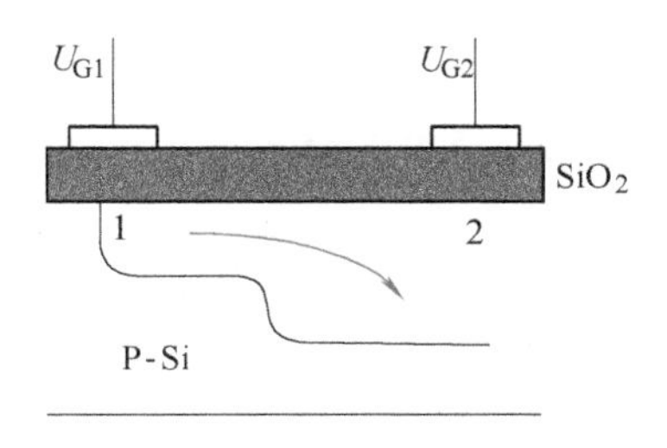

图 9-31　电荷转移示意图

由前面的分析可知，MOS 电容的电荷转移原理是通过在电极上加不同的电压（称为驱动脉冲）实现的。电极的结构按所加电压的相数分为二相、三相和四相系统。由于二相结构要保证电荷单向移动，必须使电极下形成不对称势阱，通过改变氧化层厚度或掺杂浓度来实现，这两者都使工艺复杂化。为了保证信号电荷按确定的方向和路线转移，在 MOS 光敏单元阵列上所加的各路电压脉冲要求严格满足相位要求。

以图 9-32 的三相时钟驱动电荷转换为例说明其工作原理。设 ϕ_1、ϕ_2、ϕ_3 为三个驱动脉冲，它们的顺序脉冲（时钟脉冲）为 $\phi_1\rightarrow\phi_2\rightarrow\phi_3\rightarrow\phi_1$，且三个脉冲的形状完全相同，彼此间有相位差（差 1/3 周期），如图 9-32a 所示。把 MOS 光敏单元电极分为三组，ϕ_1驱动 1、4 电极，ϕ_2驱动 2、5 电极，ϕ_3驱动 3、6 电极，如图 9-32b 所示。

三相时钟脉冲控制、转移存储电荷的过程如下：

$t=t_1$：ϕ_1相处于高电平，ϕ_2、ϕ_3相处于低电平，因此在电极 1、4 下面出现势阱，存入电荷。

$t=t_2$：ϕ_2相也处于高电平，电极 2、5 下出现势阱。因相邻电极间距离小，电极 1、2 及 4、5 下面的势阱互相连通，形成大势阱。原来在电极 1、4 下的电荷向电极 2、5 下的势阱中转移。接着 ϕ_1相电压下降，电极 1、4 下的势阱相应变浅。

$t=t_3$：更多的电荷转移到电极 2、5 下势阱内。

$t=t_4$：只有 ϕ_2相处于高电平，信号电荷全部转移到电极 2、5 下的势阱内。

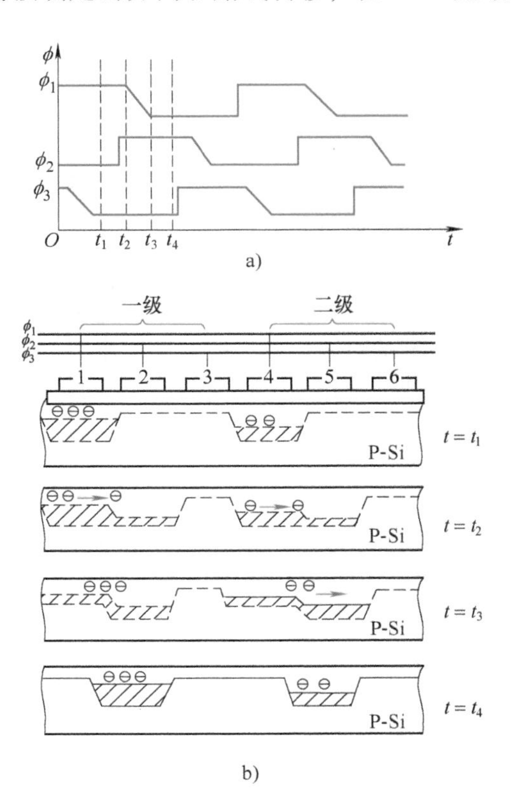

图 9-32　三相时钟驱动电荷转换原理
a）三相时钟脉冲波形　b）电荷转移过程

依此下去，通过脉冲电压的变化，在半导体表面形成不同的势阱，且右边产生更深势阱，左边形成阻挡势阱，使信号电荷自左向右做定向运动，在时钟脉冲的控制下从一端移位到另一端，直到输出。由于在传输过程中继续的光照会产生电荷，使信号电荷发生重叠，在显示器中出现模糊现象。因此在 CCD 摄像器件中有必要把摄像区和传输区分开，并且在时间上保证信号电荷从摄像区转移到传输区的时间远小于摄像时间。

4. 电荷的注入

CCD 的信号是电荷，那么信号电荷如何产生呢？有以下两种方法：

1）光信号注入。当光信号照射到 CCD 衬底硅片表面时，在电极附近的半导体内产生电子-空穴对，空穴被排斥入地，少数载流子（电子）则被收集在势阱内，形成信号电荷存储起来。存储电荷的多少与光照强度成正比。如图 9-33a 所示。

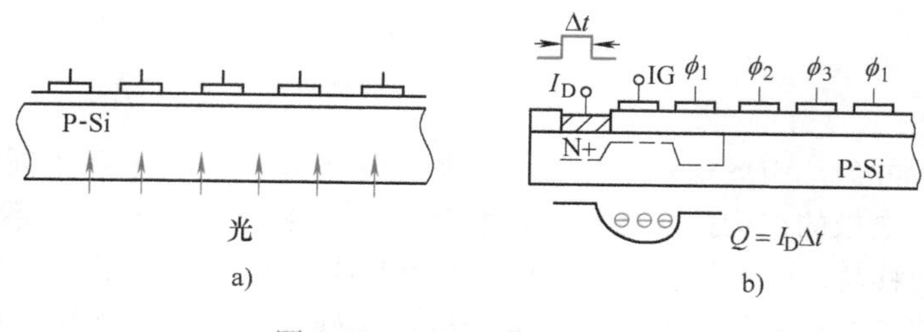

图 9-33 CCD 电荷注入方法

a）背面光注入 b）电注入

2）电信号注入。CCD 通过输入结构（如输入二极管），将信号电压或电流转换为信号电荷，注入势阱中。如图 9-33b 所示，二极管位于输入栅衬底下，当输入栅 IG 加上宽度为 Δt 的正脉冲时，输入二极管 PN 结的少数载流子通过输入栅下的沟道注入 ϕ_1 电极下的势阱中，注入电荷量为 $Q=I_D\Delta t$。

5. 电荷的输出

CCD 信号电荷在输出端被读出的方法如图 9-34 所示。OG 为输出栅。它实际上是 CCD 阵列的末端衬底上制作的一个输出二极管，当输出二极管加上反向偏压时，转移到终端的电荷在时钟脉冲作用下移向输出二极管，被二极管的 PN 结所收集，在负载 R_L 上形成脉冲电流 I_o。输出电流的大小与信号电荷的大小成正比，并通过负载电阻 R_L 转换为信号电压 U_o 输出。

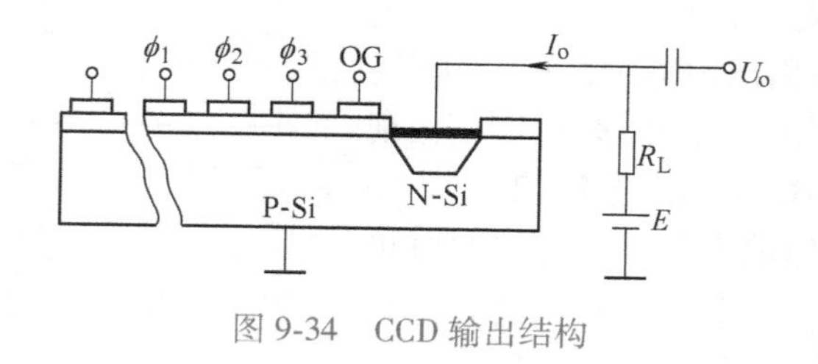

图 9-34 CCD 输出结构

9.3.2 CCD 固体图像传感器的特性参数

用来评价 CCD 固体图像传感器的主要参数有分辨率、光电转移效率、灵敏度、光谱响应、动态范围、暗电流及噪声等。不同的应用场合，对特性参数的要求也各不相同。

1. 分辨率

分辨率是指摄像器件对物像中明暗细节的分辨能力，是图像传感器最重要的特性参数，在感光面积一定的情况下，主要取决于光敏单元之间的距离，即相同感光面积下光敏单元的密度。

2. 光电转移效率

当 CCD 中电荷包从一个势阱转移到另一个势阱时，若 Q_1 为转移一次后的电荷量，Q_0 为原始电荷量，则转移效率定义为

$$\eta=\frac{Q_1}{Q_0} \tag{9-6}$$

当信号电荷进行 N 次转移时，总转移效率为

$$\frac{Q_N}{Q_o}=\eta^N=(1-\varepsilon)^N \tag{9-7}$$

式中　ε——转移损耗。

因 CCD 中的每个电荷在传送过程中要进行成百上千次的转移，因此要求转移效率 η 必须达到 99.99%~99.999%，以保证总转移效率在 90%以上。CCD 总效率太低时，就失去了实用价值，所以 η 一定时，就限制了转移次数或器件的最长位数。

3. 灵敏度及光谱响应

图像传感器的灵敏度是指单位照度下，单位时间、单位面积发射的电量。图 9-35 所示为光谱灵敏度特性。光从表面照射传感器时，通过多晶硅层，使蓝光的灵敏度下降。从背面照射时，器件的厚度必须减薄到约为 10μm。另外，在图像传感器表面加上多层抗反射的涂层，以增强其光学透性，则更为有效。硅的吸收波长在 400~1100nm 范围。

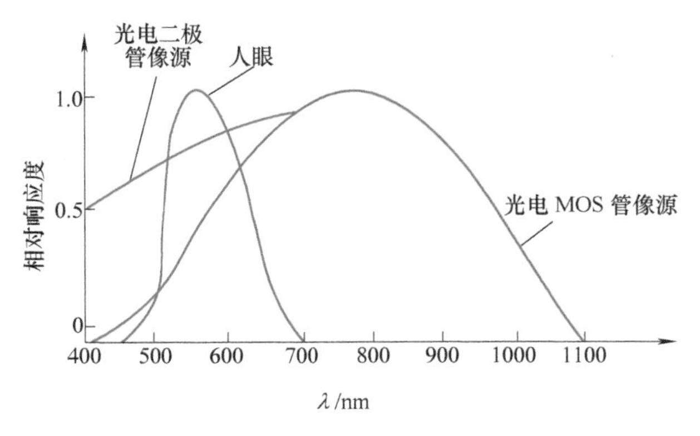

图 9-35　光谱灵敏度特性

4. 动态范围

饱和曝光量和等效曝光量的比值称为 CCD 的动态范围。CCD 的动态范围一般在 10^3 ~ 10^4 数量级。

5. 暗电流

暗电流起因于热激发产生的电子-空穴对，是缺陷产生的主要原因。光信号电荷的积累时间越长，其影响就越大。同时暗电流的产生不均匀，会在图像传感器中出现固定图形，暗电流限制了器件的灵敏度和动态范围。暗电流与光积分时间、温度密切相关，温度每降低

10℃，暗电流约减小一半。对于每个器件，暗电流大的地方（称为暗电流尖峰）总是出现在相同位置的单元上，利用信号处理，把出现暗电流尖峰的单元位置存储在 PROM（可编程只读存储器）中，单独读取相应单元的信号值，就能消除暗电流尖峰的影响。

6. 噪声

噪声是图像传感器的主要参数。CCD 是低噪声器件，但由于其他因素产生的噪声会叠加到信号电荷上，使信号电荷的转移受到干扰。噪声的来源有转移噪声、散粒噪声、电注入噪声、信号输入噪声等。散粒噪声虽然不是主要的噪声源，但是在其他几种噪声可以采用有效措施来降低或消除的情况下，散粒噪声就决定了图像传感器的噪声极限值。在低照度、低反差下应用时，影响更为显著。

机器视觉在工业 4.0 时代的智能制造领域的作用将越来越重要，它是实现流程自动化和质量改进的重要途径。机器视觉与光电式传感器有何关联？

9.3.3 CCD 固体图像传感器的应用

CCD 固体图像传感器的应用主要在以下几方面：

1）计量检测仪器：工业生产产品的尺寸、位置、表面缺陷的非接触在线检测、距离测定等（光电鼠标的工作原理是什么）。

2）光学信息处理：光学字符识别（Optical Character Recognition，OCR）、标记识别、图形识别、传真、摄像等，如广泛使用的二维码、人脸识别等。

3）生产过程自动化：自动工作机械、自动售货机、自动搬运机、监视装置等。

4）军事应用：导航、跟踪、侦查（带摄像机的无人驾驶飞机、卫星侦查）。

下面重点从两个方面介绍 CCD 固体图像传感器的应用。

1. 尺寸检测

在自动化生产线上，经常需要进行物体尺寸的在线检测，如零件的几何尺寸检验、轧钢厂钢板宽度的在线检测和控制等。利用线型列阵光敏图像传感器，可实现物体微小尺寸的高精度非接触测量。

微小尺寸的检测通常指用于对微隙、细丝或小孔的尺寸进行检测。如在游丝轧制的精密加工中，要求对游丝的厚度进行精密检测和控制，而游丝厚度通常只有 10~20μm。对微小尺寸的检测一般采用激光衍射的方法。当激光照射细丝或小孔时，会产生衍射图像，用线型列阵光敏图像传感器对衍射图像进行接收，测出暗纹的间距，即可计算出细丝或小孔的尺寸。图 9-36 所示为细丝直径检测系统的原理图。He-Ne 激光器具有良好的单色性和方向性，当激光照射到细丝时，满足远场条件，在 L 远大于 a^2/λ 时，就会得到夫琅和费衍射图像，由夫琅和费衍射理论及互补定理可推导出衍射图像暗纹的间距 d 为

$$d=L\lambda/a \tag{9-8}$$

式中 L——细丝到线型列阵光敏图像传感器的距离；

λ——入射激光波长；

a——被测细丝直径。

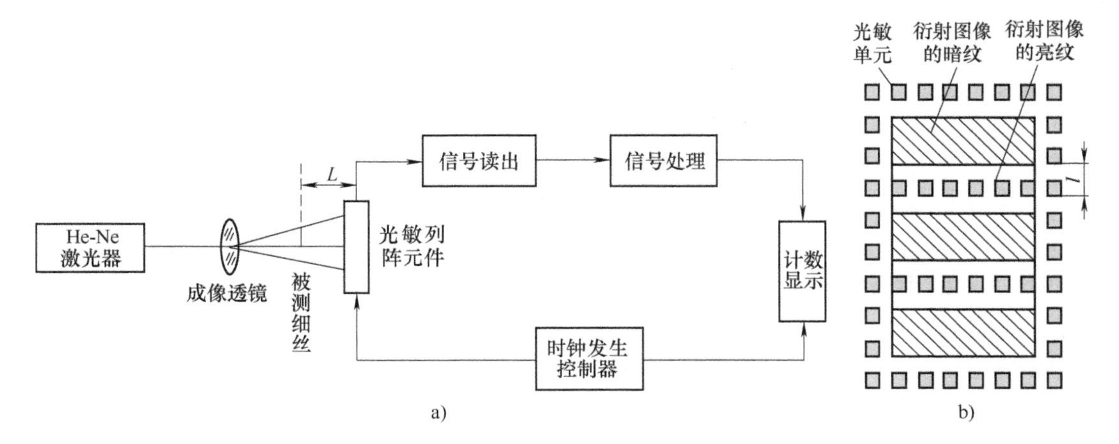

图9-36 细丝直径检测系统原理

a）原理框图 b）衍射成像

用线型列阵光敏图像传感器将衍射光强信号转换为脉冲电信号，根据两个幅值为极小值之间的脉冲数 N 和线型列阵光敏图像传感器光敏单元的间距 l，可计算出衍射图像暗纹之间的间距为

$$d=Nl \tag{9-9}$$

根据式（9-8）和式（9-9）可推导出，被测细丝的直径 a 为

$$a=\frac{L\lambda}{d}=\frac{L\lambda}{Nl} \tag{9-10}$$

2. 智能人脸识别

智能人脸识别技术是基于人的脸部特征，对输入的人脸图像或者视频流，首先判断其是否存在人脸，如果存在人脸，则进一步给出每个脸的位置、大小和各个主要面部器官的位置信息，并依据这些信息进一步提取每个人脸中所蕴含的身份特征，并将其与已知的人脸进行对比，从而识别每个人脸所对应人的身份。其中涉及人脸图像采集和基于图像检测处理的身份识别。

智能人脸识别系统作为一种重要的个人身份鉴别方法，最早用于罪犯照片管理和刑侦破案，现在在安全和商贸等领域的应用越来越普遍，其应用领域逐步推向日常生活的各个领域，如机场安检、进站通关、人流监控、公安追逃、刷脸支付、门禁考勤、寻人寻亲等。一方面，智能人脸识别可明显提高识别和身份验证的工作效率；另一方面，从识别准确性的角度，其具有极高的安全性和可靠性，应用前景非常广阔。在人脸识别的基础上，人们还提出了情感识别，即机器人对人类情感甚至是心理活动的有效识别，使其获得类似人类的观察、理解、反应能力，可应用于机器人辅助医疗康复、刑侦鉴别等领域。

人脸识别原理：人脸识别技术包含如下三个部分。

（1）人脸检测

人脸检测是指在动态的场景与复杂的背景中判断是否存在面像，并分离出这种面像。一般有下列几种方法，在实际应用中这些方法可以结合采用。

1）参考模板法。首先设计一个或数个标准人脸的模板，然后计算测试采集的样品与标准模板之间的匹配程度，并通过阈值来判断是否存在人脸。

2）人脸规则法。由于人脸具有一定的结构分布特征，所谓人脸规则的方法即提取这些特征生成相应的规则以判断测试样品是否包含人脸。

3）样品学习法。即采用模式识别中人工神经网络的方法，通过对面像样品集和非面像样品集的学习产生分类器。

4）肤色模型法。即依据面貌肤色在色彩空间中分布相对集中的规律来进行检测。

5）特征子脸法。即将所有面像集合视为一个面像子空间，并基于检测样品与其在子空间的投影之间的距离判断是否存在面像。

（2）人脸跟踪

人脸跟踪是指对被检测到的面貌进行动态目标跟踪。具体可采用基于模型的方法或基于运动与模型相结合的方法。此外，利用肤色模型跟踪也不失为一种简单而有效的手段。

（3）人脸比对

人脸比对是对被检测到的面像进行身份确认或在面像库中进行目标搜索。即将采样到的面像与库存的面像依次进行比对，并找出最佳的匹配对象。面像的描述决定了面像识别的具体方法与性能。主要采用特征向量与面纹模板两种描述方法。

1）特征向量法。该方法是先确定眼虹膜、鼻翼、嘴角等面像五官轮廓的大小、位置、距离等属性，然后再计算出它们的几何特征量，这些特征量形成描述该面像的特征向量。

2）面纹模板法。该方法是在库中存储若干标准面像模板或面像器官模板，在进行比对时，将采样面像所有像素与库中所有模板采用归一化相关量度量进行匹配。也可采用模式识别的自相关网络或特征与模板相结合的方法。

人脸识别过程一般分三步：

1）首先建立人脸的面像档案。即用摄像机采集人员的人脸面像文件或取他们的照片形成面像文件，并将这些面像文件生成面纹（Faceprint）编码存储起来。

2）获取当前的人体面像。即用摄像机捕捉当前人员的面像，或取照片输入，并将当前的面像文件生成面纹编码。

3）用当前的面纹编码与档案库存比对。即将当前面像的面纹编码与档案库存中的面纹编码进行检索比对。面纹编码可以抵抗光线、皮肤色调、面部毛发、发型、眼镜、表情和姿态的变化，具有高可靠性。

人脸识别涉及的具体技术流程为：人脸图像采集、人脸检测、人脸图像预处理、人脸图像特征提取以及人脸图像匹配与识别。

1）人脸图像采集：不同的人脸图像都能通过摄像镜头采集下来，如静态图像、动态图像、不同的位置、不同表情等。当用户在采集设备的拍摄范围内时，采集设备会自动搜索并拍摄用户的人脸图像。

2）人脸检测：人脸检测在实际中主要用于人脸识别的预处理，即在图像中准确标定出人脸的位置和大小。人脸图像中包含的模式特征十分丰富，如直方图特征、颜色特征、模板特征、结构特征等。人脸检测就是把这其中有用的信息挑出来，并利用这些特征实现人脸检测。主流的人脸检测方法基于以上特征采用 Adaboost 分类学习算法，挑选出一些最能代表人脸的矩形特征（弱分类器），按照加权投票的方式将弱分类器构造为一个强分类器，再将

训练得到的若干强分类器串联组成一个级联结构的层叠分类器，有效地提高分类器的检测速度。

3）人脸图像预处理：是基于人脸检测结果，对图像进行处理并最终服务于特征提取的过程。系统获取的原始图像由于受到各种条件的限制和随机干扰，往往不能直接使用，必须在图像处理的早期阶段对它进行灰度校正、噪声过滤等图像预处理。对于人脸图像而言，其预处理过程主要包括人脸图像的光线补偿、灰度变换、直方图均衡化、归一化、几何校正、滤波以及锐化等。

4）人脸图像特征提取：就是针对人脸的某些特征进行特征建模的过程。人脸识别系统可使用的特征通常分为视觉特征、像素统计特征、人脸图像变换系数特征、人脸图像代数特征等。人脸特征提取的方法归纳起来分为两大类：一是基于知识的表征方法；二是基于代数特征或统计学习的表征方法。基于知识的表征方法主要是根据人脸器官的形状描述以及它们之间的距离特性来获得有助于人脸分类的特征数据，其特征分量通常包括特征点间的欧氏距离、曲率和角度等。人脸由眼睛、鼻子、嘴、下巴等局部构成，对这些局部和它们之间结构关系的几何描述，可作为识别人脸的重要特征，这些特征被称为几何特征。基于知识的人脸表征主要包括基于几何特征的方法和模板匹配法。

5）人脸图像匹配与识别：提取的人脸图像的特征数据与数据库中存储的特征模板进行搜索匹配，通过设定阈值，当相似度超过这一阈值则把匹配得到的结果输出。人脸识别就是将待识别的人脸特征与已有的人脸特征模板进行比较，根据相似程度对人脸的身份信息进行判断。这一过程分为两种情形：一是确认，即一对一进行图像比较的过程；二是辨认，即一对多进行图像匹配对比的过程。

综上可知，智能人脸识别分析系统框架如图9-37所示。

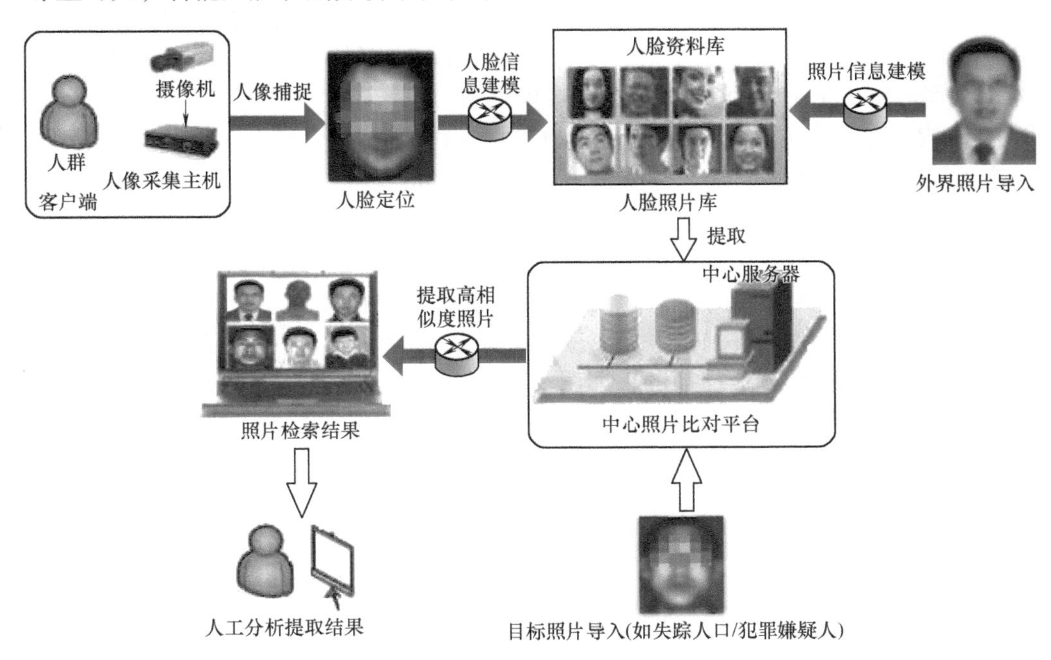

图9-37 智能人脸识别分析系统框架

9.4 光纤传感器

光纤的概念于1964年由华裔物理学家高锟首次提出，1970年，美国康宁公司首次研制成功损耗为20dB/km的光纤，光纤通信时代由此开始。光纤传感技术是20世纪70年代中期伴随着光通信技术的发展而逐步形成的一门新技术。在实际应用中发现，光纤受到外界环境因素（如温度、压力、电场、磁场等）的影响时，其传输的光波特征参量（如光强、相位、频率、偏振态等）将发生变化。如果能测量出光波特征参量的变化，就可以知道导致这些光波特征参量变化的温度、压力、电场、磁场等物理量的大小，于是出现了光纤传感技术和光纤传感器。

光纤传感器与传统的各类传感器相比有一系列独特的优点，如频带宽、动态范围大、灵敏度高、抗电磁干扰、耐高温、耐腐蚀、电绝缘性好、防爆、光路可绕曲、结构简单、体积小、重量轻、耗电少、易于实现远距离测量等。光纤传感器可以测量的非电量有70多种，如位移、压力、温度、流量、速度、加速度、振动、应变、磁场、电场、电压、电流、化学量、生物医学量等。

9.4.1 光纤

1. 光纤及其传光原理

光纤是一种多层介质结构的同心圆柱体，包括纤芯、包层和保护层（涂敷层及护套），如图9-38所示。其核心部分是纤芯和包层，纤芯粗细、纤芯材料和包层材料的折射率，对光纤的特性起决定性影响。其中纤芯由高度透明的材料制成，是光波的主要传输通道；纤芯材料的主体是SiO_2，并掺入微量的GeO_2、P_2O_5，以提高材料的光折射率。纤芯直径为5~75μm。包层可以是一层、二层或多层结构，总直径约100~200μm，包层材料主要也是SiO_2，掺入了微量的B_2O_3或SiF_4以降低包层对光的折射率；包层的折射率略小于纤芯，这样的构造可以保证入射到光纤内的光波集中在纤芯内传输。涂覆层采用丙烯酸酯、硅橡胶、尼龙，增加机械强度和可弯曲性，以保护光纤不受水汽的侵蚀和机械擦伤，同时又增加光纤的柔韧性，起着延长光纤寿命的作用。护套采用不同颜色的塑料管套，一方面起保护作用，另一方面以颜色区分多条光纤。许多根单条光纤组成光缆。

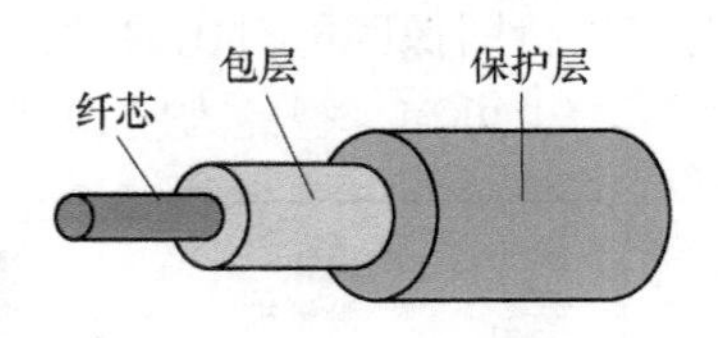

图9-38 光纤的结构

光在同一种介质中是直线传播的，如图9-39所示。当光线以不同的角度入射到光纤端面时，在端面发生折射进入光纤后，又入射到折射率n_1较大的光密介质（纤芯）与折射率n_2较小的光疏介质（包层）的交界面（$n_1>n_2$），光线在该处有一部分透射到光疏介质，一部分反射回光密介质。根据折射定理有

$$\frac{\sin\theta_k}{\sin\theta_r}=\frac{n_2}{n_1} \tag{9-11}$$

$$\frac{\sin\theta_i}{\sin\theta'}=\frac{n_1}{n_0} \tag{9-12}$$

式中 θ_i，θ'——光纤端面的入射角和折射角；

θ_k，θ_r——光密介质与光疏介质界面处的入射角和折射角。

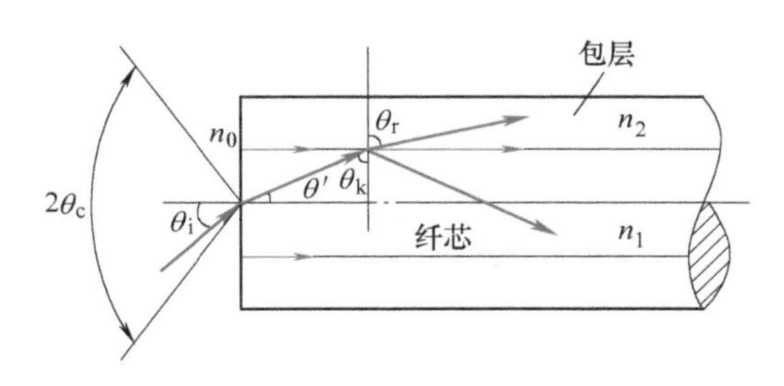

图 9-39　光纤传输原理

由于不同的物质有不同的光折射率，因此，不同的物质对相同波长光的折射角度是不同的，相同的物质对不同波长光的折射角度也是不同的。在光纤材料确定的情况下，n_1/n_0、n_2/n_1均为定值，因此若减小θ_i，则θ'也将减小，相应地，θ_k将增大，则θ_r也增大。当θ_i达到θ_c使折射角$\theta_r=90°$时，即折射光将沿界面方向传播，则称此时的入射角θ_c为临界角。所以有

$$\sin\theta_c=\frac{n_1}{n_0}\sin\theta'=\frac{n_1}{n_0}\cos\theta_k=\frac{n_1}{n_0}\sqrt{1-\left(\frac{n_2}{n_1}\sin\theta_r\right)^2}\xlongequal{\theta_r=90°}\frac{1}{n_0}\sqrt{n_1^2-n_2^2} \tag{9-13}$$

外界介质一般为空气，$n_0=1$，所以有：

$$\theta_c=\arcsin\sqrt{n_1^2-n_2^2} \tag{9-14}$$

式（9-14）要求纤芯层折射率大于包层。当入射角θ_i小于临界角θ_c时，光线就不会透过其界面而全部反射到光密介质内部，即发生全反射。全反射的条件为

$$\theta_i<\theta_c \tag{9-15}$$

在满足全反射的条件下，光线就不会射出纤芯，而是在纤芯和包层界面不断地产生全反射向前传播，最后从光纤的另一端面射出。光的全反射是光纤传感器工作的基础。

按照几何光学全反射原理，光线在纤芯和包层的交界面产生全反射，并形成把光闭锁在纤芯内部向前传播的必要条件，即使经过弯曲的路径光线也不会射出光纤之外，如图 9-40 所示。

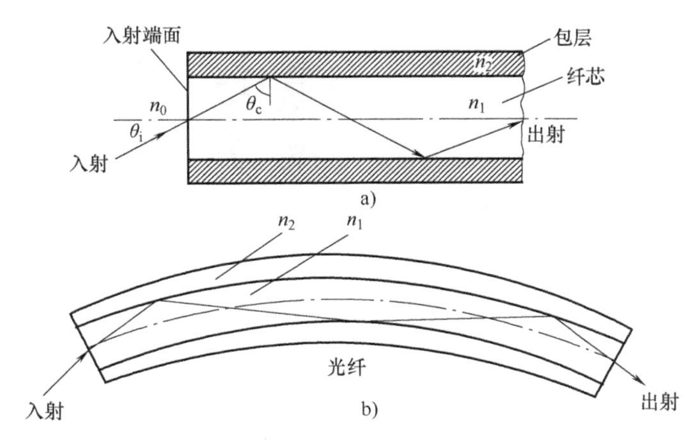

图 9-40　全反射路径

a）光纤笔直　b）光纤弯曲

【奋斗的青春最美丽】 光纤“百折不回，勇往直前”的全反射属性给我们的启示：作为新时代中国青年，大家正处于学习知识、增长才干的美好年华，要勇于砥砺奋斗。中华文明从未间断，赓续屹立至今的一个重要原因就在于我们的民族特征中一直有坚忍不拔、奋斗抗争的精神，相关神话故事有大禹治水、后羿射日、愚公移山，鸦片战争以来的民族抗争有抗日战争等，虽经诸多磨难，却从未放弃，这是深入骨子里的品质。奋斗是青春最亮丽的底色，奋斗的青春，是“长风破浪会有时，直挂云帆济沧海”的豪情壮志，是“千磨万击还坚劲，任尔东西南北风”的坚韧顽强，是“仰天大笑出门去，我辈岂是蓬蒿人”的自信担当，是“雄关漫道真如铁，而今迈步从头越”的昂首向前。“英雄起于阡陌，奋斗铸就辉煌”，青春是用来奋斗的，志存高远，紧跟时代，不畏艰险，脚踏实地，以蓬勃朝气投身实现国家富强、民族复兴的伟大事业，只要行进在正确的道路上，即使有艰难曲折，终将胜利到达彼岸，奋斗的青春最美丽！

2. 光纤的主要特性

（1）数值孔径

由式（9-14）可知，θ_c是出现全反射的临界角，且某种光纤的临界入射角的大小是由光纤本身的性质——折射率n_1、n_2所决定的，与光纤的几何尺寸无关。光纤光学中把$\sin\theta_c$定义为光纤的数值孔径（Numerical Aperture，NA）。即

$$\sin\theta_c=\sqrt{n_1^2-n_2^2} \tag{9-16}$$

数值孔径是光纤的一个重要参数，它能反映光纤的集光能力（见图9-41），光纤的NA越大，表明它可以在较大入射角θ_i范围内输入全反射光，集光能力就越强，光纤与光源的耦合越容易，且保证实现全反射向前传播。即在光纤端面，无论光源的发射功率有多大，只有$2\theta_c$张角内的入射光才能被光纤接收、传播。如果入射角超出这个范围，进入光纤的光线将会进入包层而散失（产生漏光）。但NA越大，光信号的畸变也越大，所以要适当选择NA的大小。石英光纤的NA=0.2~0.4（对应的θ_c=11.5°~23.5°）。

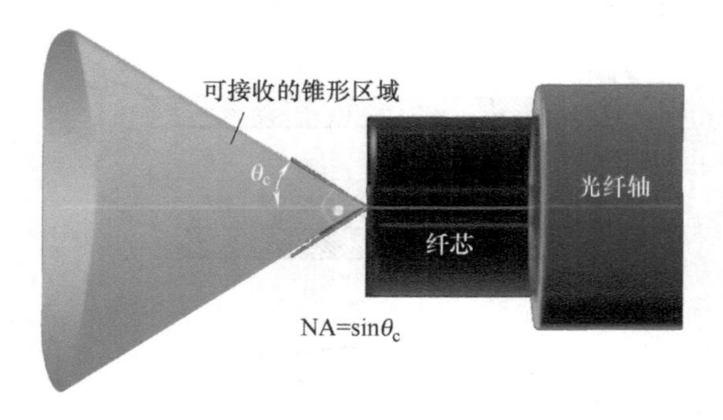

图9-41　光纤的数值孔径

（2）光纤模式

光波在光纤中的传播途径和方式称为光纤模式。对于不同入射角的光线，在界面反射的次数是不同的，传递的光波间的干涉也是不同的，这就是传播模式不同。一般总希望光纤信

号的模式数量要少，以减小信号畸变的可能。

光纤分为单模（Single-mode）光纤和多模（Multi-mode）光纤（见图 9-42）。单模光纤的纤芯直径较小（一般为 9μm 或 10μm），只能传输一种模式。其优点是信号畸变小、信息容量大、线性好、灵敏度高。缺点是纤芯较小，制造、连接、耦合较困难；适用于远程通信；只能使用激光器（LD）作光源，成本高。多模光纤的纤芯直径较大（一般为 50μm 或 62. 5μm），传输模式不止一种。其优点是纤芯面积较大，制造、连接、耦合容易；传输距离一般只有几千米；可以使用发光二极管（LED）或垂直腔面发射激光器（VCSEL）作光源，成本低（在 1Gbit/s 以上高速网络中要采用激光器作光源）。缺点是性能较差，模间色散较大，限制了传输数字信号的频率，且随距离的增加而更加严重。

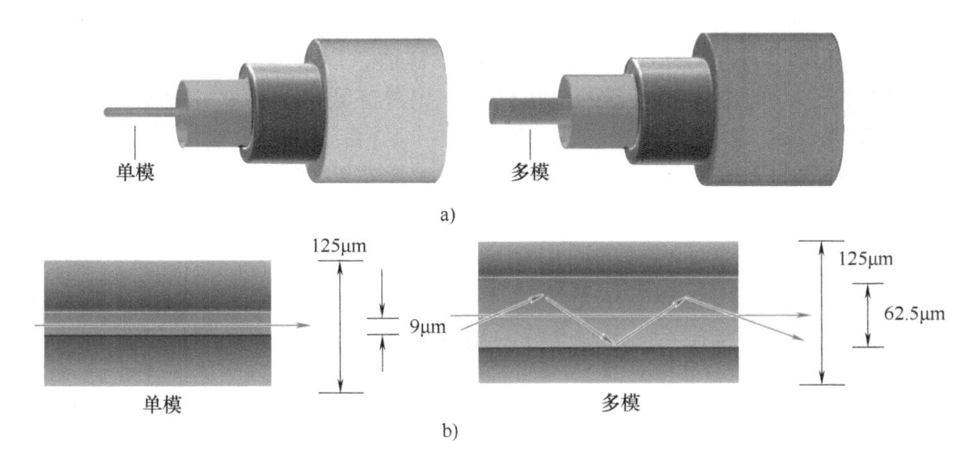

图 9-42 光纤的模式

虽然仅从光纤的角度看，单模光纤性能比多模光纤好，但是从整个网络用光纤的角度看，多模光纤则占有更大的优势。多模光纤一直是网络传输介质的主体，随着网络传输速率的不断提高和 VCSEL 的使用，多模光纤得到更多的应用，促进了新一代多模光纤的发展。

（3）传输损耗

光信号在光纤中的传播不可避免地存在着损耗。光纤传输损耗主要有本征损耗（光纤的固有损耗，包括瑞利散射、固有吸收等）、吸收损耗（因杂质、材料密度及浓度不均匀、折射率不均匀引起）、散射损耗（因光纤拉制时粗细不均匀引起）、光波导弯曲损耗（因光纤在使用中可能发生挤压、弯曲引起）、对接损耗（因光纤对接时不同轴、端面与轴心不垂直、端面不平、对接心径不匹配和熔接质量差等引起）。

单模光纤与多模光纤因传输模式不同、产生的损耗不同而表现出不同的特性，适用于不同的场景。图 9-42 中纤芯的折射率是均匀的，纤芯层到包层的折射率是突变的，属于阶跃型折射率；如果纤芯层采用非均匀的渐变折射率，即纤芯折射率中心最大，沿纤芯半径方向逐渐减小，属于渐变型光纤。这两种光纤在特性上会表现出什么不同?

9.4.2 光纤传感器

温度、压力、电场、磁场、振动等外界因素作用于光纤时，会引起光纤中传输的光波特征参量（振幅、相位、频率、偏振态等）发生变化，只要测出这些参量随外界因素的变化关系，就可以确定对应物理量的变化大小，这就是光纤传感器的基本工作原理。

1. 光纤传感器的组成

要构成光纤传感器，除光导纤维外，还必须有光源和光探测器。

（1）光源

为了保证光纤传感器的性能，对光源的结构与特性有一定要求。一般要求光源的体积尽量小，以利于它与光纤耦合；光源发出的光波长应合适，以便减少光在光纤中传输的损失；光源要有足够亮度，以便提高传感器的输出信号。另外还要求光源稳定性好、噪声小、安装方便和寿命长等。

光纤传感器使用的光源种类很多，按照光的相干性可分为相干光和非相干光。非相干光源有白炽光、发光二极管；相干光源包括各种激光器，如氦氖激光器、半导体激光二极管等。

光源与光纤耦合时，总是希望在光纤的另一端得到尽可能大的光功率，它与光源的光强、波长及光源发光面积等有关，也与光纤的粗细、数值孔径有关。

（2）光探测器

光探测器的作用是把传送到接收端的光信号转换成电信号，以便做进一步的处理。它和光源的作用相反，常用的光探测器有光敏二极管、光敏晶体管、光电倍增管等。

在光纤传感器中，光探测器的性能好坏既影响被测物理量的变换准确度，又关系到光探测接收系统的质量。它的线性度、灵敏度、带宽等参数直接影响传感器的总体性能。

2. 光纤传感器的分类

（1）按光纤在传感器中功能的不同分类

1）功能型（传感型）光纤传感器。这是利用光纤本身的特性把光纤作为敏感元件，被测量对光纤内传输的光进行调制，使传输的光的强度、相位、频率或偏振等特性发生变化，再通过对被调制过的信号进行解调，从而得出被测信号。

2）非功能型（传光型）光纤传感器。这是利用其他敏感元件感受被测量的变化，与其他敏感元件组合而成的传感器，光纤只作为光的传输介质。

（2）按光纤传感器调制的光波参数不同分类

1）强度调制光纤传感器。光源发射的光经入射光纤传输到调制器——它由可动反射调制器等组成，经反射器把光反射到出射光纤，通过出射光纤传输到光探测器。可动反射调制器的动作受到被测信号的控制，因此反射出的光强是随被测量变化的。光探测器接收到光强变化的信号，经解调得到被测物理量的变化。当然还可采用可动透射调制器或内调制型（微弯调制器）等。图 9-43a 为三种强度调制原理示意图。可动反射调制器中出射光纤能收到多少光强，由入射光纤射出的光斑在反射屏上形成的基圆大小决定，基圆半径由反射面到入射光纤的距离决定，距离受待测物理量控制（如微位移、热膨胀等），因此出射光纤收到的光强调制信号代表了待测物理量的变化，经解调可得到与待测物理量成比例的电信号，通

过运算即得到待测量的大小。

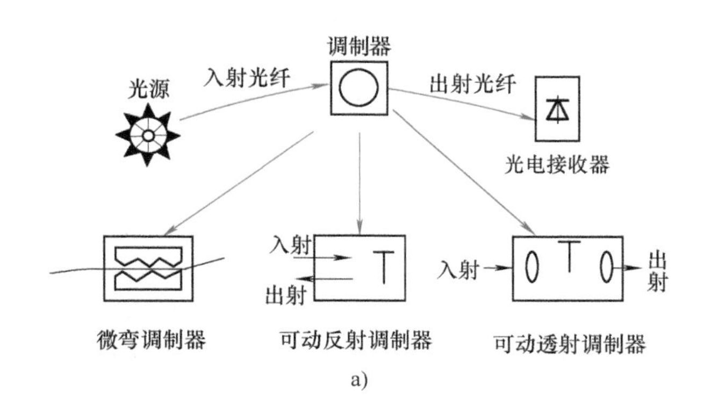

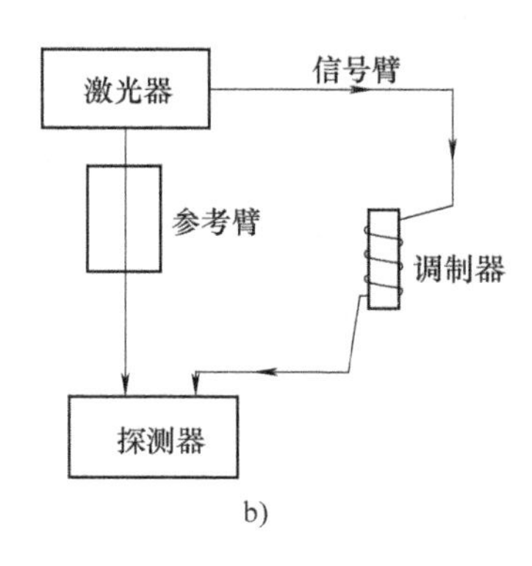

图 9-43　光纤传感器调制原理

a）强度调制　b）相位调制

2）相位调制光纤传感器。将光纤的光分为两束，一束相位受外界信息的调制，一束作为参考光，使两束光叠加形成干涉条纹，通过检测干涉条纹的变化可确定出两束光相位的变化，从而测出使相位变化的待测物理量。如图 9-43b 给出相位调制传感器的原理图，其调制机理分为两类：一类是将机械效应转变为相位调制，如将应变、位移、水声的声压等通过某些机械元件转换成光纤的光学量（折射率等）的变化，从而使光波的相位变化；另一类利用光学相位调制器将压力、转动等信号直接转变为相位变化。

3）波长（频率）调制光纤传感器。单色光照射到运动物体上后，反射回来时，由于多普勒效应，其频率将发生变化，频移后的频率为

$$f'=\frac{f_i}{1-v/c}\overset{v/c\ll 1}{\approx} f_i(1+v/c)\quad\text{（运动物体靠近光源方向移动）}\tag{9-17}$$

或

$$f'=\frac{f_i}{1+v/c}\overset{v/c\ll 1}{\approx} f_i(1-v/c)\quad\text{（运动物体远离光源方向移动）}\tag{9-18}$$

式中　f'，f_i——反射光的频率和入射光的频率；

c——光速；

v——运动物体的速度。

将此频率的光与参考光共同作用于光探测器上，并产生差拍，经频谱分析处理求出频率变化，即可推知物体的运动速度。根据这一原理，可制成光纤激光-多普勒测振仪，测量的灵敏度非常高。同时，还可制成光纤多普勒血液流量计，用于血液流量测量。

光纤多普勒血液流量计可利用光多普勒效应测量血液流量，但受到一定使用环境条件的限制，如果要求从便携式的角度进行改进，您的方案是什么？

4）时分调制光纤传感器。利用外界因素调制返回信号的基带频谱，通过检测基带的延

迟时间、幅度大小的变化来测量各种物理量的大小和空间分布的方法。

5）偏振调制光纤传感器。外界因素作用使光的某一方向振动比其他方向占优势，这种调制方式为偏振调制。

9.4.3 光纤传感器的应用

1. 光纤温度传感器

1）辐射温度计。它是利用非接触方式检测来自被测物体的热辐射方法，若采用光导纤维将热辐射引导到传感器中，可实现远距离测量；利用多束光纤可对物体上多点的温度及其分布进行测量；可在真空、放射线、爆炸性和有毒气体等特殊环境下进行测量。400～1600℃的黑体辐射的光谱主要由近红外线构成。采用高纯石英玻璃的光导纤维在1.1～1.7μm的波长带域内显示出低于1dB/km的低传输损失，所以最适合于上述温度范围的远距离测量。

图9-44为可测量高温的探针型光纤温度传感器系统。将直径为0.25～1.25μm、长度为0.05～0.3m的蓝宝石纤维接于光纤的前端，蓝宝石纤维的前端用Ir（铱）的溅射薄膜覆盖。用这种温度计可检测具有0.1μm带宽的可见单色光（$\lambda=0.5\sim0.7\mu m$），从而可测量600～2000℃范围的温度。

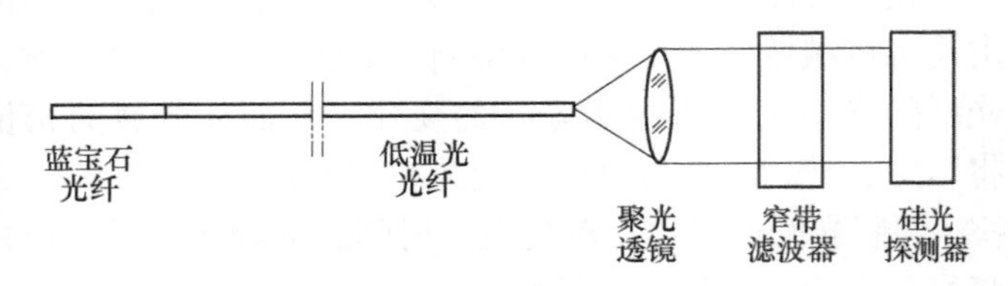

图9-44　探针型光纤温度传感器

2）光强调制型光纤温度传感器。图9-45所示是一种光强调制型光纤温度传感器。它利用了多数半导体材料的能量带隙随温度的升高几乎线性减小的特性，如图9-46所示。半导体材料的透光率特性曲线边沿的波长λ_g随温度的增加而向长波方向移动。如果适当地选定一种光源，它发出的光的波长在半导体材料工作范围内，当此种光通过半导体材料时，其透射光的强度将随温度T的增加而减小，即光的透过率随温度升高而降低。

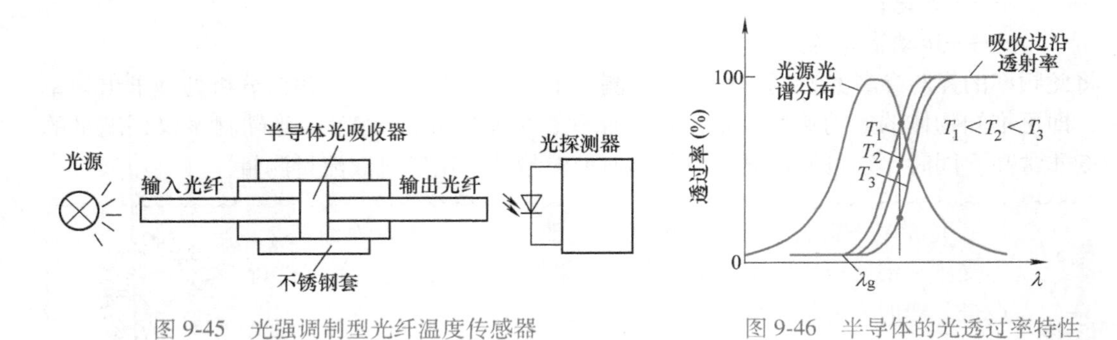

图9-45　光强调制型光纤温度传感器　　图9-46　半导体的光透过率特性

敏感元件是一个半导体光吸收器（薄片），光纤用于传输信号。当光源发出的光以恒定

的强度经输入光纤到达半导体光吸收器时，透过吸收器的光强受薄片温度调制（温度越高，透过的光强越小），然后透射光再由输出光纤传到光探测器。它将光强的变化转化为电压或电流的变化，达到传感温度的目的。

这种传感器的测量范围随半导体材料和光源而变，通常在−100～300℃，响应时间大约为 2s；测量精度在±3℃。目前，国外光纤温度传感器可探测到 2000℃高温，灵敏度达到±1℃，响应时间为 2s。

2. 光纤旋涡式流量传感器

光纤旋涡式流量传感器是将一根多模光纤垂直地装入管道，当液体或气体流经与其垂直的光纤时，光纤受到流体涡流的作用而振动，振动的频率与流速有关。测出光纤振动的频率就可确定液体的流速。光纤旋涡式流量传感器结构如图 9-47 所示。

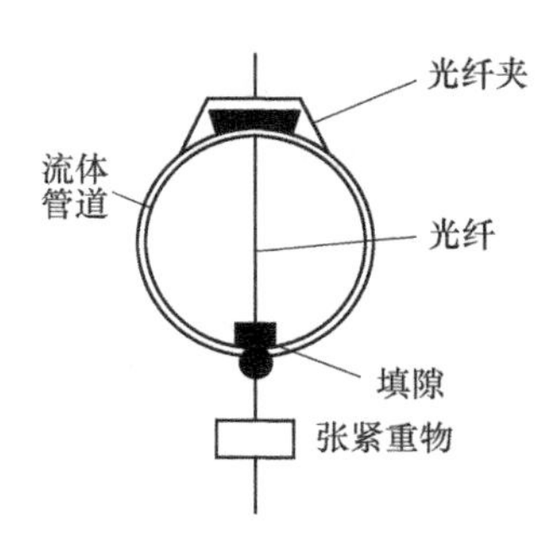

图 9-47　光纤旋涡式流量传感器结构

当流体运动受到一个垂直于流动方向的非流线体阻碍时，根据流体力学原理，在某些条件下，在非流线体的下游两侧产生有规则的旋涡，其旋涡的频率 f 与流体的流速 v 之间的关系可表示为

$$f=S_t\frac{v}{d} \tag{9-19}$$

式中　d——流体中物体的横向尺寸大小（光纤的直径）；

S_t——斯托劳哈尔（Strouhal）系数，它是一个无量纲的常数。

在多模光纤中，光以多种模式进行传输，在光纤的输出端，各模式的光就形成了干涉图样，这就是光斑。一根没有外界扰动的光纤所产生的干涉图样是稳定的，当光纤受到外界扰动时，干涉图样的明暗相间的斑纹或斑点发生移动。如果外界扰动是流体的涡流引起的，那么干涉图样斑纹或斑点就会随着振动的周期变化来回移动，这时测出斑纹或斑点的移动，即可获得对应于振动频率的信号，根据式（9-19）推算流体的流速。

光纤旋涡式流量传感器可测量液体和气体的流量，传感器没有活动部件，测量可靠，而且对流体流动几乎不产生阻碍作用，压力损耗非常小。

9.5　光电式编码器

编码器是将机械转动的位移（模拟量）转换成数字式电信号的传感器。编码器在角位移测量方面应用广泛，具有高精度、高分辨率、高可靠性的特点。光电式编码器是在自动测量和自动控制中用得较多的一种数字式编码器，从结构上可分为码盘式和脉冲盘式两种。它是非接触式测量，寿命长、可靠性高，测量精度和分辨率能达到很高水平。我国已有 16 位商用光电码盘，其分辨率约 20″；目前，国内实验室水平可达 23 位，其分辨率约 0. 15″。光电式编码器的缺点是结构复杂，光源寿命较短。

9.5.1　码盘式编码器

码盘式编码器（也叫绝对编码器）的结构如图 9-48 所示，主要由光源、聚光透镜、与旋转轴相连的码盘、窄缝、光敏元件组等组成。

码盘如图 9-49 所示，它由光学玻璃制成，其上刻有许多的同心码道，每位码道都按一定编码规律（二进制码、十进制码、循环码等）分布着透光和不透光部分，分别称为亮区和暗区。对应于亮区和暗区，光敏元件输出的信号分别是“1”和“0”。

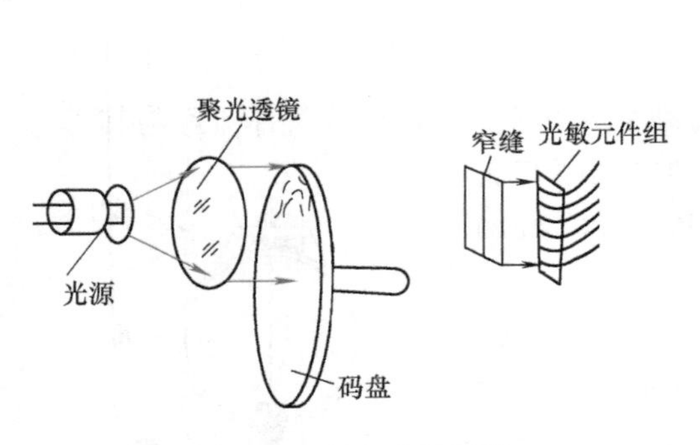

图 9-48　码盘式编码器

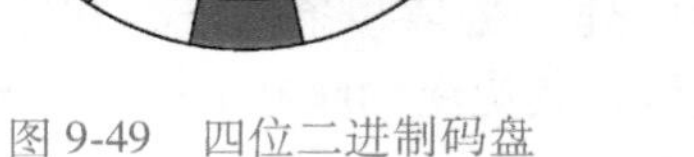

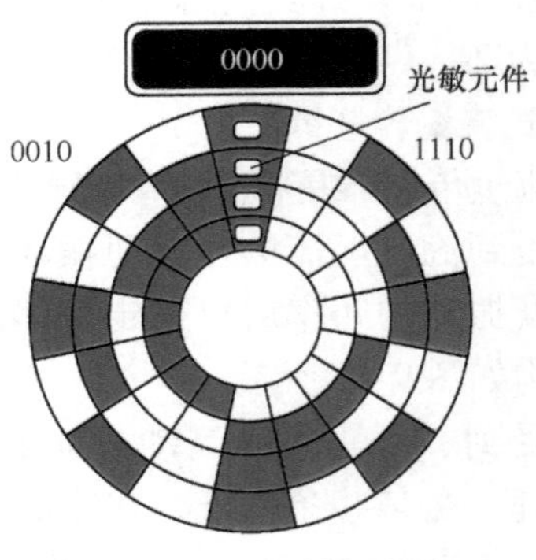

图 9-49　四位二进制码盘

图 9-49 由四个同心码道组成，当来自光源（多采用发光二极管）的光束经聚光透镜投射到码盘上时，转动码盘，光束经过码盘进行角度编码，再经窄缝射入光敏元件组（多为硅光电池或光敏管）。光敏元件的排列与码道一一对应，即保证每个码道有一个光敏元件负责接收透过的光信号。码盘转至不同的位置时，光敏元件组输出的信号反映了码盘的角位移大小。光路上的窄缝是为了方便取光和提高光电转换效率。

码盘的刻划可采用二进制、十进制、循环码等方式。图 9-49 采用的是四位二进制方式（实际上是将一个圆周 360°分为 $2^4=16$ 个方位，很明显一个方位对应 360°/16 = 22.5°）：码道对应的二进制位是内高外低，即最外层为第一位。最内层（B_4位）将整个圆周分为一个亮区和一个暗区，对应着 2^1；次内层将整个圆周分为相间的两个亮区和两个暗区，对应着 2^2；第三层则将整个圆周分为相间的四个亮区和四个暗区，对应着 2^3；以此类推，最外层（B_1位）对应着 $2^4=16$ 个黑白间隔。进行测量时，每一个角度对应一个编码，如零位对应 0000（全黑），第 13 个方位对应 $13=2^0+2^2+2^3$，即二进制位的 1011（左高右低）。这样，只要根据码盘的起始和终止位置，就可以确定角位移。一个 n 位二进制码盘的最小分辨率是 $360°/2^n$。

二进制码盘最大的问题是任何微小的制作误差，都可能造成读数的粗误差。因为对于二进制码，任何相邻两个位置，当某一较高位改变时，所有比它低的各位数都要同时改变，如 0010 与 0001、0100 与 0011、1000 与 0111。如果因刻划误差导致某一较高位提前或延后改变，将造成粗误差。以图 9-50 的码盘为例，当码盘随轴做逆时针方向旋转时，在某一位置输出本应由数码 0000 转换到 1111（对应十进制 15），因为刻划误差却可能给出数码 1000（对应十进制 8，见图 9-50），两者相差很大，称为粗误差。

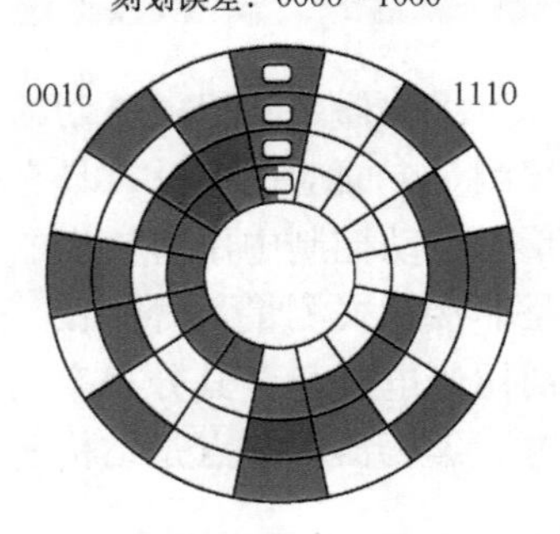

图 9-50　粗误差的例子

除了这里的“1000”外，还可能出现哪些粗误差？它们分别是哪个（些）码道出现刻划误差造成的？

为了消除粗误差，应用最广的方法是采用循环码（也叫格雷码）方案，循环码、二进制码和十进制数的对应关系见表 9-1。循环码的特点是：它是一种无权码，任何相邻的两个数码间只有一位是变化的，因此，如果码盘存在刻划误差，这个误差只影响一个码道的读数，产生的误差最多等于最低位的一个比特（即一个分辨率单位。如果 n 较大，这种误差的影响不会太大，不存在粗误差），能有效克服由于制作和安装不准带来的误差。也正是基于这一原因，循环码码盘获得了广泛的应用。

表 9-1　码盘上不同码制的对比

十进制数	二进制码	循环码	十进制数	二进制码	循环码
0	0000	0000	8	1000	1100
1	0001	0001	9	1001	1101
2	0010	0011	10	1010	1111
3	0011	0010	11	1011	1110
4	0100	0110	12	1100	1010
5	0101	0111	13	1101	1011
6	0110	0101	14	1110	1001
7	0111	0100	15	1111	1000

光电码盘的精度决定了光电式编码器的精度。因此，不仅要求码盘分度精确，而且要求其透明区和不透明区的转接处有陡峭的边缘，以减小逻辑“1”和“0”相互转换时，在敏感元件中引起的噪声。

分辨率只取决于位数，与码盘采用的码制没有关系，如四位循环码码盘（见图 9-51）的分辨率与四位二进制码盘的分辨率是一致的，都是 22.5°。

循环码存在的问题是：这是一种无权码，译码相对困难。一般的处理办法是先将它转换为二进制码，再译码。按表 9-1，基于二进制码得到循环码的转换关系为

$$\begin{cases} C_n = B_n \\ C_i = B_i \oplus B_{i+1}(i=1,\cdots,n-1) \end{cases} \tag{9-20}$$

式中　C——循环码；

B——二进制码；

i——所在的位数；

$\oplus$——不进位“加”，即异或。

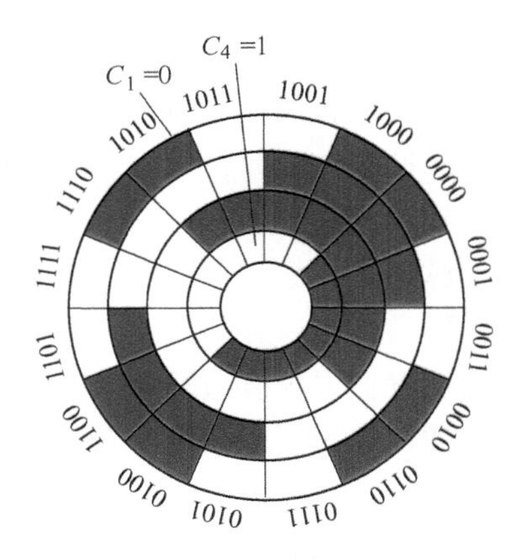

图 9-51　四位循环码码盘

由式（9-20）可见，两种码制进行转换时，第 n 位（最高位）保持不变。不进位“加”在数字电路中可用异或门来实现。例如：

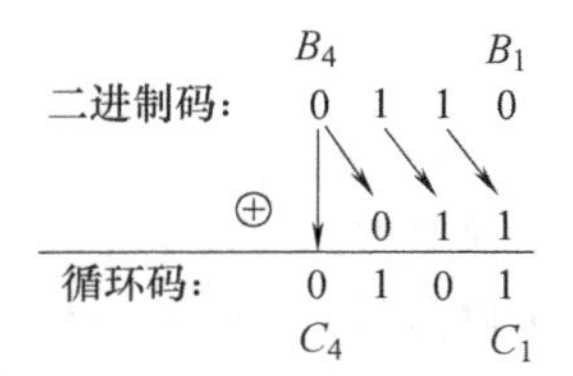

相应地，循环码转换为二进制码的方法为

$$\begin{cases} B_n = C_n \\ B_i = C_i \oplus B_{i+1} (i=1, \cdots, n-1) \end{cases} \tag{9-21}$$

例如：

	C_4			C_1
循环码：	0	1	0	1
⊕		0	1	1
二进制码：	0	1	1	0
	B_4			B_1

使用码盘式编码器（绝对编码器）时，若被测转角不超过 360°，它所提供的是转角的绝对值，即从起始位置（对应于输出各位均为 0 的位置）所转过的角度。在使用中如遇停电，在恢复供电后的显示值仍然能正确地反映当时的角度，故称为绝对型角度编码器。当被测角大于 360°时，为了仍能得到转角的绝对值，可以用两个或多个码盘与机械减速器配合，扩大角度量程，如选用两个码盘，两者间的转速为 10∶1，此时测角范围可扩大 10 倍。但这种情况下，低转速的高位码盘的角度误差应小于高转速的低位码盘的角度误差，否则其读数是没有意义的。

码盘式编码器由机械位置决定每个位置的唯一性，无须掉电记忆，不用一直计数，因此，其抗干扰性和数据可靠性好，广泛用于各种工业系统的测量和定位控制。

9.5.2 脉冲盘式编码器

脉冲盘式编码器（也叫增量编码器）不能直接产生 n 位的数码输出，当转动时可产生串行光脉冲，用计数器将脉冲数累加起来就可反映转过的角度大小，但遇停电，就会丢失累加的脉冲数，因此，必须有停电记忆措施。

1. 工作原理

脉冲盘式编码器是在圆盘上开有两圈相等角矩的缝隙，外圈 A 为增量码道、内圈 B 为辨向码道，内、外圈的相邻两缝隙之间的距离错开半条缝宽；另外，在内、外圈之外的某一径向位置，也开有一缝隙，表示码盘的零位，码盘每转一圈，零位对应的光敏元件就产生一个脉冲，称为“零位脉冲”。在开缝圆盘的两边分别安装光源及光敏元件，如图 9-52a 所示。一种脉冲盘式编码器的内部结构如图 9-52b 所示，光栏板上有两个狭缝（供 A、B 两路信号通过），其距离是码盘上两个相邻狭缝距离的 1/4，并设置了两组对应的光敏元件（称为 cos、sin 元件），对应图中的 A、B 两个信号（1/4 间距差保证了两路信号的相位差为 90°，

便于辨向)，C 信号代表零位脉冲。

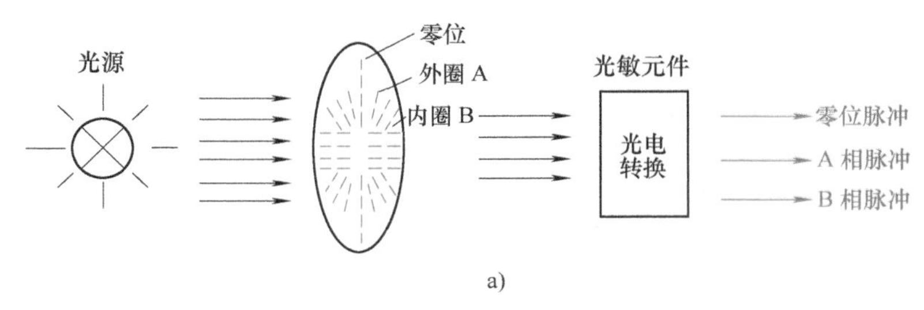

a)

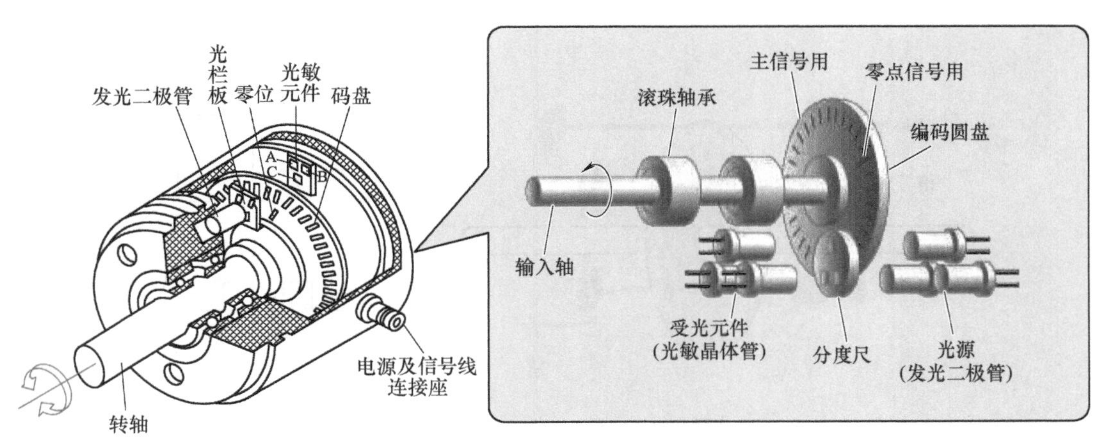

b)

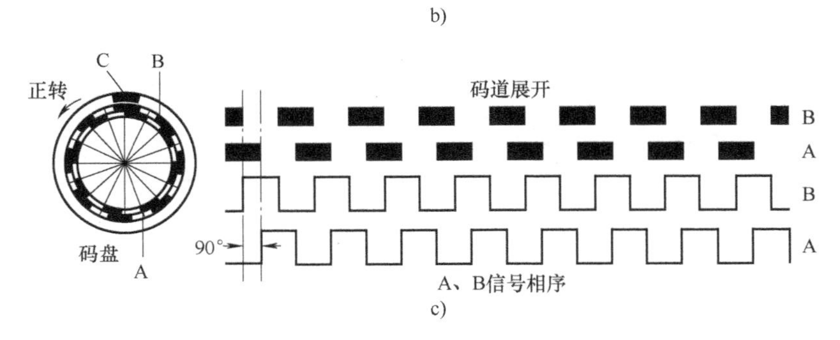

c)

图 9-52　脉冲盘式编码器

a) 原理图　b) 结构图　c) 码盘脉冲

当码盘随被测工作轴转动时，每转过一个缝隙就发生一次光线明暗的变化，通过光敏元件产生一次电信号的变化，所以每圈码道上的缝隙数将等于其光敏元件每一转输出的脉冲数。利用计数器记录脉冲数，就能反映码盘转过的角度。

2. 辨向原理

为了辨别码盘的旋转方向，可以采用图 9-53a 所示的辨向原理框图来实现，辨向信号采集如图 9-53b 所示，辨向波形如图 9-53c 所示。

光敏元件 1 和 2 的输出信号 A 和 B 经放大整形后分别产生矩形脉冲 P_1和 P_2，它们分别接到 D 触发器的 D 端和 C 端，D 触发器在 C 脉冲（即 P_2）的上升沿触发。两个矩形脉冲相差 1/4 个周期（或相位相差 90°）。当正转时，设光敏元件 1 比光敏元件 2 先感光，即脉冲

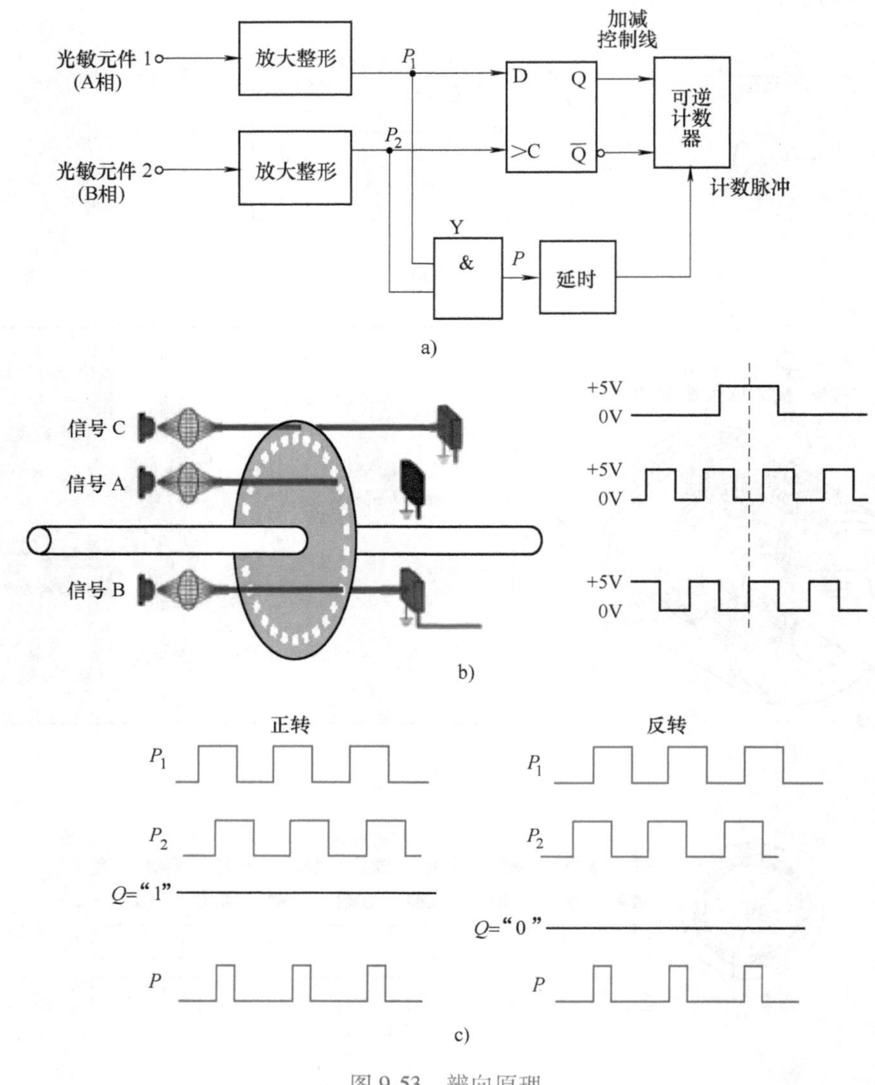

图 9-53　辨向原理

a）辨向原理框图　b）辨向信号采集　c）波形图

P_1的相位超前脉冲 P_2 90°，D 触发器的输出 Q=“1”，使可逆计数器的加减控制线为高电位，计数器将做加法计数。同时 P_1和 P_2又经与门 Y 输出脉冲 P，经延时电路送到可逆计数器的计数输入端，计数器进行加法计数。当反转时，P_2超前 P_1 90°，D 触发器输出 Q=“0”，计数器进行减法计数。设置延时电路的目的是等计数器的加减信号抵达后，再送入计数脉冲，以保证不丢失计数脉冲。零位脉冲接至计数器的复位端，使码盘每转动一圈计数器复位一次。这样，不论是正转还是反转，计数器每次反映的都是相对于上次角度的增量，故称为增量式编码器。

增量式编码器最大的优点是结构简单。它除了可直接用于测量角位移，还常用于测量转轴的转速。如在给定时间内对编码器的输出脉冲进行计数即可测量平均转速。其缺点是每次

工作前先找参考点，如打印机、扫描仪的定位就是利用脉冲盘式编码器原理，每次开机都会听到一阵声响，实际上是机器在寻找参考的零点。

为了辨向，为何要求两个脉冲的相位差为90°？如果选用60°、45°、30°或其他相位差值，能否实现辨向？试画出两路信号相差60°时的辨向原理图。

9.5.3　光电式编码器的应用

1. 位置测量

把输出的两个脉冲分别输入到可逆计数器的正、反计数端进行计数，可检测到输出脉冲的数量，把这个数量乘以脉冲当量（转角/脉冲，即分辨率，如每圈 n 个孔对应 n 个脉冲，则脉冲当量为 $360°/n$）就可测出码盘转过的角度。为了能够得到绝对转角，在起始位置时，要对可逆计数器清零。

如数控机床在进行直线距离测量时，通常把它装到伺服电动机轴上，伺服电动机与滚珠丝杆相连，当伺服电动机转动时，由滚珠丝杆带动工作台或刀具移动，这时编码器的转角对应直线移动部件的移动量，因此，可根据伺服电动机和丝杆的转动以及丝杆的导程来计算移动部件的位置。

2. 转速测量

转速即单位时间转过的圈数（工程上常用每分钟多少转来表示，单位 r/min），可由编码器发出的脉冲频率或周期来测量。利用脉冲频率测量是在给定的时间内对编码器发出的脉冲计数，然后计算出其转速为

$$
\begin{aligned}
r &= \frac{\text{转数}}{\text{采样时间}} = \frac{N/n}{t} \\
&= \frac{\text{单位时间采集的编码器脉冲数}}{\text{每转的编码器脉冲数}} = \frac{N/t}{n} \\
&= \frac{N}{tn}(\text{r/s}) \\
&= \frac{60N}{tn}(\text{r/min})
\end{aligned} \tag{9-22}
$$

式中　t——测速采样时间（等于时钟脉冲数乘以时钟脉冲周期）；

N——t 时间内测得的编码器脉冲个数；

n——编码器每转脉冲数（与所用编码器型号有关）。

例：设某编码器的额定工作参数是 $n=2048$，在0.2s时间内测得8192个脉冲，求其转速、脉冲当量和转过的角度。

解：根据式（9-22）有

$$
r = \frac{N}{n}\frac{60}{t} = \frac{8192}{2048}\times\frac{60}{0.2}\text{r/min} = 1200\text{r/min}
$$

$$脉冲当量为\frac{360°}{2048}=0.176°/脉冲$$

$$转过的角度为 8192\times\frac{360°}{2048}=1440°$$

图 9-54a 所示为用脉冲频率法测转速的原理图。在给定时间 t 内，使门电路选通，编码器输出脉冲允许进入计数器计数，这样，可计算出时间 t 内编码器的平均转速。

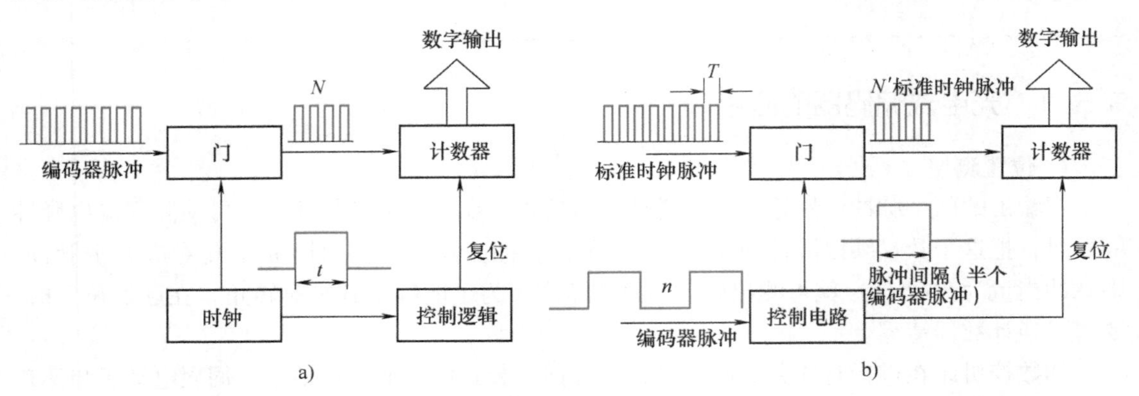

图 9-54　光电编码器测转速原理

a）脉冲频率法　b）脉冲周期法

利用脉冲周期法测量转速，是通过计数编码器一个脉冲间隔内（半个脉冲周期）标准时钟脉冲个数来计算其转速，因此，要求时钟脉冲的频率必须高于编码器脉冲的频率。图 9-54b 所示为用脉冲周期法测量转速的原理图。

<table>
<tr><th colspan="2">发散性思维训练</th></tr>
<tr><td>方法 1</td><td>当编码器输出脉冲正半周时选通门电路，标准时钟脉冲通过控制门进入计数器计数，每转通过的标准时钟脉冲计数为 $2N'n$，每转所花的时长为 $2N'nT$，故可得出转速为
$$r=\frac{1}{2N'nT}(r/s) \tag{9-23}$$
或
$$r=\frac{60}{2N'nT}(r/min) \tag{9-24}$$
式中　n——编码器每转脉冲数；
N'——编码器一个脉冲间隔（即半个编码器脉冲周期）内标准时钟脉冲输出个数；
T——标准时钟脉冲周期（s）。</td></tr>
<tr><td>方法 2</td><td>对比图 9-54a 可知，图 9-54b 中测速采样时间（即时钟脉冲的持续时间）为
$$t=N'T \tag{9-25}$$
编码器脉冲个数为
$$N=\frac{1}{2} \tag{9-26}$$
将式（9-25）和式（9-26）代入式（9-22）可得出转速为
$$r=\frac{N}{tn}=\frac{\frac{1}{2}}{N'Tn}=\frac{1}{2N'nT}(r/s) \tag{9-27}$$</td></tr>
</table>

（续）

发散性思维训练	
方法 n	?
备注	电动机的码盘测速有 M 法、T 法或 M/T 法之分，原理类似，可参考《运动控制系统》相关图书。脉冲频率法对应 M 法，测规定时间内的脉冲数，适用于高速测量；脉冲周期法对应 T 法，测相邻两个脉冲的时间间隔，适用于低速测量；M/T 法则是两者的结合，同时测时间和该时间内的脉冲数，适用于高/低速测量

例：设某编码器的额定工作参数为 $n=1024\text{p/r}$，标准时钟脉冲周期 $T=10^{-6}\text{s}$，测得编码器输出的两个相邻脉冲上升沿之间标准时钟脉冲输出个数为 1000 个，求其转速。

解：根据题意可知，编码器一个脉冲间隔内标准时钟脉冲的输出个数为

$$N'=1000/2=500$$

由式（9-24）有

$$n=\frac{60}{2N'nT}=\frac{60}{2\times500\times1024\times10^{-6}}\text{r/min}=58.6\text{r/min}$$

9.6 计量光栅

计量光栅是利用光栅的莫尔条纹现象，以线位移和角位移为基本测试内容，应用于高精度加工机床、光学坐标镗床、制造大规模集成电路的设备及检测仪器等。

计量光栅按应用范围不同可分为透射光栅和反射光栅两种；按用途不同有测量线位移的长光栅和测量角位移的圆光栅；按光栅的表面结构不同，又可分为幅值（黑白）光栅和相位（闪耀）光栅。

光栅传感器的测量精度高，分辨力强（长光栅 0.05μm，圆光栅 0.1″），适合于非接触式的动态测量，但对环境有一定要求，灰尘、油污等会影响工作可靠性，且电路较复杂，成本较高。

9.6.1　计量光栅的结构和工作原理

这里以黑白、透射型长光栅为例介绍计量光栅的工作原理。

1. 光栅的结构

在一块长条形镀膜玻璃上均匀刻制许多有明暗相间、等间距分布的细小条纹（称为刻线），这就是光栅，如图 9-55 所示。图中 a 为栅线的宽度（不透光），b 为栅线的间距（透光），$a+b=W$ 称为光栅的栅距（也叫光栅常数），通常 $a=b$。目前常用的光栅是每毫米宽度上刻 10、25、50、100、125、250 条线。

2. 光栅的工作原理

如图 9-56 所示，两块具有相同栅线宽度和栅距的长光栅（即选用两块同型号的长光栅）叠合在一起，中间留有很小的间隙，并使两者的栅线之间形成一个很小的夹角 θ，则在大致垂直于栅线的方向上出现明暗相间的条纹，称为莫尔条纹。莫尔（Moire）在法文中的原意是水面上产生的波纹。由图可见，在两块光栅栅线重合的地方，透光面积最大，出现亮带

（图中的 d-d），相邻亮带之间的距离用 B_H 表示；有的地方两块光栅的栅线错开，形成了不透光的暗带（图中的 f-f），相邻暗带之间的距离用 B'_H 表示。很明显，当光栅的栅线宽度和栅距相等（$a=b$）时，则所形成的亮、暗带距离相等，即 $B_H=B'_H$，将它们统一称为条纹间距。当夹角 θ 减小时，条纹间距 B_H 增大，适当调整夹角 θ 可获得所需的条纹间距。

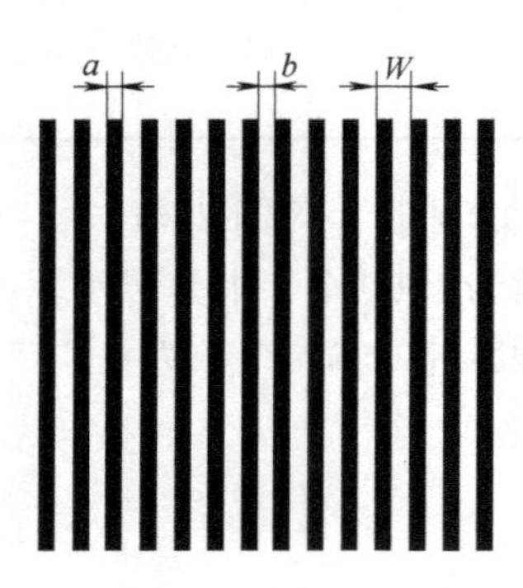

图 9-55　透射长光栅

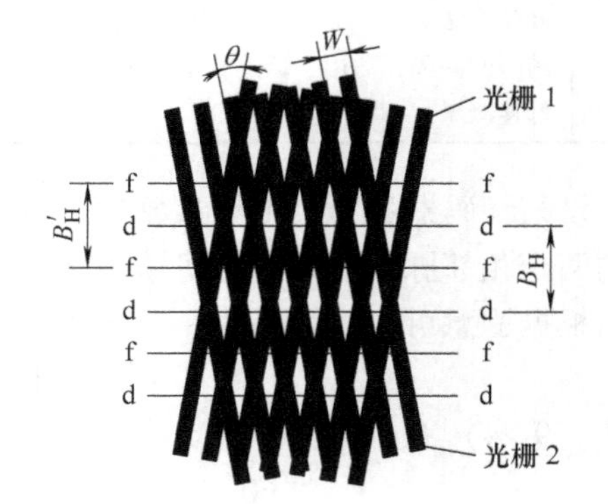

图 9-56　莫尔条纹

莫尔条纹测位移具有以下特点：

（1）对位移的放大作用

光栅每移动一个栅距 W，莫尔条纹移动一个间距 B_H。设 $a=b=W/2$，在 θ 很小的情况下，则由图 9-57 可得出莫尔条纹的间距 B_H 与两光栅夹角 θ 的关系为

$$B_H=\frac{W/2}{\sin(\theta/2)}\approx\frac{W/2}{\theta/2}=\frac{W}{\theta} \tag{9-28}$$

式中　W——光栅的栅距；

θ——刻线夹角（rad）。

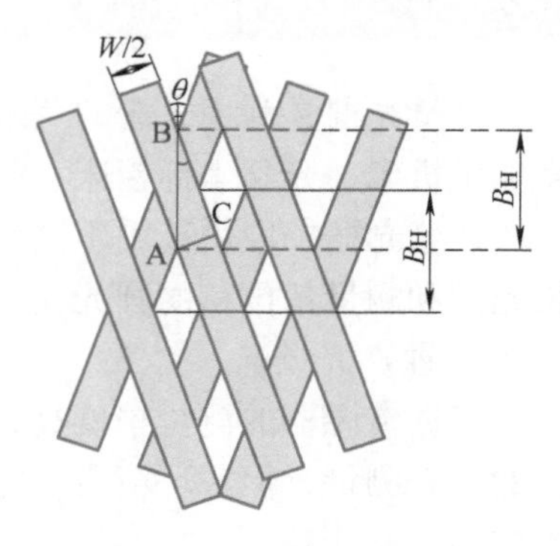

图 9-57　莫尔条纹间距与栅距和夹角之间的关系

由此可见，θ 越小，B_H 越大，B_H 相当于把 W 放大了 $1/\theta$ 倍。即光栅具有位移放大作用，从而可提高测量的灵敏度。如每毫米有 50 条刻线的光栅，$a=b=\frac{1}{50\times2}\text{mm}=0.01\text{mm}$，$W=a+b=0.02\text{mm}$，如果刻线夹角 $\theta=0.1°=0.001745\text{rad}$，则条纹间距 $B_H=11.46\text{mm}$，相当于把栅距近似放大到原来的 $\frac{11.46\text{mm}}{0.02\text{mm}}\approx573$ 倍。这样，无论是肉眼，还是光电元件都能清楚地辨认出来。

（2）莫尔条纹移动方向

光栅每移动一个光栅间距 W，条纹跟着移动一个条纹宽度 B_H。当固定一个光栅，另一个光栅向右移动时，莫尔条纹将向上移动；反之，如果另一个光栅向左移动，则莫尔条纹将向下移动。因此，莫尔条纹的移动方向有助于判别光栅的运动方向。

（3）莫尔条纹的误差平均效应

由于光电元件所接收到的是进入它的视场的所有光栅刻线的总的光能量，它是许多光栅刻线共同作用造成的对光强进行调制的集体作用的结果。这使个别刻线在加工过程中产生的

误差、断线等所造成的影响大为减小。如其中某一刻线的加工误差为 δ_0，根据误差理论，它所引起的光栅测量系统的整体误差可表示为

$$\Delta = \pm\frac{\delta_0}{\sqrt{n}} \tag{9-29}$$

式中 n——光电元件能接收到对应信号的光栅刻线的条数。

例如，对 50 线/mm 的光栅，用 4mm 宽的光电元件进行接收，那么光电元件所接收到的就是总共达 200 条光栅刻线的集体作用的结果，光电元件的输出是这 200 条刻线共同对光调制结果的总和。假定其中某一刻线的位置偏移了 1μm，则它所造成的光电元件的输出相当于整个光栅的偏差约为 0. 07μm。莫尔条纹的这种误差平均效应使得它在应用中对光栅质量的要求可以大大降低，这对高精度的测量非常有利。

利用光栅具有莫尔条纹的特性，可以通过测量莫尔条纹的移动数，来测量两光栅的相对位移量，这比直接计数光栅的线纹更容易；由于莫尔条纹是由光栅的大量刻线形成的，对光栅刻线的本身刻划误差有平均作用，所以成为精密测量位移的有效手段。

9.6.2 计量光栅的组成

计量光栅由光电转换装置（光栅读数头）、光栅数显表两部分组成。

1. 光电转换

光电转换装置利用光栅原理把输入量（位移量）转换成电信号，实现了将非电量转换为电量，即计量光栅涉及三种信号：输入的非电量信号（位移量）、光媒介信号和输出的电量信号。如图 9-58 所示，光电转换装置主要由主光栅（用于确定测量范围）、指示光栅（用于检取信号——读数）、光路系统和光电元件等组成。

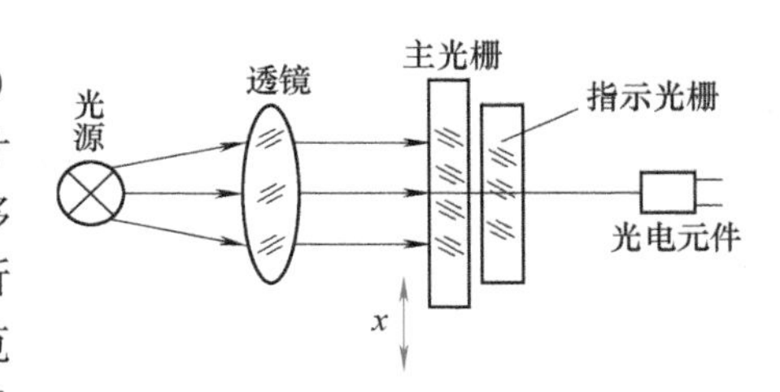

图 9-58 光电转换装置

计量光栅中涉及哪几类信号之间的调制与转换？分别是指什么信号？

用光栅的莫尔条纹测量位移，需要两块光栅。长的称主光栅，与运动部件连在一起，它的大小与测量范围一致。短的称为指示光栅，固定不动。主光栅与指示光栅之间的距离为

$$d = \frac{W^2}{\lambda} \tag{9-30}$$

式中 W——光栅栅距；

λ——有效光波长。

根据前面的分析已知，莫尔条纹是一个明暗相间的带，光强变化是从最暗→渐亮→最亮→渐暗→最暗的过程。图 9-59a 为两块光栅刻线重叠，通过的光最多，为“最亮”区；图 9-59b 光线被刻线宽度遮去一半，为“半亮”区；图 9-59c 光线被两块光栅的刻线正好全部

遮住，为“最暗”区。图 9-59d、e 透光又逐步增加，至恢复到“最亮”区。主光栅每移动一个栅距 W，光强变化一个周期。

用光电元件接收莫尔条纹移动时的光强变化，可将光信号转换为电信号。上述的遮光作用和光栅位移成线性变化，故光通量的变化在一个周期内是理想的“V”形。但实际情况并非如此，而是一个近似正弦周期信号，之所以称为“近似”正弦信号，因为最后输出的波形是在理想“V”形的基础上被削顶和削底的结果，原因在于为了使两块光栅不致发生摩擦，它们之间有间隙存在，再加上衍射、刻线边缘总有毛糙不平和弯曲等，如图 9-60 所示。

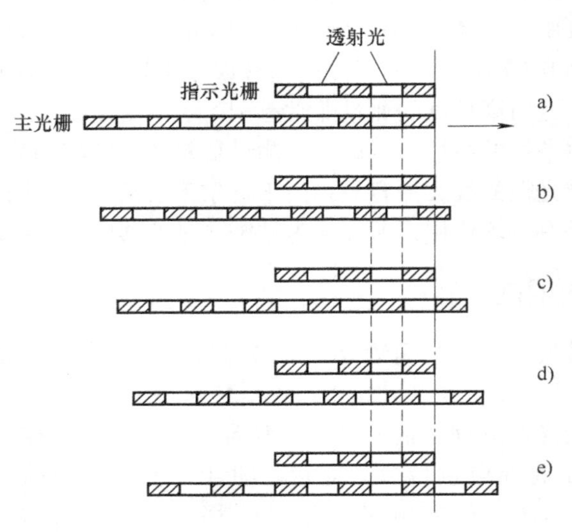

图 9-59　光栅移动时莫尔条纹变化规律
a）最亮　b）半亮　c）最暗　d）半亮　e）最亮

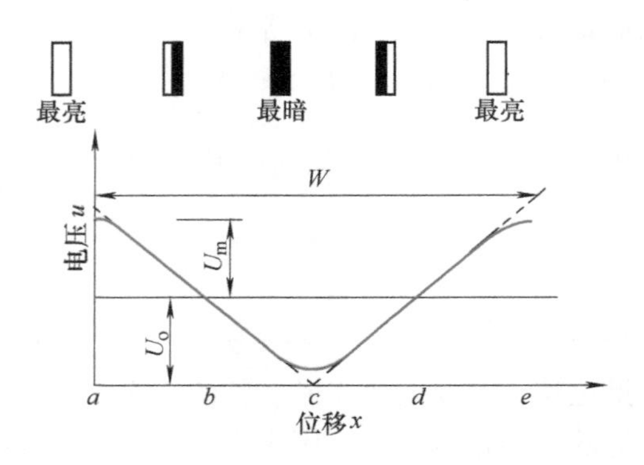

图 9-60　光电元件输出信号波形

其电压输出近似用正弦信号形式表示为

$$u=U_o+U_m\sin\left(\frac{\pi}{2}+\frac{2\pi x}{W}\right) \tag{9-31}$$

式中　u——光电元件输出的电压；

U_o，U_m——输出电压中的平均直流分量和正弦交流分量的幅值；

W，x——光栅的栅距和光栅位移。

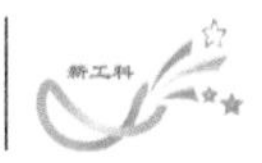

由式（9-31）可见，输出电压反映了瞬时位移量的大小。当 x 从 0 变化到 W 时，相当于角度变化了 360°，一个栅距 W 对应一个周期。如果采用 50 线/mm 的光栅，当主光栅移动了 x mm，指示光栅上的莫尔条纹就移动了 $50x$ 条（对应光电元件检测到莫尔条纹的亮条纹或暗条纹的条数，即脉冲数 p），将此条数用计数器记录，就可知道移动的相对距离 x（一个条纹对应一条刻线），即

$$x = \frac{p}{n}(\text{mm}) \tag{9-32}$$

式中　p——检测到的脉冲数；

n——光栅的刻线密度（线/mm）。

2. 辨向与细分

光电转换装置只能产生正弦信号，实现确定位移量的大小。为了进一步确定位移的方向和提高测量分辨率，需要引入辨向和细分技术。

（1）辨向原理

根据前面的分析可知：莫尔条纹每移动一个间距 B_H，对应着光栅移动一个栅距 W，相应输出信号的相位变化一个周期 2π。因此，在相隔 $B_H/4$ 间距的位置上，放置两个光电元件 1 和 2，如图 9-61 所示，得到两个相位差 $\pi/2$ 的正弦信号 u_1 和 u_2（设已消除式（9-31）中的

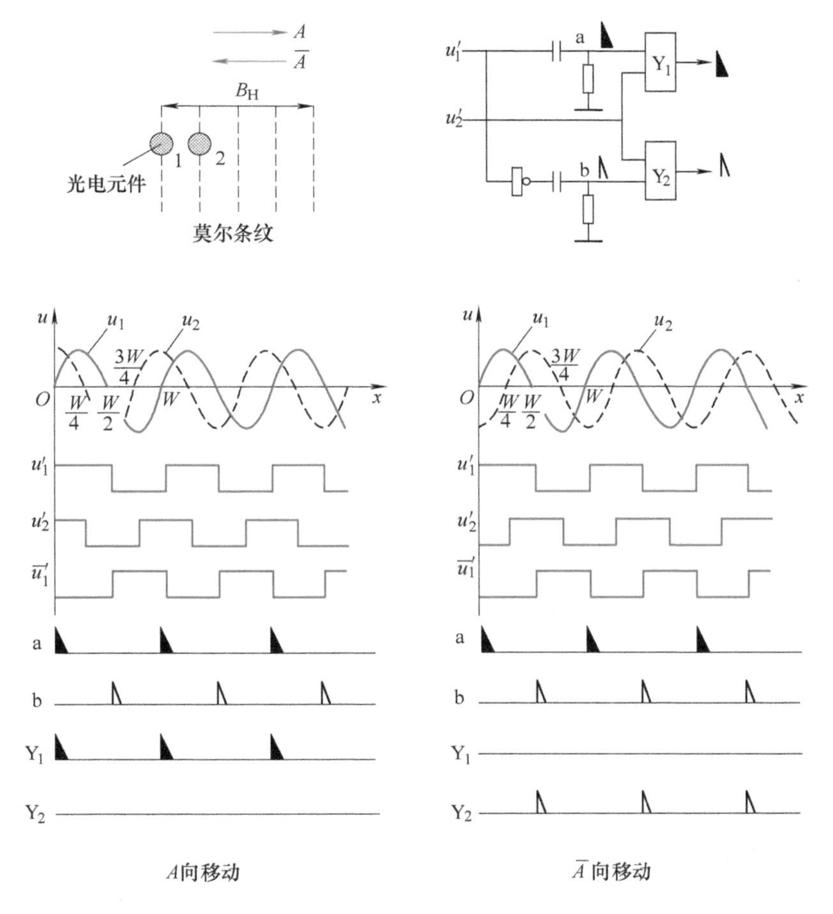

图 9-61　辨向原理

直流分量)，经过整形后得到两个方波信号 u_1'和 u_2'。

从图中波形的对应关系可以看出，当光栅沿 A 方向移动时，u_1'经微分电路后产生的脉冲，正好发生在 u_2'的“1”电平时，从而经 Y_1 输出一个计数脉冲；而 u_1'经反相微分后产生的脉冲，则与 u_2'的“0”电平相遇，与门 Y_2 被阻塞，无脉冲输出。

当光栅沿 $\overline{A}$ 方向移动时，u_1'的微分脉冲发生在 u_2'为“0”电平时，与门 Y_1 无脉冲输出；而 u_1'的反相微分脉冲则发生在 u_2'的“1”电平时，与门 Y_2 输出一个计数脉冲，则说明 u_2'的电平状态作为与门的控制信号，用于控制在不同的移动方向时，u_1'所产生的脉冲输出。反之，根据 Y_1 或 Y_2 的脉冲输出情况可判定移动方向。这样，就可以根据移动方向正确地给出加计数脉冲或减计数脉冲，再将其输入可逆计数器。根据式（9-32）可知脉冲数对应位移量，因此通过计算能实时显示出相对于某个参考点的位移量。

试给出一种光栅辨向计数的电路原理图。

（2）细分原理

光栅测量原理是以移过的莫尔条纹的数量来确定位移量，其分辨率为光栅栅距。现代测量不断提出高精度的要求，数字读数的最小分辨值也逐步减小。为了提高分辨率，测量比光栅栅距更小的位移量，可以采用细分技术。

细分就是为了得到比栅距更小的分度值，即在莫尔条纹信号变化一个周期内，发出若干个计数脉冲，以减小每个脉冲相当的位移，相应地提高分辨率。如一个周期内发出 N 个脉冲，计数脉冲频率提高到原来的 N 倍，每个脉冲相当于原来栅距的 $1/N$，则分辨率将提高到原来的 N 倍。

细分方法可以采用机械或电子方式实现，常用的有倍频细分法和电桥细分法。利用电子方式可以使分辨率提高几百倍甚至更高。

9.6.3 计量光栅的应用

由于光栅传感器测量精度高、动态测量范围广、可进行非接触测量、易实现系统的自动化和数字化，因而在机械工业中得到了广泛的应用。特别是在量具、数控机床的闭环反馈控制、工作母机的坐标测量等方面，光栅传感器都起着重要作用。

光栅传感器通常作为测量元件应用于机床定位、长度和角度的计量仪器中，并用于测量速度、加速度、振动等。

图 9-62 为光栅式万能测长仪的工作原理图。由于主光栅和指示光栅之间的透光和遮光效应，形成莫尔条纹，当两块光栅相对移动时，便可接收到周期性变化的光通量。由光敏晶体管接收到的原始信号经差分放大器放大、移相电路分相、整形电路整形、辨向电路辨向、倍频电路细分后进入可逆计数器计数，由显示器显示读出。

图 9-63 为光栅转角和线位移双闭环数控机床位置测控系统组成框图。闭环系统由 PC 运动控制卡、伺服驱动系统、光栅尺等组成，整个系统由内外两个位置环组成：内环为转角位

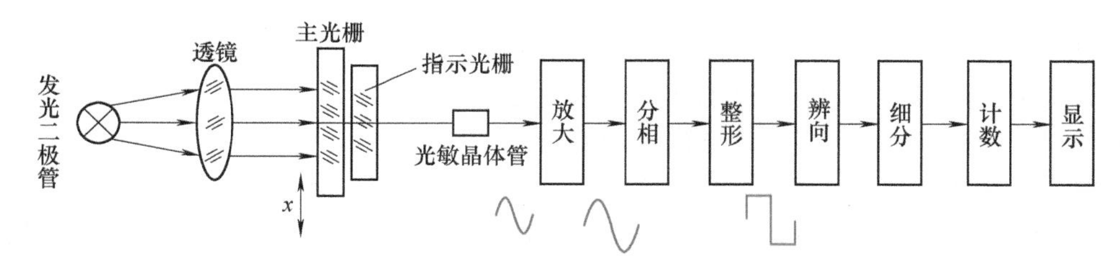

图 9-62　光栅式万能测长仪原理框图

置闭环，检测元件为安装在伺服电动机轴上的光电编码盘，驱动装置为交流伺服系统，由此构成一个输入为 θ_i、输出为 θ_o 的转角随动系统；外环采用光栅尺（线位移检测元件）直接获取机床工作台的位移信息，并以内环的转角随动系统为驱动装置驱动工作台运动。工作台位移精度取决于线位移检测元件。其工作原理是：控制伺服系统的位置、运动方向、运动速度的位置指令脉冲被送到可逆计数器，与来自工作台带动的光栅位置反馈脉冲做减法运算，得到可逆计数脉冲，从而确定光栅的实际位移；由可逆计数器输出的数字信号经 D/A 转换后得到的模拟量去控制速度调节器，由调节器的输出信号控制伺服驱动系统，进而带动工作台运动。

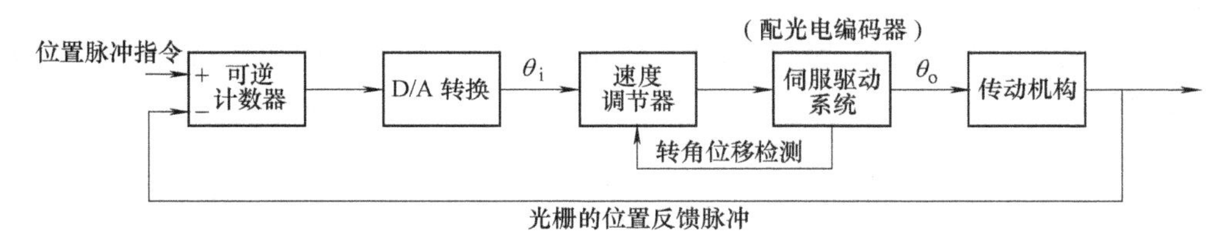

图 9-63　光栅转角和线位移双闭环数控机床位置测控系统组成框图

学习拓展

（转速传感器共性探讨） 涡流式传感器、磁电感应式传感器、霍尔传感器、光电式传感器都可以用来实现转速测量，它们的共性原理是什么？试画出其原理框图，给出统一的转速计算公式。

9.1　什么是光电式传感器？光电式传感器的基本工作原理是什么？

9.2　光电式传感器按照工作原理可分为哪四大类？

9.3　光电式传感器的基本形式有哪些？

9.4　什么是光电效应、内光电效应、外光电效应？

9.5　典型的光电器件有哪些？

9.6　试介绍 MOS 光敏单元的工作原理。

9.7　CCD 的电荷转移原理是什么？

9.8　为什么要求 CCD 的电荷转移效率要很高？

9.9　举例说明 CCD 图像传感器的应用。

9.10 什么是全反射？光纤的数字孔径有何意义？

9.11 试区分功能型和非功能型光纤传感器。

9.12 举例说明利用光纤传感器实现温度测量的方法。

9.13 试分析二进制码盘和循环码盘的特点。

9.14 试解释光电式编码器的工作原理。

9.15 一个8位光电码盘的最小分辨率是多少？如果要求每个最小分辨率对应的码盘圆弧长度至少为0.01mm，则码盘半径应有多大？

9.16 设某循环码盘的初始位置为“0000”，利用该循环码盘测得结果为“0110”（已知位移未超过一圈），其实际转过的角度是多少？如果给定码盘半径为1cm，则位移量为多少？

9.17 试分析脉冲盘式编码器的辨向原理。

9.18 计量光栅是如何实现测量位移的？

9.19 计量光栅中为何要引入细分技术？细分的基本原理是什么？

9.20 已知某计量光栅的栅线密度为100线/mm，栅线夹角$\theta=0.1°$。试求：

（1）该光栅形成的莫尔条纹间距为多少？

（2）若采用该光栅测量线位移，已知指示光栅上的莫尔条纹移动了15条，则被测线位移为多少？

（3）若采用四只光敏二极管接收莫尔条纹信号，并且光敏二极管响应时间为10^{-6}s，问此时光栅允许最快的运动速度v是多少？

第 10 章

辐射与波式传感器

知识单元与知识点	➢ 红外辐射、微波、超声波的概念与特性； ➢ 红外探测器的分类与工作原理：热探测器和光子探测器； ➢ 微波传感器的分类（反射式和遮断式）、组成、特点； ➢ 超声波传感器的工作原理； ➢ 红外传感器、微波传感器与超声波传感器的应用。
能力点	◇ 能复述并解释红外辐射、微波、超声波的概念与特性； ◇ 会分析红外探测器的分类与工作原理； ◇ 能比较微波传感器的分类、组成、特点； ◇ 会分析超声波传感器的工作原理； ◇ 理解并能应用红外传感器、微波传感器与超声波传感器。
重难点	■ 重点：红外辐射、微波、超声波的概念与特性；红外传感器、微波传感器与超声波传感器的工作原理。 ■ 难点：红外热释电传感器工作原理。
学习要求	√ 了解红外辐射、微波、超声波的概念与特性； √ 了解红外探测器的分类与工作原理； √ 了解微波传感器的分类、组成、特点； √ 了解超声波传感器的工作原理； √ 了解红外传感器、微波传感器与超声波传感器的应用。
问题导引	→ 辐射与波式传感器的共性是什么？ → 红外传感器、微波传感器与超声波传感器是如何工作的？ → 辐射与波式传感器的独特优势是什么？

10.1 红外传感器

随着科学技术的发展，红外传感技术正在向各个领域渗透，特别是在工业设备监控、安全监视、救灾、遥感、交通管理、医学诊断（民用）及制导、火控跟踪、目标侦察（军事）等方面得到了广泛的应用。近年来，性能优良的红外传感器大量出现，以大规模集成电路为代表的微电子技术的发展，使红外线的发射、接收以及控制的可靠性得以提高，从而促进了红外传感器的迅速发展，其发展趋势包括智能化、微型化、高灵敏度及高性能等。

10.1.1 工作原理

1. 红外辐射

红外光是一种人眼不可见的光线，俗称红外线，因为其光谱位于可见光中红色光（波长 700nm）之外。其最大特点是具有光热效应和辐射能量（即红外辐射）。红外线波长范围大致在 0.76~1000μm，对应的频率约为 $4\times10^{14}\sim3\times10^{11}$Hz。工程上通常把红外线所占据的波段分成近红外、中红外、远红外和极远红外四个部分，如图 10-1 所示。

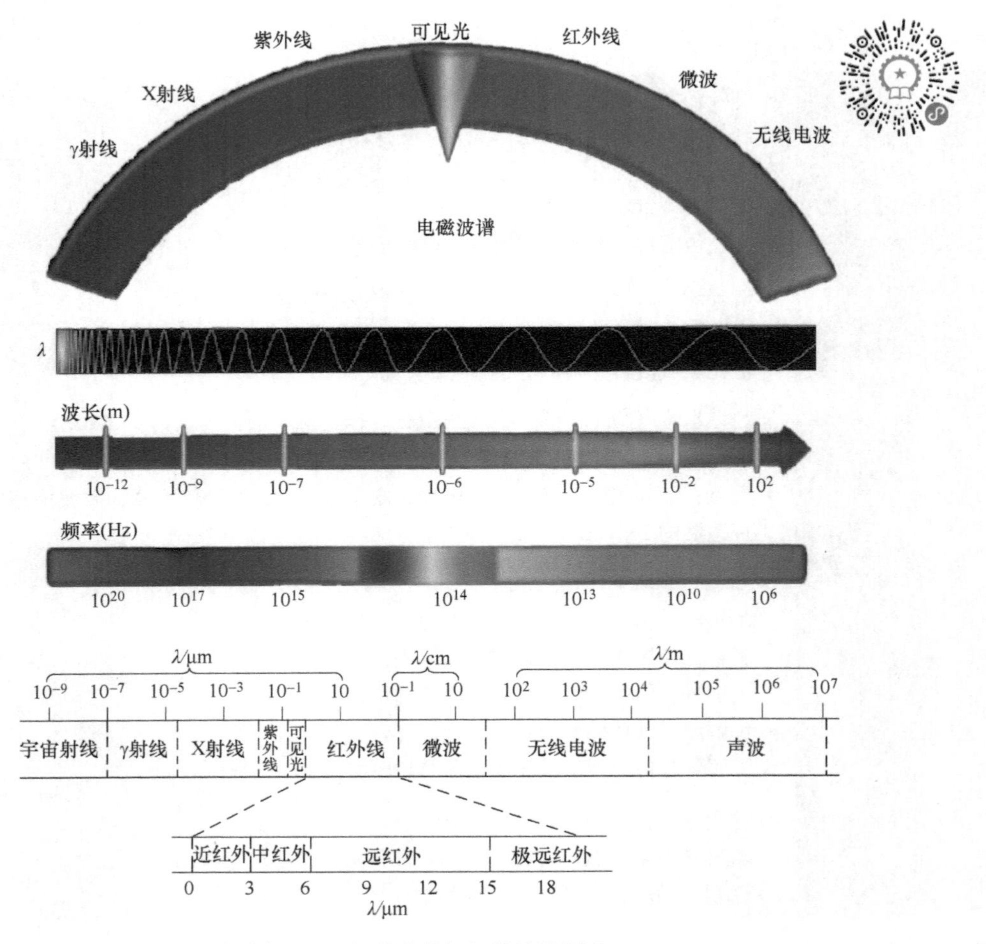

图 10-1 电磁波谱与红外波段划分

红外辐射本质上是一种热辐射。任何物体的温度只要高于绝对零度（-273℃），就会向外部空间以红外线的方式辐射能量。物体的温度越高，辐射出来的红外线越多，辐射的能量就越强（辐射能正比于温度的 4 次方）。另一方面，红外线被物体吸收后将转化成热能。

红外线作为电磁波的一种形式，红外辐射和所有的电磁波一样，是以波的形式在空间直线传播的，具有电磁波的一般特性，如反射、折射、散射、干涉和吸收等。红外线在真空中传播的速度为 3×10^{8}m/s。红外线在介质中传播会产生衰减，在金属中传播衰减很大，但红外辐射能透过大部分半导体和一些塑料，大部分液体对红外辐射吸收非常大；不同的气体对

其吸收程度各不相同，大气层对不同波长的红外线存在不同的吸收带。

红外辐射的传播速度等于波的频率与波长的乘积，即

$$c = \lambda f \tag{10-1}$$

式中　c，λ，f——红外辐射的传播速度、波长及频率。

2. 红外探测器

红外传感器是利用红外辐射实现相关物理量测量的一种传感器。红外传感器的构成比较简单，它一般是由光学系统、红外探测器、信号调节电路和显示单元等几部分组成。其中，红外探测器是红外传感器的核心器件。红外探测器种类很多，按探测机理的不同，通常可分为两大类：热探测器和光子探测器。

（1）热探测器

红外线被物体吸收后将转变为热能。热探测器正是利用了红外辐射的这一热效应。当热探测器的敏感元件吸收红外辐射后将引起温度升高，使敏感元件的相关物理参数发生变化，通过对这些物理参数及其变化的测量就可确定探测器所吸收的红外辐射。

热探测器的主要优点：响应波段宽，响应范围为整个红外区域（对入射的各种波长的红外辐射能量全部吸收），室温下工作，使用方便。

热探测器主要有四种类型，它们分别是：热敏电阻型、热电偶型、高莱气动型（利用气体吸收红外辐射后温度升高、体积增大的特性来反映红外辐射的强弱）和热释电型。在这四种类型的探测器中，热释电探测器探测效率最高，频率响应最宽，所以这种传感器发展得比较快，应用范围也最广。

红外热释电探测器是一种检测物体辐射的红外能量的传感器，是根据热释电效应制成的。热释电效应是由于温度升高引起电介质产生电荷的现象。20 世纪 60 年代，随着激光、红外技术的迅速发展，推动了对热释电效应的研究和对热释电晶体的应用；热释电晶体已广泛用于红外光谱仪、红外遥感以及热辐射探测器，它可以作为红外激光的一种较理想的探测器。

在外加电场作用下，电介质中的带电粒子（电子、原子核等）将受到电场力的作用，总体上讲，正电荷趋向于阴极、负电荷趋向于阳极，其结果使电介质的一个表面带正电、相对的表面带负电，如图 10-2 所示，把这种现象称为电介质的“电极化”。

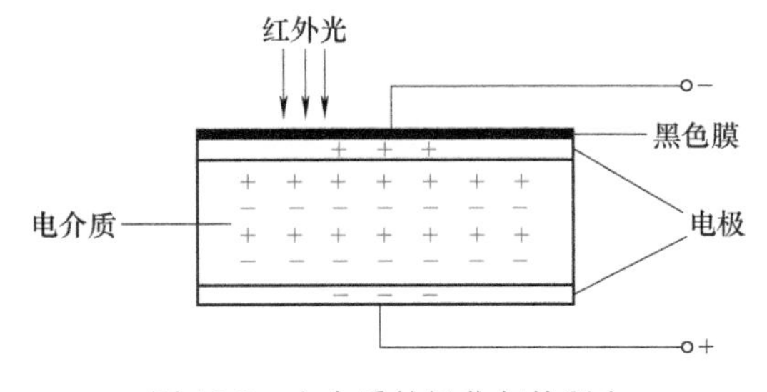

图 10-2　电介质的极化与热释电

对于大多数电介质来说，在电压去除后，极化状态随即消失（见图 10-3a），但是有一类称为“铁电体”的电介质，在外加电压去除后仍保持着极化状态（见图 10-3b）。可以回顾一下同样具有剩余极化特性的压电陶瓷（第 6 章），实际上许多压电材料是铁电体，典型

的铁电体材料有钛酸钡（$BaTiO_3$）、磷酸二氢钾（KH_2PO_4）等。

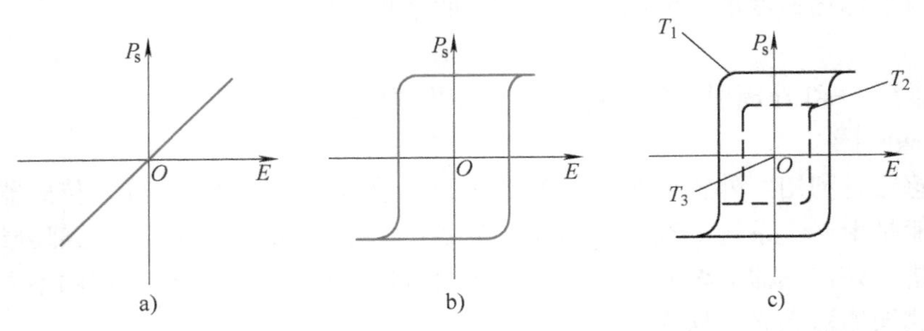

图 10-3　电介质的极化矢量与所加电场和温度的关系

a）一般电介质　b）铁电体　c）铁电体（$T_3>T_2>T_1$）

一般而言，铁电体的极化强度 P_s（单位面积上的电荷）与温度有关，温度升高，极化强度降低（见图 10-3c）。温度升高到一定程度，极化将突然消失，这个温度被称为“居里温度”或“居里点”，图中 T_3 对应居里温度。在居里点以下，极化强度 P_s 是温度的函数，利用这一关系制成的热敏类探测器称为热释电探测器。

试区分压电陶瓷和铁电体的“极化”和“居里温度”的内涵？本质上它们是否一致？

热释电探测器的构造是把敏感元件切成薄片，在研磨成 5~50μm 的极薄片后，把元件的两个表面做成电极，类似于电容器的构造。为了保证晶体（常用的材料有单晶、压电陶瓷及高分子薄膜等）对红外线的吸收，有时也用黑化以后的晶体或在透明电极表面涂上黑色膜（这就是为什么电视机、空调等的红外遥控器或住宅小区等的红外监控器的接收端常用深黑色材料覆盖的原因）。当红外光照射到已经极化了的铁电薄片上时，引起薄片温度的升高，使其极化强度（单位面积上的电荷）降低，表面的电荷减少，这相当于释放一部分电荷，所以叫热释电型红外传感器。释放的电荷可以用放大器转变成输出电压。如果红外光继续照射，使铁电薄片的温度升高到新的平衡值，表面电荷也就达到新的平衡浓度，不再释放电荷，也就不再有输出信号。这区别于其他光电类或热敏类探测器，这些探测器在受辐射后都将经过一定的响应时间到达另一个稳定状态，这时输出信号最大。而热释电探测器则与此相反，在稳定状态下（恒定的红外辐射），输出信号下降到零，只有在薄片温度的升高过程中才有输出信号。因此，在设计制造和应用热释电探测器时，都要设法使铁电薄片工作于对温度变化最敏感的状态，热释电型红外传感器输出信号的强弱取决于薄片温度变化的快慢，从而反映入射的红外辐射的强弱，所以热释电型红外传感器的电压响应率正比于入射光辐射率变化的速率，不取决于晶体与辐射是否达到热平衡。因此必须对红外辐射进行调制（或称斩光），使恒定的辐射变成交变辐射，不断地引起传感器的温度变化，才能导致热释电产生，并输出交变的信号。

对于热释电探测器的敏感元件的尺寸，应尽量减小体积，可以减小灵敏面（提高电压响应率）或减小厚度（提高电流响应率），从而减小热容，提高探测率。但元件灵敏面有个

下限，当减小到元件阻抗大于放大器输入阻抗时，响应率和探测率都得不到改善；另外，理论上元件厚度越薄越好，但厚度过薄将使入射红外光的吸收不完全，对某些陶瓷材料还会出现针孔，因此，对不同情况应有一个最佳厚度。总的来讲，元件尺寸要与放大器性能相配合。

近年来，热释电型红外传感器在家庭自动化、保安系统以及节能领域的需求大幅度增加，热释电型红外传感器常用于根据人体红外（正常人体温 37℃左右，对应红外线波长为 10μm 左右）感应实现自动电灯开关、自动水龙头开关、自动门开关等。在公共场所你是不是经常见到这样的情形？能否解释其工作原理？更进一步的追问是：红外热释电传感器是否只能感应温度的升高？是否只能用于开关控制？为什么能做到只对人体敏感，不受阳光、灯光等干扰？若人体进入检测区后不动并保持一段时间，传感器是否还会有输出？

（2）光子探测器

光子探测器型红外传感器是利用光子效应进行工作的传感器。所谓**光子效应**，就是当有红外线入射到某些半导体材料上，红外辐射中的光子流与半导体材料中的电子相互作用，改变了电子的能量状态，引起各种电学现象。通过测量半导体材料中电子能量状态的变化，可以知道红外辐射的强弱。光子探测器主要有内光电探测器和外光电探测器两种，内光电探测器又分为光电导、光生伏特和光磁电探测器三种类型（类似于光电式传感器，这里的光源是红外线而不是可见光）。半导体红外传感器广泛地应用于军事领域，如红外制导、响尾蛇空对空及空对地导弹、夜视镜等设备。

光子探测器的主要特点有灵敏度高、响应速度快，具有较高的响应频率，但探测波段较窄，一般工作于低温。

智能手环、智能手表等可穿戴设备是如何实现脉搏测量的？

（3）热探测器和光子探测器的比较

热探测器和光子探测器的区别主要表现为：

1）光子探测器在吸收红外能量后，直接产生电效应；热探测器在吸收红外能量后，首先产生温度变化，再产生电效应，温度变化引起的电效应与材料特性有关。

2）光子探测器的灵敏度高、响应速度快，但两者都会受到光波波长的影响；光子探测器的灵敏度依赖于本身温度，要保持高灵敏度，必须将光子探测器冷却至较低的温度，通常采用的冷却剂为液氮。热探测器的特点刚好相反，一般没有光子探测器那么高的灵敏度、响应速度也较慢（热探测器和光子探测器的响应时间分别为毫秒级和纳秒级），但在室温下就有足够好的性能，因此不需要低温冷却，而且热探测器的响应频段宽（不受波长的影响），响应范围可以扩展到整个红外区域。

10.1.2 红外传感器的应用

红外传感器的应用主要体现在以下几个方面：

1）红外辐射计：用于热辐射和光谱辐射测量。

2）搜索和跟踪系统：用于搜索和跟踪红外目标，确定其空间位置并对其运动进行跟踪。

3）热成像系统：能形成整个目标的红外辐射分布图像。

4）红外测距系统：利用经调制的近红外光遇物体后反射的飞行时间（Time of Flight，ToF）技术实现物体间距离的测量。

5）通信系统：红外线通信作为无线通信的一种方式。

红外遥控器在日常生活中得到了广泛应用，如家用电器、玩具、车库等的遥控。红外遥控器属于哪一种应用？其基本原理是什么？

1. 红外传感器使用中应注意的问题

红外传感器是红外探测系统的核心部件，但红外传感器容易损坏，因此，在使用中要特别注意以下问题：

1）首先要了解它的性能指标和应用范围，掌握它的使用条件。

2）注意其使用工作温度。一般选择能在室温工作的红外传感器，使用方便、成本低廉，便于维护。

3）适当调整红外传感器的工作点。一般情况下，红外传感器有一个最佳工作点，只有在最佳偏流工作点时，红外传感器的信噪比最大，实际工作点最好稍低于最佳工作点。

4）选用适当的前置放大器与红外传感器相配合，以获得最佳的探测效果。

5）调制频率要与红外传感器的频率响应相匹配。

6）红外传感器的光学部件不能用手去摸、擦，防止损坏与玷污。

7）红外传感器在保存时要注意防潮、防震和防腐蚀。

2. 红外传感器的典型应用

（1）红外测温仪

红外测温技术在产品质量监控、设备在线故障诊断和安全保护等方面发挥着重要作用。近20年来，非接触红外测温仪在技术上得到迅速发展，性能不断完善，功能不断增强，品种不断增多，适用范围也不断扩大，市场占有率逐年增长。比起接触式测温方法，红外测温有着响应时间快、非接触、使用安全及使用寿命长等优点。如2020年新冠肺炎世界大流行时，在一些窗口单位（如机场、港口、车站等）大量使用红外测温仪（如额温枪）。

红外检测是一种在线监测式检测技术，它集光电成像技术、计算机技术、图像处理技术于一身，通过接收物体发出的红外线，将其热像显示在显示屏上，从而准确判断物体表面的温度分布情况，具有准确、实时、快速等优点。任何物体由于其自身分子的运动，不停地向外辐射红外热能，从而在物体表面形成一定的温度场，俗称“热像”。红外诊断技术正是通过吸收这种红外辐射能量，测出物体表面的温度及温度场的分布，从而判断物体发热情况。

这里介绍一种全辐射红外测温原理，它是利用测量物体所辐射出来的全波段辐射能量来确定物体的温度，即应用了如下的斯蒂藩-玻尔兹曼（Stefan-Boltzmann）定律：

$$W=\varepsilon\sigma T^4 \tag{10-2}$$

式中　W——物体单位面积所发射的辐射功率（数值上等于物体的全波辐射出射度）；

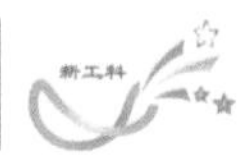

ε——物体表面的法向比辐射率（一般物体的 ε 总是在 0~1 之间，$\varepsilon=1$ 的物体称为黑体）；

σ——斯蒂藩-玻尔兹曼常数；

T——物体的绝对温度（K）。

图 10-4 为常见的红外测温仪原理框图。它是一个光、机、电一体化的系统，测温系统主要由下列几部分组成：红外光透镜系统、红外滤光片、调制盘、红外探测器、信号调理电路、微处理器和温度传感器等。红外线通过固定焦距的透射（也有采用反射的）系统、滤光片聚焦到红外探测器的光敏面上，红外探测器将红外辐射转换为电信号输出。步进电动机可以带动调制盘（或称辐射调制器、斩波器，状似扇叶）转动将被测的红外辐射调制成交变的红外辐射线。红外测温仪的电路包括前置放大、选频放大、发射率（ε）调节、线性化等。现在还可以容易地制作带单片机的智能红外测温仪，其稳定性、可靠性和准确性更高。

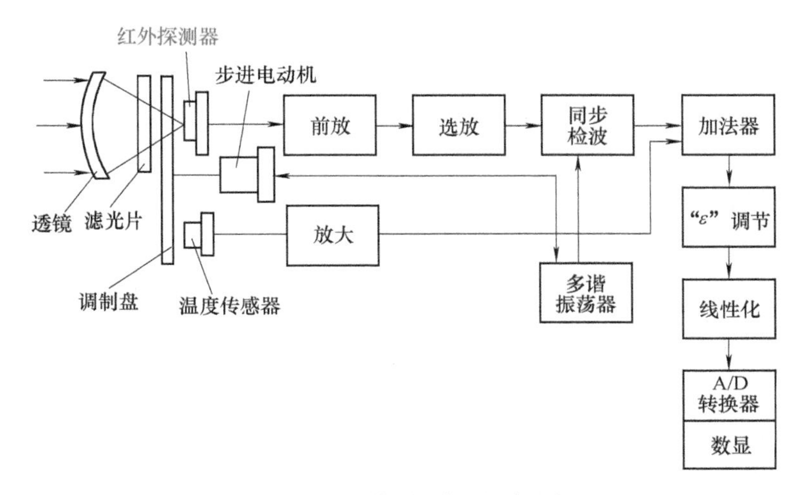

图 10-4　红外测温仪原理框图

各部分电路的作用如下：

1）前置放大器：起阻抗转换和信号放大作用。

2）选频放大器：只放大与被调制辐射同频率的交流信号，抑制其他频率的噪声（依据频率保持特性）。

3）同步检波电路：将交流输入信号变换成峰-峰值的直流信号输出。

4）加法器：输入为经调制的交变辐射，是目标与调制盘环境温度的差值，利用加法器将环境温度（变化）信号与测量信号相加，可达到环境温度补偿的目的。

5）发射率（ε）调节电路：实质上是一个放大电路。仪器出厂前都是用黑体（$\varepsilon=1$）标定的，当被测目标不是黑体（$\varepsilon<1$）时，测量信号相对减小了。当仪器的测量信号相对于标定的指标有所减小时，该电路的作用就是把相对减小的部分恢复。

6）线性化电路：由于物体的红外辐射与温度不是线性关系，该电路用于完成信号的线性化处理，线性化后的测量信号与温度成线性关系。

7）A/D 转换器：将模拟信号转换为数字信号，便于由数码管等显示测得的温度值。

8）多谐振荡器：包括一系列分频器，输出一定时序的方波信号，驱动步进电动机和同频检波器的开关电路。

红外测温仪为何要用调制盘将被测的红外辐射调制成交变的？

（2）红外线气体分析仪

红外线在大气中传播时，由于大气中不同的气体分子、水蒸气、固体微粒和尘埃等物质对不同波长的红外线都有一定的吸收和散射作用，形成不同的吸收带（见图 10-5），称为“大气窗口”，从而会使红外辐射在传播过程中逐渐减弱。由图 10-5 可见，CO 气体对波长为 4. 65μm 附近的红外线有很强的吸收能力；CO_2 的吸收带位于 2. 78μm、4. 26μm 和波长大于 13μm 的范围。

空气中的双原子气体具有对称结构、无极性，如 N_2、O_2 和 H_2 等气体，以及单原子惰性气体，如 He、Ne、Ar 等；它们不吸收红外辐射。

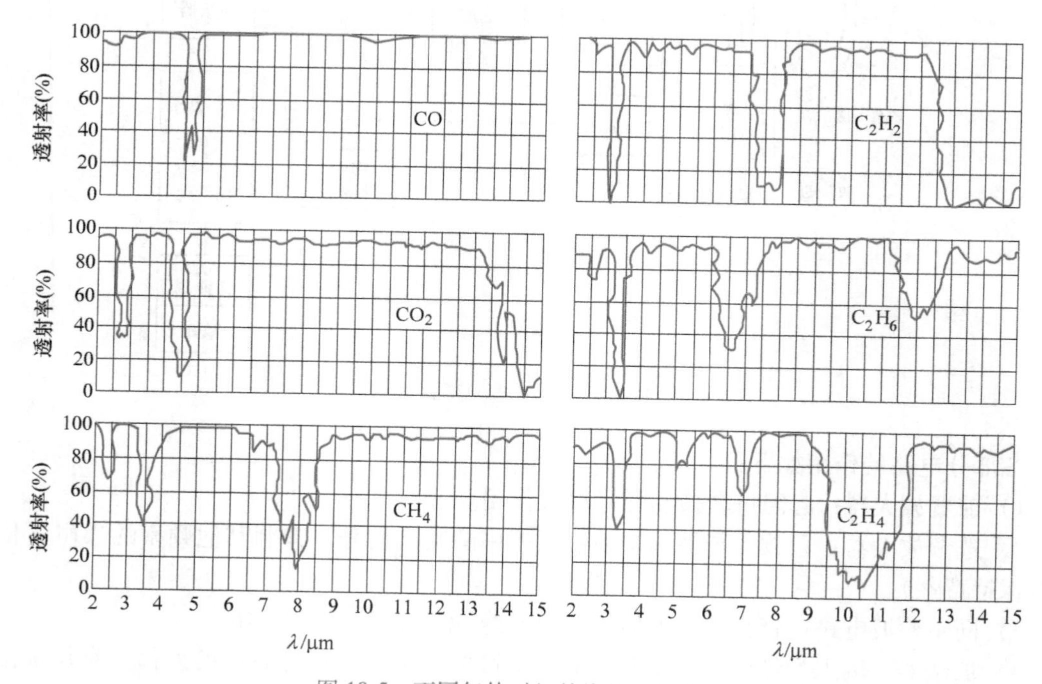

图 10-5 不同气体对红外线的透射光谱

红外线被吸收的数量与吸收介质的浓度有关，当射线进入介质被吸收后，其透过的射线强度 I 按指数规律减弱，由朗伯-贝尔定律确定，即

$$I=I_0\mathrm{e}^{-\mu cl} \tag{10-3}$$

式中 I，I_0——吸收后、吸收前射线强度；

μ——吸收系数；

c，l——介质浓度和介质厚度。

红外线气体分析仪利用了气体对红外线选择性吸收这一特性。它设有一个测量室和一个

参比室。测量室中含有一定量的被分析气体，对红外线有较强的吸收能力，而参比室（即对照室）中的气体不吸收红外线，因此两个气室中的红外线的能量不同，将使气室内压力不同，导致薄膜电容的两电极间距改变，引起电容量 C 变化，电容量 C 的变化反映被分析气体中被测气体的浓度。

图 10-6 是工业用红外线气体分析仪的结构原理图。该分析仪由红外线辐射光源、滤波气室、红外探测器及测量电路等部分组成。光源由镍铬丝通电加热发出 3～10μm 的红外线，同步电动机带动扇叶状切光片旋转，切光片将连续的红外线调制成脉冲状的红外线，以便于红外探测器检测。测量室中通入被分析气体，参比室中注入的是不吸收红外线的气体（如 N_2 等）。红外探测器是薄膜电容型，它有两个吸收气室，充以被测气体，当它吸收了红外辐射能量后，气体温度升高，导致室内压力增大。

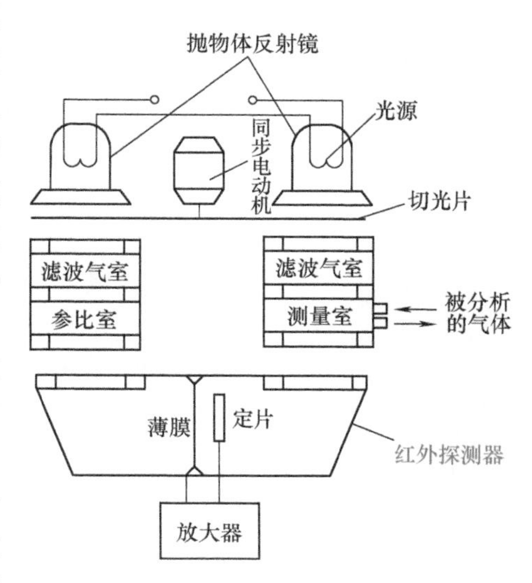

图 10-6 红外线气体分析仪结构原理

测量时（如分析 CO 气体的含量），两束红外线经反射、切光后射入测量室和参比室，由于测量室中含有一定量的 CO 气体，该气体对 4. 65μm 的红外线有较强的吸收能力；而参比室中气体不吸收红外线，这样射入红外探测器的两个吸收气室的红外线造成能量差异，使两吸收气室内压力不同，测量边的压力减小，于是薄膜偏向定片方向，改变了薄膜电容两极板间的距离，也就改变了电容量 C。如被测气体的浓度越大，两束光强的差值也越大，则电容的变化量也越大，因此电容变化量反映了被分析气体中被测气体的浓度大小，最后通过测量电路的输出电压或输出频率等来反映（参考第 5 章电容式传感器）。

图 10-6 中设置滤波气室的目的是为了消除干扰气体对测量结果的影响。所谓干扰气体，是指与被测气体吸收红外线波段有部分重叠的气体，如 CO 和 CO_2 气体在 4～5μm 波段内红外吸收光谱有部分重叠，则 CO_2 的存在对分析 CO 气体带来影响，这种影响称为干扰。为此在测量边和参比边各设置了一个封有干扰气体的滤波气室，它能将与 CO_2 气体对应的红外线吸收波段的能量全部吸收（即两边都预先通过 CO_2 将其能吸收的红外辐射消除，剩余的红外辐射不存在还能被 CO_2 吸收的波长分量，此后即使被测气体中含有 CO_2 也不再吸收红外辐射，也就不受其影响），从而保证左右两边吸收气室的红外能量之差只与被测气体（如 CO）的浓度有关。

基于以上分析，你是否明白：除参比室不吸收红外线外，两个滤波气室、测量室和红外探测器的两个吸收气室均要吸收红外线。

红外气体分析仪被广泛用于大气及污染检测、燃烧过程、石油及化工过程、煤炭及焦炭生产过程等工业生产过程的气体检测。

（3）红外热成像仪

所有温度高于绝对零度（-273℃）的物体都会发出红外辐射。利用某种特殊的电子装置将物体表面的温度分布转换成人眼可见的图像，并以不同颜色显示物体表面温度分布的技术称之为红外热成像技术，这种电子装置称为红外热成像仪。红外热成像仪是红外传感器的诸多应用中非常重要的一种应用，从最初仅限于作为军用高科技产品，现在已经越来越普遍地走向工业和民用市场，如建筑物的空鼓、缺陷检测，消防领域的火源查找等。

红外热成像仪的工作原理如图 10-7 所示，红外热成像仪是利用红外探测器、光学成像物镜和光机扫描系统接收被测目标的红外辐射能量分布图形，并反映到红外探测器的光敏元件上；在光学系统和红外探测器之间，有一个光机扫描机构对被测物体的红外热像进行扫描，并聚焦在单元或分光探测器上；由探测器将红外辐射能转换成电信号，经放大处理、转换成标准视频信号并通过电视屏或监测器显示红外热像图。

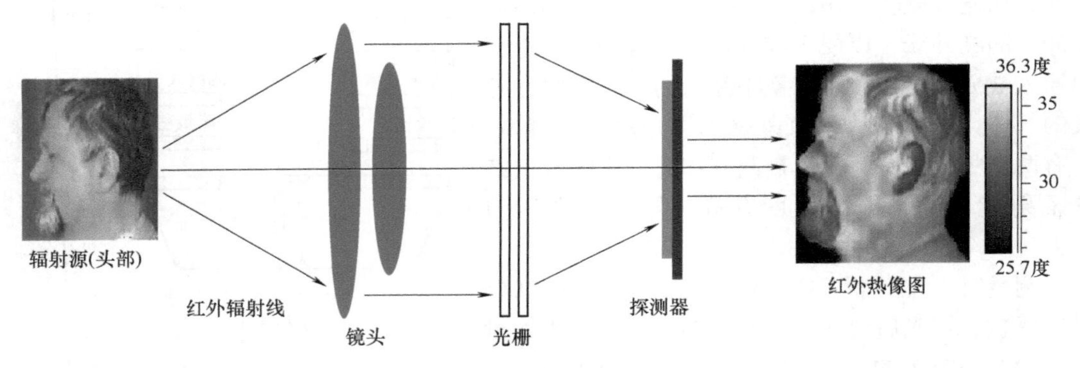

图 10-7　红外热成像仪工作原理

这种热像图与物体表面的热分布场相对应，但实际被测目标物体各部分红外辐射的热像分布图由于信号非常弱，与可见光图像相比，缺少层次和立体感。因此，为了在实际中更有效地判断被测目标的红外热分布场，常采用一些数学运算和处理等辅助措施来增加仪器的实用功能，如图像亮度、对比度的控制，实标校正、伪色彩描绘等。

（4）红外制导和导弹防御

目前，种类众多的导弹已成为现代战争中使用或起威慑作用的重要武器。导弹靠自身的发动机推进、靠自身的“战斗部”摧毁目标，但关键要靠制导系统不断测定自身与目标的距离、方位，得出“制导信息”向导弹舵翼发出指令修正飞行轨道，并最终接近和击毁目标。红外制导是导弹的制导方式之一，它是利用目标自身的热辐射获取制导信息，分为红外点源制导和红外成像制导两类。红外技术在导弹拦截方面同样有不可替代的作用，在美国大力发展的导弹防御技术中，红外技术占据了非常突出的地位，已实施数十年的“国家支援计划（DSP）”部署了 5 颗预警卫星系统，卫星上除了装有 γ 射线探测器、中子探测器等探测核爆炸的仪器外，主要是红外望远镜；美国目前正在加紧研制和部署“天基红外系统（SB-IRS）”，整个系统能探测到核试验、洲际导弹、潜射导弹、中短程战术导弹等。

10.2　微波传感器

如图 10-1 所示，微波是介于红外线与无线电波之间的一种电磁波，其波长范围是 1m～1mm，通常还按照波长特征将其细分为分米波、厘米波和毫米波三个波段。微波作为一种电磁波，具有电磁波的所有性质，利用微波与物质相互作用所表现出来的特性，人们制成了微

波传感器，即微波传感器就是利用微波特性来检测某些物理量的器件或装置。

微波传感器是一种非接触式的传感器，正得到越来越广泛的应用。在工业领域，微波传感器可实现对材料的无损检测及物位检测等；在地质勘探方面，可实现微波断层扫描、微波对地观测、灾害监测预警等（如 2018 年 12 月我国航天科工研制成功人工智能阵列式探地雷达，可为地下空间做“体检”）；在军事领域，可实现目标跟踪和战场态势感知（如最新的反隐身量子雷达和基于网络化的“超级雷达”）等。

无损检测的基本含义是什么？主要方法有哪些？无损检测的工程注意事项是什么？

10.2.1　工作原理

1. 微波传感器的原理及分类

微波具有以下特点：

1）需要定向辐射装置。

2）遇到障碍物容易反射。

3）绕射能力差。

4）传输特性好，传输过程中受烟雾、灰尘等的影响较小。

5）介质对微波的吸收大小与介质介电常数成正比，如水对微波的吸收作用最强。

微波传感器的基本测量原理：发射天线发出微波信号，该微波信号在传播过程中遇到被测物体时将被吸收或反射，导致微波功率发生变化，通过接收天线将接收到的微波信号转换成低频电信号，再经过后续的信号调理电路等环节，即可显示出被测量。

根据微波传感器的工作原理，可将其分为反射式和遮断式两种。

（1）反射式微波传感器

反射式微波传感器就是通过检测经物体反射回来的微波信号的功率或微波信号从发出到接收到的时间间隔来实现测量的一类微波传感器，可用于测量物体的位置、位移等参数。

（2）遮断（或透射）式微波传感器

微波的绕射能力差，且能被介质吸收，利用这两种特性，如果在发射天线和接收天线间有物体，则微波信号可能被阻断，或被吸收，因此，可以通过检测接收天线收到的微波功率大小来判断发射天线与接收天线之间有无被测物体或被测物体的位置、厚度或含水量等。

2. 微波传感器的组成

微波传感器的组成主要包括三个部分：微波发生器（或称微波振荡器）、微波天线及微波检测器。

（1）微波发生器

微波发生器是产生微波的装置。由于微波波长很短、频率很高（300MHz ~ 300GHz），要求振荡回路有非常小的电感与电容，故不能采用普通的晶体管构成微波振荡器，而是采用速调管、磁控管或某些固态元件构成。小型微波振荡器也可采用体效应管。

微波发生器产生的振荡信号需要用波导管（管长为10cm以上时，可接同轴电缆）传输。

试分析微波炉的工作原理。

（2）微波天线

微波天线是用于将经振荡器产生的微波信号发射出去的装置。为了保证发射出去的微波信号具有最大的能量输出和一致的方向性，要求微波天线有特殊的结构和形状，常用的天线如图10-8所示，包括喇叭形、抛物面形等。前者在波导管与敞开的空间之间起匹配作用，有利于获得最大能量输出；后者类似凹面镜产生平行光，有利于改善微波发射的方向性。

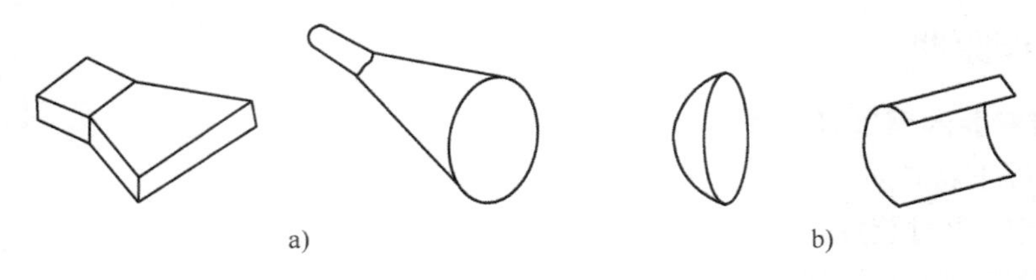

图10-8　常用微波天线的结构和形状

a）喇叭形　b）抛物面形

目前，正在研发一种柔性天线（见图10-9），可以将雷达、通信等设备的天线整合在飞行器机身的蒙皮内，做到“浑身上下是天线”，极大地改善机载雷达的辐射性能，同时为隐身和气动外形的布局设计提供方便。传统飞行器机身的天线必定要突出于机身外表面或占用关键部位，如“大圆盘”“平衡木”“机鼻”或“顶个球”，这些凸出于流线体机身的天线，会给飞行器增加极大的空气阻力，大大降低飞行器平台的飞行性能和隐身性，柔性天线可以避免上述问题。

图10-9　柔性天线

（3）微波检测器

微波检测器是用于探测微波信号的装置。微波在传播过程中表现为空间电场的微小变化，因此使用电流-电压成非线性特性的电子元件作微波检测器，根据工作频率的不同，有多种电子元件可供选择（如较低频率下的半导体PN结元件、较高频率下的隧道结元件等），但都要求它们在工作频率范围内有足够快的响应速度。

3. 微波传感器的特点

（1）优点

1）微波传感器是一种非接触式传感器，如进行活体检测时，大部分不需要取样。

2）其波长在1m~1mm，对应的频率范围为300MHz~300GHz，因此有极宽的频谱。

3）可在恶劣环境下工作，如高温、高压、有毒、有放射线等，它基本不受烟雾、灰尘、温度等影响。

4）频率高，时间常数小，反应速度快，可用于动态检测与实时处理。

5）测量信号本身是电信号，无须进行非电量转换，简化了处理环节。

6）输出信号可以方便地调制在载波信号上进行发射和接收，传输距离远，可实现遥测、遥控。

7）不会带来显著的辐射。

（2）缺点

1）存在零点漂移，给标定带来困难。

2）测量环境对测量结果影响较大，如取样位置、气压等。

10.2.2　微波传感器的应用

1. 微波辐射计

微波辐射计也叫微波温度传感器。任何物体的温度高于环境温度时，都要向外辐射能量。当该辐射能量到达接收机输入端口时，接收机将感知到该信号并在其输出端输出信号，这是微波辐射计的基本工作原理。分析如下：

在微波中普朗克公式可近似表示为

$$e_0(\lambda,T)=\frac{2ckT}{\lambda^4} \tag{10-4}$$

式中　$e_0(\lambda,T)$——微波辐射强度；

c——光速；

k——波尔兹曼常数（$k=1.38\times10^{-23}$J/K）；

T——温度；

λ——微波波长。

图 10-10 给出了微波温度传感器的原理框图。当被测温度 T_i 与基准温度 T_c 不一致时，就会产生辐射，辐射强度 $e_0(\lambda,T)$ 通过环行器输出到带通滤波器，再通过低噪声放大器、混频器、中频放大器等的处理得到被测温度。这个传感器的关键部件是低噪声放大器，它决定了传感器的灵敏度。

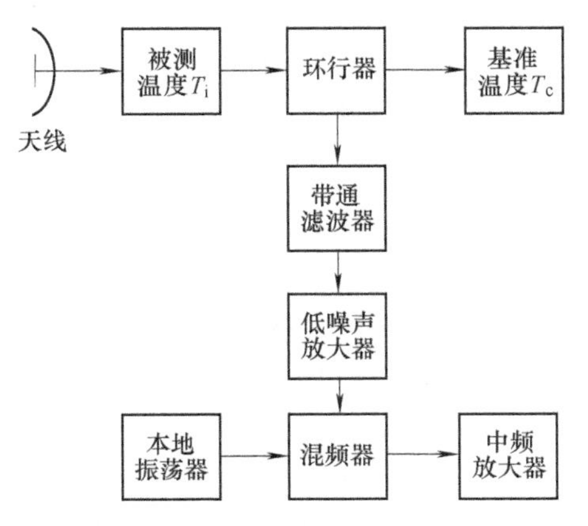

图 10-10　微波温度传感器原理框图

对温度的测量有多种方法，微波温度传感器主要用于遥测，如装在航天器上，对大气对流、大地测量与探矿、水质污染、植物种类、水域范围等进行遥测（见图 10-11）。近年来，微波温度传感器又有了新的重要应用，用其探测人体癌变组织。癌变组织与周围正常组织间存在着一个微小的温度差，早期癌变组织比正常组织高 0.1℃，癌瘤组织比正常组织偏高 1℃，如果能精确测量出 0.1℃的温度差，就可以及时发现早期癌变，从而可以早日治疗，有助于患者的康复。

图 10-11　海洋遥测

2. 微波湿度传感器

水分子是极性分子，在常态下形成偶极子杂乱无章地分布着。当有外电场作用时，偶极子将形成定向排列。在微波场作用下，偶极子不断地从电场中获得能量（这是一个储能的过程），表现为微波信号的相移；又不断地释放能量（这是一个放能的过程），表现为微波的衰减。这个特性用水分子的介电常数可表示为

$$\varepsilon=\varepsilon'+\alpha\varepsilon'' \qquad (10\text{-}5)$$

式中　ε——水分子的介电常数；

ε'，ε''——介电常数的储能分量（相移）和放能分量（衰减）；

α——常数。

ε'、ε''与材料和测试信号频率均有关，且所有极性分子均有此性质。一般干燥的物体，其ε'在 1~5 范围内，而水的ε'高达 64，因此，如果被测材料中含有水分时，其复合（指材料与水分的总体效应）的ε'将显著上升。ε''也有类似的性质。

基于微波与水分子的作用关系，你在使用手机时能从中得到什么启示？

微波湿度传感器就是基于上述特性来实现湿度测量的，即同时测量干燥物体和含有一定水分的潮湿物体，前者作为标准量，后者将引起微波信号的相移和衰减，从而换算出物体的含水量。

图 10-12 用于测量酒精中的含水量。其工作原理是：微波振荡器 MS 产生的微波信号经分功率器分成两路，再经衰减器 A_1、A_2 后分别进入转换器 T_1、T_2 中。T_1 中放置无水酒精，作为参考量；T_2 中放置被测样品。通过相位和衰减测定仪（PT、AT）分别反复接通 T_1、T_2 两路信号进行检测输出，自动记录并显示它们间的相位差和衰减差，从而可确定样品中的含水量。

3. 微波无损检测仪

一方面，微波在不连续的界面处会产生反射、散射、透射；另一方面，微波还能与被检

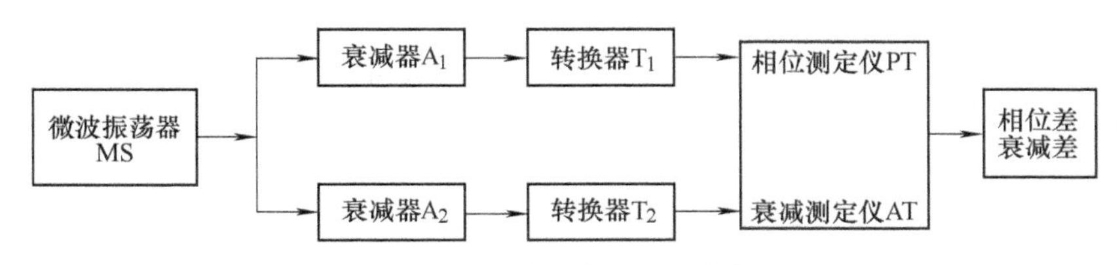

图 10-12　酒精含水量测量仪框图

测材料产生相互作用，被检测材料的电磁参数和几何参数将引起微波场的变化，通过检测微波信号基本参数的改变即可达到检测材料内部缺陷的目的。这种检测不会对材料本身造成任何破坏，因此称为微波的无损检测。

微波无损检测仪主要由微波天线、微波电路、记录仪等部分组成，如图 10-13 所示。检测时，当金属介质内有气孔时，气孔将成为微波散射源（使微波信号的相位发生变化，此时，被检测介质相当于一个移相器）。当产生明显的散射效应时，最小气隙的半径与波长的关系为

$$Ka \approx 1 \tag{10-6}$$

式中　$K=\dfrac{2\pi}{\lambda}$（λ 为波长）；

　　a——气隙的半径。

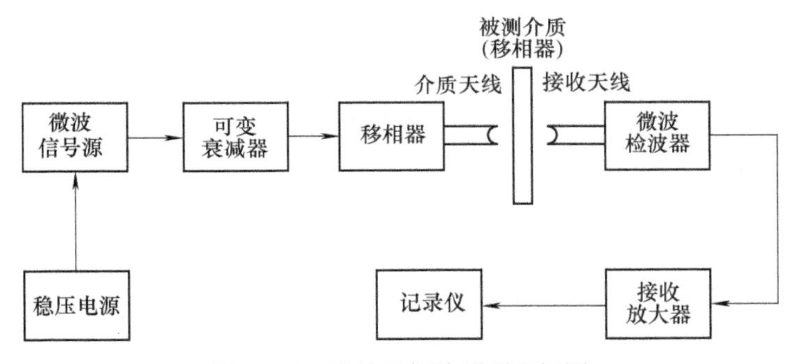

图 10-13　微波无损检测原理框图

当微波的工作频率为 36. 5GHz（对应的 $\lambda=8.2\text{mm}$）时，$a=1.3\text{mm}$，即此时可检出的孔径的最小直径约为 $2a=2.6\text{mm}$。为了将介质中的所有气隙都检测出来，应以最小气隙的半径来确定微波的工作频率。

4. 微波多普勒传感器

利用多普勒效应可以探测运动物体的速度、方向与方位。微波多普勒传感器是利用雷达将微波发射到被测对象，并接收返回的反射波来实现的。若对以相对速度 v 运动的物体发射微波，由于多普勒效应，反射波的频率发生偏移（称为多普勒频移），表示为

$$f_{\mathrm{d}}=\pm\frac{v}{\lambda}\cos\theta \tag{10-7}$$

式中　f_{d}——多普勒频率；

　　v——物体的运动速度；

λ——微波信号波长；

θ——方位角。

当物体靠近发射天线时，f_d取“+”号；物体远离发射天线时，f_d取“-”号。

这里介绍的“微波”和第9章的“光波”都具有多普勒效应，试建立起它们之间的多普勒效应联系？超声波是否也具有多普勒效应？

在确定v、λ、θ中任意两个参数后，由于f_d可测出，因此，根据式（10-7）即可确定第三个参数，通常用于测定物体的运动速度。f_d的测量基于接收机将来自发射机的参照信号和来自运动物体的反射信号混合后，可得到多普勒输出信号为

$$u_d = U_d \sin\left(2\pi f_d t - \frac{4\pi r}{\lambda}\right) \tag{10-8}$$

式中　r——运动物体与发射天线间的距离；

u_d，U_d——多普勒电压信号及信号的幅值。

如果要确定运动物体与发射天线间的距离r，可发射两个不同波长的信号，引起式（10-8）中的信号初始相位的变化，即

$$\Delta\varphi = 4\pi r\left(\frac{1}{\lambda_2} - \frac{1}{\lambda_1}\right) \tag{10-9}$$

因此有

$$r = \frac{\Delta\varphi \lambda_1 \lambda_2}{4\pi(\lambda_1 - \lambda_2)} \tag{10-10}$$

由式（10-10）可知，只要测出不同波长λ_1、λ_2下的初始相位差$\Delta\varphi$，即可确定距离r。

微波多普勒传感器的应用非常广泛，如多普勒测速仪可用于交通管制的车辆测速与定位跟踪，水文站用的流速测定仪，海洋气象站用来测定海浪与热带风暴，火车进站速度监控等。

卫星导航（GPS、北斗导航系统等）依赖的基本原理是什么？除了导航，您还能想到什么样的应用？

10.3　超声波传感器

超声波传感器是一种以超声波作为检测手段的传感器。利用超声波的各种特性，可做成各种超声波传感器，再配上不同的测量电路，制成各种超声波仪器及装置，广泛应用于冶金、船舶、机械、医疗等各个工业部门的超声探测，包括料位监测、城市液位监控防内涝、产品或车辆计数检测、高空作业平台防撞检测、车辆避障检测、流量检测、生产过程控制检测、医疗超声检测和倒车雷达等。

10.3.1　工作原理

1. 超声波及其物理性质

（1）超声波的概念

介质中的质点以弹性力互相联系。某质点在介质中振动，能激起周围质点的振动。质点振动在弹性介质内的传播形成机械波。

根据声波频率的范围，声波可以分为次声波、声波和超声波。其中，频率在 16～2×10^4Hz 之间，能为人耳所闻的机械波，称为声波；频率低于 16Hz 的机械波，称为次声波；频率高于 2×10^4Hz 的机械波，称为超声波。各类声波的频率范围如图 10-14 所示。

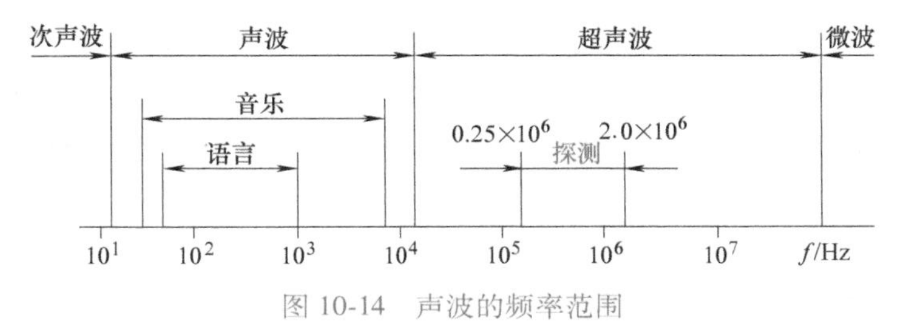

图 10-14　声波的频率范围

声波的频率越高，与光波的某些特性就越相似。超声波波长、频率与速度的关系为

$$\lambda = \frac{c}{f} \tag{10-11}$$

式中　λ——波长；

c——速度；

f——频率。

超声波的频率高、波长短、绕射小。它最显著的特性是方向性好，在空气中衰减较快，但在液体、固体中衰减很小，穿透力强，碰到介质分界面会产生明显的反射和折射，被广泛应用于工业检测中。

（2）超声波的物理性质

1）超声波的波型。由于声源在介质中施力方向与波在介质中传播方向的不同，声波的波型也有所不同。通常有：

纵波——质点振动方向与波的传播方向一致的波。它能在固体、液体和气体中传播。

横波——质点振动方向垂直于传播方向的波。它只能在固体中传播。

表面波——质点的振动介于纵波与横波之间，沿着表面传播，其振幅随深度增加而迅速衰减的波。表面波随深度增加衰减很快，只能沿着固体的表面传播。

为了测量各种状态下的物理量，多采用纵波。近年声表面波传感器发展较快。

2）超声波的传播速度。纵波、横波及表面波的传播速度，取决于介质的弹性常数及介质密度。气体和液体中只能传播纵波，室温下，空气中超声波（即纵波）的传播速度为 344m/s，液体中声速为 900～1900m/s。在固体中，纵波、横波和表面波三者的声速成一定关系。通常可认为横波声速为纵波声速的一半，表面波声速约为横波声速的 90%。值得指出的是，介质中的声速受温度影响较大（见表 10-1），在实际使用中注意采取恒温或温度补偿措施。

表 10-1　空气中超声波传播速度与温度的关系

温度/℃	-30	-20	-10	0	10	20	30	100
声速/(m/s)	313	319	325	332	338	344	349	386

基于超声波的传播速度可推知，当地震（地震波）来临时，人们首先感知到的是上下振荡（纵波），然后才是左右摇晃（横波）。

3）超声波的反射和折射。超声波从一种介质传播到另一种介质时，在两介质的分界面上有一部分超声波被反射，另一部分则透过分界面，在另一种介质内继续传播。这两种情况分别称为超声波的反射和折射，如图 10-15 所示。其中，α 是入射角，α'是反射角，β 是折射角。

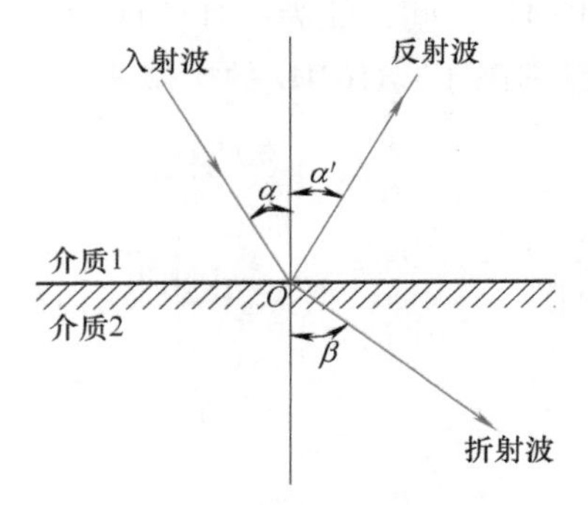

图 10-15　超声波的反射和折射

- 反射定律：当波在界面上发生反射时，入射角 α 的正弦与反射角 α'的正弦之比等于入射波波速与反射波波速之比。当入射波和反射波的波型相同、波速相等时，入射角 α 等于反射角 α'。
- 折射定律：当波在界面处产生折射时，入射角 α 的正弦与折射角 β 的正弦之比等于入射波在第一介质中的波速 c_1 与折射波在第二介质中的波速 c_2 之比，即

$$\frac{\sin\alpha}{\sin\beta}=\frac{c_1}{c_2} \tag{10-12}$$

4）超声波的衰减。超声波在介质中传播时，随着传播距离的增加，能量逐渐衰减。其声压和声强的衰减规律满足以下函数关系：

$$P_x=P_0\mathrm{e}^{-\alpha x} \tag{10-13}$$

$$I_x=I_0\mathrm{e}^{-2\alpha x} \tag{10-14}$$

式中　P_x，I_x——距声源 x 处的超声波声压和声强；

P_0，I_0——声源处的超声波声压和声强；

x——距声源处的距离；

α——衰减系数。

2. 超声波传感器的工作原理

要以超声波作为检测手段，必须能产生超声波和接收超声波。完成这种功能的装置就是超声波传感器，习惯上称为超声波换能器，或超声波探头。

超声波传感器按其工作原理，可分为压电式、磁致伸缩式、电磁式等，以压电式最为常用。下面以压电式和磁致伸缩式超声波传感器为例介绍其工作原理。

（1）压电式超声波传感器

压电式超声波传感器是利用压电材料的压电效应原理来工作的。常用的压电材料主要有压电晶体和压电陶瓷。根据正、逆压电效应的不同，压电式超声波传感器分为发生器（发射探头）和接收器（接收探头）两种。

压电式超声波发生器是利用逆压电效应的原理将高频电振动转换成高频机械振动，从而产生超声波。当外加交变电压的频率等于压电材料的固有频率时会产生共振，此时产生的超声波最强。压电式超声波传感器可以产生几十千赫兹到几十兆赫兹的高频超声波，其声强可达几十瓦每平方厘米。

压电式超声波接收器是利用正压电效应原理进行工作的。当超声波作用到压电晶片上引起晶片伸缩，在晶片的两个表面上便产生极性相反的电荷，这些电荷被转换成电压经放大后送到测量电路，最后记录或显示出来。压电式超声波接收器的结构和超声波发生器基本相同，有时就用同一个传感器兼作发生器和接收器两种用途。

通用型和高频型压电式超声波传感器结构分别如图 10-16a、b 所示。通用型压电式超声波传感器的中心频率一般为几十千赫兹，主要由压电晶体、圆锥谐振器、栅孔等组成；高频型压电式超声波传感器的频率一般在 100kHz 以上，主要由压电晶片、吸收块（阻尼块）、保护膜等组成。压电晶片多为圆板形，设其厚度为 δ，超声波频率 f 与其厚度 δ 成反比。压电晶片的两面镀有银层，作为导电的极板，底面接地，上面接至引出线。为了避免传感器与被测件直接接触而磨损压电晶片，在压电晶片下黏合一层保护膜（0. 3mm 厚的塑料膜、不锈钢片或陶瓷片）。阻尼块的作用是降低压电晶片的机械品质，吸收超声波的能量。如果没有阻尼块，当激励的电脉冲信号停止时，晶片将会继续振荡，加长超声波的脉冲宽度，使分辨率变差。

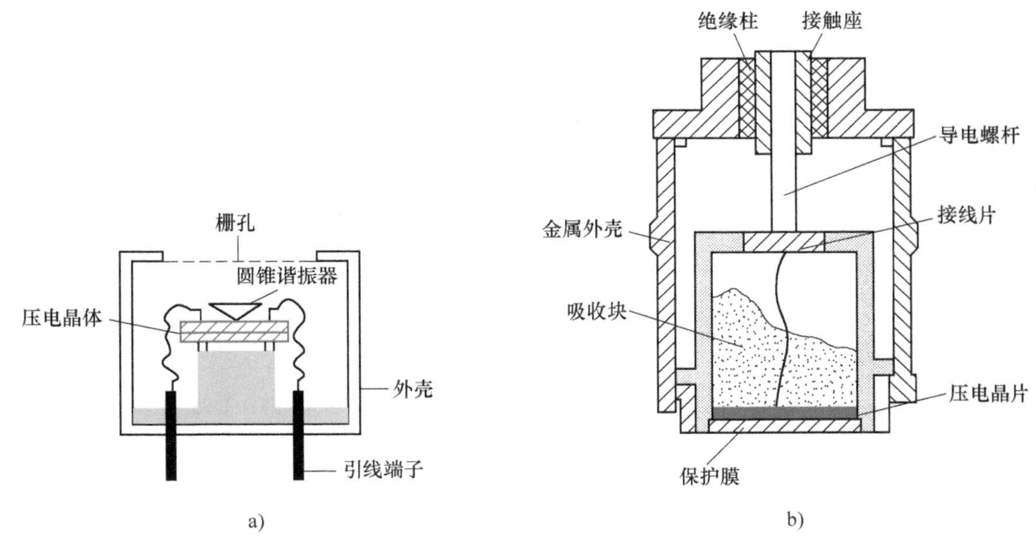

图 10-16　压电式超声波传感器的结构
a）通用型　b）高频型

① 压电式传感器和压电式超声波传感器有什么区别和联系？
② 压电式超声波传感器是否可以不用电源？

（2）磁致伸缩式超声波传感器

铁磁材料在交变的磁场中沿着磁场方向产生伸缩的现象，称为磁致伸缩效应。磁致伸缩效应的强弱即材料伸长缩短的程度，因铁磁材料的不同而各异。镍的磁致伸缩效应最大，如果先加一定的直流磁场，再通以交变电流时，它可以工作在特性最好的区域。磁致伸缩传感器的材料除镍外，还有铁钴钒合金和含锌、镍的铁氧体。它们的工作频率范围较窄，仅在几万赫兹以内，但功率可达十万瓦，声强可达几千瓦每平方毫米，且能耐较高的温度。

磁致伸缩式超声波发生器是把铁磁材料置于交变磁场中，使它产生机械尺寸的交替变化即机械振动，从而产生超声波。它是用几个厚为 0.1~0.4mm 的镍片叠加而成，片间绝缘以减少涡流损失，其结构形状有矩形、窗形等，如图 10-17 所示。

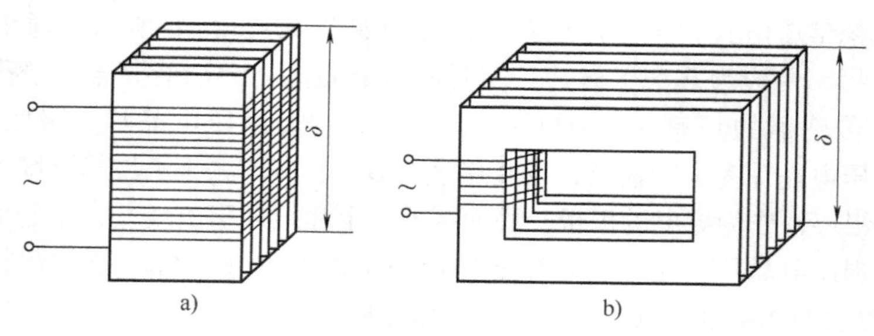

图 10-17　磁致伸缩式超声波传感器的结构
a）矩形　b）窗形

磁致伸缩式超声波接收器的原理是：当超声波作用在磁致伸缩材料上时，引起材料伸缩，从而导致它的内部磁场（即导磁特性）发生改变。根据电磁感应，磁致伸缩材料上所绕的线圈里便获得感应电动势。此电动势被送入测量电路，最后记录或显示出来。磁致伸缩式超声波接收器的结构与超声波发生器基本相同。

海豚的回声定位原理与蝙蝠相同，一个部位用于发声，另一部位接收回音。海豚根据回声的强弱，判断前方障碍的远近、大小，为其在深海黑暗环境中捕猎提供了帮助。超声波传感器与声呐传感器是同一种传感器吗？你能否构建一个汉语语音识别系统？

3. 超声波传感器的性能指标

超声波传感器的主要性能指标包括：

- 工作频率：工作频率就是压电晶片的共振频率。当加到它两端的交流电压的频率和晶片的共振频率相等时，输出的能量最大、灵敏度最高。
- 工作温度：由于压电材料的居里点一般比较高，特别是诊断用超声波探头使用功率较小，所以工作温度比较低，可以长时间地工作而不产生失效。医疗用的超声探头的温度比较高，需要单独的制冷设备。
- 灵敏度：主要取决于压电晶片本身。机电耦合系数大，灵敏度高；反之，灵敏度低。
- 指向性：指向性决定超声波传感器的探测范围。

10.3.2　超声波传感器的应用

超声波传感器的应用较广泛，要探测的物体大小将直接影响超声波传感器的检测范围，

传感器必须探测到一定声级的超声波才会有输出。大部件能将大部分发出的超声波反射给超声波传感器，小部件仅能反射少部分超声波，导致检测范围大大缩小。使用超声波传感器探测的理想物体应体积大、平整且密度高，并与变换器正面垂直；最难探测的物体是体积小且由吸波材料制成的物体，或者与变换器成非90°角的物体。

1. 超声波测厚

超声波测量厚度常采用脉冲回波法。图10-18为脉冲回波法检测厚度的工作原理。

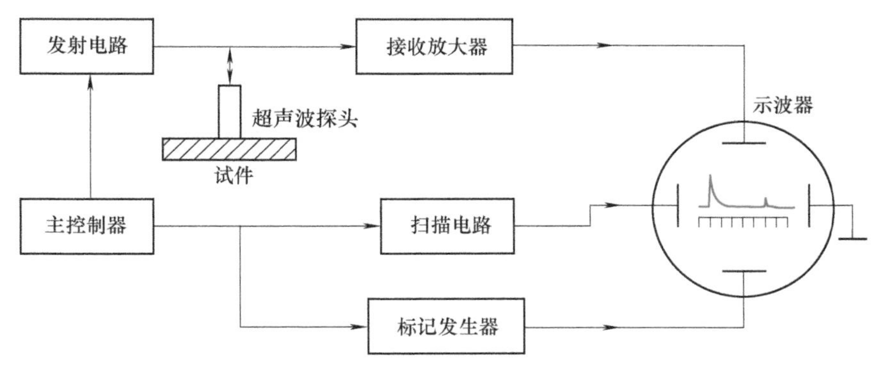

图10-18　脉冲回波法检测厚度工作原理

在用脉冲回波法测量试件厚度时，超声波探头与被测试件某一表面相接触。由主控制器产生一定频率的脉冲信号，送往发射电路，经电流放大后加在超声波探头上，从而激励超声波探头产生重复的超声波脉冲。脉冲波传到被测试件另一表面后反射回来，被同一探头接收。若已知超声波在被测试件中的传播速度 v，设试件厚度为 d，脉冲波从发射到接收的时间间隔 Δt 可以测量，因此可求出被测试件厚度为

$$d=\frac{v\Delta t}{2} \tag{10-15}$$

为测量时间间隔 Δt，可采用图10-18所示的方法，将发射脉冲和回波反射脉冲加至示波器垂直偏转板上。标记发生器所输出的已知时间间隔的脉冲，也加在示波器垂直偏转板上。线性扫描电压加在水平偏转板上。因此可以直接从示波器屏幕上观察到发射脉冲和回波反射脉冲，从而求出两者的时间间隔 Δt。当然，也可用稳频晶振产生的时间标准信号来测量时间间隔 Δt，从而做成厚度数字显示仪表。

用超声波传感器测量金属零件的厚度（测量范围为0.1~10mm，信号频率为5MHz），具有测量精度高、操作安全简单、易于读数、能实现连续自动检测、测试仪器轻便等众多优点。但是，对于声衰减很大的材料，以及表面凹凸不平或形状极不规则的零件，利用超声波实现厚度测量比较困难。

2. 超声波测物位

将存于各种容器内的液体表面高度及所在的位置称为液位；固体颗粒、粉料、块料的高度或表面所在位置称为料位。两者统称为物位。

超声波测量物位是根据超声波在两种介质的分界面上的反射特性而工作的。图10-19为几种超声波检测物位的工作原理图。

根据发射和接收换能器的功能，超声波物位传感器可分为单换能器和双换能器两种。

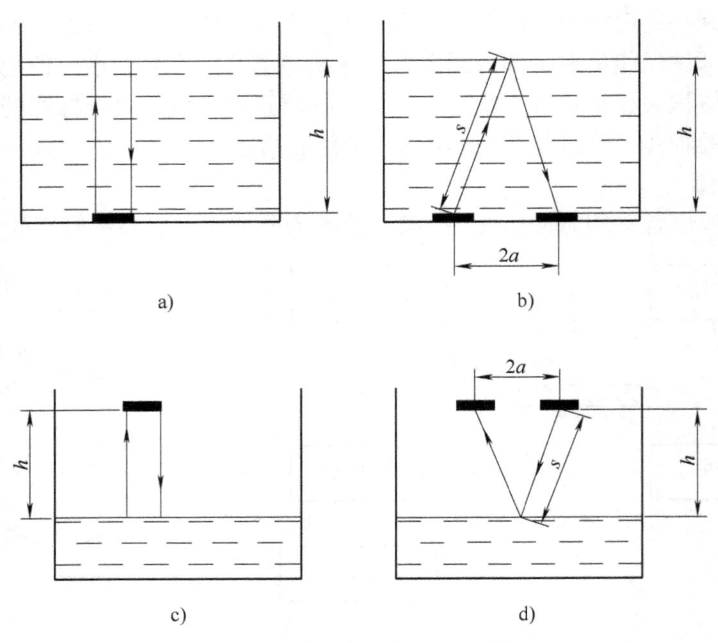

图 10-19　超声波检测物位的工作原理

单换能器在发射和接收超声波时均使用一个换能器，如图 10-19a、c 所示，而双换能器对超声波的发射和接收各由一个换能器担任，如图 10-19b、d 所示。超声波传感器可放置于水中，如图 10-19a、b 所示，让超声波在液体中传播。由于超声波在液体中衰减比较小，所以即使产生的超声波脉冲幅度较小也可以传播。超声波传感器也可以安装在液面的上方，如图 10-19c、d 所示，让超声波在空气中传播。这种方式便于安装和维修，但超声波在空气中的衰减比较厉害。超声波传感器还可安装在容器的外壁，此时超声波需要穿透器壁，遇到液面后再反射。

注意： 为了超声波最大限度地穿过器壁，需满足的条件是器壁厚度应为 1/4 波长的奇数倍。如果已知从发射超声波脉冲开始，到接收换能器接收到反射波为止的这个时间间隔，就可以求出分界面的位置，利用这种方法可以实现对物位的测量。

对于单换能器来说，超声波从发射到液面，又从液面反射回换能器的时间间隔为

$$\Delta t=\frac{2h}{v} \tag{10-16}$$

则

$$h=\frac{v\Delta t}{2} \tag{10-17}$$

式中　h——换能器距液面的距离；

v——超声波在介质中的传播速度。

对于双换能器来说，超声波从发射到被接收经过的路程为 $2s$，而

$$s=\frac{v\Delta t}{2} \tag{10-18}$$

因此，液位高度为

$$h=\sqrt{s^2-a^2} \tag{10-19}$$

式中　s——超声波反射点到换能器的距离；

　　a——两换能器间距之半。

从以上公式中可以看出，只要测得从发射到接收超声波脉冲的时间间隔 Δt，便可以求得待测的物位。

总之，通过发射并测量特定的能量波束从发射到被物体反射回来的时间，并由这个时间间隔来推算与物体之间的距离，这就是飞行时间原理，特定的能量波束可以是超声波、激光、红外光、微波（雷达）等。这类传感器统称为距离传感器，可以精确测量距离。

超声波物位传感器具有精度高、使用寿命长、安装方便、不受被测介质影响、可实现危险场所的非接触连续测量等优点。其缺点是若液体中有气泡或液面发生波动，便会有较大的误差。在一般使用条件下，它的测量误差为±0.1%，测量范围为 $10^{-2}\sim10^{4}$m。

作为超声波测物位的典型应用案例，倒车雷达（Parking Distance Control，PDC）是汽车泊车或者倒车时的安全辅助装置，由超声波传感器、控制器和报警装置（显示器或蜂鸣器）等部分组成，其原理如图 10-20 所示。在倒车时，倒车雷达通过发出超声波并接收遇到障碍物反射回来的超声波，由控制器做出判断后通过报警装置的提示帮助驾驶员“看见”后视镜里看不见的东西，以声音或者更为直观的显示告知驾驶员周围障碍物的情况，消除驾驶员泊车、倒车和起动车辆时前后左右探视盲区引起的困扰，并帮助驾驶员扫除视野死角和视线模糊的缺陷，提高驾驶的安全性。值得注意的是，倒车雷达仍存在一定的盲区，包括过于低矮的障碍物（如低于探头中心 10~15cm 以下的障碍物）、过细的障碍物（如隔离桩、斜拉钢缆），以及沟坎等。

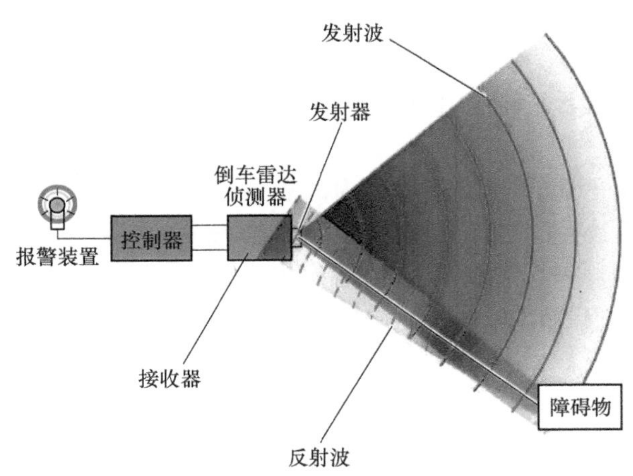

图 10-20　倒车雷达原理

图 10-21 为倒车雷达中超声波测距模块的时序图，由图可知道：回响信号的高电平是用来测量距离的重要指标，通过距离与速度和时间的关系求出相应的距离。采用一个 10μs 以上脉冲触发信号，超声波测距模块将发出 8 次 40kHz 周期电平并检测回波。一旦检测到反射回来的回波信号则输出回响信号，回响信号的脉冲宽度与所测的距离成正比。通过发射信号到收到的回响信号的时间间隔可以计算得到距离。一般测量周期为 60ms 以上，以防止发射信号对回响信号的影响。

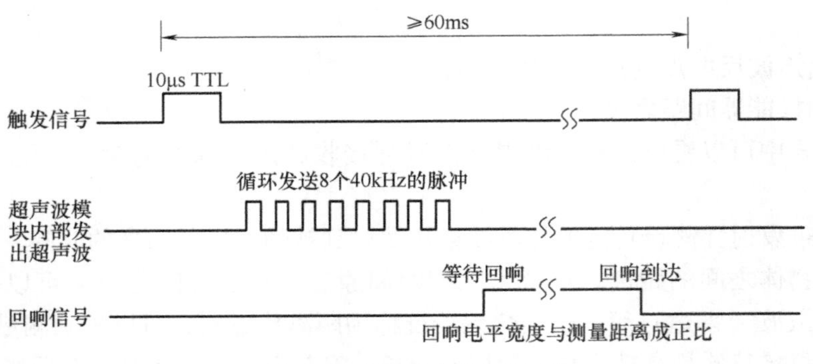

图 10-21 超声波测距时序图

超声波测距是一种较常见的应用，如汽车的倒车雷达、机器人或智能车的避障测距等，为什么在实际使用中超声波测距有时会“失灵”？

3. 超声波测流量

超声波测量流体流量是利用超声波在流体中传输时，在静止流体和流动流体中的传播速度不同的特点，从而求得流体的流速和流量。相应的传感器称为超声波流量计。

图 10-22 为超声波测流体流量的工作原理图。图中 v 为被测流体的平均流速，c 为超声波在静止流体中的传播速度，θ 为超声波传播方向与流体流动方向的夹角（θ 必须不等于 90°），A、B 为两个超声波换能器，L 为两者之间距离。通常有以下几种常用的测量方法。

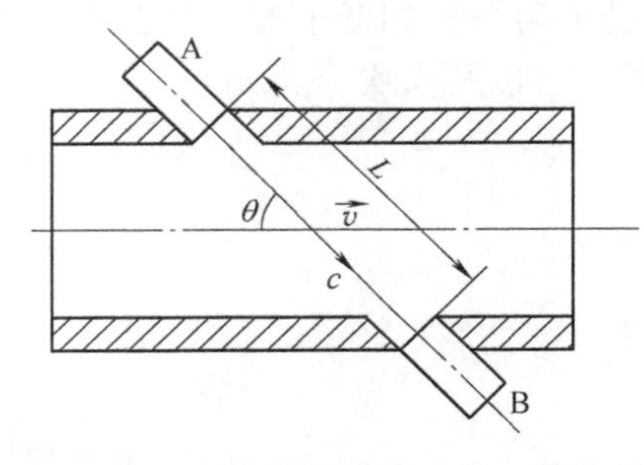

图 10-22 超声波测流体流量工作原理

（1）时差法测流量

采用时差法测流量的超声波传感器称为**时差式超声波流量计**，目前应用最为广泛。当 A 为发射换能器，B 为接收换能器时，超声波为顺流方向传播，传播速度为 $c+v\cos\theta$，所以顺流传播时间 t_1 为

$$t_1=\frac{L}{c+v\cos\theta} \tag{10-20}$$

当 B 为发射换能器，A 为接收换能器时，超声波为逆流方向传播，传播速度为 $c-v\cos\theta$，所以逆流传播时间 t_2 为

$$t_2=\frac{L}{c-v\cos\theta} \tag{10-21}$$

因此超声波顺、逆流传播时间差为

$$\Delta t=t_2-t_1=\frac{L}{c-v\cos\theta}-\frac{L}{c+v\cos\theta}=\frac{2Lv\cos\theta}{c^2-v^2\cos^2\theta} \tag{10-22}$$

一般来说，超声波在流体中的传播速度远大于流体的流速，即 $c\gg v$，所以式（10-22）可近似为

$$\Delta t \approx \frac{2Lv\cos\theta}{c^2} \tag{10-23}$$

因此被测流体的平均流速为

$$v \approx \frac{c^2}{2L\cos\theta}\Delta t \tag{10-24}$$

测得流体流速 v 后，再根据管道流体的截面积，即可求得被测流体的流量。

在采用该方法测流量时，测量精度主要取决于 Δt 的测量精度。同时，由于被测流量与超声波传播速度 c 有关，而声速 c 一般随介质的温度变化而变化，因此将造成温漂。时差式超声波流量计测量精度高、换能器简单，不影响流体流动形态，适用于测量较洁净的均质流体，被广泛应用在天然气（如国际天然气贸易计量，国内有国标 GB/T 18604—2014）、水务、石油化工、冶金、造纸、制药、发电、热电等行业（如何基于超声波测风速?）。

（2）相位差法测流量

当 A 为发射换能器，B 为接收换能器时，接收到的超声波信号相对发射超声波信号的相位角 φ_1 为

$$\varphi_1 = \omega t_1 = \omega \frac{L}{c+v\cos\theta} \tag{10-25}$$

式中　ω——超声波的角频率。

当 B 为发射换能器，A 为接收换能器时，接收到的超声波信号相对发射超声波信号的相位角 φ_2 为

$$\varphi_2 = \omega t_2 = \omega \frac{L}{c-v\cos\theta} \tag{10-26}$$

因此相位差为

$$\Delta\varphi = \varphi_2 - \varphi_1 = \frac{L}{c-v\cos\theta}\omega - \frac{L}{c+v\cos\theta}\omega = \frac{2Lv\cos\theta}{c^2-v^2\cos^2\theta}\omega \tag{10-27}$$

同样，由于 $c \gg v$，所以式（10-27）可近似为

$$\Delta\varphi \approx \frac{2Lv\cos\theta}{c^2}\omega \tag{10-28}$$

由此可得到被测流体的平均流速为

$$v \approx \frac{c^2}{2\omega L\cos\theta}\Delta\varphi \tag{10-29}$$

该测量方法以测相位角代替精确测量时间，因此可进一步提高测量精度。但是同样由于超声波传播速度 c 会随介质温度变化而变化，所以将给测量带来一定误差。

（3）频率差法测流量

当 A 为发射换能器，B 为接收换能器时，超声波的传播频率 f_1 为

$$f_1 = \frac{1}{t_1} = \frac{c+v\cos\theta}{L} \tag{10-30}$$

当 B 为发射换能器，A 为接收换能器时，超声波的传播频率 f_2 为

$$f_2 = \frac{1}{t_2} = \frac{c-v\cos\theta}{L} \tag{10-31}$$

因此频率差为

$$\Delta f=f_1-f_2=\frac{c+v\cos\theta}{L}-\frac{c-v\cos\theta}{L}=\frac{2v\cos\theta}{L} \tag{10-32}$$

所以被测流体的平均流速为

$$v=\frac{L}{2\cos\theta}\Delta f \tag{10-33}$$

由式（10-33）可以看出：当换能器安装位置一定时，L 和 θ 也就一定，流速 v 直接与 Δf 有关，而与 c 值无关。可见该方法可克服温度的影响，获得更高的测量精度。

采用相位差或频率差测流量的超声波传感器称为多普勒超声波流量计。多普勒超声波流量计依靠流体中杂质的反射来测量流体的流速（要求被测介质中必须含有一定数量的散射体，如颗粒或气泡），因此适用于杂质含量较多的脏水和浆体，如城市污水、污泥、工厂排放液、杂质含量稳定的工厂过程液等，可以测量连续混入气泡的液体。

利用超声波测量流体流量具有精度高、压力损失极小、无运动部件、低维护、不阻碍流体流动等特点，可测流体种类很多，不论是非导电的流体、高黏度的流体、浆状流体，还是强腐蚀性、放射性流体，只要能传输超声波，都可以进行测量，且测量结果不受流体物理和化学性质的影响，也不受管径大小的限制。

4. 超声波探伤

超声波探伤是无损探伤技术中的一种重要检测手段，它主要用于检测板材、管材、锻件和焊缝等材料的缺陷（如裂纹、气孔、杂质等），可深达材料内部几米，这是 X 光探伤达不到的深度，并配合断裂学对材料使用寿命进行评价。超声波探伤具有检测灵敏度高、速度快、成本低等优点，因此得到人们普遍的重视，并在生产实践中得到广泛的应用。

超声波探伤的方法很多，按其原理可分为以下两大类。

（1）穿透法探伤

穿透法探伤是根据超声波穿透工件后能量的变化情况来判断工件内部质量。

如图 10-23 所示为穿透法探伤原理图。该方法采用两个超声波换能器，分别置于被测工件相对的两个表面，其中一个发射超声波，另一个接收超声波。发射超声波可以是连续波，也可以是脉冲信号。

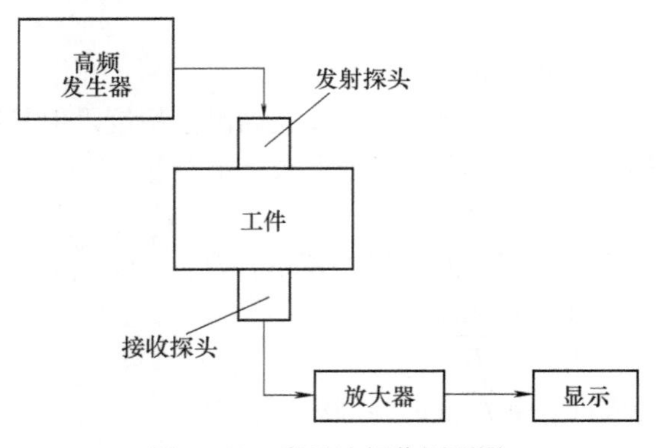

图 10-23　穿透法探伤原理图

当被测工件内无缺陷时，接收到的超声波能量大，显示仪表指示值大；当工件内有缺陷时，因部分能量被反射，因此接收到的超声波能量小，显示仪表指示值小。根据这个变化，即可检测出工件内部有无缺陷。

该方法的优点是指示简单，适用于自动探伤；可避免盲区，适宜探测薄板。但其缺点是探测灵敏度较低，不能发现小缺陷；根据能量的变化可判断有无缺陷，但不能定位；对两探头的相对位置要求较高。

（2）反射法探伤

反射法探伤是根据超声波在工件中反射情况的不同来探测工件内部是否有缺陷。它可分为一次脉冲反射法和多次脉冲反射法两种。

1）一次脉冲反射法。如图 10-24 所示为一次脉冲反射法探伤原理图。测试时，将超声波探头放于被测工件上，并在工件上来回移动进行检测。由高频脉冲发生器发出脉冲（发射脉冲 T）加在超声波探头上，激励其产生超声波。探头发出的超声波以一定速度向工件内部传播。其中，一部分超声波遇到缺陷时反射回来，产生缺陷脉冲 F，另一部分超声波继续传至工件底面后也反射回来，产生底脉冲 B。缺陷脉冲 F 和底脉冲 B 被探头接收后变为电脉冲，并与发射脉冲 T 一起经放大后，最终在显示器荧光屏上显示出来。通过荧光屏即可探知工件内是否存在缺陷、缺陷大小及位置。若工件内没有缺陷，则荧光屏上只出现发射脉冲 T 和底脉冲 B，而没有缺陷脉冲 F；若工件中有缺陷，则荧光屏上除出现发射脉冲 T 和底脉冲 B 之外，还会出现缺陷脉冲 F。荧光屏上的水平亮线为扫描线（时间基准），其长度与时间成正比。由发射脉冲、缺陷脉冲及底脉冲在扫描线上的位置，可求出缺陷位置。由缺陷脉冲的幅度，可判断缺陷大小。当缺陷面积大于超声波声束截面时，超声波全部由缺陷处反射回来，荧光屏上只出现发射脉冲 T 和缺陷脉冲 F，而没有底脉冲 B。

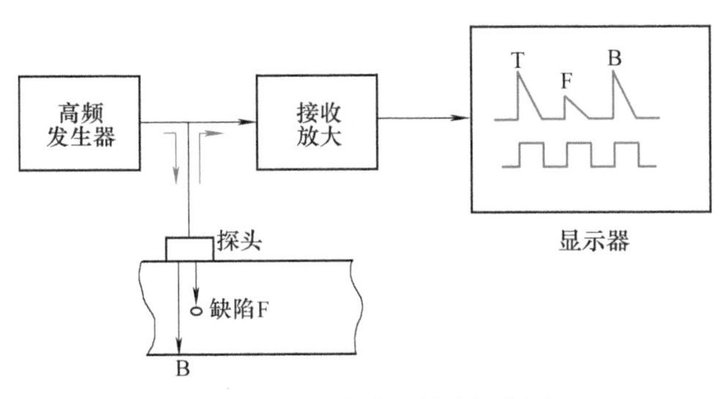

图 10-24　一次脉冲反射法探伤原理

2）多次脉冲反射法。如图 10-25 所示为多次脉冲反射法探伤原理图。多次脉冲反射法是以多次底波为依据而进行探伤的方法。如图 10-25a 所示，超声波探头发出的超声波由被测工件底部反射回超声波探头时，其中一部分超声波被探头接收，而剩余部分又折回工件底部，如此往复反射，直至声能全部衰减完为止。因此，若工件内无缺陷，则荧光屏上会出现呈指数函数曲线形式递减的多次反射底波，如图 10-25b 所示；若工件内有吸收性缺陷时，声波在缺陷处的衰减很大，底波反射的次数减少，如图 10-25c 所示；若缺陷严重时，底波甚至完全消失，如图 10-25d 所示。据此可判断出工件内部有无缺陷及缺陷严重程度。当被测工件为板材时，为了观察方便，一般常采用多次脉冲反射法进行探伤。

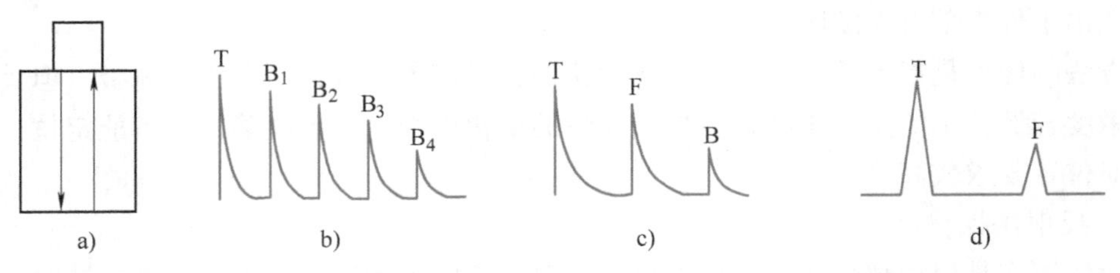

图 10-25　多次脉冲反射法探伤原理

a）示意图　b）无缺陷时的波形　c）有吸收性缺陷时的波形　d）缺陷严重时的波形

试分析医学临床用 B 超的工作原理。

5. 超声波指纹识别

指纹是人体的基本特征之一，是表皮上突起的纹线，凸起的部分叫纹嵴，凹的部分叫纹峪。指纹有螺旋形、环形和弓形三种基本形状；总体特征的区域特征模式有核心点、三角点、式样线；指纹的局部特征（指纹上的节点）有终止点、分叉点、三角点和中心点等（见图 10-26）。

指纹识别是指通过比较采集的指纹与预先保存的指纹两者的特征点异同来进行鉴别的过程；比对指纹时，通常并不比对整个指纹，而是提取细节特征点的类型及位置等进行比对。指纹识别技术涉及图像处理、模式识别、计算机视觉、数学形态学、小波分析等众多学科。每个人的指纹不同，即使同一个人的十个指头的指纹也有明显区别，每一个指纹是唯一的，而且终身不变，因此指纹可用于身份鉴定；指纹识别在识别速度、使用体验和成本上具有优势，已广泛用于智能手机、签到或门禁控制等。

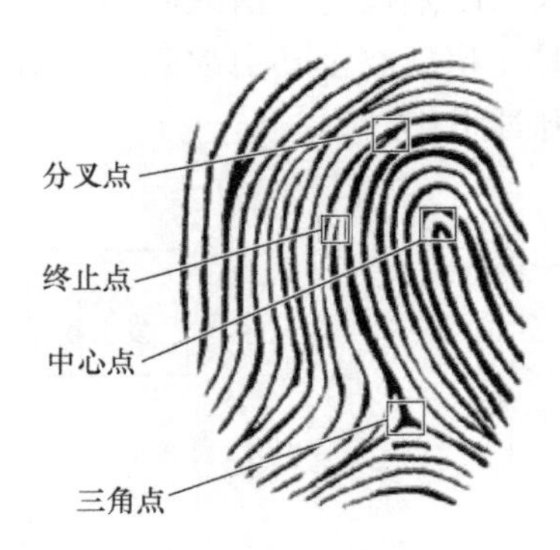

图 10-26　指纹特征点

由于每次捺印的方位不完全一样、着力点不同会导致指纹不同程度的变形，如何正确提取指纹特征和实现正确匹配是指纹识别技术的关键。

传统的指纹识别是对指纹与物体接触的表面进行分析，如按手印、光学扫描等得到的是二维（2D）指纹图像。超声波扫描可以对指纹进行更深入的分析采样，甚至能渗透到皮肤表面之下识别出指纹独特的 3D 特征。

超声波指纹采集的原理是利用超声波具有穿透材料的能力，且超声波到达不同材质表面时，被吸收、穿透与反射的程度不同，产生大小不同的回波；当向某一方向发射超声波时，检测超声波从发射到反射回来的时间，可以计算出发射点距反射点的距离；对物

体进行多点扫描，可由多点汇集出物体的表面形状。利用皮肤与空气对于声波阻抗的差异可以区分指纹嵴与峪所在的位置，依据这一原理采集指纹信息的传感器称为超声波指纹传感器。

常见的指纹采集方式有哪些？指纹识别是生物识别的一种，您知道还有哪些生物识别方法？工程上这些方法可能存在的安全隐患是什么？

由于超声波具有一定穿透性，所以在手指有少量污垢或潮湿的情况下仍能工作，且超声波可以穿透玻璃、不锈钢、蓝宝石、塑料等设备进行识别，因此可以将超声波指纹传感器装在设备内部，不必将指纹识别单元单独做成一个外露的表面部件。超声波指纹传感器还可利用表皮与皮下组织的边界产生的反射波来识穿印有指纹的纸张等以防止伪造或作弊。

学习拓展

（红外无损探伤） 除了微波和超声波可用于无损探伤，红外线是否也可以有类似应用？如果可以，试分析其工作原理。这些无损检测技术可以怎样应用于考古工作中？

探索与实践

（入侵探测报警系统设计） 入侵探测是一项重要的应用，对保护人们的生命财产安全具有重要意义。试用所了解的红外传感器、超声波传感器和光电式传感器的知识，分别用这三种传感器设计三种入侵探测报警系统，画出各自的电路图，并分别说明其工作原理和各自的特点。

10.1　红外探测器有哪些类型？并说明它们的工作原理。

10.2　什么是热释电效应？热释电效应与哪些因素有关？

10.3　什么被称为“大气窗口”，它对红外线的传播有什么影响？

10.4　红外敏感元件大致分为哪两类？它们的主要区别是什么？

10.5　请根据气体对红外线有选择性吸收的特性，设计一个红外线气体分析仪器，使其能对气体的成分进行分析（提示：不同气体对红外线能量的吸收是不同的）。

10.6　微波的特点是什么？

10.7　试分析反射式和遮断式微波传感器的工作原理。

10.8　试分析微波传感器的主要组成及其各自的功能。

10.9　微波传感器有何优、缺点？

10.10　举例说明微波传感器的应用。

10.11　超声波在介质中传播具有哪些特性？

10.12　超声波传感器主要有哪几种类型？试述其工作原理。

10.13　在用脉冲回波法测量厚度时，利用何种方法测量时间间隔 Δt 有利于自动测量？若已知超声波在被测试件中的传播速度为5480m/s，测得时间间隔为25μs，试求被测试件的厚度。

10.14　超声波测物位有哪几种测量方式？各有什么特点？

10.15　试述时差法测流量的基本原理，存在的主要问题及改进方法。

10.16　超声波用于探伤有哪几种方法？试述反射法探伤的基本原理。

第 11 章

新型传感器

知识单元与知识点	➢ 智能传感器的定义、特点、作用； ➢ 模糊传感器的概念、基本功能； ➢ MEMS 与微加工、微传感器的特点； ➢ 网络传感器的概念、类型。
能力点	◇ 认识新型传感器（智能传感器、模糊传感器、微传感器与网络传感器）； ◇ 理解并能解释新型传感器的结构、作用； ◇ 认识并理解典型新型传感器的特性与应用。
重难点	■ 重点：新型传感器（智能传感器、模糊传感器、微传感器与网络传感器）的概念、特点。 ■ 难点：新型传感器涉及的主要技术。
学习要求	√ 了解新型传感器（智能传感器、模糊传感器、微传感器与网络传感器）的概念、特点； √ 了解新型传感器的结构、作用； √ 了解典型新型传感器的发展。
问题导引	→ 如何理解新型传感器？ → 典型的新型传感器有哪些？ → 新型传感器的发展状态怎样？

新型传感器是相对于传统传感器而言，随着技术的发展和时间的推移，于近年新出现的一类传感器。新型传感器在智能化、多功能化、综合性、微型化、集成化、网络化等方面具有区别于传统传感器的明显特征，其检测信号的种类越来越丰富、检测功能越来越强大、检测精度越来越高，应用越来越广泛。本章主要介绍智能传感器、模糊传感器、微传感器与网络传感器四种新型传感器。近年来发展迅猛的智能传感器和微传感器尤其值得关注，它们的融合还产生了智能微系统。

11.1 智能传感器

11.1.1 智能传感器的概念

随着计算机技术和仪器仪表技术等的进步，以及物联网等应用需求的强劲牵引，智能传感器作为一种新型传感器得到了快速发展。智能传感器是基于人工智能、信息处理技术实现的具有分析、判断、量程自动转换、漂移、非线性和频率响应等自动补偿、自动校正，对环境影响量的自适应、自学习以及超限报警、故障诊断等功能的传感器。与传统的传感器相比，智能传感器的最大特点是将传感器检测信息的功能与微处理器的信息处理功能有机地结合在一起。智能传感器充分利用微处理器进行数据分析和处理，并能对内部工作过程进行调节和控制，从而具有了一定的人工智能，弥补了传统传感器性能的不足，使采集的数据质量得以提高。值得指出的是，目前这类传感器的智能化程度尚处于初级阶段，即数据处理层次的低级智能，已具有自补偿、自校准、自诊断、自学习、数据处理、存储记忆、双向通信、数字量输出等功能；智能传感器的最高目标是接近或达到人类的智能水平，能够像人一样通过在实践中不断地改进和完善，实现最佳测量方案，得到最理想的测量结果。

通常，智能传感器将传感单元、微处理器和信号处理电路等封装在同一壳体内，输出方式常采用RS-232、RS-422或USB等串行输出，或采用IEEE-488标准总线并行输出。智能传感器实际上是一个带信号采集功能的最小微机系统，其中作为控制核心的微处理器通常采用单片机，其基本结构如图11-1所示。

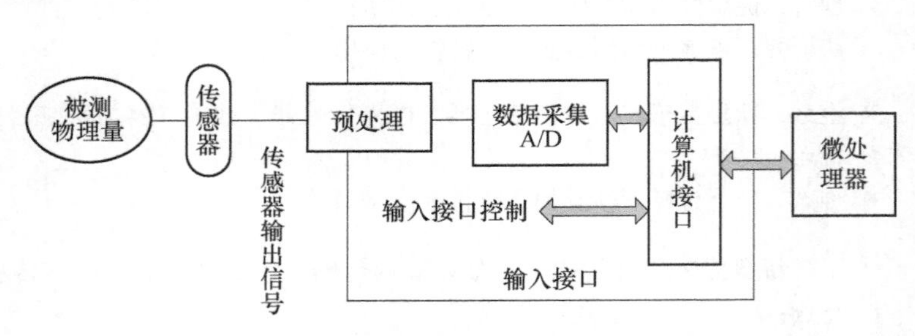

图11-1　智能传感器基本结构框图

11.1.2　智能传感器的特点

与传统传感器相比，智能传感器有以下特点：

1. 精度高

智能传感器可通过自动校零去除零点误差；与标准参考基准实时对比以自动进行整体系统标定；自动进行整体系统的非线性等系统误差的校正；通过对采集的大量数据的统计处理以消除偶然误差的影响等，保证了智能传感器有较高的测量精度。

2. 高可靠性与高稳定性

智能传感器能自动补偿因工作条件与环境参数发生变化引起系统特性的漂移，如温度变化引起的零点漂移和灵敏度漂移；当被测参数变化后能自动改换量程；能实时自动进行系统的自我检验，分析、判断所采集数据的合理性，并给出异常情况的应急处理（报警或故障提示）。这些功能保证了智能传感器具有很高的可靠性与稳定性。

3. 高信噪比与高分辨率

由于智能传感器具有数据存储、记忆与信息处理功能，通过软件进行数字滤波、数据分析等处理，可以去除输入数据中的噪声，从而将有用信号提取出来；通过数据融合、神经网络技术，可以消除多参数状态下交叉灵敏度的影响，从而保证在多参数状态下对特定参数测

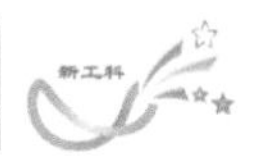

量的分辨能力，故智能传感器具有很高的信噪比与分辨率。

4. 自适应性强

由于智能传感器具有判断、分析与处理功能，它能根据系统工作情况决策各部分的供电情况、优化与上位计算机的数据传送速率，并保证系统工作在最佳低功耗状态，表现出良好的自适应性。

5. 性能价格比高

智能传感器所具有的上述高性能，不像传统传感器技术追求传感器本身的完善，对传感器的各个环节进行精心设计与调试来获得，而是通过与微处理器/微计算机相结合，采用低价的集成电路工艺和芯片以及强大的软件来实现的，所以一般具有高性能价格比。

11.1.3　智能传感器的作用

一般来说，智能传感器具有以下三方面的作用：

1. 提高测量精度

1）利用微型计算机进行多次测量和求平均值的办法可削弱随机误差的影响。

2）利用微型计算机进行系统误差补偿。

3）利用辅助温度传感器和微型计算机进行温度补偿。

4）利用微型计算机实现线性化，可以减少非线性误差。

5）利用微型计算机进行测量前和工作中周期调整零点、放大系数。

2. 增加功能

1）利用记忆功能获取被测量的最大值和最小值。

2）利用计算功能对原始信号进行数据处理，可获得新的量值。

3）用软件的办法完成硬件功能，既经济又有助于减小体积。

4）对数字显示可有译码功能。

5）可用微型计算机对周期信号特征参数进行测量。

6）对诸多被测量可有记忆存储功能。

3. 提高自动化程度

1）可实现误差自动补偿。

2）可实现检测程序自动化操作。

3）可实现越限自动报警和故障自动诊断。

4）可实现量程自动变换。

5）可实现自动巡回检测。

11.1.4　智能传感器的发展

当今世界，以信息技术为代表的新一轮科技革命方兴未艾，全球信息技术发展正处于跨界融合、加速创新、深度调整的历史时期，呈现万物互联、万物智能的特征。智能传感器作为与外界环境交互的重要手段和感知信息的主要来源，是万物互联的基础。近年来，全球传感器市场一直保持快速增长，并受到许多下游新兴应用的新增需求拉动（如消费电子、汽车电子、工业电子和医疗电子），特别是智能传感器应用市场正呈现爆发式增长态势，已成为决定未来信息技术产业发展的核心与基础之一；为贯彻落实中国制造 2025、制造业与互联网融合发展、大数据等国家战略，工信部2017年11月下发《智能传感器产业三年行动指南（2017—2019年）》，2017年12月发布《促进新一代人工智能产业发展三年行动计划(2018—2020年)》，重点内容是培育八项智能产品和四项核心基础，智能传感器排在核心基础的第一位，处于最基础最重要的地位，国内智能传感器产业生态圈正在稳步向中高端升级。自2011年推出《物联网“十二五”发展规划》以来，智能传感器产业的发展步入快车道，据统计，2015年智能传感器就已取代传统传感器成为市场主流（占70%），2016年全球智能传感器市场规模达258亿美元，2019年达到378.5亿美元，年均复合增长率13.6%，而国内2019年智能传感器市场规模达到137亿美元，本土化率从2015年的13%提升到27%。

信息化时代传感器诸多的应用场景需要更加快速地获得更精准更全面的信息。以物联网为例，传感器位于最关键的感知层，不仅像传统传感器负责信息的采集和传递，更需要分析、处理、记忆、存储海量数据，智能传感器可以充分满足这些要求，其优势功能包括自补偿与自诊断、信息存储与记忆、自学习与自适应、数字输出等。

智能传感器的下一步重点发展方向包括：①通过MEMS工艺和IC平面工艺的融合，将微处理器和微传感器集成在一个硅芯片上；依靠软件技术，大大提高传感器的准确性、稳定性和可靠性，设计制造出新一代全数字式智能传感器；②采用硬件软化、软件集成、虚拟现实、软测量和人工智能的方法和技术，在传感器技术和计算机技术的基础上，研究开发具有拟人智能特性或功能的智能化传感器；③向高精度、高可靠性、宽温度范围、微型化、微功耗及无源化、网络化、具有故障探测（包括自主入侵报警）和预报功能等方向发展。

智能传感器的行业现状表现为产业链长、技术壁垒高。智能传感器的产业链包括研发、设计、制造、封装、测试、软件、芯片及解决方案、系统与应用这八个环节，各环节的技术壁垒高。在工艺和技术层面上，智能传感器的设计、制造、封装以及测试这四个关键环节和半导体集成电路行业的对应环节都有许多相似之处，拥有IC经验的企业具有先天优势，基于两者的产业相似性，智能传感器设计环节市场空间最大，封装环节将成为国内市场空间增长最快的环节。尽管国内整体技术水准与国外顶尖技术还存在一定的差距，但是切入细分领域较早的技术型公司的自主研发能力经过多年的积累，已经可以与国外媲美。

智能传感器的重点下游应用领域分别是消费电子、汽车电子、工业电子和医疗电子，其相应的市场占有率依次递减。综合市场规模的大小以及增长速度两方面考虑，发展较快的新兴应用（如指纹识别、智能驾驶、智能机器人和智能医疗器械）将成为智能传感器市场成长的主要动力。

在消费电子领域，指纹传感器（包括光学指纹传感器、电容式指纹传感器、热敏式指纹传感器和超声波指纹传感器等）市场规模增长速度最快。2016—2019年的年均复合增长率达到14.84%，国内市场规模2017年超31亿元，全球市场规模2022年达到47亿美元。

汽车传感器大多处于非常恶劣的运行环境中，传感器必须要有高稳定、抗环境干扰和自适应、自补偿调整的能力。为了保证电子元器件和模块能实现大规模生产，成本也需要降低。新型智能传感器能从技术和成本两方面满足上述需求。智能传感器在汽车领域的应用已经非常广泛，如汽车动力系统、安全行驶系统、车身系统。随着无人驾驶技术（相当于智能汽车的底层操作系统）越来越成熟，智能传感器不再局限于传统汽车市场，而走向了智能汽车市场。实现环境感知的传感器有摄像头（长距摄像头、环绕摄像头和立体摄像头）

和雷达（超声波雷达、毫米波雷达、激光雷达）。目前，国内外采用两类方案实现无人驾驶：一种是摄像头+毫米波雷达方案（特斯拉），另一种是激光雷达方案（谷歌和百度）。全球智能驾驶汽车中的传感器模块市场规模在2017年超过50亿美元、2030年将达到360亿美元。从传感器的类型来看，超声波传感器、360°全景摄像头以及前置摄像头将一直是市场主流的传感器，2030年预计市场规模分别达到120亿美元、87亿美元、69亿美元；雷达从2015年开始应用于无人驾驶领域，技术壁垒较高，未来几年将爆发式增长，到2030年市场规模将达到129亿美元，其中远距雷达79亿美元，短距雷达50亿美元。

在工业电子领域，近几年来机器人制造技术越来越成熟，商业进程加快，其核心器件——智能传感器的市场空间也在不断扩大。2015—2021年，机器人市场规模从270亿美元增长到460亿美元，年均复合增长率9.4%。

在医疗电子领域，在医疗器械行业带动下，智能传感器的需求将会扩大。按照应用形式分类，医疗传感器可分为四类：植入式传感器、体外传感器、暂时植入体腔式传感器、用于外部设备的传感器。分析报告认为2015年全球医疗传感器市场规模达到了98亿美元，预计到2024年市场规模可增至185亿美元。现在，我国在此领域的布局很少，大部分依赖进口，处于起步阶段，但是未来随着技术不断成熟，市场将迎来爆发式增长。

智能传感器是技术演进的结果，满足万物互联对感知层提出的要求，预计将随着智能消费电子设备、工业物联网、车联网与自动驾驶、智慧城市、智能医疗等新产业的发展以及类似Chat GPT技术的融入迎来快速增长。

物联网、云计算、大数据、人工智能应用的兴起，正在推动传感技术由单点突破向系统化、体系化的协同创新转变，为传感器应用创新开辟了一条前景十分广阔的道路。基于您所了解的传感器知识，结合某个具体应用需求，如老王家装修很长时间了，原先的装修图纸找不到了，最近他要往墙上挂壁画，却不知道墙里的电线和水、气管线分布走向，不敢随意往墙上钉钉子，您能否帮他设计一个墙内不明电线或管线快速准确的检测方案？

11.2 模糊传感器

传统的传感器是数值传感器，它将被测量映射到实数集中，用数据来描述被测量的状态，即对被测对象进行定量描述。但由于被测对象的多样性、被分析问题的复杂性或信息的直接获取的困难性等原因，有些信息无法用数值符号描述或者用数值描述很困难，如产品质量的“优”“合格”“不合格”，控制温度的“高”“低”以及衣物的“脏”“干净”等描述都具有模糊性特点。

出现于20世纪80年代末，近年迅速发展起来的模糊传感器是在传统数据检测的基础上，经过模糊推理和知识合成，以模拟人类自然语言符号描述的形式输出测量结果的一类智能传感器。显然，模糊传感器的核心部分就是模拟人类自然语言符号的产生及其处理。

模糊传感器的“智能”之处在于：它可以模拟人类感知的全过程，核心在于知识性，知识的最大特点在于其模糊性。它不仅具有智能传感器的一般优点和功能，而且还具有学习推理的能力，具有适应测量环境变化的能力，并且能够根据测量任务的要求进行学习推理。

另外，模糊传感器还具有与上级系统交换信息的能力，以及自我管理和调节的功能。模糊理论应用于测量中的主要思想是将人们在测量过程中积累的对测量系统及测量环境的知识和经验融合到测量结果中，使测量结果更加接近人的思维。

11.2.1　模糊传感器的概念

目前，模糊传感器尚无严格统一的定义，但一般认为模糊传感器是以数值测量为基础，并能产生和处理与其相关的测量符号信息的装置，即模糊传感器是在经典传感器数值测量的基础上经过模糊推理与知识集成，以自然语言符号的描述形式输出的传感器。具体地说，将被测量值范围划分为若干个区间，利用模糊集理论判断被测量值的区间，并用区间中值或相应符号进行表示，这一过程称为模糊化。对多参数进行综合评价测试时，需要将多个被测量值的相应符号进行组合模糊判断，最终得出测量结果。

11.2.2　模糊传感器的构成

模糊传感器由硬件和软件两部分构成。模糊传感器的一般结构如图 11-2 所示。信息的符号表示与符号信息系统是研究模糊传感器的核心与基石。

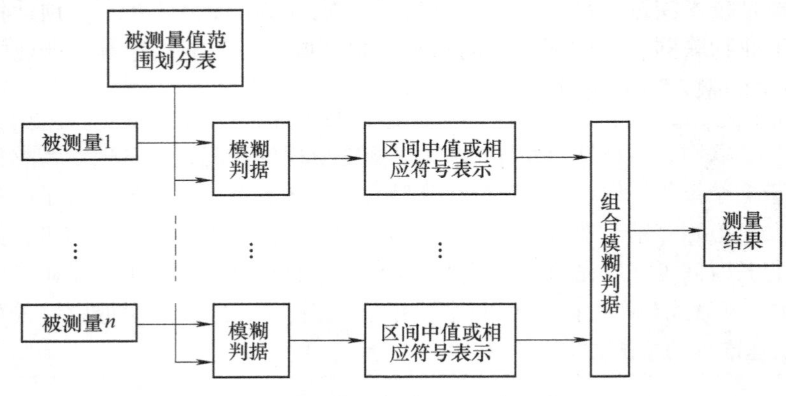

图 11-2　模糊传感器的一般结构

模糊传感器是一种智能测量设备，由简单的传感器和模糊推理器组成，将被测量转换为适于人类感知和理解的信号。由于知识库中存储了丰富的专家知识和经验，它可以通过简单、廉价的传感器测量相当复杂的数据。

11.2.3　模糊传感器的基本功能

模糊传感器作为一种智能传感器，具有智能传感器的基本功能，即学习、推理联想、感知和通信功能。

1. 学习功能

模糊传感器特殊和重要的功能是学习功能。人类知识集成的实现、测量结果高级逻辑表达等都是通过学习功能完成的。能够根据测量任务的要求学习有关知识是模糊传感器与传统传感器的重要差别。模糊传感器的学习功能是通过有导师学习（Supervised）算法和无导师自学习（Unsupervised）算法实现的。

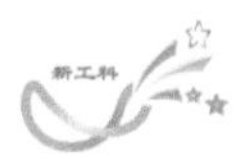

2. 推理联想功能

模糊传感器可分为一维传感器和多维传感器。当一维传感器接受外界刺激时，可以通过训练时记忆联想得到符号化测量结果。多维传感器接受多个外界刺激时，可通过人类知识的集成进行推理，实现时空信息整合与多传感器信息融合，以及复合概念的符号化表示结果。推理联想功能需要通过推理机构和知识库来实现。

3. 感知功能

模糊传感器与一般传感器一样可以感知由传感元件确定的被测量，但根本区别在于前者不仅可输出数值量，而且可以输出语言符号量。因此，模糊传感器必须具有数值-符号转换器。

4. 通信功能

传感器通常作为大系统中的子系统进行工作，因此模糊传感器应该能与上级系统进行信息交换，因而通信功能是模糊传感器的基本功能。

11.2.4 模糊传感器的特点

模糊传感器的突出特点是其具有丰富强大的软件功能。模糊传感器与一般的基于计算机的智能传感器的根本区别在于它具有实现学习功能的单元和符号产生、处理单元，能够实现专家指导下的学习和符号的推理及合成，从而使模糊传感器具有可训练性。经过学习与训练，模糊传感器能适应不同测量环境和测量任务的要求。

模糊传感器用于模糊控制和多因素综合结果评价等场合，具有速度快、设备简单等特点。模糊传感器已得到应用，如模糊控制洗衣机中衣物量检测、水位检测、水的浑浊度检测，电饭煲中的水、米量检测等。另外，模糊距离传感器、模糊温度传感器、模糊舒适度传感器及模糊色彩传感器等也已出现。但模糊传感器的应用还远没有形成系统的理论和技术框架，许多的关键技术还没有完全解决，需要科研人员继续努力探索。

11.3 微传感器

11.3.1 MEMS 与微加工

微传感器的诞生依赖于微机电系统（Micro Electro-Mechanical System，MEMS）技术的发展。完整的 MEMS 是由微传感器、微执行器、信号处理和控制电路、通信接口和电源等部件组成的一体化的微型器件或系统。其目标是把信息的获取、处理和执行集成在一起，组成具有多功能的微型系统，集成于大尺寸系统中，从而大幅度提高系统的自动化、智能化和可靠性水平。MEMS 系统的突出特点是其微型化，涉及电子、机械、材料、制造、控制、物理、化学、生物等多学科技术，其中大量应用的各种材料的特性和加工制作方法在微米或纳米尺度下具有特殊性，不能完全照搬传统的材料理论和研究方法，在器件制作工艺和技术上也与传统大器件（宏传感器）的制作存在许多不同。

MEMS 工艺是在硅平面工艺基础上发展起来的一种通用的精密三维加工技术，是研究传感器、微执行器、微机械系统的核心技术。应用 MEMS 工艺，不仅可以制造简单的三维微结构，而且可以做成三维运动结构和复杂的力平衡结构，使现代传感器技术从单一的物性型进入以微电子和微机械集成技术为主导的发展阶段。MEMS 传感器的优良性能和优越的性价比使其在国防、汽车、航空航天、分析化学、生物、医疗、智能手机、可穿戴设备等方面得到广泛应用，将取代传统的传感器而占有很大的市场份额。MEMS 传感器作为国际竞争战略的重要标志性产业，以其技术含量高、市场前景广阔等特点备受世界各国的关注。

对于微机电系统，其零件的加工一般采用特殊方法，通常采用微电子技术中普通采用的对硅的加工工艺以及精密制造与微细加工技术中对非硅材料的加工工艺，如蚀刻法、沉积法、腐蚀法、微加工法等。

这里简要介绍 MEMS 器件制造中的三种主流技术。

（1）超精密加工及特种加工

以日本为代表，利用传统的超精密加工以及特种加工技术实现微机械加工。微机电系统中采用的超精密加工技术多是由加工工具本身的形状或运动轨迹来决定微型器件的形状。这类方法可用于加工三维的微型器件和形状复杂、精度高的微构件。其主要缺点是装配困难、与电子元器件和电路加工的兼容性不好。

（2）硅基微加工

以美国为代表，分为表面微加工和体微加工。

表面微加工以硅片作基片，通过淀积与光刻形成多层薄膜图形，把下面的牺牲层经刻蚀去除，保留上面的结构图形的加工方法。在基片上有淀积的薄膜，它们被有选择地保留或去除以形成所需的图形。薄膜生成和表面牺牲层制作是表面微加工的关键。薄膜生成通常采用物理气相淀积和化学气相淀积工艺在衬底材料上制作而成。表面牺牲层制作是先在衬底上淀积牺牲层材料，利用光刻形成一定的图形，然后淀积作为机械结构的材料并光刻出所需的图形，再将支撑结构层的牺牲层材料腐蚀掉，从而形成悬浮的、可动的微机械结构部件。

体微加工技术是为制造微三维结构而发展起来的，是按照设计图在硅片（或其他材料）上有选择地去除一部分硅材料，形成微机械结构。体微加工技术的关键技术是蚀刻，通过腐蚀对材料的某些部分有选择地去除，使被加工对象显露出一定的几何结构特征。腐蚀方法分为化学腐蚀和离子腐蚀（即粒子轰击）。

（3）LIGA 技术

以德国为代表，LIGA 是德文“光刻（Lithograpie）”“电铸（Galvanoformung）”“塑铸（Abformung）”三个词的缩写。LIGA 技术先利用同步辐射 X 射线光刻技术光刻出所需要的图形，然后利用电铸成型方法制作出与光刻图形相反的金属模具，再利用微塑铸形成深层微结构。LIGA 技术可以加工各种金属、塑料和陶瓷等材料，其优点是能制造三维微结构器件，获得的微结构具有较大的深宽比和精细的结构，侧壁陡峭、表面平整，微结构的厚度可达几百乃至上千微米。

常用的微加工工艺及设备如图 11-3 所示。

超精密加工技术的发展现状和趋势如何？

光刻

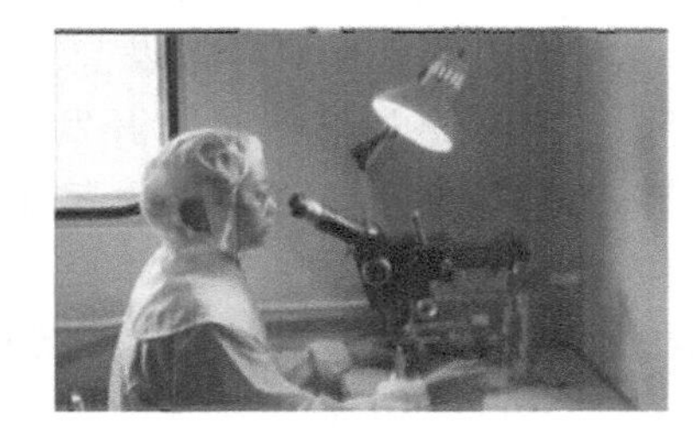

焊接

封装

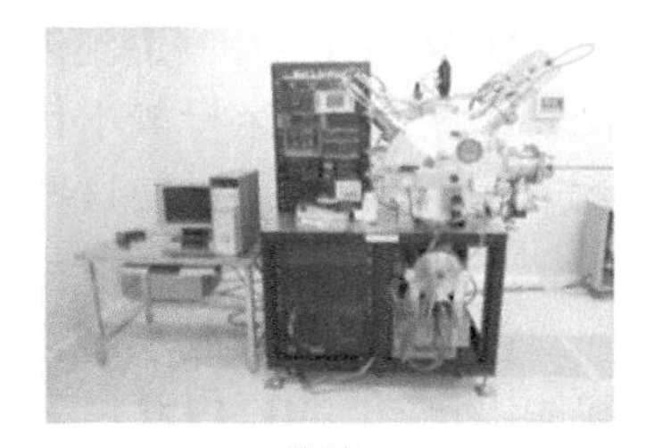

镀膜

氧化扩散

刻蚀

图 11-3 常用微加工工艺及设备

11.3.2 微传感器的概念

微传感器是利用集成电路工艺和微组装工艺，基于各种物理效应的机械、电子元器件集成在一个基片上的传感器。微传感器是尺寸微型化了的传感器，但随着系统尺寸的变化，它的结构、材料、特性乃至所依据的物理作用原理均可能发生变化。

11.3.3 微传感器的特点

与一般传感器（即宏传感器）相比，微传感器具有以下特点：

1）空间占有率小。对被测对象的影响少，能在不扰乱周围环境、接近自然的状态下获取信息。

2）灵敏度高，响应速度快。由于惯性、热容量极小，仅用极少的能量即可产生动作或温度变化。分辨率高，响应快，灵敏度高，能实时地把握局部的运动状态。

3）便于集成化和多功能化。能提高系统的集成密度，可以用多种传感器的集合体把握微小部位的综合状态量；也可以把信号处理电路和驱动电路与传感元件集成于一体，提高系统的性能，并实现智能化和多功能化。

4）可靠性提高。可通过集成构成伺服系统，用零位法检测；还能实现自诊断、自校正功能。把半导体微加工技术应用于微传感器的制作，能避免因组装引起的特性偏差。与集成电路集成在一起可以解决寄生电容和导线过多的问题。

5）消耗电力小，节省资源和能量。

6）价格低廉。能多个传感器集成在一起且无须组装，可以在一块晶片上同时集成多个传感器，从而大幅度降低材料和制造成本。

11.3.4 微传感器的发展

国外 MEMS 技术的发展已经有 30 余年的历史，在 MEMS 器件的生产方面，国外已经形成三种类型的生产规模：大型企业年产100万只以上；中等规模年产在1万~100万只；一些研究所年产1万只以下。最近，美国SMI公司开发了一系列低价位、线性度为0.11%~0.165%的硅微压力传感器，具有独特的三维结构，敏感元件的体积是传统传感器的几百分之一。美国在2cm×2cm×0.15cm的体积内，制造了由3个陀螺和3个加速度计组成的微型惯性导航系统。该系统的质量为5g，体积与小型惯性导航系统相比大为减小。

近年来，国内MEMS工艺和新型传感器的研究不断深入和扩展，开发成功并形成产品的有压力传感器、加速度传感器、微型陀螺以及各种微执行器、微电极、微流量计、军用微传感器。但只有压力传感器等少数产品采用自主开发的工艺技术，实现了从芯片制造到装配测试全过程的批量生产。现在应用的工艺设备国内大部分依靠进口，投资和运行成本比较高，因此，应当特别重视MEMS基本工艺的应用技术研究，开发专用工艺装备，使这些工艺在产业化生产中应用。

如今，微传感器已广泛应用于各个领域（如检测有毒气体），它们也被集成到小型化的发射器/接收器系统中（如无处不在的RFID芯片）。例如，在智能手机上，MEMS传感器在声音性能、场景切换、手势识别、方向定位以及温度/压力/湿度传感器等方面得到了广泛的应用；在汽车上，MEMS传感器借助气囊碰撞传感器、胎压监测系统和车辆稳定性控制增强车辆的性能；在医疗领域，通过MEMS传感器成功研制出微型胰岛素注射泵，使心脏搭桥移植和人工细胞组织成为可实际使用的治疗方式；在可穿戴应用方面，MEMS传感器可实现运动追踪、心跳速率测量等；在城市建设领域，MEMS传感器可以协助监测基础设施建设的稳定性，营造充满活力的反馈系统……MEMS传感器已经被广泛地集成到汽车电子、智能家居、智能电网等物联网应用领域。由于这些传感器通常含有对环境和人体健康有害的贵金属，所以对于直接接触人体的医疗应用或者食品中的内含物来说，它们都不适合。2017年，瑞士苏黎世联邦理工学院（ETH）的科研团队开发出一款用于测量温度、可进行生物降解的微型生物传感器，未来将有望实现食品的物联网——“食联网”。这种生物兼容的微传感器封装了由镁、二氧化硅、氮化物制成的超细的、紧密缠绕的电气细丝，镁是人们日常饮食的重要成分，二氧化硅和氮化物具有生物相容性且可溶于水。研究人员开发出的这种传感器只有16μm厚，比人类头发（100μm）要薄许多，且只有几毫米的长度，总重量不超过1mg。

作为微传感器的最新发展方向之一，纳米传感器正在兴起。纳米作为长度单位，1nm是1m的10亿分之一，相当于一根头发直径的8万分之一；纳米科技是指利用电子的波动性，在0.1~100nm尺度上研究物质的特性、相互作用以及利用这种特性控制单个原子、分子来实现设备特定的功能，开发相关产品的一门科学技术。纳米传感器是指传感器的形状大小或者灵敏度达到纳米级，或者传感器与待检测物质或物体之间的相互作用距离是纳米级的；纳米传感器主要包括纳米化学和生物传感器、纳米气体传感器和其他类型的纳米传感器（压力、温度和流量等）。与传统的传感器相比，纳米传感器充分利用了纳米材料的反应活性、拉曼光谱效应、催化效率、导电性、强度、硬度、韧性、超强可塑性和超顺磁性等特有性质，因而具有灵敏度高、功耗小、成本低、多功能集成等显著特点。利用纳米技术制作的纳米传感器，尺寸减小、精度提高、性能大大改善，纳米传感器以原子的尺度丰富了传感器理论，推动了传感器的制作水平，拓宽了传感器的应用领域。纳米传感器现已在生物、医疗、

化学、微电子及信息、机械、航空、军事等领域获得广泛的发展，如借助声音振动识别细微运动、检测蔬果农药残留物、疾病诊断、危险品检查以及未来智能战争等。据推测，人类社会即将进入“后硅器时代”，纳米传感器将成为主流。

作为 MEMS 传感器应用的综合平台，汽车上的传感器应用总体情况如何？

11.4　网络传感器

网络传感器是以嵌入式微处理器为核心，集成了传感器、信号处理器和网络接口的新一代传感器。在网络传感器中，采用嵌入式技术和集成技术，使传感器的体积减小，抗干扰性能和可靠性提高；微处理器的引入使网络化传感器成为硬件和软件的结合体，根据输入信号进行判断、决策、自动修正和补偿，提高了控制系统的实时性和可靠性；网络接口技术的应用，为系统的扩充提供了极大的方便，减少了现场布线的复杂性和电缆的数量。

目前，网络传感器具有两种基本方案：基于 IEEE1451 标准的有线网络传感器和基于 IEEE1451 及蓝牙协议的无线网络传感器。IEEE1451 网络传感器代表了下一代传感器的发展方向。现在设计基于 IEEE1451 标准的网络传感器具有专用接口模块和集成芯片，如 ED1520、PLCC-44，软件模块采用 IEEE1451 标准的 STIM 模块。在无线网络传感器方面，国外已经推出基于蓝牙技术的硬件和软件开发平台，如爱立信公司的蓝牙开发系统 EBDK，AD 公司的快速开发系统 QSDK，利用这些开发系统可以方便、快速地开发出基于蓝牙协议的无线电发送和接收模块。

网络传感器的开发使测控系统主动进行信息处理以及远距离实时在线测量成为可能。国内对于网络传感器的开发处于起步阶段，随着全方位的参数检测的需要和网络化技术的发展，网络传感器将成为今后研究的热点，尤其值得关注的是基于窄带物联网（Narrow Band Internet of Things，NB-IoT）的网络传感器的发展。NB-IoT 建于蜂窝网络之上，占用大约 180kHz 带宽，可直接部署于现有 GSM 网络、UMTS 网络或 LTE 网络中，以降低部署成本、实现平滑升级，已成为万物互联网络的一个重要分支，正在开启一个前所未有的广阔市场。

11.4.1　网络传感器的概念

在自动化领域，现场总线控制系统和工业以太网技术得到了快速发展。对于大型数据采集系统而言，特别希望能够采用一种统一的总线或网络，以达到简化布线、节省空间、降低成本、方便维护的目的；另一方面，现有的企业大都建立了以 TCP/IP 技术为核心的企业内部网络（Intranet）作为企业的公共信息平台，为建立测控网络奠定了基础，有利于将测控网和信息网有机地结合起来。

网络传感器是指传感器在现场级实现网络协议，使现场测控数据能够就近进入网络传输，在网络覆盖范围内实时发布和共享。简单地说，**网络传感器就是能与网络连接或通过网络使其与微处理器、计算机或仪器系统连接的传感器**。网络传感器的产生使传感器由单一功能、单一检测向多功能和多点检测发展；从被动检测向主动进行信息处理方向发展；从就地测量向远距离实时在线测控发展；使传感器可以就近接入网络，传感器与测控设备间再无须点对点连接，大大简化了连接线路，节省投资，易于系统维护，也使系统更易于扩充。网络传感器特别适于远程分布式测量、监视和控制。目前，已有多种嵌入式 TCP/IP 芯片可以置入智能传感器中，形成带有网络接口的嵌入式 Internet 网络传感器。

网络传感器的核心是使传感器本身实现网络通信协议。目前，可以通过软件方式或硬件方式实现传感器的网络化。软件方式是指将网络协议嵌入到传感器系统的 ROM 中；硬件方式是指采用具有网络协议的网络芯片直接用作网络接口。

11.4.2　网络传感器的基本结构

图 11-4 所示为网络传感器基本结构图，网络传感器主要由信号采集单元、数据处理单元及网络接口单元组成。这三个单元可以采用不同芯片构成合成式的，也可以是单片式结构。

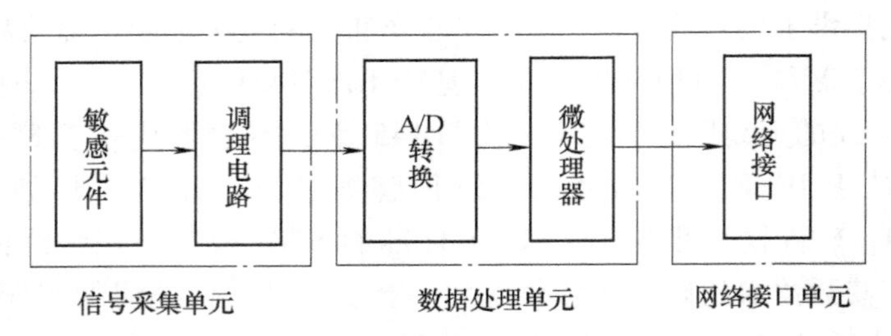

图 11-4　网络传感器基本结构

11.4.3　网络传感器的类型

网络传感器的关键是网络接口技术。网络传感器必须符合某种网络协议，使现场测控数据能直接进入网络。由于工业现场存在多种网络标准，因此也随之发展起来了多种网络传感器，具有各自不同的网络接口单元类型。目前，主要有基于现场总线的网络传感器和基于以太网（Ethernet）协议的网络传感器两大类。

（1）基于现场总线的网络传感器

现场总线正是在现场仪表智能化和全数字控制系统的需求下产生的，连接智能现场设备和自动化系统的数字式、双向传输、多分支结构的通信网。其关键标志是支持全数字通信，其主要特点是高可靠性。它可以把所有的现场设备（仪表、传感器与执行器）与控制器通过一根线缆相连，形成现场设备级、车间级的数字化通信网络，可完成现场状态监测、控制、信息远传等。传感器等仪表智能化的目标是信息处理的现场化，这也正是现场总线技术的目标，是现场总线不同于其他计算机通信技术的标志。

由于现场总线技术具有明显的优越性，在国际上已成为热门研究开发技术，各大公司都开发出自己的现场总线产品，形成了各自的标准。目前，常见的标准有数十种，它们各具特

色，在各自不同的领域中得到了很好的应用。但由于多种现场总线标准并存，现场总线标准互不兼容，不同厂家的智能传感器又都采用各自的总线标准，因此，目前的智能传感器和控制系统之间的通信主要是以模拟信号为主或在模拟信号上叠加数字信号，大大降低了通信速度，严重影响了现场总线式智能传感器的应用。为了解决这一问题，IEEE 制定了一个简化控制网络和智能传感器连接标准的 IEEE1451 标准，该标准为智能传感器和现有的各种现场总线提供了通用的接口标准，有利于现场总线式网络传感器的发展与应用。

（2）基于以太网协议的网络传感器

随着计算机网络技术的快速发展，将以太网直接引入测控现场成为一种新的趋势。由于以太网技术开放性好、通信速度快和价格低廉等优势，人们开始研究基于以太网（即基于 TCP/IP）的网络传感器。该类传感器通过网络介质可以直接接入 Internet 或 Intranet，还可以做到“即插即用”。在传感器中嵌入 TCP/IP，使传感器成为 Internet/Intranet 上的一个节点。

任何一个网络传感器都可以就近接入网络，而信息可以在整个网络覆盖的范围内传输。由于采用了统一的网络协议，不同厂家的产品可以直接互换与兼容。

11.4.4　基于 IEEE1451 标准的网络传感器

构造一种通用智能化传感器的接口标准是解决传感器与各种网络相连的主要途径。IEEE1451 智能变送器接口标准定义了一套使智能变送器顺利接入不同测控网络的软件接口规范，使变送器能够独立于网络与现有基于微处理器的系统，仪器仪表和现场总线网络相连，并最终实现变送器到网络的互换性与互操作性。

IEEE1451 协议族的软件接口部分主要由 IEEE1451.1 和 IEEE1451.0 组成；硬件接口部分主要是针对智能传感器的具体应用而提出来的，由 IEEE1451.X（X 代表 2~7）协议组成。如图 11-5 所示。

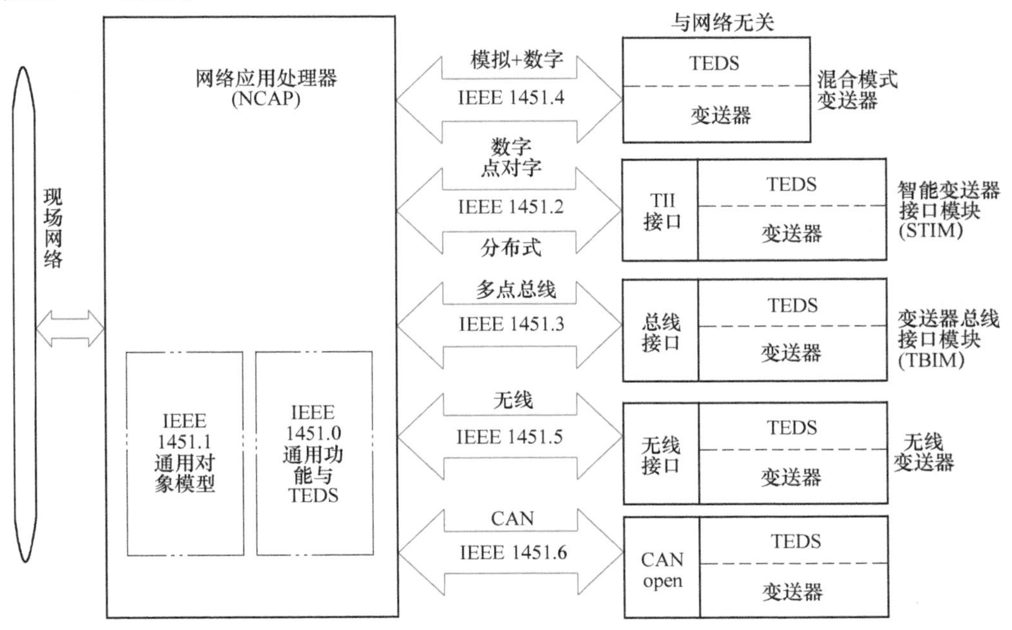

图 11-5　IEEE1451 标准协议族体系结构

IEEE1451.0 标准通过定义一个包含基本命令设置和通信协议的独立于 NCAP（Network Capable Application Processor）到变送器模块接口的物理层，为不同的物理接口提供通用、简单的标准，以达到加强这些标准之间的互操作性。

IEEE1451.1 标准通过定义两个软件接口实现智能传感器或执行器与多种网络的连接，并可以实现具有互换性的应用。

IEEE1451.2 标准定义了电子数据表格（TEDS）和一个 10 线变送器独立接口（Transducer Independence Interface，TII）以及变送器与微处理器间通信协议，使变送器具有即插即用能力。IEEE1451.2 网络传感器模型结构如图 11-6 所示。传感器节点分成两大模块：网络应用处理器（NCAP）和智能变送器接口模块（STIM）。NCAP 用来运行经精简的 TCP/IP 协议栈、嵌入式 Web 服务器、数据校正补偿引擎、TII 总线操作软件、用户特定的网络应用服务程序以及用来管理软硬件资源的嵌入式操作系统。STIM 包括实现功能的变送器、数字化处理单元、TEDS 和 TII 总线操作软件。

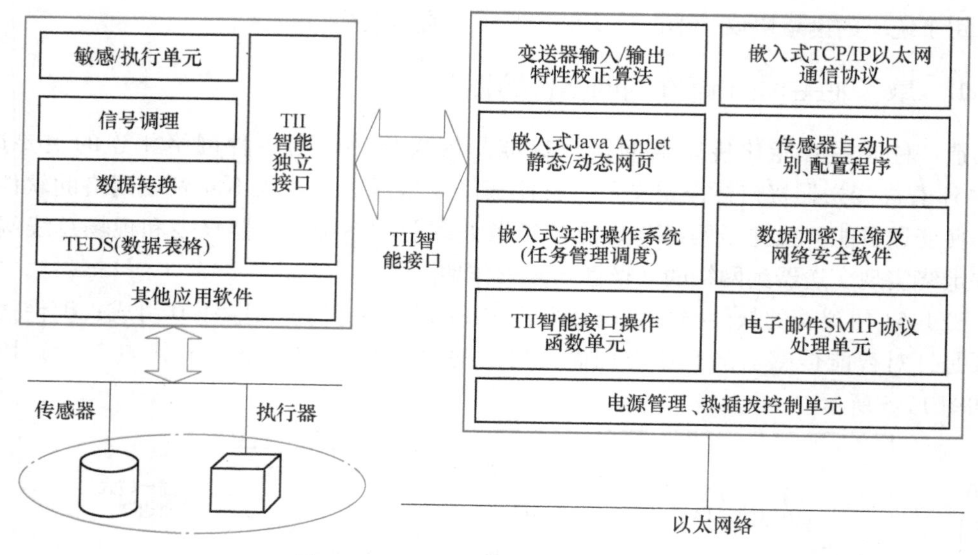

图 11-6 IEEE1451.2 网络传感器模型

IEEE1451.3 标准利用局部频谱技术，在局部总线上实现通信，对连接在局部总线上的变送器进行数据同步采集和供电。

IEEE1451.4 标准定义了一种机制，用于将自识别技术运用到传统的模拟传感器和执行器中。它既有模拟信号传输模式，又有数字通信模式。

IEEE1451.5 标准定义了无线传感器通信协议和相应的 TEDS，目的是在现有的 IEEE1451 框架下，构筑一个开放的标准无线传感器接口。无线通信方式将采用 3 种标准，即 WiFi 标准、蓝牙（Bluetooth）标准和 ZigBee（IEEE802.15.4）标准。

IEEE1451.6 标准致力于建立 CANopen 协议网络上的多通道变送器模型，使 IEEE1451 标准的 TEDS 和 CANopen 对象字典（Object Dictionary）、通信消息、数据处理、参数配置和诊断信息一一对应，在 CAN 总线上使用 IEEE1451 标准变送器。

IEEE1451.7 标准定义带射频标签（RFID）的换能器和系统的接口。

需要注意的是，IEEE1451. X 产品可以工作在一起，构成网络化智能传感器系统，但也可以各个 IEEE1451. X 单独使用；IEEE1451. 1 标准可以独立于其他 IEEE1451. X 硬件接口标准而单独使用；IEEE1451. X 也可不需要 IEEE1451. 1 而单独使用，但是，必须要有一个相似 IEEE1451. 1 所具有的软件结构来实现 IEEE1451. 1 的功能。

11.4.5　网络传感器的应用前景

IEEE1451 网络传感器在机床状态远程监控网、舰艇运行状态监视、控制和维修的分布网、火灾及消防态势评估和指挥网络、港口集装箱状态的监控网络以及油路管线健康状况监控网络的组建中均可大展身手。目前，网络传感器的应用主要面向两个大的方向。

（1）分布式测控

将网络传感器布置在测控现场，处于控制网络中的最低级，其采集到的信息传输到控制网络中的分布智能节点，由它处理，然后传感器数据散发到网络中。网络中其他节点利用信息做出适当的决策，如操作执行器、执行算法。目前该方向最热门的研究与应用当属物联网。

（2）嵌入式网络

现有的嵌入式系统虽然已得到广泛的应用，但大多数还处在单独应用的阶段，独立于因特网之外。如果能够将嵌入式系统连接到因特网上，则可方便、低廉地将信息传送到任何需要的地方。嵌入式网络的主要优点是不需要专用的通信线路；速度快；协议是公开的，适用于任何一种 Web 浏览器；信息反映的形式多样化等。

网络技术正在深入世界的各个角落并迅速地改变着人们的思维方式和生存状态，随着网络传感器技术的进一步成熟和应用覆盖范围的拓展，网络传感器必将赢得更广阔的用武之地，为建立人与物理环境更紧密的信息联系提供强大的技术支持，不断改善人们的工作和生活环境。

学习拓展

（新型传感器发展前景预测） 根据你所了解的新型传感器知识，试针对智能传感器、模糊传感器、微传感器和网络传感器中的任何一种或几种，设想其技术发展路线和应用前景，对其做出适当的预测。

11.1　什么是智能传感器?

11.2　智能传感器有何特点?

11.3　智能传感器的功能有哪些?

11.4　什么是模糊传感器?

11.5　模糊传感器的一般结构是什么?

11.6　模糊传感器的基本功能有哪些?

11.7　什么是微机电系统?

11.8　简要介绍主要的 MEMS 制造技术。

11.9　什么是微传感器？
11.10　微传感器有何特点？
11.11　什么是网络传感器？
11.12　网络传感器的基本结构是什么？
11.13　网络传感器是如何分类的？
11.14　网络传感器的主要应用方向是什么？

第 12 章 参数检测

知识单元与知识点	➢ 测量、测量系统的基本概念； ➢ 测量方法的分类； ➢ 测量系统的结构、基本类型； ➢ 参数测量的一般方法； ➢ 检测技术的发展。
方法论	组合拳；反馈；测量与评价
能力点	◇ 能复述并解释测量、测量系统的基本概念； ◇ 会比较测量方法的分类； ◇ 认识并理解测量系统的结构、基本类型； ◇ 会比较和选用参数测量的一般方法； ◇ 会评价测量方案的合理性； ◇ 认识并理解检测技术的发展。
重难点	■ 重点：测量、测量系统的基本概念；测量方法的分类；测量系统的结构、基本类型。 ■ 难点：参数测量的一般方法。
学习要求	√ 熟练掌握测量、测量系统的基本概念； √ 熟练掌握测量方法的分类； √ 熟练掌握测量系统的结构、基本类型； √ 掌握参数测量的一般方法； √ 了解同一被测参数的不同检测方法的性能比较； √ 了解检测技术的发展。
问题导引	→ 参数检测的内涵是什么？ → 实现参数检测的一般方法有哪些？ → 检测技术的发展方向是什么？

12.1 概述

12.1.1 检测技术的地位和作用

自古以来，检测技术就渗透到人类的生产活动、科学实验、日常生活的各个方面；现在，测量科学已成为现代化生产的重要支柱之一，也是整个科学技术和国民经济的一项重要技术基础，它对促进生产力发展与社会进步起到举足轻重的作用。在基础学科研究领域，如宏观上要观察上千光年的茫茫宇宙；微观上要观察小到 10^{-13}cm 的粒子世界；要观察长达数十万年的天体演化，短到 10^{-24}s 的瞬间反应；为深化物质认识、开拓新能源、新材料等需要的各种极端技术，如超高温、超低温、超高压、超高真空、超强磁场、超弱磁场等。典型地，嫦娥四号巡视器搭载的红外光谱仪、全景相机、月表中子及辐射剂量探测仪、低频射电频谱仪、测月雷达等有效载荷开展月球地形地貌、物质成分、周边环境等科学探测工作；2017 年，我国自主研发的“海翼”号深海滑翔机在马里亚纳海沟挑战者深渊完成了大深度下潜观测任务并安全回收，其最大下潜深度达到了 6329m，刷新了水下滑翔机最大下潜深度的世界纪录；这种新型水下机器人具有低功耗、高静音的特点，可对特定海域进行高精度、高分辨率、大范围的水体观测，能够有效提高海洋环境的空间和时间测量密度，是现有水下观测手段的有效补充（如何精确测量珠峰的高度、月地之间的距离?）。

检测技术的地位与作用可以概括为六个方面：一是获取自然界和生产领域中信息的主要手段和途径；二是获取人类感官无法获取的大量信息；三是能给新技术革命带来深刻变化和关键性突破；四是现代技术发展的瓶颈；五是国家综合实力、科技水平、创新能力的主要表征；六是具有广阔的市场和强烈的社会需求。

要获取大量人类感官无法直接获取的信息，没有相应的检测技术的支撑和检测仪器仪表的利用是不可能的。许多基础科学研究的障碍，首先就在于研究对象的信息获取存在困难，而一些新机理和高灵敏度的检测仪器仪表的出现，往往会带来该领域研究的突破；检测技术的发展，常常是一些边缘学科发展的先驱。我国确定的八个高技术领域（信息技术、生物技术、新材料技术、先进制造与自动化技术、资源环境技术、航空航天技术、能源技术、先进防御技术）都离不开检测技术和计量测试仪器仪表的保障。检测技术与仪表的代表性应用领域和方向见表 12-1。

表 12-1　检测技术与仪表的代表性应用

应用领域	应用方向
机械工业	精密数字控制机床、自动生产线、工业机器人等
冶金工业	炼铁过程的热风炉控制、装料控制与高炉控制，轧钢过程的压力控制、轧机速度控制、卷曲控制等
电力工业	锅炉的燃烧控制、汽轮机的自动监控、自动保护、自动调节与自动程序控制与发动机的电力输入输出控制等
煤炭工业	采煤过程的煤层气测井仪器、矿井空气成分检测仪器、矿井瓦斯检测仪、井下安全保障监控系统等，煤精炼过程的熄焦过程控制、煤气回收控制、精炼过程控制、生产机械传动控制等
石油工业	采油过程的磁性定位仪、含水仪、压力计等支撑测井技术的各种测量仪表，炼油过程的供电系统、供水系统、供蒸汽系统、供气系统、储运系统和三废处理系统与其连续生产过程中大量参数的检测仪表等
化学工业	温度测量、流量测量、液位测量、浓度、酸度、湿度、密度、浊度、热值及各种混合气体组分等参数测量需要的测量仪表与按照预定规律控制被控参数的控制仪表等
航空航天工业	飞行器的飞行高度、飞行速度、飞行状态与方向、加速度、过载以及发动机状态等参数的测量，航天技术的航天运载器技术、航天器技术、航天测控技术等

（续）

应用领域	应用方向
环境监测	大气中的氮氧化物（NO_2）、硫化物（SO_2）、二氧化碳（CO_2）、甲醛、甲烷、氨等含量，或环境湿度、有机磷和氨基甲酸酯，水体 pH 值等测量
军事装备	精确制导武器、智能型弹药、军队自动化指挥系统（C4ISR 系统）、外层空间军事装备（如各种军用侦察、通信、预警、导航卫星等）

钱学森曾说："发展高新技术，信息技术是关键，信息技术包括测量技术、计算机技术和通信技术。测量技术是关键和基础。"结合自身的认识和体会，谈谈你如何理解这句话的含义？

近几十年来，随着计算机、通信、自动控制等技术的飞速发展，信息的处理、传输与利用功能得到了充分的开发。传感器与检测技术作为信息链的前端和智能制造等众多产业发展的基石，在某种意义上成为了"卡脖子"技术。目前，世界上许多国家（特别是西方发达国家）已投入大量人力、物力和财力，将传感器与检测技术作为本国优先和重点发展的高技术领域，大力发展各类新型传感器和高端传感器，检测技术在国民经济中的地位日益提高。以信息的获取、转换、显示和处理为主要内容的传感器与检测技术已经发展成为一门完整的技术学科，在促进生产力发展和科技、社会进步的广阔领域内发挥着重要作用。

12.1.2　参数检测的基本概念

1. 测量

测量（**Measurement**）就是以确定被检测值（被测量）为目的的一系列操作，即利用物质的物理的、化学的或生物的特性，对被测对象的信息进行提取、转换以及处理，获得定性或定量结果的过程。测量通常包括两个过程：一是能量形式的一次或多次转换过程；二是将被测量与其相应的标准量（或测量单位）进行比较，从而确定被测量对标准量的倍数，可表示为

$$y = nx \tag{12-1}$$

式中　y——被检测值；

n——比值，无量纲（一般含有测量误差）；

x——标准量，即测量单位。

这是理想的线性关系，实际上存在着避免不了的非线性和零位输出。经测量过程所获得的被测量的量值称为测量结果。测量结果有多种表示方式，如数值、曲线或图形等。根据式（12-1）可知，无论采用何种表示方式，测量结果应包括两个部分：比值和测量单位（严格地说，还应包括测量误差或测量精度，以表明测量结果的可信程度）。值得注意的是，应使用规范的测量单位，国际单位制（SI）是被世界各国普遍采用的单位制，适用于所有的测量应用。

2. 测量方法的分类

测量方法就是将被测量与标准量进行比较，从而得出比值的方法。

很明显，不同的事物有不同的性质和不同的度量标准，因此对应的测量方法也就各不相

同。必须根据具体的测量任务确定合适的测量方法。测量方法的分类如下：

（1）根据测量方式的不同可分为直接测量、间接测量和组合测量

直接测量：用按已知标准标定好的测量仪器对某一未知量进行测量，不需要经过任何运算就能直接得出测量结果的测量方法。如用电流表测量电路的电流；用弹簧管压力表测量压力等。

直接测量的优点是测量过程简单、迅速；缺点是测量精度不高。

间接测量：首先对与被测量有确切函数关系的物理量进行直接测量，然后通过已知的函数关系（如公式、曲线或图表等），求出该未知量，即需要将被测量值经过某种函数关系变换才能确定被测量值的测量方法。如在直流电路中，直接测出负载的电流 I 和电压 U，然后根据功率 $P=IU$ 的函数关系，求出负载消耗的电功率。

间接测量的特点：测量过程复杂、测量所需时间较长，需要进行计算才能得出最终的测量结果。间接测量一般用于直接测量不方便、直接测量的误差较大或不能进行直接测量的场合。

前面两种测量方法都是针对单个的未知量进行测量的方法。在实践中也存在着同时对多个未知量进行测量的情况，这需要用到组合测量方法。

组合测量：在测量中，使各个待求未知量和被测量经不同的组合形式出现（包括改变测量条件来获得这种不同的组合关系），根据直接测量或间接测量所得到的被测量数据，通过解一组联立方程而求出未知量的数据的测量方法，即这种测量方法必须经过求解联立方程组才能得出最后结果。组合测量中，未知量与被测量之间存在已知的函数关系（表现为方程组）。

例如，为了确定电阻的温度系数，可利用电阻值与温度间的关系：

$$R_t=R_{20}+\alpha(t-20)+\beta(t-20)^2 \tag{12-2}$$

式中 R_t——温度 t 时的电阻值；

R_{20}——20℃时的电阻值；

α、β——电阻温度系数；

t——测试时的温度。

为了确定电阻温度系数 α、β 的值，采用改变测量温度的办法，在三种温度下分别测得对应的电阻值，然后代入上述公式，得到一组联立方程组，解此方程组，便可求得 α、β 和 R_{20}（值得提出的是，由于每次测量总是存在误差，为了确保测量结果的精度，测量次数往往要多于待确定量个数，此时可通过最小二乘法计算来优化确定）。

组合测量的特点：是一种特殊的精密测量方法，操作手续复杂、花费时间较长，但易达到较高精度。组合测量多用于科学实验或一些特殊要求的场合。

方法论

【组合拳】 组合测量蕴含着“组合拳”的问题解决思想。组合拳是拳击拳法的一种，在进攻当中利用各种单一拳法的组合连续攻击，使对手应接不暇，达到击中对手的目的；引申为为了达到一定目标，采取一连套的措施或实施一整套的步骤来进行。组合拳是解决一些复杂困难问题的有效方法。

（2）根据测量方法的不同可分为偏差式测量、零位式测量和微差式测量

偏差式测量：用仪表指针的位移（即偏差）表示被测量量值的测量方法。该方法是事先用标准器具对仪表刻度进行校准；测量时，输入被测量按照仪表指针在标尺上的示值决定

被测量的数值，如用弹簧压力表检测压力。偏差式测量的测量过程简单、迅速，但测量结果的精度较低。

零位式测量：用指零仪表的零位反映测量系统的平衡状态，在测量系统平衡时，用已知的标准量决定被测量的量值。在零位式测量时，已知标准量直接与被测量相比较，要求已知标准量应连续可调，指零仪表指零时，被测量与已知标准量相等，如天平测量物体的质量、电位差计测量电压等。零位式测量可以获得比较高的测量精度，但测量过程比较复杂，费时较长，适用于测量变化缓慢的信号。

微差式测量：综合了偏差式测量与零位式测量的优点而提出的一种测量方法。零位式测量中的标准量不可能都是连续可调的，因而难以与被测量完全平衡，实际测量时必定存在差值。微差式测量只要求标准量与被测量接近（零位式测量），再用指示仪表测量标准量与被测量的微小差值（偏差式测量）。

微差式测量的标准量具装在仪表内并直接参与比较，省去了零位式测量中反复调节标准量以求平衡的步骤，只需测量两者的差值。微差式测量兼有偏差式测量速度快和零位式测量精度高的优点，特别适用于在线控制参数的测量。

（3）根据测量精度要求的不同可分为等精度测量和非等精度测量

等精度测量：在同一测量环境下，相同的测量人员用相同仪表与测量方法对同一被测量进行多次重复测量。

非等精度测量：用不同精度的仪表或不同的测量方法，由不同的测量人员或在环境条件不同（相差很大）时，对同一被测量进行多次重复测量。此时各个测量结果的可靠程度不一样，可用一个称为“权”的数值来表示对应测量结果的可依赖程度。

（4）根据被测量变化的快慢可分为静态测量和动态测量

如果被测量在测量过程中是固定不变的，或随时间变化非常缓慢（它的变化周期远大于传感器或测量仪器的响应时间），对这种被测量的测量称为静态测量。静态测量不需要考虑时间因素。

如果被测量在测量过程中是随时间不断变化的（它的变化周期接近或小于传感器或测量仪器的响应时间），对这种被测量的测量称为动态测量。动态测量必须考虑时间因素对测量结果的影响，即测量结果中一定包含有时间量。

（5）根据测量敏感元件是否与被测介质接触可分为接触式测量和非接触式测量

接触式测量是指测量敏感元件与被测介质直接接触的测量；否则，称为非接触式测量。

根据这里介绍的测量方法的分类，分析历史上著名的“曹冲称象”的故事，可将其中涉及的测量问题归入哪些类别？

3. 测量系统

（1）测量系统的结构

测量系统就是由传感器与数据传输环节、数据处理环节和数据显示环节等组合在一起，为了完成信号测量目标所形成的一个有机整体。典型的测量系统结构如图12-1所示。

传感器：感受被测量的大小并输出与之对应的可用信号的器件或装置。

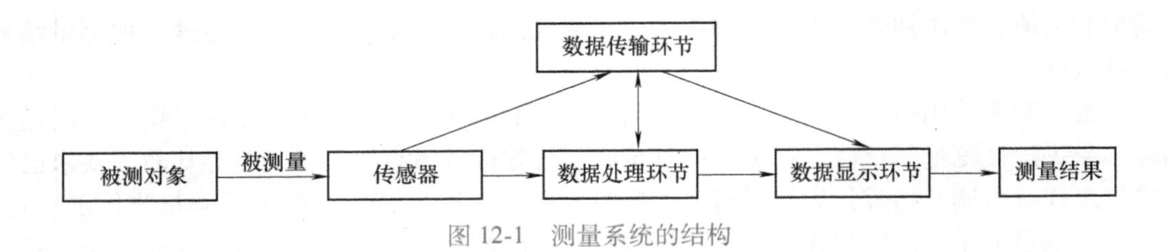

图 12-1 测量系统的结构

数据传输环节：实现数据传输。当测量系统的多个功能环节相对独立时，就需要数据传输环节将数据从一个环节传输到另一个环节。

数据处理环节：完成将传感器输出信号进行处理和变换的功能（如对信号进行放大、滤波、运算、线性化、A/D 或 D/A 转换），使输出信号便于显示、记录、处理。

数据显示环节：将测量结果变换成人的感官容易接受的形式并输出，以供人们完成监视、控制或分析的目的。测量结果可以模拟显示，也可以数字显示；具体的显示方式很多，如数字、图表、声音等，取决于用于显示的设备或装置（仪表、监视器、打印机、扬声器等）。

（2）测量系统的基本类型

根据测量系统是否存在反馈通道，或信号在测量系统中的传递情况，可以将测量系统分为开环测量系统与闭环测量系统两种基本类型。

1）开环测量系统。如果测量系统没有反馈通道，全部信息的变换只沿着一个方向进行，这样的测量系统称为**开环测量系统**，如图 12-2 所示。

图 12-2 开环测量系统框图

图中，x 是输入量，y 是输出量，k_1，k_2，…，k_n 为各个环节的传递系数，有

$$y=k_1k_2\cdots k_nx \tag{12-3}$$

如果开环测量系统受到外界干扰的影响，则系统的输出 y 不仅与各环节的传递系数和输入量有关，还受到各个环节的干扰的影响。除非提高各环节的抗干扰能力，否则，开环测量系统很难获得高的测量精度。因此，开环测量系统一般用于简易测量。

开环测量系统是由各个环节串联而成的，测量系统的相对误差（δ）等于各个环节相对误差（δ_1，δ_2，…，δ_n）之和，即

$$\delta=\delta_1+\delta_2+\cdots+\delta_n \tag{12-4}$$

开环测量系统的灵敏度（S）等于各环节灵敏度（S_1，S_2，…，S_n）之积，即

$$S=S_1S_2\cdots S_n \tag{12-5}$$

由式（12-4）、式（12-5）可知：若要增加测量系统的灵敏度，必须增加环节的个数或增大环节的灵敏度。增加环节个数，仪表的相对误差将增大；若不增加环节个数，而提高环节灵敏度，则对应较小的输入信号，就能得到相同的指针偏转，故仪表对应的测量范围将减小；如果绝对误差不变，则系统相对误差必将随着增大。因此，开环测量系统在增加灵敏度的同时，系统的相对误差也相应增大，从而降低了系统测量精度。另一方面，由于灵敏度增加，系统的稳定性将大大降低，为了保证仪表具有较好的稳定性，开环测量系统的灵敏度不

宜做得很高。一般来说，在同一量程条件下，灵敏度高的系统精度不一定都高，但精度高的系统，灵敏度都是较高的。

2）闭环测量系统。闭环测量系统有两个通道：一个正向通道，一个反馈通道，如图12-3所示。

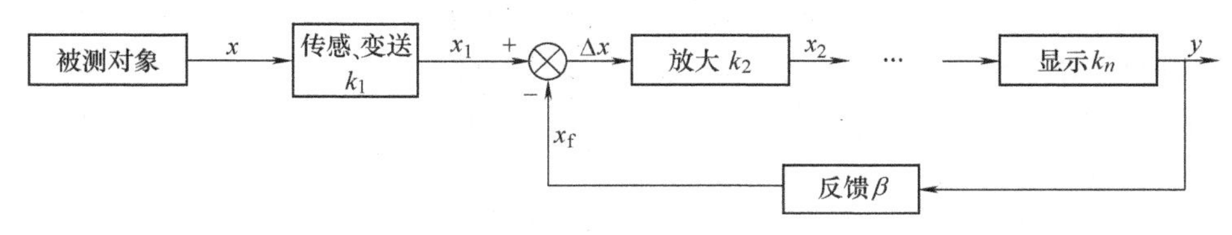

图12-3 闭环测量系统框图

图中，Δx 为正向通道的输入量，β 为反馈环节的传递系数，正向通道的总传递系数 $k=k_2\cdots k_n$。经推导可得

$$y=\frac{k}{1+k\beta}x_1=\frac{1}{\frac{1}{k}+\beta}x_1 \tag{12-6}$$

当 $k\gg1$ 时，则

$$y\approx\frac{1}{\beta}x_1 \tag{12-7}$$

由式（12-7）可知：对于闭环结构的测量系统，如果正向通道的传递系数足够大，则整个系统的输入、输出关系由反馈环节的特性（β）决定，而正向通道的放大器等环节特性（k_2，…，k_n）的变化不会影响测量结果。该特性为设计、制造仪表带来的好处是：只要精心挑选反馈通道所需的元器件，而对正向通道不必苛求，就可获得高精度和高灵敏度的测量系统。

闭环测量系统的相对误差为

$$\delta\approx-\delta_f \tag{12-8}$$

式中 δ——测量系统的相对误差；
δ_f——反馈通道的相对误差。

闭环测量系统的灵敏度为

$$S\approx\frac{1}{S_f} \tag{12-9}$$

式中 S——测量系统的灵敏度；
S_f——反馈通道的灵敏度。

方法论

【反馈】 在测控领域，反馈是将系统的输出返回到输入端，以增强或减弱输入信号的效应，进而影响系统功能的过程。增强输入信号效应叫正反馈，减弱输入信号效应叫负反馈。正反馈常用于产生振荡，用来接收微弱信号；负反馈能稳定放大，减少失真。反馈是一种十分重要的方法论，在工程控制和社会管理等领域都有广泛的应用，如教师对学生作业的批阅评讲就是一种反馈，用好反馈方法是提升工作质量的重要途径。

12.1.3 工业检测的主要内容

参数检测是确保现代工业生产安全、有序进行的基本环节，工业检测是参数检测的重要组成部分，也是本教材关注的重点。参数检测在工业领域的典型应用包括：

1）冶金工业：炼铁过程的热风炉控制、装料控制与高炉控制，轧钢过程的压力控制、轧机速度控制、卷曲控制等及其中使用的多种检测仪表等。

2）电力工业：锅炉的燃烧控制系统、汽轮机的自动监控、自动保护、自动调节与自动程序控制系统与发动机的电力输入输出控制系统等。

3）煤炭工业：采煤过程的煤层气测井仪器、矿井空气成分检测仪器、矿井瓦斯检测仪、井下安全保障监控系统等，煤精炼过程的熄焦过程控制、煤气回收控制、精炼过程控制、生产机械传动控制等。

4）石油工业：采油过程的磁性定位仪、含水仪、压力计等支撑测井技术的各种测量仪表，炼油过程的供电系统、供水系统、供蒸汽系统、供气系统、储运系统和三废处理系统与其连续生产过程中大量参数的检测仪表等。

5）化学工业：温度测量、流量测量、液位测量、浓度、酸度、湿度、密度、浊度、热值及各种混合气体组分等参数测量需要的测量仪表与按照预定规律控制被控参数的控制仪表等。

6）机械工业：精密数字控制机床、自动生产线、工业机器人等。

7）航空航天工业：飞行器的飞行高度、飞行速度、飞行状态与方向、加速度、过载以及发动机状态等参数的测量，航天技术的航天运载器技术、航天器技术、航天测控技术等。

8）军事装备：精确制导武器、智能型弹药、军队自动化指挥系统（C4ISR 系统）、外层空间军事装备（如各种军用侦察、通信、预警、导航卫星等）。

工业检测的内容广泛，常见的工业检测内容见表 12-2。

表 12-2 工业检测的主要内容

被测量类型	测　量	被测量类型	测　量
热工量	温度、热量、比热容、热流、热分布、压力（压强）、压差、真空度、流量、流速、物位、液位、界面	物体的性质和成分量	气体、液体、固体的化学成分、浓度、黏度、湿度、密度、酸碱度、浊度、透明度、颜色
机械量	直线位移、角位移、速度、加速度、转速、应力、应变、力矩、振动、噪声、质量（重量）	状态量	工作机械的运动状态（起、停等）、生产设备的异常状态（超温、过载、泄漏、变形、磨损、堵塞、断裂等）
几何量	长度、厚度、角度、直径、间距、形状、平行度、同轴度、粗糙度、硬度、材料缺陷	电工量	电压、电流、功率、电阻、阻抗、频率、脉宽、相位、波形、频谱、磁场强度、电场强度、材料的磁性能

12.2 参数测量的一般方法

参数的测量是以自然规律（包括守恒定律、场的定律、物质定律、统计法则以及各种

效应）为基础，利用敏感元件特有的物理、化学或生物等效应，把被测量的变化转换为敏感元件的某一物理量（化学量或生物量）的变化。不同的敏感元件，其实现参数测量的方法一般也不同，主要包括：

力学法：也称机械法。一般是利用敏感元件把被测变量转换成机械位移、变形等。如应变式传感器利用弹性元件把压力或力转换为弹性元件的位移。

热学法：根据被测介质的热物理量的差异以及热平衡原理进行参数的测量。如热线风速仪是根据流体流速的大小与热线在流体中被带走的热量有关这一原理制成的，只要测出为保证热线温度恒定需提供的热量（加热电流量）或测出热线的温度（假定热线的供电电流恒定）就可获得流体的流速。

电学法：一般是利用敏感元件把被测变量转换成电压、电阻、电容等电学量。如利用热敏电阻的阻值变化测量温度；根据热电偶的热电效应实现温度的测量。

声学法：大多是利用超声波在介质中的传播以及在介质间界面处的反射等性质进行参数的测量。如超声波流量计利用了超声波在流体中沿顺流和逆流方向传播的速度差来测量流体的流速。

光学法：利用光的直线传播、透射、折射和反射等性质，通过光电元件接收光信号，用光强度（或光波长）等光学量参数来表示被测量的大小。如利用光电开关实现产品计数、利用红外气体成分分析仪实现气体成分的测量等。

磁学法：利用被测介质有关磁性参数的差异及被测介质或敏感元件在磁场中表现出来的特性实现对被测量的测量。如电磁流量计就是根据导电流体流经磁场时，由于切割磁力线使流体两端面产生感应电动势，其大小与流体的流速成正比这一原理制成的。

射线法：射线穿过介质时部分能量会被物质吸收，吸收程度与射线所穿过的物质厚度、物质的密度等性质有关。利用这种方法可实现物位的测量，或测量混合物中某一成分的含量或浓度。

生物法：利用生物免疫原理、酶的催化反应原理等将被测量转化为电学量的测量方法。

方法论

【测量与评价】 在科研工作中，为了准确评价研究成果的水平，基于测量数据对其进行定量和定性分析，与同类研究进行对比分析，是得出科学结论的常用方法，也是撰写学术报告、科研论文或毕业论文等的通行做法。测量与评价是形成质量结论的基本方法。

12.3 检测技术的发展

检测是人们从客观事物中提取所需信息，借以认识客观事物并掌握其客观规律的一种科学方法。随着传感器、检测技术和制造技术等的快速发展，以及检测技术应用领域的不断拓展，测量要求的不断提高，“互联网+”与“智能化”对检测领域的深度改造，检测技术正在经历着一个活跃的发展阶段。目前，检测技术的发展方向表现为：

（1）测量精确度和质量要求不断提高、测量范围不断扩大

在20世纪后50年，一般机械加工精度由0.1mm量级提高到0.001mm量级，相应的几何量测量精度从1μm提高到0.01～0.001μm，这种趋势将进一步持续，因为随着MEMS、微/纳米技术的兴起与发展，以及人们对微观世界探索的不断深入，测量对象的尺度会越来越小，达到纳米量级；且基于网络化等测量环境，对测量数据的可靠性、及时性、安全性等提出了新要求。另一方面，由于大型、超大型机械系统（电站机组、航空航天制造）、机电工程的制造与安装水平提高，以及人们对于空间研究范围的扩大，测量对象的尺度也会越来越大，导致从微观到宏观的尺寸测量范围不断扩大，相差40个数量级。类似地，力值测量相差约14个数量级；温度测量相差约12个数量级。

（2）新型测量技术不断涌现

随着生物传感器、仿生传感器等研究的进步以及新的物理现象、物理效应的发现，出现了许多新的测量技术（如引力波测量），扩大了检测领域。

（3）从静态测量到动态测量

从非现场测量到现场在线静态测量使科学研究从定性科学走向定量科学，实现了人类认识的一次飞跃。现在，各种运动状态下、制造过程中、物理化学反应进程中等动态量测量将越来越普及，促使测量方式由静态向动态转变。现代制造业已呈现出和传统制造不同的设计理念、制造技术，测量已不仅仅是最终产品质量评定的手段，更重要的是为产品设计、制造服务，以及为制造过程提供完备的过程参数和环境参数，使产品设计、制造过程和检测手段充分集成，形成一体的具备自主感知一定内外环境参数（状态），并做相应调整的“智能制造系统”，要求测量技术从传统的非现场、事后测量，进入制造现场，参与制造过程，实现现场的在线测量。

（4）从简单信息获取到多信息融合

传统的测量问题涉及的测量信息种类比较单一，现代测量信息系统往往包括多种类型的被测量，信息量大，如大批量工业制造的在线测量，每天的测量数据高达几十万，又如产品数字化设计与制造过程中，包含了巨量数据信息（测量领域的“大数据”）。巨量信息的可靠、快速传输和高效管理以及如何消除各种被测量之间的相互干扰，从中挖掘多个测量信息融合后的目标信息将形成一个新兴的研究领域，即多信息融合。

（5）几何量和非几何量集成

传统机械系统和制造系统主要面对几何量测量。当前复杂机电系统功能扩大，精确度提高，系统性能涉及多种参数，测量问题已不仅限于几何量，而且，日益发展的微纳尺度下的系统与结构，其机械作用机理与通常尺度下的系统有显著区别。为此，在测量领域，除几何量外，应将其他机械工程研究中常用的物理量包括在内，如力学性能参数、功能参数等。

（6）测量对象复杂化、测量条件极端化

当前部分测量问题出现测量对象复杂化、测量条件极端化的趋势，有时需要测量的是整个机器或装置，参数多样且定义复杂；有时需要在高温、高压、高速、高危场合等环境中进行测量，使得测量条件极端化。

（7）虚拟仪器应用越来越广泛

虚拟仪器（Virtual Instrument）是日益发展的计算机硬件、软件和总线技术与测试技术、仪器技术密切结合的成果，其核心是：以计算机作为仪器统一的硬件平台，充分利用计算机

的运算、大容量存储、回放、调用、显示以及文件管理等功能，同时把传统仪器的专业化功能和面板控件软件化，从而构成一台外观与传统硬件仪器相同，功能得到显著加强，充分利用计算机智能资源的全新仪器系统。

我国正在从“制造大国”向“制造强国”迈进，先进制造的能力和水平对国家战略的实现具有标志性影响。那么先进制造对精密测量技术的需求如何？

学习拓展

(同一被测量的不同检测方法比较) 根据你所了解的传感器和检测技术知识，试选择一种被测量（如温度、压力、流量、加速度、转速等），对其不同的检测方法进行原理比较，并指出其各自不同的特点。

(陀螺仪的原理与应用探讨) 陀螺仪是1850年法国物理学家莱昂·傅科在研究地球自转中获得灵感而发明的；陀螺仪是一种用来感测与维持方向的装置，基于角动量不灭理论设计。陀螺仪首先被用在航海上，后来发明了飞机，被迅速运用在航空上，成为飞行仪表的核心。到了第二次世界大战，德国人发明了惯性制导系统，采用陀螺仪确定方向和角速度，用加速度计测试加速度，通过计算得出导弹飞行的距离和路线，然后控制飞行姿态，让导弹落到目标地点。此后，以陀螺仪为核心的惯性制导系统被广泛应用于航空航天，今天的导弹依然在运用陀螺仪（主要导航系统的特点对比见表12-3）；据报道，最近我国发展了一种几乎不被干扰、全空间、全时域和厘米级误差的量子惯性导航，其不依赖卫星导航，克服水下不能使用GPS、传统加速度计导航精度不高的问题，对于水下导航具有革命性意义。陀螺仪从早期的机械式发展到现在的电子式，如激光陀螺仪、光纤陀螺仪、MEMS陀螺仪，以及最新的量子陀螺仪等，智能手机上采用的陀螺仪就是MEMS陀螺仪。

表12-3 主要导航系统的特点对比

	惯性导航	无线电导航	天文导航	卫星导航系统
自主性	完全自主	非自主	完全自主	非自主
信息全面性	全面	不全面	不全面	不全面
导航误差	随时间积累	随作用范围增加	受气候影响	不随时间积累
抗干扰能力	强	弱	强	弱
实时导航能力	强	弱	弱	弱
成本	较高	较低	高	低

陀螺仪不仅可以作为指示仪表，而更重要的是它可以作为自动控制系统中的一个敏感元件，即可作为信号传感器。根据需要，陀螺仪能提供准确的方位、水平、位置、速度和加速度等信号，以便驾驶员用自动导航仪来控制飞机、舰船或航天飞机等航行体按一定的

航线飞行，而在导弹、卫星运载器或空间探测火箭等航行体的制导中，则直接利用这些信号完成航行体的姿态控制和轨道控制。作为精密测试仪器，陀螺仪能够为地面设施、矿山隧道、地下铁路、石油钻探以及导弹发射井等提供准确的方位基准。

试分析陀螺仪的原理、特性，并对其应用做系统性总结。

探索与实践

（智能蔬菜大棚监测系统设计） 为了实现现代农业生产的精细管理、远程控制和灾变预警等功能，确保蔬菜等食品的安全，基于计算机与网络、物联网、无线通信等技术的智能蔬菜大棚开始兴起，可以通过温湿度传感器对土壤和大棚环境进行监测，技术员可以随时随地通过计算机或者手机直接遥控“种菜”，如发现棚内的温度已经超过35℃，技术员可以通过手机遥控直接把整个设施棚内的风机打开，土壤湿度低于35%，则立即开始喷淋灌溉补水。试设计这样一个可远程管理的智能蔬菜大棚，给出技术（模块）方案和工程建设建议，并进行可行性论证。

12.1　试分析检测技术有何重要意义。

12.2　什么是测量？

12.3　测量方法是如何进行分类的？

12.4　测量系统的结构是什么？

12.5　测量系统是如何分类的，各有何特点？

12.6　实现参数检测的一般方法主要有哪些？

12.7　检测技术的发展趋势是什么？

第 13 章

误差理论与数据处理基础

知识单元与知识点	➢ 真值、测量误差的相关概念； ➢ 误差的来源、分类与表示； ➢ 误差的处理（系统误差、随机误差、粗大误差）； ➢ 最小二乘法与回归分析（一元线性拟合）。
方法论	具体问题具体分析；去粗取精，去伪存真；底线思维；优化；回归分析
价值观	精益求精；诚信
能力点	◇ 能复述并解释真值、测量误差的相关概念； ◇ 会分析误差的来源、分类与表示； ◇ 能应用误差的处理方法（系统误差、随机误差、粗大误差）； ◇ 会使用最小二乘法与回归分析方法。
重难点	■ 重点：真值、测量误差的相关概念；误差的来源、分类与表示；误差的处理（系统误差、随机误差、粗大误差）；最小二乘法与一元线性拟合。 ■ 难点：最小二乘法。
学习要求	√ 掌握真值、测量误差的相关概念； √ 掌握误差的来源、分类与表示； √ 掌握误差的处理方法（系统误差、随机误差、粗大误差）； √ 掌握最小二乘法与一元线性拟合。
问题导引	→ 为什么要对测量结果进行数据处理和误差分析？ → 如何进行测量误差的处理？ → 如何运用最小二乘法进行拟合？

13.1 测量误差概述

任何测量的目的都是为了获得被测量的真实值。但由于测量环境、测量方法、测量仪器、测量人员等因素的影响，测量值总是与被测量的真实值不完全一致，这涉及测量真值的最佳估计，即基于测量数据的误差处理得出被测量真值的最佳估计值。传感器主要解决如何测的问题，误差理论与数据处理主要解决如何得出测得准且可靠结果的问题。本节主要介绍测量误差的相关概念。

1. 量值

量是物体可以从数量上进行确定的一种属性。由一个数和合适的计量单位表示的量称为量值，如某压力为1N。量值有理论真值、约定真值和实际值或标称值与指示值之分。

（1）理论真值、约定真值和实际值

真值（True Value）是指在一定的时间和空间条件下，能够准确反映被测量真实状态的数值。真值分为理论真值和约定真值两种情形。**理论真值**是在理想情况下表征一个物理量真实状态或属性的值，它通常客观存在但不能实际测量得到，或者是根据一定的理论所定义的数值，如三角形三内角和为180°；**约定真值**是为了达到某种目的按照约定的办法所确定的值，如光速被约定为3×10^8m/s，或以高精度等级仪器的测量值约定为低精度等级仪器测量值的真值。**实际值**是在满足规定准确度（Accuracy）时用以代替真值使用的值，通常指多次测量所得测量值的算术平均值；为了强调它不是真正的真值，故称实际值（有时也称测得值）。

（2）标称值和指示值

标称值是计量或测量器具上标注的量值。**指示值**（简称示值，即某次测量所得的测量值）是由测量仪表或量具所指示出来的量值。因受制造、测量或环境变化的影响，标称值并不一定等于它的实际值，通常在给出标称值的同时也给出它的误差范围或精度等级。

2. 误差的概念

在实际测量中，由于测量设备不精良、测量方法或测量手段不完善、测量程序不规范及测量环境因素的影响等，往往会导致测量值或多或少地偏离被测量的真值。测量值与被测量真值（或实际值）之差就是**测量误差**（Measuring Error）。误差公理认为测量误差是不可避免的，即“一切测量都存在误差”。测量误差的大小反映测量质量的好坏。

由于真值无法准确得到，实际上用的都是实际值，实际值需以测量不确定度（表明合理赋予被测量之值的分散性，它与人们对被测量的认识程度有关，是通过分析和评定得到的一个区间）来表征其所处的范围，因此测量误差实际上是无法准确得到的。

3. 误差的来源

误差的来源多种多样，如测量环境不理想、测量装置不够精良、测量方法不合理、测量人员专业素质不达标等，它们对测量结果的影响或大或小。测量误差的主要来源可归纳为以下几个方面。

（1）测量环境误差

任何传感器的标定都是在一定的标准环境下进行的，因此，任何测量都有一定的环境条件要求。测量环境误差是测量仪器的工作环境与规定的标准状态不一致时所造成的误差，典型的有温度、湿度、大气压力、振动、重力加速度、电磁干扰等。

（2）测量装置误差

测量装置误差是指由于测量仪表本身不完善或测量精度不高所带来的误差，包括标准量具误差、仪器误差、附件误差。如高精度测量要求却选用了低精度的测量仪表。

（3）测量方法误差

测量方法误差是指由于测量方法不合理或不完善所引起的误差。如用电压表测量电压时没有正确地估计电压表的内阻，或用近似公式、经验公式或简化的电路模型作为测量依据；或通过测量圆的半径来计算其周长时对 π 的不同近似取值可能引起的误差。

（4）测量人员误差

测量人员误差是指由于测量人员本身的专业素质不高所引起的误差。如不良测量习惯、对测量结果的分辨力不强、操作不规范或疏忽大意等引起的误差。

4. 误差的表示

根据不同的应用场合和需要，测量误差的表示方法常用以下几种：

（1）绝对误差 Δ

绝对误差是测量值 x 与真值 L 间的差值，可表示为

$$\Delta = x - L \tag{13-1}$$

采用绝对误差表示测量误差时，不能很好地说明不同测量任务测量质量的好坏。如测量一个人的身高和测量珠穆朗玛峰的高度（2020 年我国对珠峰高程测量取得哪些技术突破?），如果两者的绝对误差都是 0.5m，很明显，后者的测量质量要高得多，取决于相对误差。

（2）相对误差 δ

相对误差是绝对误差与真值的百分比，可表示为

$$\delta = \frac{\Delta}{L} \times 100\% \tag{13-2}$$

由于真值 L 无法知道，实际处理时用测量值 x 代替真值 L 来计算相对误差，即

$$\delta = \frac{\Delta}{x} \times 100\% \tag{13-3}$$

（3）引用误差 γ

引用误差（Fiducial Error）是相对于仪表满量程的一种误差，一般用绝对误差除以满量程（即仪表的测量范围上限与测量范围下限之差）的百分数来表示，即

$$\gamma = \frac{\Delta}{x_m} \times 100\% \tag{13-4}$$

式中　x_m——仪表的满量程。

仪表的精度等级就是根据引用误差来确定的。如 0.5 级表示引用误差不超过±0.5%（即其满量程的相对误差为±0.5%），1.0 级则不超过±1.0%。根据国家标准规定，引用误差分为 0.1、0.2、0.5、1.0、1.5、2.5 和 5.0 共七个等级。

例：检定一台满量程 $A_m = 5A$、精度等级为 1.5 的电流表，测得在 2.0A 处其绝对误差 $\Delta = 0.1A$，请问该电流表是否合格?

解：在没有修正值的情况下，通常认为在整个测量范围内各处的最大绝对误差是一个常数。

发散性思维训练	
方法 1	根据式（13-4）可求得 $\gamma = \frac{\Delta}{A_m} \times 100\% = \frac{0.1}{5} \times 100\% = 2.0\%$ 由于 2.0%>1.5%，因此，该电流表已不合格，但可做精度为 2.5 级表使用
方法 2	根据式（13-4）可得最大允许绝对误差为 $\Delta_m = \gamma A_m = 1.5\% \times 5A = 0.075A$ 由于 0.1A>0.075A，因此，该电流表已不合格

（4）基本误差

基本误差（Intrinsic Error）是仪表在规定的标准条件（即标定条件）下所具有的引用误差。任何仪表都有一个正常的使用环境要求，这就是标准条件。如果仪表在这个条件下工作，则仪表所具有的引用误差为基本误差。测量仪表的精度等级就是由基本误差决定的。

在只有基本误差的情况下，仪表的最大绝对误差为

$$\Delta_m = \pm\gamma x_m \tag{13-5}$$

式中　x_m——仪表的满量程。

最大绝对误差Δ_m与测量示值x之百分比称为最大示值相对误差，即

$$\gamma_m = \frac{\Delta_m}{x}\times 100\% = \pm\frac{\gamma x_m}{x}\times 100\% \tag{13-6}$$

在仪器仪表的精度等级γ一定时，由式（13-6）可知，越接近满刻度的测量示值，其最大示值相对误差越小、测量精度越高；在选用仪表时要兼顾精度等级和量程，通常要求测量示值落在仪表满刻度的2/3以上。

例：要测量一个约80V的电压量，现有两块电压表供选用，一块量程为300V，精度等级为0.5；一块量程为100V，精度等级为1.0。请问选用哪一块电压表更好？

解：根据式（13-6）求最大示值相对误差。

使用300V、0.5级表时：

$$\gamma_{m1} = \pm\frac{\gamma x_m}{x}\times 100\% = \pm\frac{0.5\times 300}{80}\times 100\% \approx \pm 1.88\%$$

使用100V、1.0级表时：

$$\gamma_{m2} = \pm\frac{\gamma x_m}{x}\times 100\% = \pm\frac{1.0\times 100}{80}\times 100\% \approx \pm 1.25\%$$

由于$|\gamma_{m1}|>|\gamma_{m2}|$，可见，选用100V、1.0级表测量该电压时具有更小的相对误差，精度更高；由题目数据还可知，使用该表可保证测量示值落在仪表满刻度的2/3以上。

方法论

【具体问题具体分析】　此例题告诉我们，不是使用精度等级高的仪表一定比精度等级低的仪表获取的测量结果误差小、精度高，还要看其实际使用条件或场景，其中蕴含着具体问题具体分析的方法论。

具体问题具体分析是指在矛盾普遍性原理的指导下，具体分析矛盾的特殊性，并找出解决矛盾的正确方法。要求人们在做事、想问题时，要根据事情的不同情况采取不同措施，不能一概而论。具体问题具体分析最早是由列宁提出来的，是马克思主义活的灵魂，是马克思主义哲学的一条基本原则。

数字仪表的基本误差可用以下两种方式表示，它们本质上是一致的，但后者更方便常用。

$$\Delta = \pm a\% x \pm b\% x_m \tag{13-7}$$

$$\Delta = \pm a\% x \pm \text{几个字} \tag{13-8}$$

式中　Δ——绝对误差；

a——误差的相对项系数；

x——被测量的指示值；

b——误差固定项系数；

x_m——仪表的满量程。

$a\%x$ 是用示值相对误差表示的，与读数成正比，与仪表各单元电路的不稳定性有关，称为读数误差。$b\%x_m$ 不随读数变化，x_m 一定时，它是个定值，称为满度误差；满度误差与所取量程有关，常用“几个字”来表示。

例：有 5 位数字电压表一台，基本量程 5V 档的基本误差为 $\pm 0.006\% U_x \pm 0.004\% U_m$。求满度误差相当于几个字。

解：
$$\pm 0.004\% U_m = \pm 0.004\% \times 5\text{V} = \pm 0.0002\text{V}$$

由题意知，该表可显示 5 位数字，±0.0002V 正好相当于末位正负 2 个字。即该表 5V 档的基本误差也可表示为

$$\Delta = \pm 0.006\% U_x \pm 2 \text{ 个字}$$

（5）附加误差

附加误差是指当仪表的使用条件偏离标准条件时出现的误差。如温度附加误差、压力附加误差、频率附加误差、电源电压波动附加误差等。

5. 误差的分类

为便于对测量数据进行误差分析和处理，根据测量数据中误差的特征或性质可以将误差分为三种：系统误差、随机误差和粗大误差。

（1）系统误差

由于测量系统本身的性能不完善、测量方法不完善、测量者对仪器的使用不当、环境条件的变化等原因所引起的测量误差称为系统误差（**Systematic Error**）。系统误差的特点是：对同一被测量进行多次重复测量时，误差的大小和符号保持不变，或按照一定的规律出现（如始终偏大、偏小或周期性变化等）。

系统误差可以通过实验或分析的方法，查明其变化的规律和产生的原因，通过对测量值的修正，或采取一定的预防措施，就能够消除或减少它对测量结果的影响。

系统误差的大小表明了测量结果的准确度。系统误差越小，则测量结果的准确度越高。

（2）随机误差

对同一被测量进行多次重复测量时，绝对误差的绝对值和符号不可预知地随机变化，但就误差的总体而言，具有一定的统计规律性，这类误差称之为随机误差（**Random Error**）。

在实际测量中，当系统误差已设法消除或减小到可以忽略的程度时，如果仍然存在测量数据不稳定的现象，则说明存在随机误差。随机误差是测量过程中许多独立的、微小的、偶然的因素引起的综合结果。引起随机误差的原因很多，也很难把握，一般无法控制。

随机误差的大小表明测量结果重复一致的程度，即测量结果的分散性。通常，用精密度表示随机误差的大小。随机误差大，测量结果分散，精密度低。反之，测量结果的重复性好，精密度高。

（3）粗大误差

明显偏离测量结果的误差称为粗大误差（**Spurious Error**），也称疏忽误差或过失误差。

这是由于测量者粗心大意或环境条件突然变化引起的。粗大误差必须避免，含有粗大误差的测量数据应从测量结果中剔出。

6. 精度

精度是反映测量结果与真值接近程度的量。精度与误差的大小相对应，可用误差的大小来表示精度的高低，误差小则精度高，误差大则精度低。精度通常是针对同一被测量的多次测量结果而言，误差则是针对单次测量结果，故精度更常用标准差来表征。精度可分为：

- **准确度**。反映测量结果中系统误差的影响（大小）程度，即测量结果偏离真值的程度。
- **精密度**。反映测量结果中随机误差的影响（大小）程度，即测量结果的分散程度。
- **精确度**。反映测量结果中系统误差和随机误差综合的影响程度，其定量特征可用测量的不确定度（或极限误差）来表示。

对于具体的测量，精密度高的准确度不一定高，准确度高的精密度也不一定高，但精确度高，则精密度与准确度都高。因此，测量总是希望得到精确度高的结果。如图 13-1 所示的打靶结果，子弹落在靶心（代表真值）周围有三种情况：图 13-1a 的系统误差小而随机误差大，即准确度高而精密度低；图 13-1b 的系统误差大而随机误差小，即准确度低而精密度高；图 13-1c 的系统误差与随机误差都小，准确度和精密度都高，即精确度高；图 13-1d 展示了精度的变化。

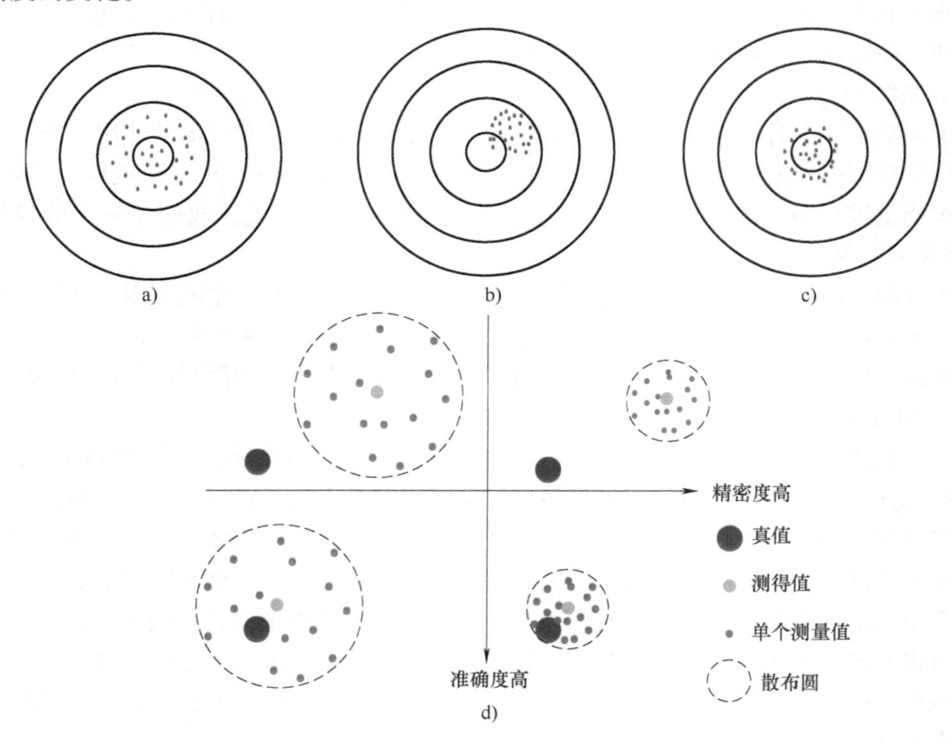

图 13-1　精度的划分及其意义

a）准确度高但精密度低　b）精密度高但准确度低　c）准确度和精密度都高（精确度高）　d）精度变化

【精益求精】 精度表示观测值与真值接近的程度，本质上是一个质量概念；作为测控领域未来的工程师，对精度应有更深刻的理解和更深层次的追求。测量为质量评价、质量提升、质量强国提供判据，计量蕴含精益求精的科学精神。在倡导满足人民日益增长美好生活需要的今天，更加需要坚定理想信念，弘扬以精益求精等为基本内涵的工匠精神（敬业、精益、专注、创新），增强中国特色社会主义道路自信、理论自信、制度自信、文化自信，立志肩负起民族复兴的时代重任。

13.2 测量误差的处理

13.2.1 随机误差的处理

在等精度测量情况下，得到 n 个测量值 x_1，x_2，…，x_n，对应的随机误差分别为 δ_1，δ_2，…，δ_n。这组测量值和随机误差都是随机事件，可以用概率统计的方法来处理。

1. 随机误差的正态分布曲线

实践表明，随机误差有如下四个特征：

- **单峰性。** 绝对值小的随机误差出现的概率大于绝对值大的随机误差出现的概率（即随机误差的分布具有单一峰值）。
- **有界性。** 随机误差的绝对值是有限的。
- **对称性。** 随着测量次数的增加，绝对值相等、符号相反的随机误差的出现概率将趋向于相等。
- **抵偿性。** 在相同条件下，当测量次数趋于无穷大时，所有随机误差的代数和为 0。

上述四个特征使得当测量次数足够多时，随机误差将呈现出正态分布规律，如图 13-2 所示。图中，x 代表测量值（随机变量）、L 代表真值。由图可见，随机变量在 $x=L$ 处附近区域有最大概率。

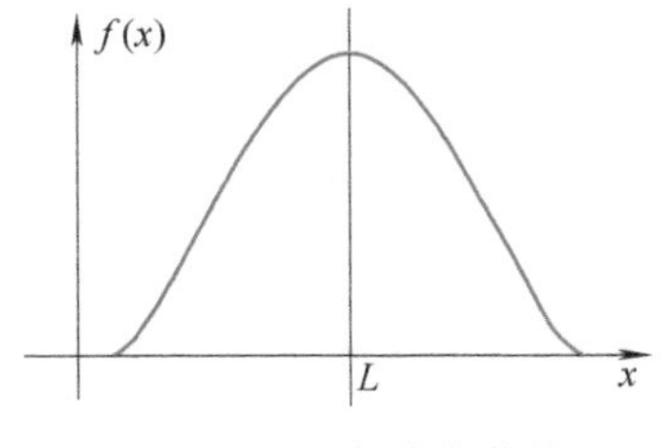

图 13-2 正态分布曲线

2. 正态分布随机误差的数字特征

在实际测量中，由于真值 L 不可能得到，因此根据随机变量的正态分布特征，可以用其算术平均值来代替。算术平均值反映了随机变量的分布中心。

算术平均值为

$$\bar{x}=\frac{1}{n}(x_1+x_2+\cdots+x_n)=\frac{1}{n}\sum_{i=1}^{n}x_i \tag{13-9}$$

为什么可以用算术平均值来代替真值？

标准差（也称方均根偏差）为

$$\sigma=\sqrt{\frac{\sum_{i=1}^{n}(x_i-L)^2}{n}}=\sqrt{\frac{\sum_{i=1}^{n}\delta_i^2}{n}} \tag{13-10}$$

式中　n——测量次数；

　　x_i——第 i 次测量值。

标准差反映了随机误差的分布范围。标准差越大，测量数据的分布范围就越大。图 13-3 显示了不同标准差下的正态分布曲线。由图可见，σ 越小，分布曲线就越陡峭，说明随机变量的分散性小，接近真值 L，即精度高。反之，σ 越大，分布曲线越平坦，随机变量的分散性就越大，即精度低。

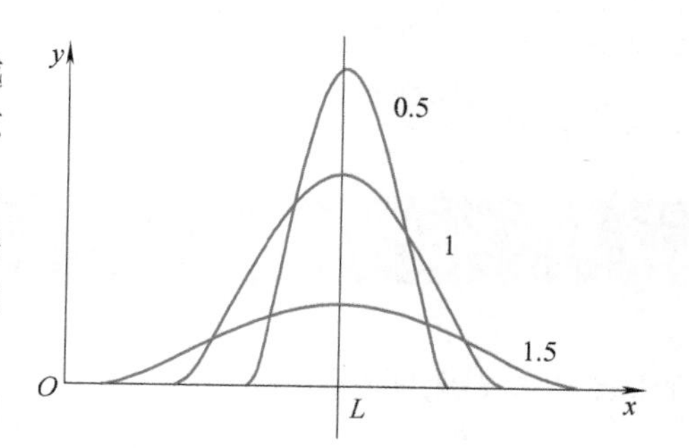

图 13-3　不同标准差下正态分布曲线

在实际测量中，由于真值 L 无法知道，就用测量值的算术平均值代替。各测量值与算术平均值的差值称为残余误差 v_i，即

$$v_i=x_i-\bar{x} \tag{13-11}$$

由残余误差可计算标准差的估计值 σ_s，即著名的贝塞尔公式

$$\sigma_s=\sqrt{\frac{\sum_{i=1}^{n}(x_i-\bar{x})^2}{n-1}}=\sqrt{\frac{\sum_{i=1}^{n}v_i^2}{n-1}} \tag{13-12}$$

从前面的介绍我们已经知道，在同一条件下的多次测量，是用算术平均值作为测量结果的。但在测量次数有限时，算术平均值不可能等于被测量的真值 L。因此，在多次测量时，对算术平均值的标准差更感兴趣。算术平均值的标准差为

$$\sigma_{\bar{x}}=\frac{\sigma_s}{\sqrt{n}} \tag{13-13}$$

因此，要提高测量结果的精度，不能单靠无限地增加测量次数，而需要从采用适当的测量方法、选择仪器的精度及确定适当的测量次数几个方面考虑。一般情况下取 $n=5\sim10$ 范围内的某个整数较适宜。

3. 正态分布的概率计算

为了确定测量的可靠性，需要计算正态分布在不同区间的概率。分布曲线下的全部面积应等于总概率（即 100%）。由残余误差表示的正态分布密度函数为

$$y=f(v)=\frac{1}{\sigma\sqrt{2\pi}}\mathrm{e}^{-\frac{v^2}{2\sigma^2}} \tag{13-14}$$

由于标准差 σ 是正态分布的特征参数，误差区间通常表示成 σ 的倍数，如 $t\sigma$。由于正态分布的对称性特点，计算概率通常取成对称区间的概率，即

$$P(-t\sigma\leqslant v\leqslant t\sigma)=\frac{1}{\sigma\sqrt{2\pi}}\int_{-t\sigma}^{+t\sigma}\mathrm{e}^{-\frac{v^2}{2\sigma^2}}\mathrm{d}v \tag{13-15}$$

式中　t——置信系数；

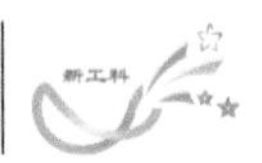

P——置信概率。

表 13-1 给出了几个典型的 t 值及其对应的概率。

表 13-1　t 值及其对应的概率

t	0.6745	1	1.96	2	2.58	3	4
P	0.5	0.6827	0.95	0.9545	0.99	0.9973	0.99994

由表 13-1 可知，当 $t=1$ 时，$P=0.6827$，即测量结果中随机误差出现在 $-\sigma\sim\sigma$ 间的概率为 68.27%；当 $t=3$ 时，出现在 $-3\sigma\sim3\sigma$ 间的概率为 99.73%，相应地，$|v|>3\sigma$ 的概率为 0.27%，因此一般认为绝对值大于 3σ 的误差是不可能出现的。

按照上述分析，测量结果常表示为

$$x=\bar{x}\pm\sigma_{\bar{x}}\quad(P=0.6827)\tag{13-16}$$

或

$$x=\bar{x}\pm3\sigma_{\bar{x}}\quad(P=0.9973)\tag{13-17}$$

例：有一组测量值为 237.4、237.2、237.9、237.1、238.1、237.5、237.4、237.6、237.6、237.4，单位均为 cm，求测量结果。

解：首先根据测量值可计算出测量平均值 $\bar{x}=237.52\text{cm}$，接着计算出标准差的估计值为

$$\sigma_s=\sqrt{\frac{\sum_{i=1}^{n}(x_i-\bar{x})^2}{n-1}}=\sqrt{\frac{\sum_{i=1}^{n}v_i^2}{n-1}}=\sqrt{\frac{0.816}{10-1}}\text{cm}\approx0.30\text{cm}$$

$$\sigma_{\bar{x}}=\frac{\sigma_s}{\sqrt{n}}=\frac{0.30}{\sqrt{10}}\text{cm}\approx0.09\text{cm}$$

因此，测量结果为

$$x=\bar{x}\pm\sigma_{\bar{x}}=(237.52\pm0.09)\text{cm}\quad(P=0.6827)$$

或

$$x=\bar{x}\pm3\sigma_{\bar{x}}=(237.52\pm0.27)\text{cm}\quad(P=0.9973)$$

值得指出的是，测量结果最末一位有效数字是由测量精度决定的，即最末一位有效数字应与测量精度是同一量级的，如用千分尺测量长度，其测量精度最多达到 0.01mm，因此，其用毫米作单位表示的测量结果不应超出小数点后两位数字。测量结果保留位数的原则是最末一位数字是不可靠的，倒数第二位数字应是可靠的。

【诚信】 保证数据及其处理结果的真实、准确、完整，即可靠，是对来源于传感器的原始测量数据进行误差分析和数据处理应坚持的基本原则！也涉及测量领域的工程伦理和职业道德。追求“真、善、美”是中华民族传统文化的价值取向，美籍华裔实验物理学家丁肇中接受记者采访时说：“不知道的，你绝对不能说知道”，正是科学家的这种诚信品质，促成了如气体氩等许多伟大科学的发现。诚信对于一名测控领域的数据工程师而言尤其重要！

一个特别值得警醒的案例是：基于利益的驱使，2016 年 2、3 月间，为降低监测数据，某地曝出时任环境监测站负责人多次潜入空气质量监测子站，采用棉纱堵塞空气采样器的

方法干扰环境空气质量自动监测系统的数据采集（主要监测二氧化硫、PM10、PM2.5等六项数据），相当于给其戴了一个“口罩”，会过滤掉一些颗粒物，造成空气采样被人为过滤和本应“真、准、全”的自动监测数据多次出现失真。类似的环境监测数据造假事件多次发生，雾炮车围着空气监测点转、在监测软件上修改数据、给空气质量监测仪“戴口罩”等“治霾神器”引起了社会广泛关注，老百姓说：“这比环境污染本身更可怕！”如何看待这样的行为？如果这样的现象发生在你的身边，你会怎么做？

13.2.2 系统误差的处理

1. 从误差根源上消除系统误差

系统误差是由测量系统本身的缺陷或测量方法的不完善造成的，使得测量值中含有固定不变或按一定规律变化的误差。其特点是不具有抵偿性，也不能通过重复测量来消除，因此在处理方法上与随机误差完全不同。

系统误差的处理原则是找出系统误差产生的根源，然后采取相应的措施来尽量减小或消除系统误差。

分析系统误差的产生原因一般从以下五个方面着手：

1）所用测量仪表或元件本身是否准确可靠。

2）测量方法是否完善。

3）传感器或仪表的安装、调整、放置等是否正确合理。

4）测量仪表的工作环境条件是否符合规定条件。

5）测量者的操作是否正确。

2. 系统误差的发现与判别

（1）实验对比法

实验对比法通过改变产生系统误差的条件从而进行不同条件下的测量，以发现系统误差。例如，一台仪器本身由于标定不精确存在系统误差，因此只能用精度更高一级的测量仪表测量才能发现这台仪表的系统误差。这种方法适用于发现固定的系统误差。

（2）残余误差观察法

残余误差观察法是根据测量值的残余误差的大小和符号的变化规律来判断有无变化的系统误差。图13-4中把残余误差按测量值先后顺序排列，图13-4a有递增的系统误差，图13-4b则可能有周期性的系统误差。

（3）准则检查法

准则检查法就是基于一定的准则来判断测量数据中是否含有系统误差。如：

1）马利科夫准则是将按测量先后顺序得到的残余误差的前后各一半分成两个组（总数为奇数时，前一分组多取一个残余误差），如果前、后两组残余误差的和明显不同，则可能含有线性系统误差。

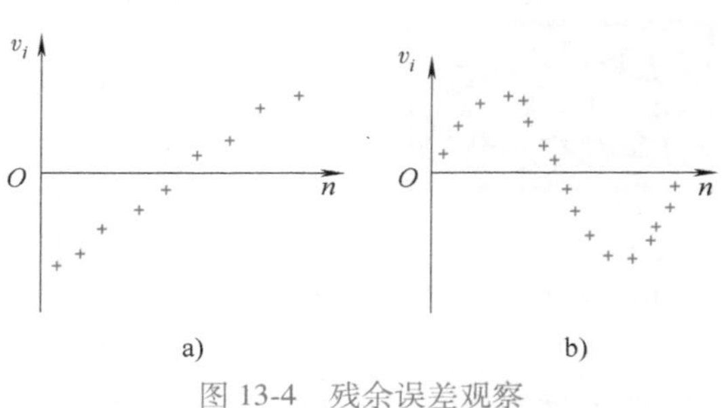

图13-4 残余误差观察

a）递增性系统误差 b）周期性系统误差

2）阿贝准则是检查残余误差是否偏离正态分布，若偏离，则可能存在变化的系统误差。其做法是将测量值的残余误差按测量顺序排列并计算，即

$$A=v_1^2+v_2^2+\cdots+v_n^2 \tag{13-18}$$

$$B=(v_1-v_2)^2+(v_2-v_3)^2+\cdots+(v_{n-1}-v_n)^2+(v_n-v_1)^2 \tag{13-19}$$

然后判断，若 $\left|\frac{B}{2A}-1\right|>\frac{1}{\sqrt{n}}$，则可能存在变化的系统误差。

3. 系统误差的消除

要绝对地消除系统误差是不可能的，但可以根据系统误差产生的原因和特点（如恒定系统误差、线性系统误差、周期性系统误差或其他复杂变化的系统误差），尽量减小或消除系统误差对测量结果准确性的影响。一般的措施包括：

（1）消除系统误差产生的根源

在测量之前，仔细检查仪表，正确调整和安装；防止外界干扰的影响；选择好观测位置消除视差；选择环境条件较稳定时进行测量和读数。

（2）在测量系统中采用补偿措施

找出系统误差的规律，然后选用适当的测量方法来消除系统误差。如对于恒定系统误差可选用标准量替代法、测量条件交换法、反向补偿法等；对于周期性系统误差可选用半周期偶数测量法（按系统误差变化的每半个周期测量一次，每个周期测量两次，取平均值）。

（3）实时反馈修正

当查明某种误差因素的变化对测量结果有明显的影响时，可尽量找出其影响测量结果的函数关系或近似函数关系，然后按照这种函数关系对测量结果进行实时的自动修正。

（4）在测量结果中进行修正

对于已知的系统误差，可以用修正值对测量结果进行修正；对于变值系统误差，设法找出误差的变化规律，用修正公式或修正曲线对测量结果进行修正；对未知的系统误差，则归入随机误差一起处理。

13.2.3　粗大误差的处理

粗大误差是由于测量人员的粗心大意等导致测量结果明显偏离真值的误差，含有粗大误差的数据必须被剔除。在对测量数据进行误差处理时，首先要完成粗大误差的处理。

方法论

【去粗取精，去伪存真】 在科研工作中常常需要对原始数据进行预处理或数据清洗等操作，对含有粗大误差的数据进行识别和剔除是其核心内容之一，目的在于清除原始数据中明显不合理、会对结果准确性造成损害的数据。其中蕴含着去粗取精、去伪存真的方法论，即除去杂质，留取精华。该方法也常用于信息安全领域中异常行为数据的发现。

对粗大误差的判断一般基于以下几个准则：

（1）拉依达准则

拉依达准则也称为 3σ 准则，通常把 3σ 作为极限误差（σ 为标准差）。如果一组测量数

据中某个测量值的残余误差的绝对值 $|v|>3\sigma$ 时，则可认为该值含有粗大误差，应舍弃。

例：对某量进行 15 次等精度测量，测量值见表 13-2，试判别该组测量值中是否存在含粗大误差的测量值。

表 13-2 一组测量值 （单位：cm）

序号	1	2	3	4	5	6	7	8	9	10	11	12	13	14	15
测量值	10.42	10.43	10.40	10.43	10.42	10.43	10.39	10.30	10.40	10.43	10.42	10.41	10.39	10.39	10.40

解：由表 13-2 可得

$$\bar{x}=10.404$$

$$\sigma_s=\sqrt{\frac{\sum_{i=1}^{n}v_i^2}{n-1}}=\sqrt{\frac{0.01496}{14}}\approx 0.033$$

$$3\sigma_s=0.099$$

根据 3σ 准则，第 8 个测量值的残余误差绝对值为

$$|v_8|=|10.30-10.404|=0.104>0.099$$

即认为它含有粗大误差，故将此测量值剔除。再根据剩下的 14 个测量值重新计算，得到

$$\bar{x}'=10.411$$

$$\sigma_s'=\sqrt{\frac{\sum_{i=1}^{n}v_i'^2}{n-1}}=\sqrt{\frac{0.003374}{13}}\approx 0.016$$

$$3\sigma_s'=0.048$$

经检验可知，剩下的 14 个测量值的残余误差均满足 $|v_i'|<3\sigma_s'$，故可认为这些测量值不含有粗大误差。

（2）肖维勒准则

肖维勒准则以正态分布为前提，假设多次重复测量得到的 n 个测量值中，某个测量值的残余误差 $|v|>Z_c\sigma$，则舍弃该测量值。Z_c 值的选取与测量列的测量值个数 n 有关，见表 13-3。肖维勒准则较 3σ 准则更细化。

表 13-3 肖维勒准则中的 Z_c 值

n	3	4	5	6	7	8	9	10	11	12
Z_c	1.38	1.54	1.65	1.73	1.80	1.86	1.92	1.96	2.00	2.03
n	13	14	15	16	18	20	25	30	40	50
Z_c	2.07	2.10	2.13	2.15	2.20	2.24	2.33	2.39	2.49	2.58

（3）格拉布斯（Grubbs）准则

若某个测量值的残余误差的绝对值 $|v|>G\sigma$，该准则将判断此值中含有粗大误差，应剔除。G 的确定与重复测量次数 n 和置信概率 P_a 有关，见表 13-4。

表 13-4　格拉布斯准则中的 G 值

测量次数 n	置信概率 P_a		测量次数 n	置信概率 P_a	
	0.99	0.95		0.99	0.95
	对应不同测量次数和置信概率 G 的取值			对应不同测量次数和置信概率 G 的取值	
3	1.16	1.15	11	2.48	2.23
4	1.49	1.46	12	2.55	2.28
5	1.75	1.67	13	2.61	2.33
6	1.94	1.82	14	2.66	2.37
7	2.10	1.94	15	2.70	2.41
8	2.22	2.03	16	2.74	2.44
9	2.32	2.11	18	2.82	2.50
10	2.41	2.18	20	2.88	2.56

格拉布斯准则的基本处理方法是：设对某被测量做多次等精度独立测量，得到一组测量值，当这组测量值服从正态分布时，首先计算这组测量值的算术平均值 $\bar{x}$ 和标准差的估计值 σ_s；然后将这组测量值按从小到大的顺序排列：$x_1 \leqslant x_2 \leqslant \cdots \leqslant x_n$，计算 $|v_1|$ 和 $|v_n|$ 并比较两者的大小。根据置信概率 P_a（一般为 0.95 或 0.99）从表 13-4 中可查得临界值 $G(n, P_a)$。取 $|v_1|$ 和 $|v_n|$ 中较大者做如下判断：$|v|>G\sigma_s$？如果该式成立，则判别该测量值存在粗大误差，应予剔除，再对剩余测量值重复上述过程，直至确定测量值不存在粗大误差为止；如果该式不成立，则判断该组测量值不存在粗大误差。

例：对于表 13-2 中的测量值，试判别该组测量值中是否存在粗大误差。

解：由上例计算结果可知 $\bar{x}=10.404$，$\sigma_s=0.033$。

按测量值从小到大的顺序排列得出 $x_1=10.30$，$x_{15}=10.43$。对应的 $|v_1|=|10.30-10.404|=0.104$，$|v_{15}|=|10.43-10.404|=0.026$，可见 $|v_1|>|v_{15}|$。

查表 13-4 可得 $G(15, 0.95)=2.41$，则 $G\sigma_s=2.41\times0.033=0.07953$，可见 $|v_1|>G\sigma_s$ 成立，说明表 13-2 中第 8 个测量值（即 10.30）含有粗大误差，应予剔除。

对剩余 14 个数据再重复上述步骤，计算得到 $\bar{x}'=10.411$，$\sigma'_s=0.016$。

按测量值从小到大的顺序排列得出 $x_2=10.39$，$x_{15}=10.43$。对应的 $|v_2|=|10.39-10.411|=0.021$，$|v_{15}|=|10.43-10.411|=0.019$，可见 $|v_2|>|v_{15}|$。

查表 13-4 可得 $G(14, 0.95)=2.37$，则 $G\sigma_s=2.37\times0.016=0.03792$，可见 $|v_2|<G\sigma_s$，说明剩余 14 个测量值不存在粗大误差。

13.3　最小二乘法与回归分析

13.3.1　最小二乘法

由于误差的存在，为了求得一组最佳的解，通常的做法是使测量次数 n 大于所求未知量的个数 m，然后采用最小二乘法进行计算。最小二乘法是一类用于拟合实验曲线、确定经验公式（一般近似于多元线性关系）的数学方法，在对测量结果的误差处理中得到了广泛应用。

最小二乘法在误差理论中的基本含义是：利用等精度多次测定值求最可靠测量结果时，该测量结果等于当各测定值的残余误差二次方和最小时所求得的值。也就是说，如果把所有测定值都标在坐标图上，测定值与用最小二乘法拟合得出的直线或曲线（统称拟合线）上对应的点之间的残余误差二次方和最小。最小二乘法的基本处理方法如下：

设直接测量量 y 与 m 个间接测量量 $x_i(i=1，2，\cdots，m)$ 的函数关系为

$$y=f(x_1,x_2,\cdots,x_m) \tag{13-20}$$

现对 y 进行 n 次等精度测量得到 n 个测量值 $l_i(i=1，2，\cdots，n)$，其对应的估计值为 $\hat{y}_i(i=1，2，\cdots，n)$（即经测量值确定的“真值”，一般为算术平均值），即有

$$\begin{cases}\hat{y}_1=f_1(x_1,x_2,\cdots,x_m)\\ \hat{y}_2=f_2(x_1,x_2,\cdots,x_m)\\ \vdots\\ \hat{y}_n=f_n(x_1,x_2,\cdots,x_m)\end{cases} \tag{13-21}$$

如果 $n=m$，此时将测量量当作估计值使用，将式（13-21）中的 $\hat{y}_i$ 换成 $l_i(i=1，2，\cdots，m)$，则可由式（13-21）直接求得间接测量量。但测量结果总是包含误差，为了提高所得测量结果的精度，可适当增加测量次数（$n>m$），通过抵偿来减小随机误差对测量结果的影响。此时要求解未知量可应用最小二乘法。**最小二乘法原理认为最可信赖值应使残余误差二次方和最小**（根据贝塞尔公式，残余误差二次方和最小，意味着测量结果的标准差估计值最小、精度最高，此时得出的拟合线最接近真值；其物理意义是所有测量点与拟合线之间的距离和最小）。

方法论

【优化】 优化也是一种协同，是“十个指头弹钢琴”的方法论，意味着统筹兼顾、综合平衡，突出重点、带动全局。“最小”“最高”“最佳解”等这类目标追求，涉及对目标函数求“极值”，其中蕴含着优化的方法，优化是通过算法得到待求解问题最佳解的一种理想方法；当我们面对一个复杂问题要寻求它的全局最佳解时，往往需要运用系统工程理论和优化方法。最小二乘法是一种典型的利用优化方法得出最佳解的方法。

由于对应的残余误差方程组为

$$\begin{cases}v_1=l_1-\hat{y}_1=l_1-f_1(x_1,x_2,\cdots,x_m)\\ v_2=l_2-\hat{y}_2=l_2-f_2(x_1,x_2,\cdots,x_m)\\ \vdots\\ v_n=l_n-\hat{y}_n=l_n-f_n(x_1,x_2,\cdots,x_m)\end{cases} \tag{13-22}$$

所以最小二乘法原理要求的条件转化为

$$\min \sum_{i=1}^{n} v_i^2 \tag{13-23}$$

如果考虑线性测量的情形，即 $y=a_1x_1+a_2x_2+\cdots+a_mx_m$（大多数测量近似属于这种情形），

用矩阵表示式（13-22）的残余误差方程为

$$L-AX=V \tag{13-24}$$

式中

系数矩阵
$$\boldsymbol{A}=\begin{pmatrix} a_{11} & a_{12} & \cdots & a_{1m} \\ a_{21} & a_{22} & \cdots & a_{2m} \\ \vdots & \vdots & & \vdots \\ a_{n1} & a_{n2} & \cdots & a_{nm} \end{pmatrix} \tag{13-25}$$

估计值矩阵（即待求矩阵）
$$\boldsymbol{X}=\begin{pmatrix} x_1 \\ x_2 \\ \vdots \\ x_m \end{pmatrix} \tag{13-26}$$

测量值矩阵
$$\boldsymbol{L}=\begin{pmatrix} l_1 \\ l_2 \\ \vdots \\ l_n \end{pmatrix} \tag{13-27}$$

残余误差矩阵
$$\boldsymbol{V}=\begin{pmatrix} v_1 \\ v_2 \\ \vdots \\ v_n \end{pmatrix} \tag{13-28}$$

人们总是希望尽量减少或消除测量误差，即要求系统误差和随机误差都小。根据贝塞尔公式（13-12），残余误差的二次方和最小就能保证各测量值与其估计值（即算术平均值）的标准差最小，测量值的分散性最小，精度最高，这就是最小二乘法的基本要求。残余误差二次方和最小用矩阵表示为

$$\min(\boldsymbol{V}^{\mathrm{T}}\boldsymbol{V})=\min[(\boldsymbol{L}-\boldsymbol{AX})^{\mathrm{T}}\boldsymbol{V}] \tag{13-29}$$

利用微分学原理，令其对未知数求导的结果等于 0 可以满足极值要求，得到

$$\boldsymbol{A}^{\mathrm{T}}\boldsymbol{V}=\boldsymbol{0} \tag{13-30}$$

将式（13-24）代入式（14-30），即要求

$$\boldsymbol{A}^{\mathrm{T}}(\boldsymbol{L}-\boldsymbol{AX})=\boldsymbol{0} \tag{13-31}$$

经整理有

$$(\boldsymbol{A}^{\mathrm{T}}\boldsymbol{A})\boldsymbol{X}=\boldsymbol{A}^{\mathrm{T}}\boldsymbol{L} \tag{13-32}$$

从而得到

$$\boldsymbol{X}=(\boldsymbol{A}^{\mathrm{T}}\boldsymbol{A})^{-1}\boldsymbol{A}^{\mathrm{T}}\boldsymbol{L} \tag{13-33}$$

这就是用最小二乘法估计得到的最佳矩阵解。值得指出的是，以上最小二乘法的矩阵运算求解可以借助于数学工具（如 MATLAB）以提高效率，式（13-33）的 MATLAB 求解语句为：X = inv(A′ * A) * A′ * L。

例：对于分度号为 Cu_{100} 的铜热电阻的阻值与温度之间的关系为 $R_t=R_0(1+\alpha t)$，在不同温度下测得的铜电阻的电阻值见表 13-5。试用最小二乘法估计 0℃时的铜电阻的电阻值 R_0 和铜电阻的电阻温度系数 α，并预测当温度为 150℃时的电阻值。

表 13-5　铜电阻在不同温度下对应的电阻值

t_i/℃	15.0	20.0	25.0	30.0	35.0	40.0	50.0
R_{t_i}/Ω	106.42	108.56	110.70	112.84	114.98	117.12	121.40

解：本问题的误差方程为

$$R_{t_i}-R_0(1+\alpha t_i)=v_i \quad (i=1,2,3,\cdots,7)$$

为了便于求解两个未知量，令 $x=R_0$，$y=\alpha R_0$。则误差方程可写为

$$R_{t_i}-(x+t_i y)=v_i \quad (i=1,2,3,\cdots,7)$$

用矩阵表示为

$$\boldsymbol{L}-\boldsymbol{AX}=\boldsymbol{V}$$

式中

实际测量值矩阵
$$\boldsymbol{L}=\begin{pmatrix}106.42\\108.56\\110.70\\112.84\\114.98\\117.12\\121.40\end{pmatrix}$$

系数矩阵
$$\boldsymbol{A}=\begin{pmatrix}1 & 15.0\\1 & 20.0\\1 & 25.0\\1 & 30.0\\1 & 35.0\\1 & 40.0\\1 & 50.0\end{pmatrix}$$

估计值矩阵
$$\boldsymbol{X}=\begin{pmatrix}x\\y\end{pmatrix}$$

残余误差矩阵
$$\boldsymbol{V}=\begin{pmatrix}v_1\\v_2\\v_3\\v_4\\v_5\\v_6\\v_7\end{pmatrix}$$

根据最小二乘法可得出

$$\boldsymbol{X}=(\boldsymbol{A}^{\mathrm{T}}\boldsymbol{A})^{-1}\boldsymbol{A}^{\mathrm{T}}\boldsymbol{L}=\begin{pmatrix}100\\0.428\end{pmatrix}$$

所以

$$R_0 = x = 100\Omega$$

$$\alpha = \frac{y}{R_0} = \frac{0.428}{100}/℃ = 4.28\times10^{-3}/℃$$

相应地，铜的电阻值与温度之间的关系为 $R_t = 100\times(1+4.28\times10^{-3}t)\Omega$。当温度为 150℃时，代入该式可预测对应的电阻值为

$$\begin{aligned} R_t &= 100\times(1+4.28\times10^{-3}t)\Omega \\ &= 100\times(1+4.28\times10^{-3}\times150)\Omega \\ &= 164.2\Omega \end{aligned}$$

13.3.2　一元线性拟合

方法论

【回归分析】 回归分析（简称回归）就是应用数理统计（如最小二乘法）、机器学习等方法，研究建立一组随机变量和另一组变量之间的关系，揭示变量间内在规律，常用于预测、控制等。如对实验数据进行回归分析和处理，从而得出反映变量间相互关系的经验公式，也称回归方程。这种基于已知或假设条件确定变量间数学（函数）关系的过程就是建立数学模型。

在工程实践中，回归分析普遍采用线性回归方程。其经验公式的一般形式为

$$y = b_0 + b_1x_1 + b_2x_2 + \cdots + b_nx_n \tag{13-34}$$

当独立变量只有一个时，就变为一元线性回归（也称一元线性拟合或直线拟合。拟合是把平面上一系列的点，用一条光滑的曲线整体上靠近它们；拟合的曲线一般可以用函数表示），即

$$y = b_0 + b_1x \tag{13-35}$$

例如，设有 n 对测量数据（x_i，y_i），用一元线性回归方程 $y=b_0+b_1x$ 拟合，根据测量数据值，求方程中系数 b_0、b_1的最佳估计值。可应用最小二乘法原理，使各测量数据点与回归直线的偏差二次方和为最小。所使用的误差方程组为

$$\begin{cases} y_1-\hat{y}_1 = y_1-(b_0+b_1x_1) = v_1 \\ y_2-\hat{y}_2 = y_2-(b_0+b_1x_2) = v_2 \\ \quad\vdots \\ y_n-\hat{y}_n = y_n-(b_0+b_1x_n) = v_n \end{cases} \tag{13-36}$$

式中　$\hat{y}_i$——在 $x_i(i=1, 2, \cdots, n)$ 点上 y 的估计值。

在前面的例子中，如果不知道电阻值与温度间存在关系 $R_t=R_0(1+\alpha t)$，则可尝试用一元线性回归分析的方法来建立经验公式。

13.1　测得某三角块的三个角度之和为 179°58′40″，试求测量的绝对误差和相对误差。

13.2　什么是随机误差？随机误差有何特征？随机误差的产生原因是什么？

13.3　精度的含义是什么？简述精度的划分及其意义。

13.4　某压力表精度等级为2.5，量程为0~1.5MPa，求：

（1）可能出现的最大满刻度相对误差；

（2）可能出现的最大绝对误差；

（3）测量结果显示为0.7MPa时，可能出现的最大示值相对误差。

13.5　现有精度等级为0.5的0~300℃的和精度等级为1.0的0~100℃的两支温度计，要测量80℃的温度，采用哪一支更好？

13.6　用一台5V数字电压表的4V量程分别测量4V和0.1V电压，已知该表的基本误差为±0.01%U_x±2个字，求由该表基本误差引起的测量误差。

13.7　测量某物体质量共8次，测得数据（单位：g）为136.45、136.37、136.51、136.34、136.39、136.48、136.47、136.40。试求算术平均值及其标准差。

13.8　对于测量方程：$3x+y=2.9$，$x-2y=0.9$，$2x-3y=1.9$，试用最小二乘法求x、y的值及其相应精度。

13.9　某电路的电压数值方程为$U=I_1R_1+I_2R_2$，当电流$I_1=2\text{A}$，$I_2=1\text{A}$时，测得电压$U=50\text{V}$；当电流$I_1=3\text{A}$，$I_2=2\text{A}$时，测得电压$U=80\text{V}$；当电流$I_1=4\text{A}$，$I_2=3\text{A}$时，测得电压$U=120\text{V}$；试用最小二乘法求两只电阻R_1、R_2的测量值。

13.10　通过某检测装置测得的一组输入输出数据如下表所示。试用最小二乘法拟合直线，并求其线性度和灵敏度。

输入x	0.8	2.5	3.3	4.5	5.7	6.8
输出y	1.1	1.5	2.6	3.2	4.0	5.0

13.11　有一只压力传感器的标定数据如下表所示，试用最小二乘法求其线性度和灵敏度。

$x_i/10^5\text{Pa}$	0	0.5	1.0	1.5	2.0
正行程y_i/V	0.0020	0.2015	0.4005	0.6000	0.7995
反行程y_i/V	0.0030	0.2020	0.4020	0.6010	0.8005

13.12　结合表10-1的数据，试用最小二乘法拟合出空气介质中超声波传播速度与温度的近似线性关系（结果保留四位小数），并预测当温度为40℃时声速为多少？

第 14 章

自动检测系统

知识单元与知识点	➢ 自动检测系统的组成（数据采集系统、输入输出通道、自动检测系统的软件）； ➢ 自动检测系统的基本设计方法（系统需求分析、系统总体设计、采样速率的确定、标度变换、硬件设计、软件设计、系统的集成与维护）； ➢ 典型自动检测系统举例； ➢ 自动检测系统的发展。
价值观	创新；和合共生；学业之美在德行，不仅文章
能力点	◇ 认识并理解自动检测系统的组成； ◇ 能复述并解释自动检测系统的基本设计方法； ◇ 会分析典型的自动检测系统； ◇ 能够面对复杂测量工程问题构建基本的信息获取和处理方案，评价检测方案的合理性； ◇ 会选用传感器并在设计检测系统时坚持优化原则，并能针对社会、法律、道德、文化、经济、安全、环境、健康、能效等制约因素做出基本的价值判断等，强化求实创新、精益求精等科学精神； ◇ 认识并理解自动检测系统的发展趋势。
重难点	■ 重点：自动检测系统的基本设计方法。 ■ 难点：A/D 转换器的选择、标度变换。
学习要求	√ 了解自动检测系统的组成； √ 掌握自动检测系统的基本设计方法（包括传感器的选型、微处理器及 A/D 转换器的选择、采样速率的确定、标度变换的方法）； √ 能设计简易的自动检测系统； √ 掌握设计自动检测系统时应遵循的基本原则； √ 了解自动检测系统的发展趋势。
问题导引	→ 自动检测系统的组成是什么？ → 如何设计自动检测系统？ → 自动检测系统的发展方向有哪些？

能够在没有人或只有较少人参与情况下完成整个信息采集处理过程的系统称为**自动检测系统**。自动检测系统集成了传感器、计算机、总线等技术，具有自动完成信号检测、传输、处理、显示与记录等功能，能够完成复杂的、多变量的检测任务，且近年来随着大数据、人

工智能技术在检测领域的应用，其智能化水平不断提高，“与信息技术深度融合的智能检测技术与仪器”发展趋势越来越明显，极大地方便了信号检测的实现。

自动检测系统的各项检测任务是在计算机控制下自动完成的，自动检测系统通常具有测试速度快、测试准确度高、测试功能多、测试结果表现形式丰富，能够实现自检、自校和自诊断，操作简单方便等特点。

14.1 自动检测系统的组成

自动检测系统由硬件、软件两大部分组成。硬件主要包括传感器、数据采集系统、微处理器、输入输出接口等。这里主要就数据采集系统和输入输出接口进行介绍。

14.1.1 数据采集系统

1. 数据采集系统的组成

数据采集系统的一般组成如图 14-1 所示。针对数字信号和开关信号的数据采集系统处理较简单，这里主要介绍模拟信号数据采集系统。典型的模拟信号数据采集系统由前置放大器、采样/保持器（Sample/Hold，S/H）、多路开关、A/D 转换器和逻辑控制电路等组成。这里主要介绍前置放大器、采样/保持器和多路开关等。

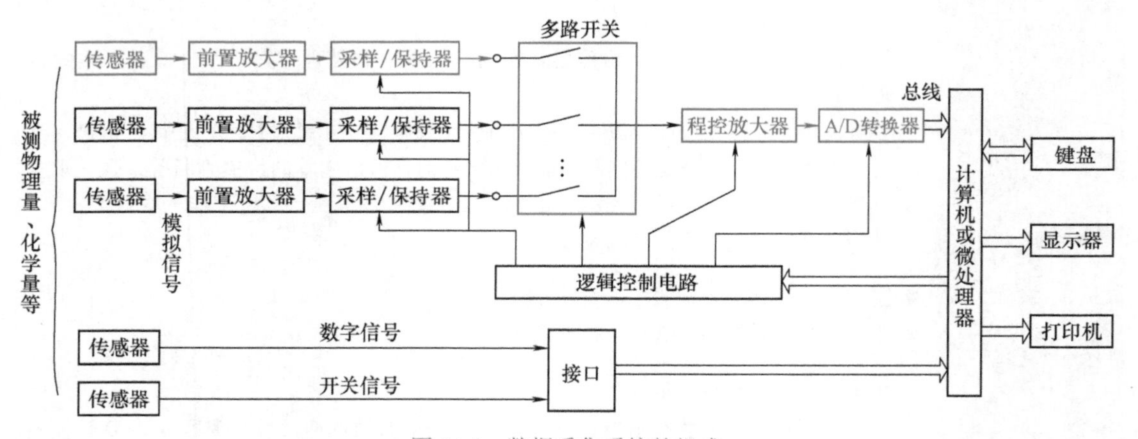

图 14-1 数据采集系统的组成

（1）前置放大器

前置放大器的主要作用是将传感器输出的微弱信号放大到系统所要求的电平。如应变电阻式传感器的满量程输出往往只有 5~10mV。由于信号电平太低，如果直接进行滤波、采样保持和通道切换将会带来较大的误差，故需先经前置放大器放大到较高的电平再做滤波、采样等处理，以提高系统的准确度和抗干扰能力。此外，它还可以起隔离缓冲的作用。

对前置放大器要求高增益、低噪声、高输入阻抗和高共模抑制比，而通用的运算放大器很难满足这些要求，因此需要使用高性能的放大器，实用数据采集系统多用仪用放大器作前置放大器。

目前，已有许多高性能的专用前置放大器芯片出现，如 AD521、AD522 等，它们比普通运算放大器性能优良、体积小、结构简单、成本低。AD522 集成前置放大器主要用于恶

劣环境下高精度数据采集系统，具有低电压漂移、低非线性、高共模抑制比、低噪声、低失调电压等特点，可用于 12 位数据采集系统。

（2）采样/保持器

由于 A/D 转换需要一定的转换时间，在此期间输入信号电压如有变化，则会产生较大的误差，因此，在 A/D 转换器之前需接入采样/保持器。在通道切换前，使其处于采样状态，在切换后的 A/D 转换周期内使其处于保持状态，以保证在 A/D 转换期间输入到 A/D 的信号不变。目前有不少 A/D 转换芯片内部带有采样/保持器。

采样/保持器可以取出输入信号某一瞬间的值并在一定时间内保持不变，它有采样和保持两种工作状态。在采样状态下，采样/保持器的输出必须跟踪模拟输入电压；在保持状态，采样/保持器的输出将保持采样命令发出时刻的电压输入值，直到保持命令撤销为止。

采样/保持器由模拟开关、保持电容和控制电路等组成，如图 14-2 所示。图中 A_1 和 A_2 为理想的同相跟随器，其输入阻抗和输出阻抗分别趋于无穷大和零。模拟开关 S 接通时，信号对保持电容 C_H迅速充电达到输入电压 U_i的幅值，同时充电电压 U_c对 U_i进行跟踪，称为采样阶段。当模拟开关 S 断开时，理想状态下（无电荷泄漏）电容器 C_H上的电压 U_c保持不变，并通过 A_2 送到 A/D 转换器进行模/数转换，以保证其在转换期间输入电压稳定不变，称为保持阶段。采样/保持器的输入与输出端通常均具有缓冲器。输入缓冲器用以增加采样/保持器的输入阻抗，减少对信号源的干扰；输出缓冲器用以减小输出阻抗，提高负载能力。

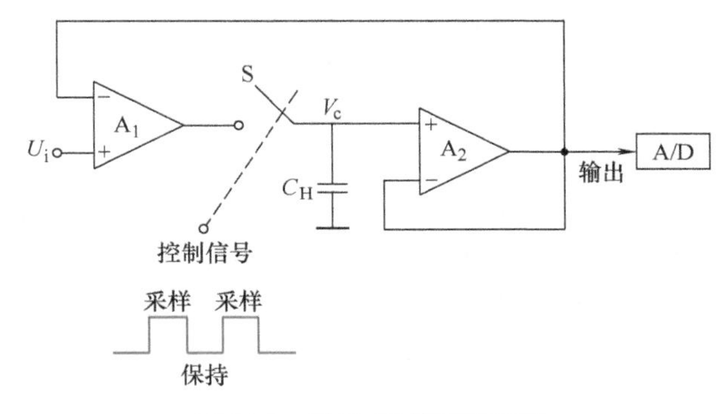

图 14-2　采样/保持器原理图

采样/保持器的主要技术指标与保持电容的选取关系很大，保持电容的大小与采样速率（Sampling Rate）、信号捕捉时间和采样/保持偏差等有关。保持电容值可在 100pF～1μF 间选择，保持电容值较小时，信号捕捉时间短，可达到较高的采样速率，但采样信号电压的下降误差较大。在印制电路板布线时，还应考虑分布电容的影响。目前常用的集成采样/保持器有美国 National Semiconductor 公司生产的 LF398，美国 Analog Devices 公司生产的 AD582、AD583 等；用于高速场合的有 HTS-0025、HTS-0010、HTC-0300 等；用于高分辨率场合的 SHA1144 等。保持电容器通常为外接器件。目前有些采样/保持器已将保持电容集成在器件内部，如 AD389、AD585 等。集成采样/保持器的采样时间（Sampling Time）一般为 2～2.5μs，精度可达到±0.01%～±0.003%，电压下降速率为 0.1～500μV/ms。

（3）多路开关

多路开关是数据采集系统的主要部件之一，其作用是切换各路输入信号，完成由多路输入到一路输出的转换。在测控系统中，被测物理量通常有多个，为了降低成本、减小体积，系统中通常使用公共的采样/保持器、放大器和 A/D 转换器等器件，因此，需要使用多路开关轮流把各路被测信号分时地与这些公用器件连通。有时在输出通道中，需要把 D/A 转换器生成的模拟信号按一定顺序输出到不同的控制回路中去，完成一到多的转换，这时可称为多路分配器或反多路开关。

多路开关的技术指标要求导通电阻越小越好（实际<100Ω），断开电阻越大越好（一般在$10^9\Omega$左右）；对其导通或断开的切换时间要求与被传输信号的变化速率相适应，一般在1μs左右；各输入通道之间要有良好的隔离，防止互相串扰。

多路开关有机械触点式和半导体集成式两种。机械触点式开关最常用的是舌簧继电器，其结构简单，导通阻抗小、断开阻抗高，工作寿命长，但切换速度慢，适合大电流、高电压、低速高精度或高隔离度的数据采集系统；集成式多路开关也称为电子式多路开关，其体积小、寿命长、切换速度快，且无抖动、耗电少、工作可靠、容易控制，缺点是导通电阻较大，输入电压电流容量有限，动态范围小，适用于小电流、低电压、高速切换的场合。多路开关可以用来传输电压信号或电流信号，分别称为电压开关或电流开关。在自动检测系统中，集成式多路开关得到了广泛应用。

目前采用的多路开关可分为单向（多路开关或反多路开关）、双向（既能作多路开关，也能作反多路开关）两种；按模拟输入的通道数分有4路、8路和16路。常用的多路开关有AD7501（单向8路）、AD7506（单向16路）、CD4051（双向8路）CD4066（双向4路）等。

1）单向多路开关。AD7501是8选1的CMOS单向多路开关，有8个输入通道（S_1~S_8），地址输入端为A_0、A_1、A_2，输出由允许选通端EN控制。图14-3a、b为AD7501芯片结构及引脚功能。AD7501的主要参数有：①导通电阻R_{on}典型值为170Ω，导通电阻温漂0.5%/℃，各通道之间偏差4%；②输入电容$C_i=3\text{pF}$；③开关时间：$t_{on}=0.8\mu\text{s}$；④极限电源电压：$V_{DD}=+15\text{V}$，$V_{SS}=-15\text{V}$。

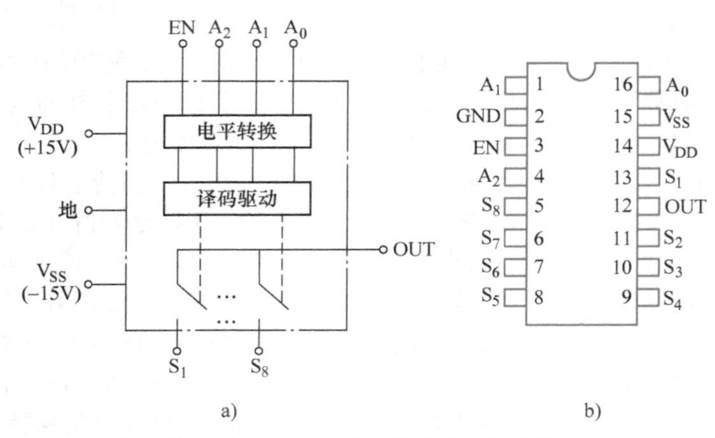

图14-3 AD7501芯片结构及引脚功能
a）芯片结构 b）芯片引脚

2）差分4通道模拟开关。AD7502是差分4通道多路开关，其主要特性与AD7501基本相同，依据两位二进制地址线（A_0、A_1）及允许选通端（EN）的状态来选择8路输入的两路，分别与两个输出端相连接，即在同一选通地址情况下有两路同时选通。AD7502的芯片结构及引脚功能如图14-4a、b所示。

3）多路开关的选用。

- 在模拟信号电平较低时，应选用低电压型多路开关，并注意在电路中采用严格的抗干扰措施。

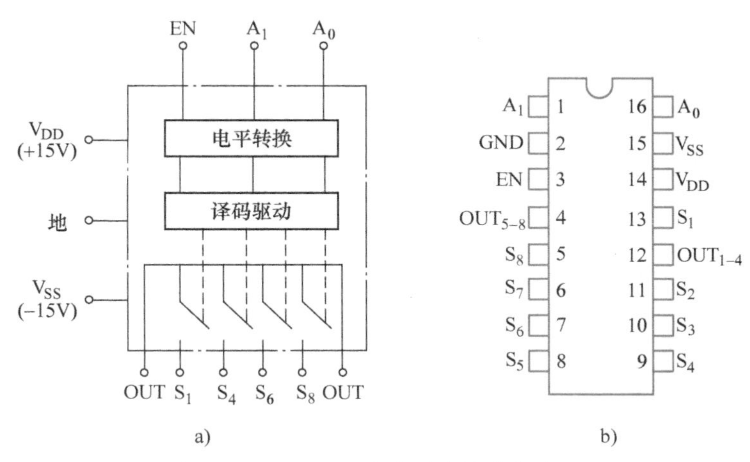

图 14-4　AD7502 芯片结构及引脚功能

a）芯片结构　b）芯片引脚

- 在数据采集速率高、切换路数多的情况下，宜选用集成多路开关，并尽量选用单片多路开关，以保证各路通道参数一致。
- 在信号变化慢且要求传输精度高的场合，如利用铂电阻测量缓变温度场，可选用机械触点式开关。
- 在进行高精度采样系统设计时，应特别注意多路开关的传输精度，特别是开关漂移特性。如果阻值和漏电流的漂移较大，则会对测量精度影响很大。

（4） 总线、接口及逻辑控制电路

模拟量输入系统中各部分电路都需要逻辑控制电路进行管理和控制，而这些控制信息均来自计算机；A/D 转换器的输出数据也要及时送到计算机中。相应的信息交换任务由接口和总线转换电路完成。

2. 数据采集系统的结构形式

设计数据采集系统时，首先需要确定其结构形式，这取决于被测信号的特点（变化速率和通道数等）、对数据采集系统的性能要求（测量精度、分辨率、速度、性价比等）。常用的数据采集系统结构形式如下：

（1） 基本型

基本型结构通过多通道共享采样/保持器和 A/D 转换器实现数据的采集，如图 14-5 所示。它采用分时转换的工作方式，各路被测信号共用一个采样/保持器和一个 A/D 转换器。如果信号变化很慢，也可以不用采样/保持器；如果信号比较弱，混入的干扰信号比较大，则还需要使用放大器和滤波器。

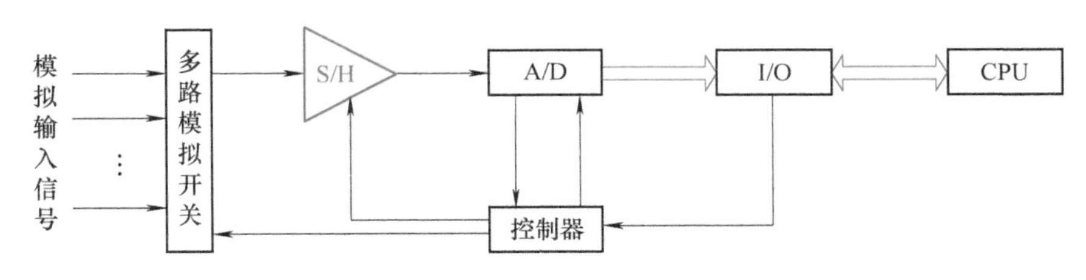

图 14-5　基本型结构

在某一时刻，多路开关只能选择一路输入信号，把它接入采样/保持器的输入端。当采样/保持器的输出已充分逼近输入信号（判断取决于测量精度）时，在控制命令的作用下，采样/保持器由采样状态进入保持状态，A/D 转换器开始转换。在转换期间，多路开关将下一路信号接到采样/保持器的输入端。系统这样不断重复操作，实现对多路信号的数据采集。

基本型结构形式简单，适用于信号变化速率不高、对采样信号不要求同步的场合。

（2）同步型

如图 14-6 所示，与基本型结构不同的是，同步型结构中每一路通道都有一个采样/保持器，可以在同一个指令控制下对各路信号同时进行采样，得到各路信号在同一时刻的瞬时值。多路开关分时地将各路采样/保持器接到 A/D 转换器上进行模/数转换。这些同步采样的数据有助于描述各路信号的相位关系。

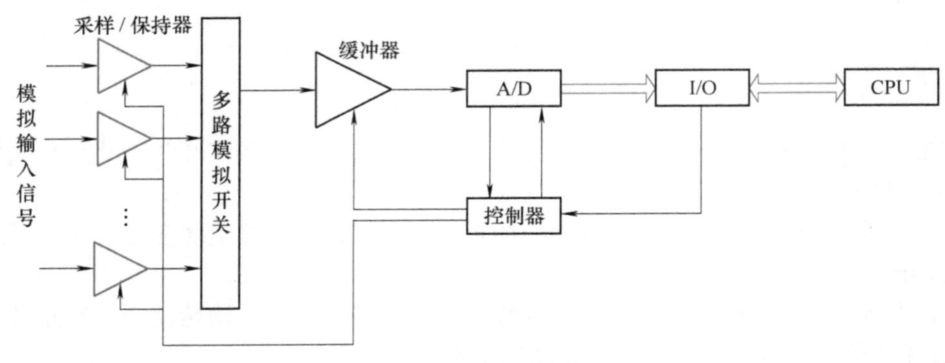

图 14-6　同步型结构

同步型结构中各路信号仍然串行地共用 A/D 转换器进行转换，因此其速度依然较慢。

（3）并行型

并行型结构如图 14-7 所示。每个通道都有独自的采样/保持器和 A/D 转换器，各个通道的信号可以独立地进行采样和 A/D 转换。转换的数据经过接口电路直接送到计算机中，数据采集速度很快。如果被测信号分散，可以在每个被测信号源附近安装采样/保持器和 A/D 转换器，避免长距离模拟信号传输受到干扰。这种结构使用的硬件多、成本高；适用于高速、分散系统。

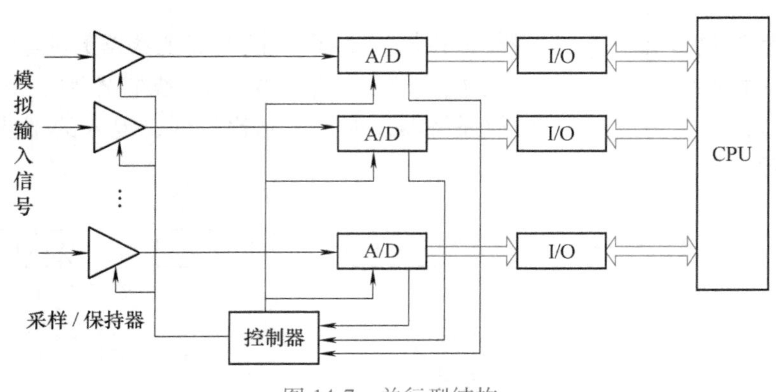

图 14-7　并行型结构

14.1.2 输入输出通道

输入输出通道的基本任务是实现人机对话，包括输入或修改系统参数，改变系统工作状态，输出测试结果，动态显示测控过程，实现以多种形式输出、显示、记录、报警等功能。

1. 输入通道接口

自动检测系统的输入通道是指传感器与微处理器之间的接口通道。检测系统中，各种传感器输出的信号是千差万别的。从仪器仪表间的匹配考虑，必须将传感器输出的信号转换成统一的标准电压或电流信号输出，标准信号就是各种仪器仪表输入、输出之间采用的统一规定的信号模式，常见的标准电压信号为 0~75mV、0~5V、1~5V、0~10V 等，标准电流信号为 0~20mA、4~20mA 等几种形式。在大多数自动检测系统中，传感器输出的信号是模拟信号（如直流电流、直流电压、交流电流、交流电压），因此，需要进行信号调理，涉及的技术包括信号的预变换、放大、滤波、调制与解调、多路转换、采样/保持、A/D 转换等。如果传感器本身为数字式传感器，即输出的是开关量脉冲信号或已编码的数字信号，则只需要进行脉冲整形、电平匹配、数码变换即可与微处理器接口。

此外，模拟量传感器工作配电的方式主要分为两线制和四线制，两线制和四线制都只有两根信号线，其主要区别在于：两线制的两根信号线既要给传感器或者变送器供电，又要提供电流电压信号；四线制的两根信号线只提供电流信号。通常提供两线制电流电压信号的传感器或者变送器是无源的，而提供四线制电流信号的传感器或者变送器是有源的。因此，当 PLC 等数据采集系统的模板输入通道设定为连接四线制传感器时，PLC 只从模板通道的端子上采集模拟信号；而当 PLC 等数据采集系统的模板输入通道设定为连接两线制传感器时，PLC 的模拟输入模板的通道上还要向外输出一个直流 24V 的电源，以驱动两线制传感器工作。

2. 输出通道隔离与驱动

自动检测系统的输出通道有两个任务：一是把检测结果数据转换成显示和记录机构所能接受的信号形式，直观地显示或形成可保存的文件；二是对以控制为目的的系统，需要把微处理器所采集的过程参量经过调节运算转换成生产过程执行机构所能接受的驱动控制信号，使被控制对象能按预定的要求得到控制。驱动信号不外乎是模拟量和数字量两种信号类型。模拟量输出驱动受模拟器件漂移等影响，很难达到较高的控制精度。相反，数字量驱动可以达到很高的精度，应用越来越广泛。

（1）数字量（开关量）的输出隔离

数字量（开关量）输出隔离的目的在于隔断微处理器与执行机构间的直接电气联系，以防外界强电磁干扰或工频电压通过输出通道反串到检测系统。目前，主要使用光电耦合隔离和继电器隔离两种技术。

1）光电耦合隔离。光电耦合器由发光元件和受光元件组合而成，其输出信号和输入信号在电气上完全隔离，抗干扰能力强，隔离电压可达千伏以上；没有触点，寿命长，可靠性高；响应速度快，易与 TTL 电路配合使用。

2）继电器隔离。继电器的线圈和触点之间没有电气上的联系，因此可以利用继电器的线圈接收信号，利用触点发送和输出信号，从而避免强电与弱电信号之间的直接接触，实现抗干扰隔离。

（2） 数字量（开关量）的输出驱动

智能测控系统中，大功率、大电流驱动往往是不可缺少的环节，其性能好坏直接影响现场控制的质量。目前常用的开关量输出驱动电路主要有功率晶体管、晶闸管、功率场效应晶体管、集成功率电子开关、固态继电器以及各种专用集成驱动电路等。

14.1.3 自动检测系统的软件

1. 软件构成

除了硬件基础外，软件是自动检测系统的核心。设计好自动检测系统硬件之后，如何充分发挥其潜力，特别是系统中微处理器的潜力，开发出友好的自动检测系统操作使用平台，使系统具有良好的可管理特性、可控制特性，很大程度上依赖于系统的软件设计。自动检测系统的软件配置取决于检测系统的硬件支持和计算机配置、实时性与可靠性要求以及检测功能的复杂程度。自动检测系统的软件大多采用结构化、模块化设计方法。从实现方式和功能层次来划分，自动检测系统的软件一般可分为主程序、中断服务程序和应用功能程序。

（1） 主程序

主程序由初始化模块、自诊断模块、时钟管理模块、其他应用功能模块的调用等几部分组成。主程序主要完成系统的初始化工作、自诊断工作、时钟定时工作和调用应用程序模块的工作。

（2） 中断服务程序

中断服务程序包括 A/D 转换中断服务程序、定时器中断服务程序和掉电保护中断服务程序，分别完成相应的中断处理。

（3） 应用功能程序

自动检测系统的功能实现主要通过应用程序来体现。应用程序主要包括数据的输入输出模块、数据处理模块、数据显示模块等。

从所要完成的功能来划分，自动检测系统软件可分为系统管理、数据采集、数据管理、系统控制、网络通信与系统支持软件六部分。

系统管理软件包括系统配置、系统功能测试诊断、传感器标定校准等。系统配置软件对配置的实际硬件环境进行一致性检查，建立逻辑通道与物理通道的映射关系，生成系统硬件配置表。

数据采集软件包括系统初始化、实验信号发生器与数据采集等模块，完成数据采集所需的各种系统参数初始化和数据采集功能。如通过扫描模块定义检测过程中被测量参数的名称、通道号、输入类型、增益、频带以及扫描速度、采集长度等。

数据管理软件包括对采集数据的实时分析、处理、显示、打印、转储、回放，以及对各类数据的查询、浏览、更改、删除等功能。目前检测系统的数据处理功能日益完善，除具有上述功能外，还具有单位转换、曲线拟合、数据平均化处理、数字滤波、建模与仿真等功能。

系统支持软件通常可提供在线帮助与系统演示，以帮助使用人员学习并掌握系统的操作使用方法。

系统控制软件可根据选定的控制策略进行控制参数设置及实现控制。控制软件的复杂程度取决于系统的控制任务。计算机控制任务按设定值性质可分为恒值调节、伺服控制和程序控制三类。通常采用的控制策略有程序控制、PID 控制、前馈控制、最优控制与自适应控制等。

2. 实时多任务处理

在自动检测系统中，如果采用一般的通用操作系统，将占用大量的内存和 CPU 运行时间，降低系统的实时性和资源利用率。传统的自动检测系统多采用顺序加中断的设计方法，难以解决由于系统功能复杂化带来的系列问题，即系统效率低、实时性差；难以实现并行操作的相互通信；结构复杂。如果把应用软件按所完成的功能或操作分成独立的且可并行运行的任务来处理，可解决这些问题。

自动检测系统的整个应用软件可由各任务组成，设计、调试可分别运行，且只针对目标任务修改其对应的程序。在自动检测系统中可应用实时管理软件（如实时多任务操作系统）进行资源管理、任务调度及任务间通信，满足实时多任务处理的要求。

自动检测系统的实时性是指在规定的时限内，能对外部环境的变化（包括用户的操作）做出必要的响应；多任务处理则是指根据预定任务处理的优先级别进行分时处理（多个任务的并行处理）。在自动检测系统中，实时多任务处理的基本要求是：

- 自动检测系统的软件应有较强的实时能力。
- 综合测试与判断具有多任务的管理功能。
- 自动检测系统应具有很强的人机交互能力。
- 系统软件与应用软件的设计应有利于修改及进一步扩充。

14.2 自动检测系统的基本设计方法

自动检测系统区别于传统检测系统的主要特点在于其“自动性”，体现为系统可根据被测参数及外部环境以及应用要求等的变化，灵活自动地选择测试方案并完成测试任务。因此，设计自动检测系统要着重从如何充分提高系统的自动化程度、提高系统对环境及被测量变化的适应性、提高对系统使用方式变化的适应性等方面来考虑。

需要特别指出的是，在设计自动检测系统时，除技术因素外，还要兼顾各种非技术因素，要回答“该不该做?”（法律、道德及价值取向）、“可不可以做?”（社会、环境、文化、健康等制约因素）、“值不值得做?”（能效、经济和社会效益）等问题。通过每一个环节的理念熏陶、价值观塑造，形成良好的人格操守、处事原则、价值判断和回馈情怀，使自己成长为具有使命感的人：坚守信仰、心系社会、敢于担当。

人类工程史上的重大灾难都是由多项（如错误设计、轻率选材、大意施工等）看似不太可能发生的异常在同一时间内“恰好”一起爆发所引起的。但这并非概率学上真正独立事件的凑巧（真正意义上的极小概率），而是由共同的本质原因引起的。这类本质原因通常是源于商业失利，导致管理混乱，最终致使系统原有的防护能力大大削减，并使系统风险长期存在。当一个触发性事件发生时，引起系统的整体瘫痪。技术与管理流程只是帮助把事情做对，但更重要的是该不该做，即做正确的事（如日本政府决定将核废水排海“正确”吗?）。要应对日益复杂的智能制造领域的挑战，新一代工程师应同时具备“做正确的事”以及“正确地做事”的能力，这需要多学科复合能力，才能够清晰地知晓工程活动的底层逻辑，才能够运用系统管理的方法论和精熟的创新技术建造出符合时代背景的长期持续健康的工程结果。

自动检测系统的一般设计过程如图 14-8 所示。由图可见，自动检测系统的设计一般要经历这样几个主要步骤：系统需求分析、系统总体设计、采样速率的确定、标度变换设计、硬件设计、软件设计、系统集成和系统维护等。

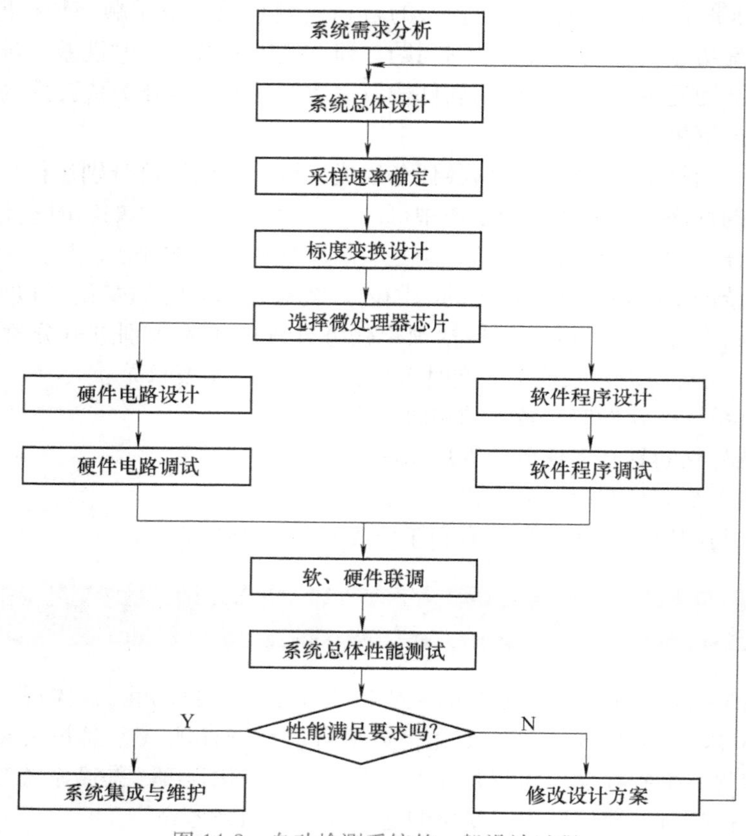

图 14-8　自动检测系统的一般设计过程

14.2.1　系统需求分析

自动检测系统需求分析就是确定系统的功能、技术指标和设计任务。主要是对被设计系统运用系统论的观点和方法进行全面的分析和研究，以明确对本设计提出哪些要求和限制，了解被测对象的特点、所要求的技术指标和使用条件等。重点是分析被测信号的形式与特点；被测量的数量、变化范围；输入信号的通道数、性能指标要求；激励信号的形式和范围要求；测试系统所要完成的功能；测量结果的输出方式及输出接口配置；对系统的结构、面板布置、尺寸大小、研制成本、应用环境等的要求。

14.2.2　系统总体设计

总体设计是一个事关全局的概要设计。自动检测系统的总体设计包括系统电气连接形式、控制方式、系统总线选择和系统结构设计等方面。电气连接形式取决于检测系统的复杂程度和对可靠性等的要求；控制方式分为自动控制、半自动控制和手动控制，控制方式的确定取决于被测对象的测试过程中需要人的参与程度；系统总线选择与检测系统的规模、使用的仪器特点和建设成本等有关，有 VXI、GPIB、PXI 等多种总线可供选择；决定结构设计的

因素包括系统的标准化、模拟化要求，人机关系的协调，系统的安全性、可靠性、可维护性、便携性以及美观等。

系统总体设计应本着创新的精神和规则（标准）意识，适应（市场）需求，考虑性能稳定、精度符合要求、具有足够的动态响应、具有实时与事后数据处理能力、具有开放性和兼容性等要求，追求整体优化，并确保工程上的可行性、合理性。一般要遵循以下十个原则：

（1）创新性原则（创新）

科技是国家强盛之基，创新是民族进步之魂。创新是确保产品领先和延续产品生命力的源泉，唯有创新才能赢得未来，才能克服低水平重复建设、关键技术受制于人的问题，才能激活市场主体的竞争力。在设计自动检测系统时，应本着守正出新、首要创新的精神，强化创新能力，落实创新、协调、绿色、开放、共享的新发展理念，充分运用新思路、新方法、新技术，追求新境界与新高度，通过跨界整合、交叉融合等创新途径，不断迭代式推陈出新，或者颠覆式创新（原始创新，“从 0 到 1”的突破），确保所设计的自动检测系统“前所未有”，展现“黑科技”的强大魅力，满足目标用户不断增长的新期望，如制造与印刷技术相结合出现的 3D 打印，可避开汽车轮胎爆胎的无气蜂巢轮胎等。

创新能力构成要素之间的关系如图 14-9 所示。其中创新性思维和创新实践是创新能力的核心。创新性思维的特征包括求异性（新颖性或突破性，不同凡“想”是创新性思维最本质的特征）、灵活性（变通性）、开放性（发散性或多向性）；创新性思维主要体现为逆向思维、批判性思维、超前思维、发散思维和灵感思维。要实现创新性思维，一般要关注五个思维定势的突破：突破书本型思维定势、超越权威型思维定势、避开从众型思维定势、跳出自我型思维定势、跨越经验型思维定势。

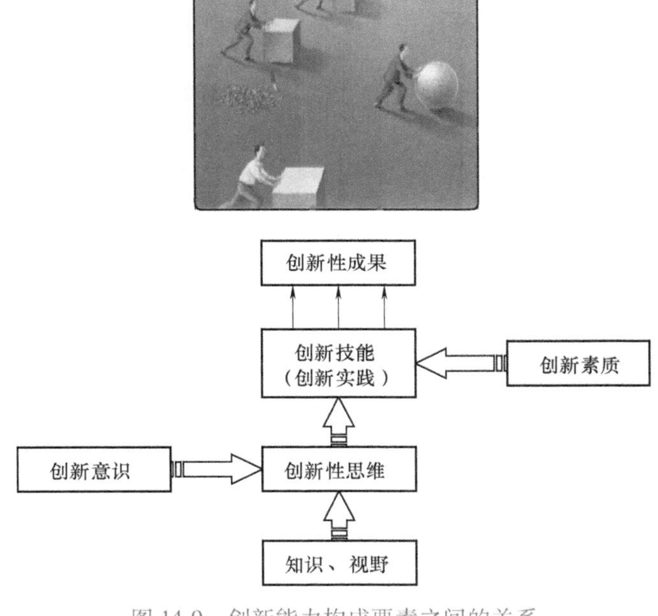

图 14-9　创新能力构成要素之间的关系

【创新】《孙子兵法》曰：凡战者，以正合，以奇胜。“惟改革者进，惟创新者强，惟改革创新者胜。”创新是引领发展的第一动力，是一个国家兴旺发达的不竭动力。所谓守正出新，“正”者，大道也，既包含道德操守，又包含客观规律，还包含正确理论；守正就是要守住初心，保证方向不偏，完整地继承人类所创造和积累的文明成果；出新则是创新、变化，其要旨是以创新作为价值取向，避免落入越有经验（习惯性思维、想当然）越容易失去创造力的陷阱，秉持“好奇心+追问”，要敢于挑战权威，善于探索新知，正确看待失败，尊重个性发展，于实践中提出概念、生产知识、建立理论，逐步形成超越前人的知识体系和技能体系，做到审时度势，推陈出新，与时俱进。创新的科学属性指明了行动方向：矢志探索，突出原创；聚焦前沿，独辟蹊径；需求牵引，突破瓶颈；共性导向，交叉融通。

能抽象成新概念、生成新思想，达成思维的飞跃是创新的本质表现，质疑与追问是实现创新的有效途径，批判性思维是创新性思维的一种重要形式，其在不断地深度追问及寻求解答的过程中实现创新，伟大的创新要求着眼于超越现实的需求（即想象的存在、虚拟的需求）并解决人类社会问题。3D 打印的发明是一个典型的批判性思维的例子；传统制造大多是“减材制造”，是材料去除和不断减少的过程，只有少部分是“等材制造”；而 3D 打印是“增材制造”，一点一点把材料堆积起来形成相应的器件或物品，是对传统“减材制造”的颠覆、否定和超越，能制造出原先“减材制造”做不出来的东西。

教育的核心价值在于引导基于知识的思维，不仅包括低阶思维（记忆、理解、应用），更加注重高阶思维（分析、评价、创造），培养综合能力，增强创新思维能力，激发人们创建更加美好世界的活力与潜力。常用的经典思维方式有哪些？新工科人才尤其要强化哪些工程思维能力？

（2）从整体到局部的原则（分解）

即自顶向下的原则。它要求把复杂的、难处理的问题分成若干个简单的、容易处理的问题，再一个个地加以解决。即将整个复杂的任务分解成若干个相对容易处理的子任务，按照模块化的方法进行设计。

（3）环节最少原则（简化）

组成自动检测系统的各个元件或单元通常称为环节。开环检测系统的相对误差为各个环节的相对误差之和，故环节越多，误差越大。因此，在设计自动检测系统时，在满足检测要求的前提下，应尽量减少环节；对于闭环测量系统，由于测量误差主要取决于反馈环节，因此，在设计这类自动检测系统时，应尽量减少反馈环节的数量。

（4）经济性原则（成本）

为了使设计的自动检测系统获得较高的性价比，在满足性能指标的前提下，应尽可能采用简单的方案，因为方案越简单，使用的元器件和设备就越少，系统的可靠性更容易得到保障，相应的研制费用、管理维护费用、培训费用等会更低，比较经济。

（5）可靠性原则（可靠）

可靠性是系统在规定的条件下和规定的时间内完成规定功能的能力，可用平均无故障时间、故障率、平均寿命等来表征。可靠性反映系统连续稳定工作的能力，是一个与产品质量和安全紧密关联的指标。影响自动检测系统可靠性的因素分为硬件和软件两个方面，就硬件而言，系统所选用的器件质量的优劣和结构工艺是影响可靠性的重要因素，使用环境是另一个重要方面；就软件而言，软件设计质量的高低是影响故障率的主要因素，采用模块化设计方法、对软件进行全面测试等是提高软件可靠性的重要手段。

一个良好的设计，应根据最差工况时元件的设计风险来评估设计的可靠性。风险评估同时可以确定失败的原因、潜在的风险、失败的概率、后果的严重性等。

常用的可靠性设计包括：元器件选择和控制、热设计、简化设计、降额设计、冗余和容错设计、环境防护设计、健壮设计和人为因素设计等。如我国“嫦娥工程”中探测器发射涉及飞行控制的每一条指令都要考虑各种可能的意外及应急措施。

你是否曾遇到过手机死机、水沸腾后电热水壶不能自动断电、遥控板按键失灵等情况？这些都涉及电子产品的什么问题？它与产品质量有何关系？影响的主要因素有哪些？

（6）精度匹配原则（协同）

自动检测系统往往由多个环节组成，而不同环节对测量精度的影响程度往往不同。因此，应分别对各个环节提出不同的精度要求和恰当的精度分配，这就是精度匹配原则。精度匹配原则有助于合理确定各个环节的精度，既保证满足系统总的精度要求，又不会额外增加不必要的成本。

【和合共生】 精度匹配原则蕴含着和合共生的价值观。和合共生是中华民族先贤在实践中孕育的智慧，影响着人们的处世原则和交往理念，是中华民族的历史基因，也是东方文明的精髓。和合共生倡导企业与社会、国家、环境等和谐发展，共生共荣；倡导与同盟者、竞争者协同合作，资源共享。

（7）能抗干扰原则（抗干扰）

干扰是影响检测系统正常工作和测量结果的各种内部和外部因素，如电磁干扰、温湿度干扰、振动干扰以及电源干扰、元器件干扰、信号通道干扰、负载回路干扰等；干扰可以通过某些耦合方式进入检测系统。在进行系统总体设计时，应充分考虑自动检测系统的抗干扰能力。完善的抗干扰措施是保证系统精度、工作正常和不产生错误的必要条件。例如，强电与弱电之间的隔离措施、对电磁干扰的屏蔽、正确接地、高输入阻抗下的防止漏电等。

提高抗干扰能力的基本方法有哪些？

（8）标准化与通用性原则（标配）

标准是利益相关方通过协商一致制定的规范。通常，利益相关方通过技术委员会参与标准的制定活动，标准制定组织的章程和各国标准化立法均要求技术委员会要由广大利益相关方代表组成，以充分体现代表性。技术委员会制定标准的程序是一个民主化的过程，标准制定过程的公开、开放、透明、平等、无歧视和可申诉等规则彰显标准的程序正义，通过这一民主化过程制定的标准也应最大程度地反映利益相关方的诉求。

标准意味着规范和统一，在测量领域具有十分重要的意义，在测量操作和测量系统设计时尤其要重视对标准（或规范）的遵从。我国的相关技术标准有国家标准、行业标准或企业标准等划分（登录 https://openstd. samr. gov. cn/bzgk/gb/index 可检索传感器与检测技术相关强制性国家标准和推荐性国家标准的全文）。为了确保所设计的自动检测系统具有良好的类比性、可评价性，方便系统后期的维护、模块更换、量值传递的一致等，在设计自动检测系统时，必须重视参照相关技术标准或规范，考虑识读的准确性、操作的方便性，保证系统具有很好的可维护性，系统结构要规范化、模块化，使用标准的零部件以提高系统的通用性，设置相应的故障诊断程序，一旦发生故障可以尽快恢复正常运行。

（9）整体优化原则（优化）

自动检测系统往往涉及多个要素的不同环节，它们之间的关系是复杂的，甚至存在着相互制约的矛盾关系。在进行系统总体设计时，应以“系统论”“全局观”为指导，综合评估，统筹考虑，坚持局部服从整体、全局体现优化的原则，不应以追求局部指标最优而牺牲整体方案的优化性与合理性。正所谓“不谋全局者，不足谋一隅；不谋万世者，不足谋一时”，坚持从全局谋划一域，以一域服务全局，即“一盘棋”思想。为了达成优化目标，除了结合具体问题选用适宜的数学优化算法外，工程上还可以考虑“黄金分割法”“二八规则”等。

（10）工程伦理原则（人性化）

要求在考虑技术方案合理性的同时，还要兼顾社会、法律、道德、经济、文化、环境、能效、健康、安全等非技术因素的约束。工程伦理是社会对工程技术人员在从事与工程相关的决策、设计、实施、评价等活动时的要求，与职业道德紧密关联。工程伦理的基本准则包括：以公众的安全、健康和幸福为最高原则；仅在专业领域内提供工程服务；必须以客观公正的态度发表公开声明；诚实对待每位雇主或客户；避免迷惑或欺诈行为；以提高职业信誉、水准为己任，做一个诚实可信、明理守法的工程师。工程伦理的最低要求是知敬畏，守住不作恶的底线，不能用自己所学的专业知识干坏事！（电信诈骗的前提往往需要先收集到被诈骗对象的个人信息，这与工程项目设计收集用户信息然后被泄露有关，在开发项目时需要注意）

2018 年 11 月 26 日，某大学副教授贺某某宣布一对名为露露和娜娜的基因编辑婴儿于 11 月在中国健康诞生，由于这对双胞胎的一个基因（CCR5）经过修改，她们出生后即能天然抵抗艾滋病病毒 HIV。这一消息迅速激起轩然大波，震惊了世界。

2019 年 1 月 21 日，从“基因编辑婴儿事件”调查组获悉，现已初步查明，该事件系某大学副教授贺某某为追逐个人名利，自筹资金，蓄意逃避监管，私自组织有关人员，实施

国家明令禁止的以生殖为目的的人类胚胎基因编辑活动。2019 年 12 月 30 日，“基因编辑婴儿”案在深圳市南山区人民法院一审公开宣判，贺某某等 3 名被告人因共同非法实施以生殖为目的的人类胚胎基因编辑和生殖医疗活动，构成非法行医罪，分别被依法追究刑事责任。

请你谈谈对该案例的认识，工程师在从事专业技术工作时应遵循什么样的准则？

14.2.3　采样速率的确定

自动检测系统对被测参量信号的处理和计算是以数字量的形式进行的，当被测参量信号为连续的模拟量时，自动检测系统的输入通道将以某种速率对被测模拟信号进行采样，转化为数字量后再供微处理器进行处理和计算。

由于原始的模拟信号是随时间连续变化的，但采样往往只能获取其中部分时间点上的信号样本，因此，采样速率的确定是一项重要的工作，必须正确选择采样速率，才能保证获得最佳的性价比。因为采样速率过高，虽然被测量的测量精度高，但要求 A/D 转换器的转换速率要快，数据量大，对处理器的数据处理速度和处理能力有更高的要求，相应地，系统成本也会增加；反之，如果采样速率过低，将会使采样结果无法恢复原始的模拟信号，造成测量结果的失真或出现错误。

香农采样定理指出：只有采样频率大于原始信号频谱中最高频率的两倍，采样结果才能恢复原始信号的特征。因此，在选择采样速率时，必须对被测信号进行分析，确定信号中的最高次谐波频率，然后根据香农定理来确定采样频率；确定最高次谐波频率（或截止频率）时，要求被测参量信号中除去高于所确定的最高次谐波频率成分后，仍然保留了其主要特征，不会造成测量精度的畸变或测量信号的失真。实际使用中一般取采样频率为输入信号最高频率的 3~5 倍。

14.2.4　标度变换

不同传感器的测量结果有不同的量纲和数值，如 Pa 是压力单位、℃是温度单位等，这些参数经传感器和 A/D 转换后得到一系列的数码，这些数码值不一定等于原来带有量纲的参数值，它只是对应被测参数的一个相对量值。因此，被测信号通过 A/D 转换器转换成数字量后往往还要转换成人们熟悉的工程值。因为 A/D 转换器输出的是一系列数字，同样的数字往往代表着不同的被测量，即转换成带有量纲的数值后才具有参考意义和应用价值，这种转换就是标度变换。

标度变换有多种类型，取决于被测参数和传感器的传输特性，实现的方法也很多，常用的有硬件实现法和软件实现法。

1. 硬件实现法

硬件实现法通常利用精密电位器来调整前向通道某一放大器的放大倍数。其优点是简单、直观；缺点是将增加硬件的费用，占用线路板的面积，被标度变换的信号不是很准确，使用上受温度、湿度等环境变化引起漂移的限制。该方法只适用于输出信号与被测量值成线性关系的情况。

2. 软件实现法

软件实现法在智能仪器仪表测量信号的标度变换中得到了广泛使用，具有实现灵活、适用性广、能克服硬件实现标度变换的环境限制等优点。其实现的方法一般是借助于数学表达式编写程序，达到变换定标的目的。常用的软件实现标度变换方法有两种。

（1）线性标度变换

线性标度变换适用于线性仪器，即测量得到的参数值与 A/D 转换结果之间成线性关系，其变换公式为

$$y=y_0+(y_m-y_0)\frac{x-N_0}{N_m-N_0} \tag{14-1}$$

式中 y——参数的测量值；

y_0，y_m——量程最小值和最大值；

N_0——y_0所对应的 A/D 转换后的数字量；

N_m——y_m所对应的 A/D 转换后的数字量；

x——测量值 y 所对应的 A/D 转换值。

例：某烟厂用计算机采集烟叶发酵室的温度变化数据，该室的温度变化范围为 20~80℃，采用铂热电阻（线性传感元件）测量温度，所得模拟信号为 1~5V。用 8 位 A/D 转换器进行数字量转换，转换器输入 0~5V 时输出是 000H~0FFH。某一时刻计算机采集到的数字量为 0B7H，试作标度变换。

解：根据题意，温度 20℃时检测得到的模拟电压是 1V，因此，其对应的数字量为

$$N_0=255\times\frac{1}{5}=51$$

温度 80℃时检测得到的模拟电压是 5V，因此，其对应的数字量为

$$N_m=0FFH=255$$

因此，对应数字量 0B7H=183 的标度转换结果为

$$\begin{aligned}y&=y_0+(y_m-y_0)\frac{x-N_0}{N_m-N_0}\\&=\left[20+(80-20)\times\frac{183-51}{255-51}\right]℃\\&=58.82℃\end{aligned}$$

（2）非线性标度变换

非线性标度变换适用于非线性仪器，如流量测量中流量 Q 与压差 ΔP 的二次方根成正比，即

$$Q=k\sqrt{\Delta P} \tag{14-2}$$

式中 k——刻度系数（与流体的性质和节流装置的尺寸有关）。

此时，流量的标度变换关系就是如下的非线性关系：

$$y=y_0+(y_m-y_0)\sqrt{\frac{x-N_0}{N_m-N_0}} \tag{14-3}$$

有时，复杂的非线性标度变换无法用一个式子来表达，或难以直接计算，可以采用多项插值法进行标度变换，即

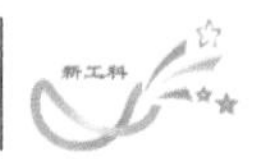

$$y=A_0+A_1x+A_2x^2+\cdots+A_Nx^N \tag{14-4}$$

此时，需要首先确定多项式的次数 N，然后选取 $N+1$ 个测量点的数据，测出这些实际参数值 y_i 与传感器输出经 A/D 转换后的数据 $x_i(i=0\sim N)$，然后代入式（14-4）即可完成标度变换。这种标度变换是最简单、最实用的一种非线性变换方法，适用于大多数应用场合。

14.2.5　硬件设计

硬件设计的步骤与自动检测系统的功能要求和系统复杂程度有关，一般包括以下几个步骤：自顶向下的设计、技术评审、设计准备工作、硬件的选型、电路的设计与计算、试验板的制作、组装连线电路板、编写调试程序、利用仿真器进行调试、制作印制电路板、硬件调试等。

硬件设计的内容主要包括传感器的选型、微处理器或计算机的选型、输入输出通道设计以及需要自行完成的硬件设计。硬件设计是在系统总体设计的基础上，根据确定的电气连接形式、控制方式、系统总线等，以及检测参数的数量、特点、要实现的检测功能等来进行硬件选型或电路设计，使整个系统构成完整、协调。

1. 传感器的选型

不同的测量任务将面对不同的测量对象和测量环境，要达到不同的测量目标，所使用的测量方法和测量手段可能不同，不同类型的传感器的工作原理和结构千差万别，为了保证测量结果尽量准确反映被测量的大小，其中很重要的一项工作就是传感器的选型。选用传感器一般要遵循三大原则，即遵从测量系统整体设计需要原则、高可靠性原则和高性价比原则。在进行传感器选型时，通常应考虑以下四个方面：测试条件、传感器性能指标、测量环境、购买与维修因素；此外，还应尽可能兼顾结构简单、体积小、重量轻等需求。具体而言，可以着重考虑以下几个方面。

（1）根据测量对象、测量方法与测量环境确定传感器的类型

不同的传感器工作原理不同，测量方法不同，即使是测量同一个物理量，也可能有多种类型的传感器可供选用。确定适宜传感器的类型主要取决于以下几个因素：被测对象的特点、量程大小、精度要求；被测位置对传感器体积的要求；信号的引出方法；接触式或非接触式测量；传感器来源（国产、进口或自行研制）；可接受的成本范围等。基于这些因素可确定传感器的类型及其性能指标。

（2）频率响应特性

传感器的频率响应特性将决定被测量的频率范围，传感器的频率响应高，可测的信号频率范围就宽；在所测频率范围内，传感器的响应特性必须满足不失真测量条件。传感器的实际响应总有一定程度的延迟，而且机械系统存在的惯性较大，为了尽量保证不失真测量，希望传感器的延迟时间越短越好，以免产生过大的误差。

（3）灵敏度选择

通常，在传感器的线性范围内，希望传感器的灵敏度越高越好，这样，对于被测量的微小变化也会有较大的信号输出，便于信号处理；但高灵敏度的传感器对混入测量系统的噪声也会有较大的灵敏度，会影响测量精度。因此，要合理地选择传感器的灵敏度，要求传感器有较高的信噪比，尽量减少从外界引入干扰信号。

（4）线性范围

任何传感器都有一定的线性范围，在此范围内输入与输出成线性关系，传感器的灵敏度保持不变，方便使用。传感器工作在线性区域内是保证测量精度的基本条件；传感器的线性范围越宽，工作量程就越大，并能保证一定的测量精度，在确定传感器的量程时需要参考其线性范围指标。当传感器不能保证其绝对线性时，在许可限度范围内，可以在其近似线性区域内应用。

（5）精度

精度是传感器的一个重要特性指标，表明传感器的输出与被测量真值一致的程度。精度越高，传感器的价格通常也越昂贵。因此，在确定传感器的精度时，只要满足要求能实现测量目的即可，不必追求过高的传感器精度指标，否则可能导致测量成本的增加。

（6）稳定性

影响传感器使用稳定性的因素包括传感器本身的结构和使用环境。为了保证测量结果的准确性，一方面，要根据具体的使用环境选择合适的传感器，选用稳定性较高的传感器；另一方面，在传感器使用一段时间后（超过使用期限），要对传感器进行重新标定，以确定传感器的性能是否发生变化。

2. 微处理器的选择

微处理器是自动检测系统的硬件核心，对系统的功能、性能、价格以及研发周期等起着决定性的作用。微处理器可能以单片机、个人计算机等形式出现。目前，单片机作为一个微小的计算机系统，以其性价比高、开发方便、应用成熟等优点在自动检测系统中得到了广泛选用。

目前，市场上可供选用的单片机类型很多，如美国 Intel 公司的 8 位 MCS-51 系列、16 位 MCS-96 系列、PIC 单片机，我国台湾凌阳公司提供的 8 位、16 位带数字信号处理、语音处理功能的单片机等。单片机的选用主要考虑 CPU 位数、存储器容量、定时/计数器和通用输入/输出接口等。一般要求微处理器的位数和机器周期要与传感器所能达到的精度和速度一致，输入输出控制特性要合适，包括有无丰富的中断、I/O 接口、合适的定时器等，微处理器的运算功能要满足传感器对数据处理运算能力的要求等。通常，如果自动检测系统要求图形显示，并用硬盘存储数据，要求汉字库支持，要求组建较大型的测控系统，那么可选用现成的 PC；如果检测系统没有这些要求，只是组建智能仪器仪表或小型测控系统，则可选用单片机组成专用系统，其体积小、功耗低、价格便宜，且功能较全，研制周期相对较短、可靠性高。

自动检测系统的许多功能与主机的字长、寻址范围、指令功能、处理速度、中断能力以及功耗都有密切关系，因此，在组建自动检测系统时应根据系统功能要求选择合适的微处理器作为主机，提高整个系统的性能价格比。

3. A/D 转换器的选择

A/D 转换器是将模拟输入电压或电流转换为数字量输出的器件，它是模拟系统与数字系统之间的接口。按转换原理可以将 A/D 转换器分为逐次逼近型、积分型、并行型和计数型四类。逐次逼近型 A/D 转换器兼顾了转换速度和转换精度两个指标，在检测系统中得到了最广泛的使用；双积分型 A/D 转换器具有转换精度高、抗干扰能力强、性价比高等优点，常用于数字式测量仪表或非高速数据采集过程；并行型 A/D 转换器的转换速度最快，但结

构复杂、成本高，适合转换速度要求极高的场合；计数型 A/D 转换器结构简单，但转换速度较慢，目前较少采用。

A/D 转换器的位数不仅决定了采集电路所能转换的模拟电压动态范围，也在很大程度上影响采集电路的转换精度。因此，应根据对采集信号转换范围与转换精度两方面要求选择 A/D 转换器的位数，典型的 A/D 转换器的位数从 6、8、10 位到最高 24 位，奇数位 A/D 转换器较少见；在满足系统性能要求的前提下，应尽量选用位数较低的 A/D 转换器以节约成本。总体上说，在进行 A/D 转换器选择时，要根据信号转换任务的精度要求、转换速度要求、与前置环节的阻抗匹配、抑制噪声干扰的能力、成本等综合考虑。

例：设计一个数字化 Pt_{100} 铂热电阻温度传感器的测温系统，如图 14-10 所示。已知铂热电阻温度系数即灵敏度 $A=3.85\times10^{-3}/℃$；恒流源电流 $I_0=3.0\text{mA}$；差分放大器的放大倍数为 40；如果要求测温系统的测温范围为 0～160℃，分辨率不小于 0.01℃，试选择 A/D 转换器。

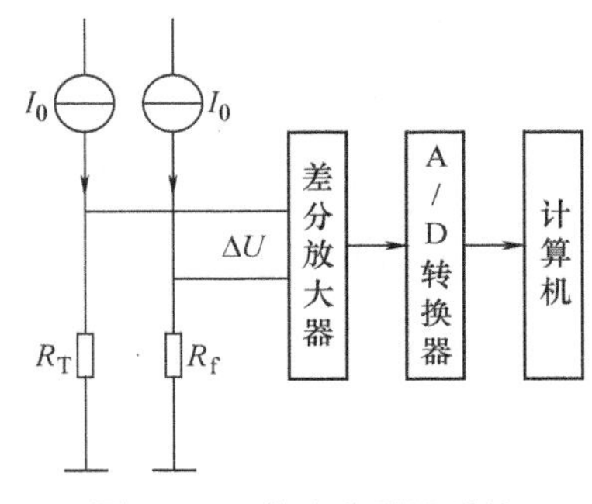

图 14-10　数字化测温系统

解：采用两个完全相同的恒流源 I_0 分别给测温热电阻 R_T 与标准参考电阻 R_f（其值为 100Ω）供电。调节差分放大器使得测量温度为 0℃时放大器的输出为 0V。当测量温度为 160℃时，送入差分放大器的电压差值为

$$\begin{aligned}\Delta U&=I_0R_T-I_0R_f=I_0R_0(1+At)-I_0R_f\\&=I_0R_0At\end{aligned}$$

经差分放大器放大后的输出电压（满量程输出）为

$$\begin{aligned}U_m&=k\Delta U=kI_0R_0At\\&=40\times3.0\times10^{-3}\times100\times3.85\times10^{-3}\times160\text{V}\\&=7.392\text{V}\end{aligned}$$

由上面的分析可知：要测量 0～160℃的温度，放大器输出电压范围在 0～7.392V 之间。通常 A/D 转换器的量程范围为 0～5V 或 0～10V，因此，可选择量程为 0～10V 的 A/D 转换器。

为了达到 0.01℃的温度测量分辨率，要求 A/D 转换器能够分辨的最小电压值为

$$\begin{aligned}\Delta U_{min}&=kI_0R_0At\\&=40\times3.0\times10^{-3}\times100\times3.85\times10^{-3}\times0.01\text{V}\\&=0.00046\text{V}\end{aligned}$$

由于

$$10\text{V}/0.00046\text{V}\approx21739$$
$$2^{14}=16384<21739<65536=2^{16}$$

因此，应选用 16 位 A/D 转换器。另外，温度信号是一个缓慢变化的信号，不要求 A/D 转换器有很高的转换速度，可采用逐位逼近式 A/D 转换器。

14.2.6　软件设计

软件设计是自动检测系统设计的一项重要工作，软件设计的质量直接关系到系统的正确使用和效率。一个好的软件系统应具有正确性、可靠性、可测试性、易使用性、易维护性等

多方面的性能。

自动检测系统“自动”功能的实现必须依赖于软件的设计，包括软件结构、软件平台和功能程序设计等。软件结构确定系统的功能模块，为软件平台的选取和功能程序的设计提供依据；不同的软件开发平台有不同的功能特点和适用场合，应根据需要进行选择；功能程序的开发就是根据硬件组成和确定的软件结构，利用选择的开发平台，进行程序代码的编写，以实现自动检测系统的具体功能。软件设计一般要遵循结构合理、操作性好、具有一定的保护措施和尽量提高程序的执行速度的原则。

软件设计一般要经历这样几个步骤：自顶向下的设计（软件的总体结构设计和软件开发平台的确定）、技术评审、软件设计准备工作、软件源代码编写、编译与连接、软件功能测试、综合调试以及软件的运用、维护和改进等。

14.2.7　系统集成与维护

任何自动检测系统的设计都离不开各个模块的集成，同时还要进行硬件和软件的联合调试和系统集成测试，以排除软硬件不相匹配的地方、设计错误和各类故障，进行修改完善。只有通过全面测试，排除了所有错误并达到设计要求的自动检测系统才能交付使用，并根据使用情况进入后续的系统维护阶段。

14.3　自动检测系统的发展

随着传感器、微电子、计算机、通信和人工智能等技术的发展，自动检测系统正朝着通用化与标准化、集成化与模块化、综合化与系统化、网络化、高可靠性、高精度化、高自动化、高智能化等方向发展。

（1）通用化与标准化

采用通用化、标准化设计，自动检测系统将易于实现分散使用与大范围联网使用。为便于传输和获取信息，实现系统的改进与升级，自动检测系统的通用化、标准化设计是一大发展趋势；系统以多个可标准化的功能模块的方式组合在一起，便于系统的组建、改进、升级和连接，这是自动检测系统通用化与标准化的要求和主要内容。

（2）集成化与模块化

大规模集成电路技术的发展，为自动检测系统的集成化和模块化提供了可能。集成电路的密度越来越高，体积越来越小，内部结构越来越复杂，功能越来越强大，大大提高了单个模块和整个系统的集成度。模块化功能硬件使得自动检测系统的构建更加灵活、方便、简洁，相应地减轻了调试和使用维护的负担。

（3）综合化与系统化

自动化生产系统的发展提出了高灵敏度、高精度、高可靠性等需求，而且要求对多个参数进行融合测量，以提高人们对生产过程全面的检测、监视、控制与管理等能力，利用自动检测系统的各部分组成及其内在联系，使系统向功能更强和层次更高的方向发展是一大趋势。

系统化是现代检测任务的一个特征，因为现代生产本身就以系统的形式存在，形成一个个车间或工厂，检测部件接口的标准化、模块化为搭建自动检测系统提供了方便。

（4）网络化

现场总线、嵌入式技术与传感器技术等的结合，为自动检测系统的网络化发展提供了途径，也推动了检测数据网络化的快速传递与共享。自动检测系统的网络化目前主要表现为两个主流方向，一是基于现场总线技术的网络化，二是面向因特网的网络化。现场总线面向工业生产现场，主要用于实现生产过程领域的现场级设备之间以及与更高层的测控设备之间的互连；基于现场总线技术的网络化自动检测系统为过程自动化或制造自动化的现场设备或仪表互连提供了一个数字通信网络和智能信息处理能力。嵌入式仪器设备与因特网的结合，使得远程数据采集与控制、远程设备故障诊断、远程医疗、网上教学等成为可能，也为不同类型的测控网络、企业网络的互连、测控网与信息网的统一等提供了方便。

近年来，随着“互联网+传感器”的融合发展，网络化检测系统进步较快，如基于现场总线技术的网络化检测系统、基于 Internet 的网络化检测系统以及无线传感器网络等，它们具有组态灵活、综合功能强、运行可靠性高、可利用的软硬件资源丰富、可实现远程数据采集、控制与在线监测等特点，是当前检测系统发展的一个重要方向。

（5）高可靠性

检测系统的安全性和准确性，对于生产厂家和广大用户都是至关重要的。系统将广泛采用新技术，并加强安全性设计，以提高检测、判别、控制和决策的可靠性。

采用新的传感技术、集成电路技术和信息处理方法，有利于提高自动检测系统的工作性能，获得更准确的观测与决策结果，从而进一步提高系统的可靠性。

（6）高精度化

随着相关科学技术的发展和应用需求的推动，高精度化是现代检测技术的一个重要发展方向。高精度化的实现一方面依赖于传感器本身测量精度的提高，另一方面，自动检测系统的数据处理和误差补偿措施也有助于进一步改善系统的测量精度；另外，先进的测试手段和新的测量方法的应用，也对提高自动检测系统的测量精度做出贡献。

（7）高自动化

多种检测与信息处理技术的融合与集成，使得参数检测和数据处理的自动化水平得以提高；自动检测技术是一种尽量减少人工参与的检测技术，主要依赖仪器仪表，从而减少人们对检测结果有意或无意的干扰，减轻人员的工作压力，保证被检测对象的可靠性。自动检测系统能在被检测参数变化时自动选择测量方案，进行自校正、自补偿、自诊断，还能进行远程设定、状态组合、信息存储、在线辨识等，所提供的数据分析、自适应性与系统控制功能体现出高度的自动化。自动检测技术主要有两项功能：一方面，通过自动检测技术可以直接得出被检测对象的数值及其变化趋势等内容；另一方面，将自动检测技术直接测得的被检测对象的信息纳入考虑范围，从而制定相关决策。

（8）高智能化

智能检测是将计算机技术、信息技术和人工智能等相结合而发展起来的检测技术，有利于获得最佳测量结果，涉及的主要理论包括基于信息论的分级递阶智能理论、模糊系统理论、基于脑模型的神经网络理论、基于知识工程的专家系统、基于规则的仿人智能检测控制，以及多种方法的综合集成。它以多种先进的传感器技术为基础，与计算机系统结合，在合适的软件支持下，自动地完成数据采集、处理、特征提取和识别，以及多种分析与计算，是检测设备模仿人类智能的结果。

提高检测系统智能化水平的主要方法有：采用高智能化语言；软件设计中大量使用大数据、机器学习、数据挖掘等人工智能信息处理技术；大力发展虚拟现实技术；采用功能更强的新型计算机；采用智能部件（如智能传感器）等。如以机器人、无人驾驶、遥控遥测等为应用平台，检测系统智能化水平提升将得到集中体现；在“互联网+”的背景下，实现参数检测、人工智能和互联网三者的有机融合，提高测量系统的智能化水平，衍生出新的价值，迸发出新的活力，促进仪器与检测行业的可持续发展。

【学业之美在德行，不仅文章】 在进行自动检测系统设计时，作为一名具备基本职业素养和工匠精神的仪器类创新应用工程师，应从职业道德规范的角度时刻保持清醒的头脑，并严肃地回答“该不该做?”“可不可以做?”和“值不值得做?”的问题，从自身做起，从每一个项目做起，树立良好的个人形象、职业操守和社会风气。因为唯利是图演变出的他害终将害己，这是相互效仿的“破窗效应”和逐利互害的必然后果。工程师对社会进步有重要的推动作用，如果我们每一个人在进行工程系统设计时都从尊重生命开始，以所设计的产品不违背公序良俗和工程伦理为基本原则，人性向善，给科技赋予人性，将价值观注入技术之中，并融入家国情怀，精益求精，排斥损人利己，社会因我而进步，中华民族伟大复兴的“中国梦”是不是可以更早得到实现？学习不是单纯的知识和认知的堆积，“学业之美在德行，不仅文章”，博学以修德为先，只有使自己成长为有德行的人，才能保证我们一天天因学习而蓄积起来的能量是“正”的，充分发挥个人的才智及在团队中的作用，积极践行爱国、敬业、诚信、友善的公民价值准则，志存高远，脚踏实地，追求卓越，坚守“心中有梦想、事业有目标、肩上有责任、人生有价值”，真正做一个有大爱大德大情怀的新时代工程技术人才，努力做走在时代前列的奋进者、开拓者、奉献者，用青春和汗水谱写中华民族伟大复兴的美好篇章！“功成不必在我，功成必定有我”，尽管传感器作为课程学习就要结束了，但“君子不器”的养成尚需触及灵魂的“悟道”体会与实践，你将如何继续“上下求索”?

学习拓展

(网络化测控安全综述) 作为传感器和检测系统的重要应用领域之一，工业控制网络在得到快速发展的同时，却面临着严峻的信息安全形势。典型地，如2010年6月首次发现的震网病毒（Stuxnet）是一个专门定向攻击现实世界中基础设施（如核电站、水坝、电网）的“蠕虫”病毒，伊朗的核电站曾深受其害；2015年底乌克兰电网系统遭黑客攻击，数百户家庭供电被迫中断，是有史以来首次导致停电的网络攻击，此次针对工控系统的攻击引起世界各国高度关注；还曝出家用摄像头被远程控制泄露隐私的报道等。试调研工业控制网络的安全现状，论述网络化测控的安全重要性及应对方案。

探索与实践

(分布式无线温度采集系统设计) 设计并制作一个无线温度采集系统，该系统由三个温度测量点和一个由单片机组成的主机构成。主机部分负责各点数据采集、存储、处理和输出

显示。温度测量点的温度数据以无线传输形式送给主机。基本要求：①测量温度范围 0~100℃；②测量精度±0.5℃，对三个测温点进行实时巡检；③传输距离≥5m；④主机能够存储、轮流显示、打印各测温点编号和相关温度；⑤三点轮流显示一遍的周期为 20s；测温点每隔 1s 测温一次。分布式无线温度采集系统原理框图如图 14-11 所示。

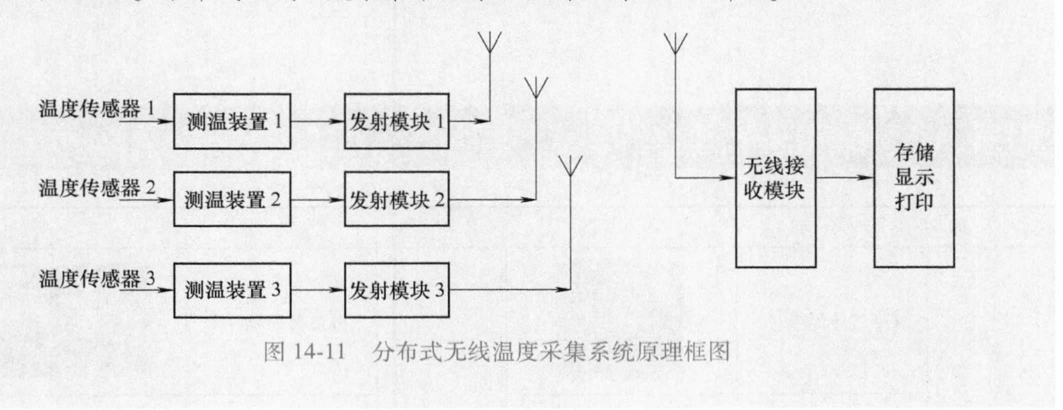

图 14-11　分布式无线温度采集系统原理框图

14.1　试画出数据采集系统模型框图。

14.2　采样/保持器的主要作用是什么？

14.3　自动检测系统的软件主要由哪几部分构成，它们分别起什么作用？

14.4　举例说明自动检测系统的设计步骤和方法。

14.5　试说明自动检测系统的发展。

14.6　以某一检测量为例（如压力、速度等），设计一个自动检测系统，给出其系统组成并说明其工作原理。

14.7　以转速测量为例，用至少三种不同类别的传感器来实现测量，分别给出相应的测量方案和测量系统框图，说明其测量原理。在进行这样的测量系统设计时，除了技术本身，你还考虑了哪些非技术因素？

14.8　随着新一代信息技术及其应用的快速发展，大数据时代的国家安全项目和众多互联网商业创新企业依赖涉及个人网络行为的海量数据，这些基于大数据的研究和应用可能涉及哪些工程伦理问题？

14.9　2020 年 4 月 16 日，海南电网公司发布消息称 3 年内为鸟类搭建了 3000 套“独栋别墅”，因“鸟害”引起的线路跳闸率出现明显下降。原来是因为海南的很多输电铁塔是鸟类停留栖息和筑巢的首选，鸟类在筑巢过程中易导致供电线路跳闸故障等问题；于是，海南电网公司选用不锈钢网和铁网做成鸟巢，并将原有的鸟窝放置其中，有效避免因鸟类筑巢引起线路跳闸的问题。该案例说明什么？给你怎样的启示？

附　　录

附录 A　传感器样例

名　称	类　型	样　例	名　称	类　型	样　例
气体传感器	CO 气体传感器	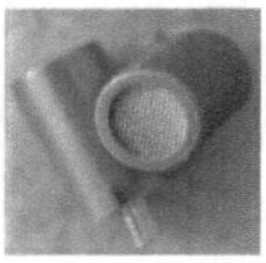	温度传感器	温度传感器	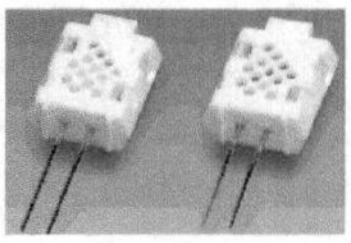
	CO_2 气体传感器			数字温度传感器	
	混合可燃气体（CH_4，H_2，CO 的混合气体）传感器			智能温度传感器	
	烟雾和可燃气气体传感器			电容式温度传感器	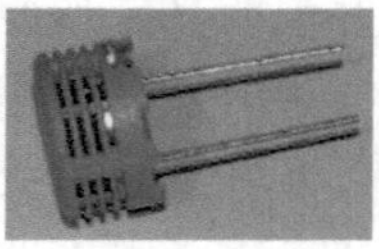
	厚膜气体传感器			两线式铂电阻温度传感器	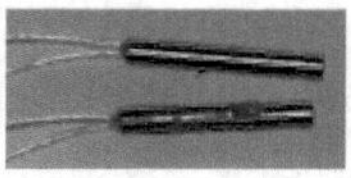
温湿度传感器	小型温湿度变送器	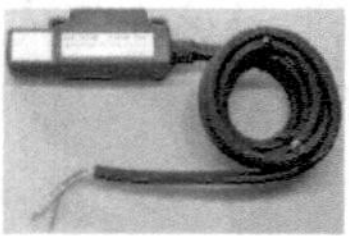		WR 铠装热电偶	
超声波传感器	压电陶瓷式超声波传感器			WZ 接头式热电阻	
电容式传感器	接近开关	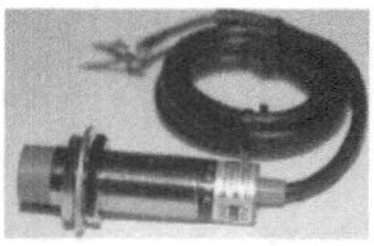		负温度系数热敏电阻	

（续）

名 称	类 型	样 例	名 称	类 型	样 例
压力传感器	NS-2 型小型压电式压力传感器		液位传感器	HK-619 型液位变送器	
	NS-Z 型智能（数字）压电式压力变送器			压阻式液位传感器	
	NS-WL1 系列 S 型拉/压力传感器		流量传感器	普通型涡街流量计	
	NS-TH3 系列称重传感器			温压补偿智能型涡街流量传感器	
	HK-621 数字智能压力变送器			LZB-55 型转子流量计	
	金属电阻丝应变片		磁敏式传感器	磁敏电阻	
线位移和角位移传感器	NS-WY03 型线位移传感器		物位传感器	JYB/CP-K 射频物位开关	
	NSRA 型角位移传感器			JDR 电容物位计	
	JJX 导电塑料角度传感器			JCS 系列防腐型超声波物位传感器	

（续）

名　称	类　型	样　例	名　称	类　型	样　例
红外传感器	反射式红外传感器对管		光电式传感器	ZD 型照度变送器	
	红外热释电传感器			反射式光敏传感器	
	红外避障传感器			光电开关	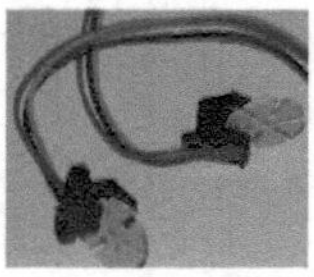
湿敏传感器	湿敏电阻			光电耦合器	
	电容式相对湿度传感器			光电管	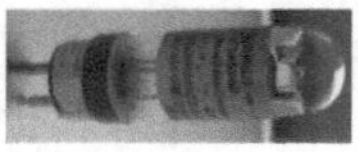
	湿度传感器	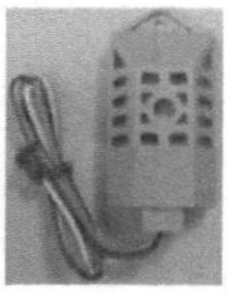		光电倍增管	
	结露传感器			光电池	
	绝对湿度传感器	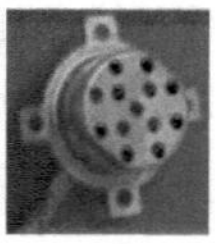		光敏电阻	
霍尔式传感器	霍尔开关	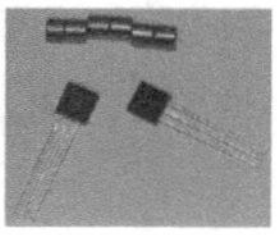		光敏二极管	
成分传感器	水分测定仪			光敏晶体管	

附录 B　部分习题参考答案（精减版）

2.6　解：$0\leqslant\tau\leqslant0.523\text{ms}$　$-1.32\%\leqslant\Delta A(\omega)<0$　$-9.3°\leqslant\Delta\phi(\omega)<0$

2.7　解：1.22s　2.08s

2.8　解：$\tau=2$　$S_n=1\times10^{-3}$

2.9　解：$\tau=8.5\text{s}$

2.10　解：$\zeta=0.28$，$\omega_d=4.09\text{Hz}$

2.11　解：$\zeta=0.36$，$\omega=1357\text{rad/s}$

2.12　解：600Hz 时：$|A(j\omega)|=0.95$，$\varphi(\omega)=-52.7°$；400Hz 时：$|A(j\omega)|=0.99$，$\varphi(\omega)=-33.7°$

3.6　解：$K=2$

3.7　解：（2）满量程时：$\Delta R_1=\Delta R_2=\Delta R_3=\Delta R_4=0.191\Omega$，$\Delta R_5=\Delta R_6=\Delta R_7=\Delta R_8=-0.0573\Omega$　（3）$U_o=10.37\text{mV}$

3.8　解：（1）$U_o\approx0.01\text{V}$　（2）$U_o=0$　（3）当 R_1 受拉应变，R_2 受压应变时：$U_o=20\text{mV}$；反之，$U_o=-20\text{mV}$

3.9　解：（1）$\dfrac{\Delta R_1}{R_1}=1.64\times10^{-3}$，$\Delta R_1=0.1968\Omega$　（2）$U_o=1.23\times10^{-3}\text{V}$，$\gamma_L=0.08\%$（3）减小非线性误差的方法：① 提高桥臂比：非线性误差减小　② 采用差动电桥

3.10　解：（1）$\dfrac{\Delta R_x}{R_x}=0.05\%$，$\Delta R=0.06\Omega$　（2）$\dfrac{\Delta R_y}{R_y}=-0.015\%$

4.3　解：$\dfrac{\Delta L}{\Delta\delta}=33.912$；做成差动结构后，灵敏度将提高一倍

4.5　解：（1）$R_3=R_4=40\Omega$　（2）单臂：0.25V　差动：0.5V

5.2　解：$\Delta C=2.83\times10^{-13}\text{F}$，$\dfrac{\Delta C}{C_0}=0.2$，$K=6.25\times10^3$

5.8　解：（1）$\Delta C=9.88\times10^{-3}\text{pF}$　（2）5 格

6.9　解：（1）$S_V=0.005\text{V/pc}$　（2）$x=20\text{mm}$

7.5　解：$n=2.84\times10^{20}\text{C/m}^3$，$U_H=6.6\times10^{-3}\text{V}$

8.7　解：$t_M=49.49℃$，$\Delta t=370.51℃$

8.8　解：197.13℃

8.9　解：$t\approx500℃$

8.10　解：46mV

8.11　解：800℃

8.12　解：$E(900, 30)=36.123\text{mV}$

8.17　解：$R_{100}=5.8\text{k}\Omega$

9.15　解：1.40625°；0.41mm

9.16　解：90°；1.57cm

9.20　解：（1）$B_H=5.714\text{mm}$　（2）$\Delta x=0.15\text{mm}$　（3）$v=10\text{m/s}$

10.13　解：$d=0.0685\text{m}$

13.1　解：$\Delta=1'20''$，$\delta=0.012\%$

13.4　解：（1）±2.5%　（2）$\Delta_m=\pm0.0375\text{MPa}$　（3）$\gamma_m\approx\pm5.4\%$

13.5　解：选用 100℃、1.0 级表测量该电压时具有更小的相对误差，精度更高；而且使用该表可保证测量示值落在仪表满刻度的 2/3 以上

13.6　解：测量 4V 时：测量误差为 0.0002V；测量 0.1V 时：测量误差为 0.00002V

13.7　解：$\bar{x}=136.43\text{g}$，$\sigma=0.056$

13.8　解：$x=0.963$，$y=0.015$，$\sigma_s=0.027$

13.9　解：$R_1=13.33\Omega$，$R_2=21.67\Omega$

13.10　解：$y=0.275+0.667x$，$\gamma_L=\pm8.85\%$，平均灵敏度为 $S_n=0.667$

13.11　解：$y=0.0025+0.3988x$，$\gamma_L=\pm0.1\%$，平均灵敏度为 $S_n=0.3988$

附录 C　传感器与检测技术综合自测试题及其参考答案与评分标准（120 分钟）

（综合自测试题）

（参考答案及评分标准）

参考文献

[1] 胡向东，等. 传感器与检测技术［M］. 4版. 北京：机械工业出版社，2021.
[2] 胡向东，唐贤伦，胡蓉. 现代检测技术与系统［M］. 北京：机械工业出版社，2015.
[3] 费业泰. 误差理论与数据处理［M］. 7版. 北京：机械工业出版社，2015.
[4] 胡向东，胡蓉，韩恺敏，等. 物联网安全：理论与技术［M］. 北京：机械工业出版社，2017.
[5] 林健. 卓越工程师培养：工程教育系统性改革研究［M］. 北京：清华大学出版社，2013.
[6] 王晖. 科学研究方法论［M］. 上海：上海财经大学出版社，2009.
[7] 于歆杰. 以学生为中心的教与学：利用慕课资源实施翻转课堂的实践［M］. 北京：高等教育出版社，2015.
[8] 冯林，张崴. 批判与创意思考［M］. 北京：高等教育出版社，2015.